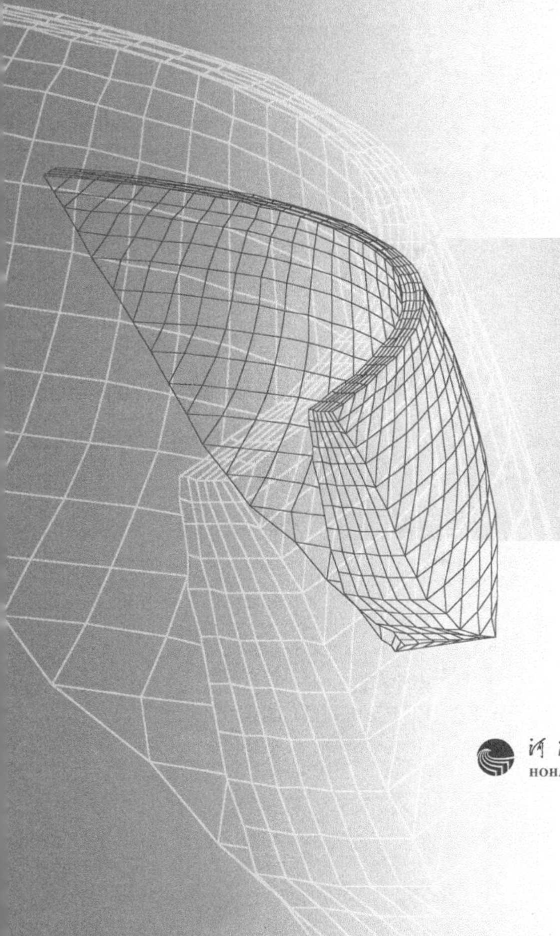

任青文　沈　雷 ● 编著

非线性有限单元法及程序教程

河海大学出
HOHAI UNIVERSITY
·南京·

图书在版编目(CIP)数据

非线性有限单元法及程序教程 / 任青文，沈雷编著
. -- 南京 : 河海大学出版社，2021.4(2022.8 重印)
ISBN 978-7-5630-6906-4

Ⅰ. ①非… Ⅱ. ①任… ②沈… Ⅲ. ①非线性一有限元法一程序设计 Ⅳ. ①O241.82-39

中国版本图书馆 CIP 数据核字(2021)第 059394 号

书　　名 非线性有限单元法及程序教程
FEI XIAN XING YOU XIAN DAN YUAN FA JI CHENG XU JIAO CHENG
书　　号 ISBN 978-7-5630-6906-4
责任编辑 杨　曦　沈　倩
封面设计 张世立
出版发行 河海大学出版社
地　　址 南京市西康路 1 号(邮编:210098)
电　　话 (025)83737852(总编室)　(025)83722833(营销部)
经　　销 江苏省新华发行集团有限公司
排　　版 南京布克文化发展有限公司
印　　刷 江苏凤凰数码印务有限公司
开　　本 718 毫米×1000 毫米　1/16
印　　张 21.25
字　　数 420 千字
版　　次 2021 年 4 月第 1 版
印　　次 2022 年 8 月第 2 次印刷
定　　价 68.00 元

序言

Preface

河海大学是以水利、土木为特色，工科为主的教育部直属全国重点大学，徐芝纶院士最早将有限单元法引入国内并应用于水利、土木工程。工程中存在大量的固体力学非线性问题，包括塑性和粘性的材料非线性、非连续问题的接触非线性，以及大位移、大应变问题的几何非线性，非线性有限元作为一种强有力的数值方法，已成为解决科学与工程技术问题的有效工具。作者自 20 世纪 90 年代开始开设硕士研究生课程《非线性有限单元法》《计算固体力学》以来，结合国家自然科学基金、科技部"973"课题和科技攻关项目、重大水利水电工程中非线性问题的研究，不断补充和完善课程讲义的内容，在此基础上，编写了本书。本书主体内容兼顾了非线性有限元的基本理论的完备性和工程运用中程序编写的实用性。其特色一是根据土木、水利工程特点，重点讲述材料非线性有限元方法，并给出一个弹塑性有限元的二维程序和程序说明；特色二是非线性问题采用矩阵形式描述，以便读者更容易编写相关程序。

本书共有七章和一个附录，内容包括材料非线性、几何非线性和接触非线性问题的有限元方法。第 1 章简要介绍了线弹性有限单元法的基本概念和几类非线性问题。第 2 章讲述数值求解非线性代数方程组的主要方法。第 3 章针对材料非线性问题，介绍了非线性弹性、弹塑性和粘性材料的本构关系。随后在第 4 章、第 5 章和第 6 章中，分别阐述了材料非线性、几何非线性、接触非线性问题有限元方法，介绍其非线性基本方程和有限元求解的支配方程，以及数值求解的方法。第 7 章给出一个二维的弹塑性有限元程序和相应的程序说明。最后的附录给出与本书内容相关的一些基本概念和公式。每一章均附有算例和习题，以帮助读者加深对非线性有限元方法的理解和掌握。

本书适合工科，尤其适合水利、土木、力学专业的硕士研究生和高年级本科生作为相关课程的用书，也可作为相关工程技术人员自学非线性有限元方法的参考书。需要说明的是，阅读本书前需要具备《弹塑性力学》《有限单元法》等课程的基本知识。

书中内容融合了作者多年来在非线性有限元及其应用方面的研究成果，相关的研究工作得到了多个国家自然科学基金重点项目和面上项目、国家重点基础研究发展计划“973”课题的支持。在本书的编著过程中，作者获得了很多同事和学生的帮助，我的博士研究生沈雷作为第二作者参与了本书内容的整理、校核、算例和习题设计，以及第 7 章中程序的更新和功能扩展、运行和维护等工作，在此表示衷心的感谢。同时，也感谢河海大学出版社的大力支持，使本书能够顺利出版。

由于作者的水平有限，书中如有错误和不足之处，恳请读者不吝指教。

任青文

2021 年 4 月于南京

目录

Contents

第1章　绪论

1.1　引言

1.1.1　非线性问题分类

有限单元法已成为一种强有力的数值方法,用来解决工程中遇到的大量问题,其应用范围从静力到动力,从固体到流体,从力学问题到非力学问题。事实上,有限单元法已经成为在已知边界条件和初始条件下求解偏微分方程组的一般数值方法。

对于有限元的线弹性分析,我们已经比较熟悉,它已作为设计工具被广泛采用。但绝大多数实际问题属于非线性问题,根据产生非线性的原因,非线性问题主要有三种类型:

(1) 材料非线性(或物理非线性)

最简单的形式是非线性弹性,其特点是应力 $\boldsymbol{\sigma}$ 与应变 $\boldsymbol{\varepsilon}$ 之间呈非线性关系。更一般的是还与加载历史有关,加载和卸载不是同一途径(图 1.1),如经典的弹塑性现象。因而,对于材料非线性问题,其物理方程为

$$\boldsymbol{\sigma} = \boldsymbol{D}(\boldsymbol{\varepsilon})\boldsymbol{\varepsilon}$$

式中的弹性矩阵 $\boldsymbol{D}$ 是应变 $\boldsymbol{\varepsilon}$ 的函数。为了研究的方便,这里假定材料非线性问题仍属于小变形范围,即位移和应变是微小量,其几何方程是线性的。土、岩石、混凝土等具有典型的材料非线性性质,所以,土石坝和混凝土坝、岩土地基、地下洞室、边坡等的应力变形与稳定性分析都应当按材料非线性问题处理。

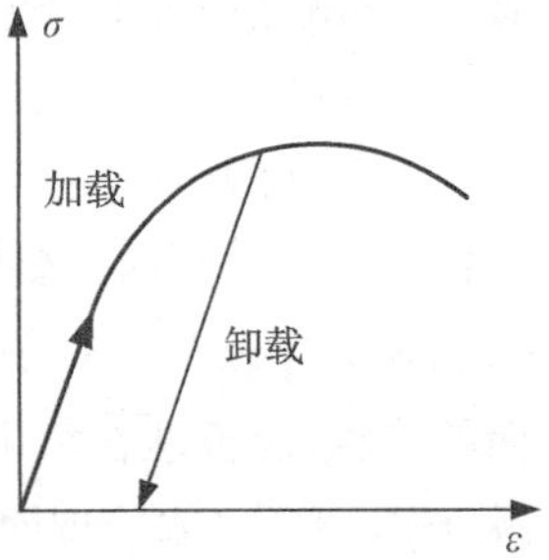

图 1.1　应力应变非线性

(2) 几何非线性

几何非线性是由于结构受力变形时的大位移造成的。几何非线性问题有两种基本类型:一是描述应变和位移之间关系的几何方程是非线性方程,此时应变矩阵 $\boldsymbol{B}$ 是包含高阶微量的非线性矩阵,称为小变形(小应变)的几何非线性问题;二是变

形前后同一点的位形发生变化，不能用变形前的状态来建立平衡微分方程和几何方程，属于有限变形(大变形或大应变)几何非线性问题。如经典的 Euler 杆的屈曲问题，应根据屈曲后的曲线而不是屈曲前的直线建立平衡方程。对于橡胶等高分子材料，即使在弹性状态下，也具有大变形的特征。

当反映应变和位移关系的几何方程为非线性时，则正应变 ε_x 可表示为

$$\varepsilon_x = \frac{\partial u}{\partial x} + \frac{1}{2}\left[\left(\frac{\partial u}{\partial x}\right)^2 + \left(\frac{\partial v}{\partial x}\right)^2 + \left(\frac{\partial w}{\partial x}\right)^2\right] + \cdots$$

剪应变 γ_{xy} 表示为

$$\gamma_{xy} = \frac{\partial v}{\partial x} + \frac{\partial u}{\partial y} + \frac{\partial u}{\partial x}\frac{\partial u}{\partial y} + \frac{\partial v}{\partial x}\frac{\partial v}{\partial y} + \frac{\partial w}{\partial x}\frac{\partial w}{\partial y} + \cdots$$

此时，如果应力和应变之间的关系也是非线性，就变成了更为复杂的双重非线性问题。不过，在本书涉及的几何非线性问题中，如果不特别说明，一般都认为应力在弹性范围内，应力与应变之间呈线性关系。工程中的实体结构和板壳结构都存在几何非线性问题，例如弹性薄壳的大挠度分析，压杆或板壳在弹性屈曲后的稳定性问题。

在采用有限元方法分析非线性问题时，以上两类都表现为结构的整体劲度矩阵 $\boldsymbol{K}$ 不再是常量矩阵，而是结点位移 $\boldsymbol{\delta}$ 的函数。还有一类问题是结点荷载 $\boldsymbol{R}$ 与 $\boldsymbol{\delta}$ 有关，这就是边界非线性问题，又称接触非线性。

(3) 接触非线性

由于接触体的变形和接触边界的摩擦作用，使得部分边界条件随加载过程而变化，且不可恢复。这种由边界条件的可变性和不可逆性产生的非线性问题，称为接触非线性。工程中有许多接触非线性问题，如混凝土坝纵缝(图 1.2)和横缝缝面的接触，面板堆石坝中钢筋混凝土面板与垫层之间的接触(图 1.3)，岩体节理面或裂隙面的工作状态等。

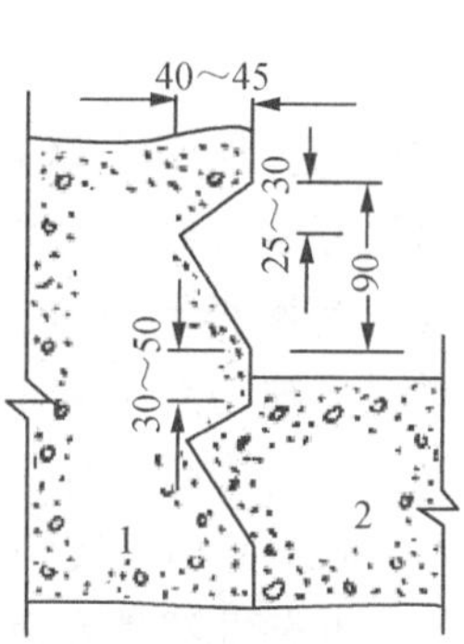

图 1.2　混凝土重力坝纵缝

除以上三类非线性之外，还有由于不同场问题耦合导致的耦合非线性问题，如应力场与渗流场的耦合，应力场与温度场的耦合等等。

目前，研究工程非线性问题比较有效的工具是非线性有限元方法。要使这一方法实用化，有两个问题必须解决。第一，由于非线性问题的数值计算工作量大大增加，需要有计算能力强大的工具。近 10 年来，高性能计算机的发展已基本上满足了这一需要，同时计算费用也在持续减小。第

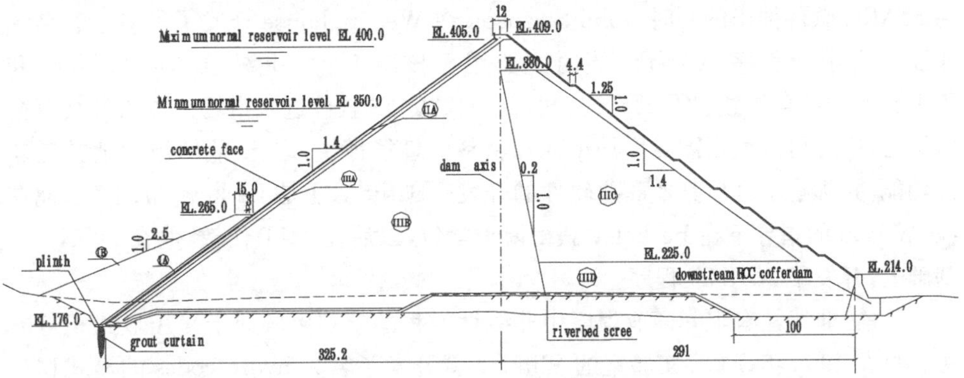

图 1.3 水布垭混凝土面板坝

二，发展离散化方法和非线性方程组高效求解方法，且非线性求解方法的精度和收敛性必须被验证。近年来，发展和改进了多种离散化方法和单元类型，可更好地模拟工程结构的工作。同时，出现了多种更有效的非线性求解方法，积累了许多经验可应用于实际工程问题。现在已经能够比较有把握地完成非线性有限元分析。非线性有限元方法正在成为一种强有力的计算工具，被研究人员和工程技术人员所应用。

1.1.2 非线性有限元发展简史

有限元作为一种偏微分方程的数值解法在 20 世纪 50 年代就已经出现，经过 70 多年的发展，它的基本理论已基本上趋于完善。随着数值计算方法和计算机技术的迅速发展，它在各个领域的应用也越来越广泛和深入。就非线性有限元方法来说，最早的贡献者有 Argyris[1]、Marcal 和 King[2]。随后出现了不少关于非线性有限元的著作，比较有名的是 Oden[3]、Crisfield[4]、Kleiber[5]、Zhong[6]等，特别是 Oden 的著作，可以说是固体和结构非线性有限元分析的先驱。此外，Bathe[7]、Bonet 和 Wood[8]、Simo 和 Hughes[9]、Ted Belytschko 和 Wing Kam Liu[10]、国内殷有泉[11]、龚晓南和王寿梅[12]、蒋友谅[13]、徐兴和郭乙木[14]、宋天霞和郭建生[15]、郭乙木和陶伟明[16]等也陆续出版了介绍非线性有限元方法的著作。

在实用的有限元程序开发方面，20 世纪 60 年代，美国的 Ed Wilson 编制了第一个可供科学研究的有限元程序。接着，Berkeley 推出著名的 SAP（Structural Analysis Program）程序。在此基础上，又完成了 NON-SAP 的编制，程序中采用隐式积分进行平衡迭代和瞬态问题的求解。1969 年 Brown 大学的 Pedro Marcal 建立了一个公司，推出第一个非线性商业软件 MARC，虽然这个公司已于 20 世纪末被 MSC. Software 公司兼并，但该软件仍然是非线性有限元分析的主要软件。

在MARC软件推出的同时，John Swanson在Westinghouse开发了另一个有名的非线性有限元程序ANSYS，当时主要用于核能工业。此外，David Hibbitt和Pedro Marcal合作建立了HKS公司，使ABAQUS软件进入市场。该软件具有窗口平台，用户可以根据需要增加单元和材料的性能模块，因此，能够极大地扩充软件功能，并影响了今后其他商业软件的开发。Bathe K J是Berkeley的学生，他在Ed Wilson的指导下在Berkeley获得博士学位，以后在MIT任教，他在NONSAP基础上，开发了ADINA程序。

目前，非线性有限元商业程序中非线性方程的求解更倾向于采用显式积分方法。早在1964年，DOE实验室的Wilkins就开发了名为hydro-codes的显式积分非线性有限元软件。1969年，出现了SAMSON二维有限元程序。1973年，该程序功能进一步扩大，命名为WRECKER，能够进行结构的完全非线性三维瞬态分析，可以应用于汽车的碰撞仿真模拟。Belytschko发展的显式程序SADCAT和WHAMS主要用于核工业中。Northwestern大学的Dennis Flanagan发展的显式非线性有限元程序PRONTO用于材料非线性和几何非线性问题求解。值得一提的是，Lawrence Livermore实验室的John Hallquist于1976年开发DYNA程序之后，继续吸取前人成果，同Berkeley的研究人员合作，推出DYNA-2D和DYNA-3D程序。到了20世纪80年代，DYNA程序被法国的ESI公司商业化，命名为PAMCRASH。1989年，他本人又推出商业版的DYNA程序——LSDYNA。

近年来，隐式算法也得到了明显的改进，作为一个功能强大的非线性有限元软件，最好是把隐式和显式两种算法结合起来，对于不同的非线性问题，不同的计算规模，采用不同的算法，可以大大提高分析效率。

1.2 线弹性有限元方法的回顾

一般来说，非线性有限元法可归结为一系列线弹性问题的求解。因而，线弹性有限元是非线性有限元法的基础。两者不仅在分析方法和求解步骤上有相似之处，而且后者要不断调用前者的计算结果。为此，本节将扼要地回顾一下线弹性有限元方法（以位移有限元为例）。

线弹性有限元的分析步骤大致可分：

（1）结构的离散化

在有限元分析中，首先要将连续体剖分成有限个结点上相联的单元（图1.4），单元之间的力依靠结点传递，铰接结点只能传递力，刚接结点可以传递力和力矩。根据结构的形状和计算要求，可以选择各种单元类型，图1.4（b）采用了八结点六面体的空间等参单元。图1.5为几个实际工程结构的网格剖分图。

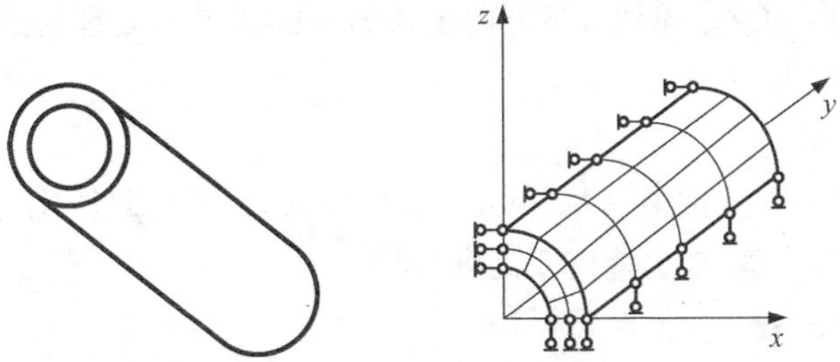

(a) 轴对称圆筒　　(b) 取 1/4 结构离散

图 1.4　圆筒有限元离散

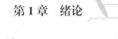

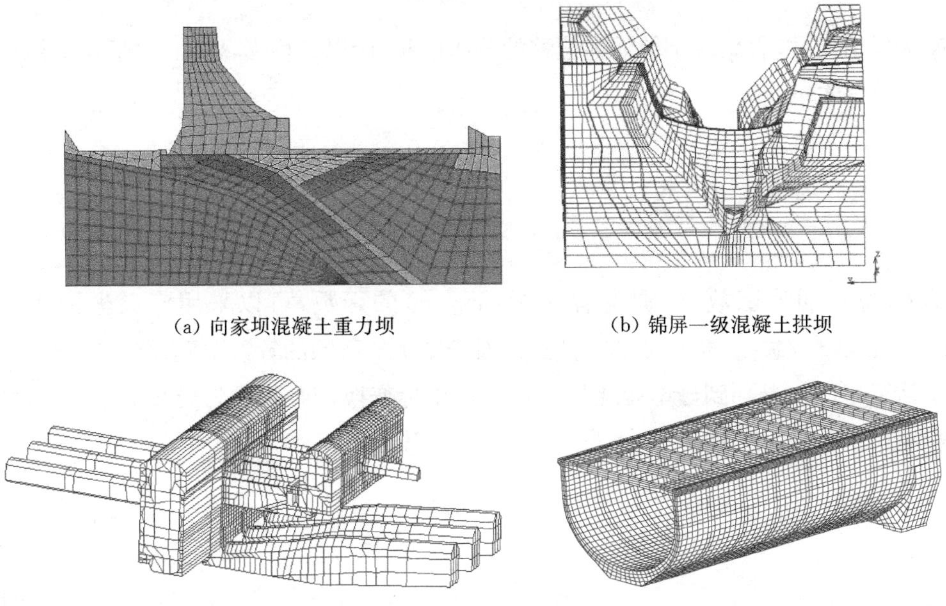

(a) 向家坝混凝土重力坝　　(b) 锦屏一级混凝土拱坝

(c) 索风营地下洞室群　　(d) 南水北调湍河渡槽

图 1.5　工程结构网格剖分图

在位移有限元中，以结点(铰接结点)的位移 $\boldsymbol{\delta}$ 为基本未知量。设结构离散后，总的自由度数为 n，则整体的结点位移向量为

$$\boldsymbol{\delta} = [\delta_1 \quad \delta_2 \quad \cdots \quad \delta_n]^{\mathrm{T}} \tag{1.1}$$

单元的结点位移向量为

$$\boldsymbol{\delta}^e = [u_1 \quad v_1 \quad w_1 \quad u_2 \quad v_2 \quad w_2 \quad \cdots \quad u_d \quad v_d \quad w_d]^{\mathrm{T}} \tag{1.2}$$

d 是单元的结点数，上标“T”表示转置。

连续体离散后，还需要对位移边界进行约束处理，将连续的位移边界条件离散为结点的位移边界条件。例如，某方向位移为零的边界可处理为边界结点在该方向具有铰支座[图 1.4(b)]。

(2) 单元分析

根据所选择的单元类型，确定单元的位移模式，将外荷载转化为等效结点荷载列阵，导出单元的应变、应力矩阵及劲度矩阵。

单元位移模式

采用插值的方法，单元内任一点的位移 $\boldsymbol{f}=[u \quad v \quad w]^{\mathrm{T}}$ 可以用该单元的结点位移 $\boldsymbol{\delta}^e$ 表示：

$$\boldsymbol{f}=\boldsymbol{N}\boldsymbol{\delta}^e \tag{1.3}$$

N 为插值函数，它反映了单元内位移的分布形状，所以又称形函数。对于 d 个结点的三维单元，

$$\boldsymbol{N}=\begin{bmatrix} N_1 & 0 & 0 & N_2 & 0 & 0 & & N_d & 0 & 0 \\ 0 & N_1 & 0 & 0 & N_2 & 0 & \cdots & 0 & N_d & 0 \\ 0 & 0 & N_1 & 0 & 0 & N_2 & & 0 & 0 & N_d \end{bmatrix} \tag{1.4}$$

其中，位移插值函数 N_i 是整体坐标($x\ y\ z$)的函数，可以采用广义坐标法或 Serendipity 方法[17]导出 N_i的表达式。对于图 1.6 所示的等参单元，需要进行从实际单元[图 1.6(a)]到母单元[图 1.6(b)]的坐标变换，N_i 表示为局部坐标 (ξ,η,ζ) 的函数。坐标变换为

$$\boldsymbol{x}=\boldsymbol{N}\boldsymbol{x}^e \tag{1.5}$$

式中

$$\boldsymbol{x}=[x \quad y \quad z]^{\mathrm{T}} \tag{1.6}$$

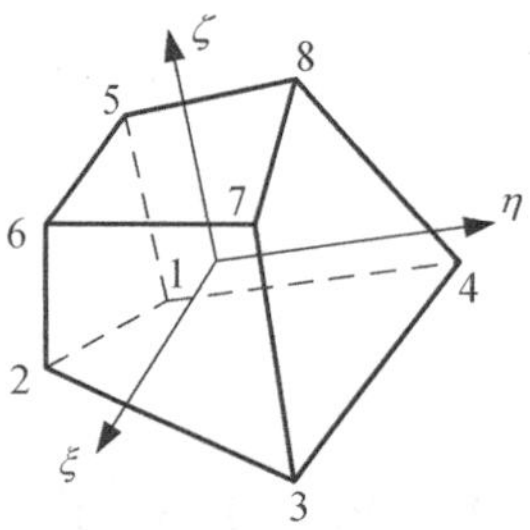

(a) 实际单元

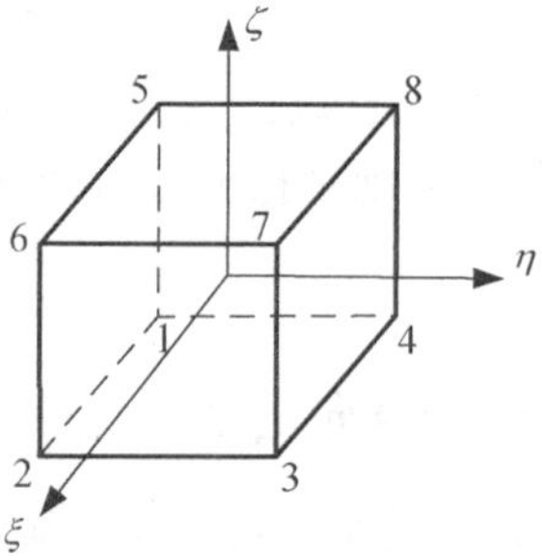

(b) 母单元

图 1.6　等参单元

为单元内任意点的整体坐标。

$$\boldsymbol{x}^e = [x_1 \quad y_1 \quad z_1 \quad x_2 \quad y_2 \quad z_2 \quad \cdots \quad x_d \quad y_d \quad z_d]^{\mathrm{T}} \tag{1.7}$$

为单元各结点的整体坐标。

单元的结点荷载 $\boldsymbol{R}^e$

所有作用在结构上的外荷载，包括集中力 $\boldsymbol{P} = [P_x \quad P_y \quad P_z]^{\mathrm{T}}$，体力 $\boldsymbol{p} = [X \quad Y \quad Z]^{\mathrm{T}}$ 及面力 $\bar{\boldsymbol{p}} = [\bar{X} \quad \bar{Y} \quad \bar{Z}]^{\mathrm{T}}$ 必须转换成等效的单元结点荷载列阵 $\boldsymbol{R}^e$，

$$\boldsymbol{R}^e = [X_1 \quad Y_1 \quad Z_1 \quad X_2 \quad Y_2 \quad Z_2 \quad \cdots \quad X_d \quad Y_d \quad Z_d]^{\mathrm{T}} \tag{1.8}$$

根据虚功原理可导出

$$\boldsymbol{R}^e = \boldsymbol{N}^{\mathrm{T}}\boldsymbol{P} + \int_V \boldsymbol{N}^{\mathrm{T}}\boldsymbol{p}\,\mathrm{d}V + \int_{S_\sigma} \boldsymbol{N}^{\mathrm{T}}\bar{\boldsymbol{p}}\,\mathrm{d}S \tag{1.9}$$

式中，V 为单元体积，S_σ 为应力边界。

应变和应力矩阵

对于小变形问题，应变和位移之间满足以下的几何方程

$$\boldsymbol{\varepsilon} = \boldsymbol{L}\boldsymbol{f} \tag{1.10}$$

式中

$$\boldsymbol{\varepsilon} = [\varepsilon_x \quad \varepsilon_y \quad \varepsilon_z \quad \gamma_{xy} \quad \gamma_{yz} \quad \gamma_{zx}]^{\mathrm{T}} \tag{1.11}$$

$$\boldsymbol{L} = \begin{bmatrix} \frac{\partial}{\partial x} & 0 & 0 \\ 0 & \frac{\partial}{\partial y} & 0 \\ 0 & 0 & \frac{\partial}{\partial z} \\ \frac{\partial}{\partial y} & \frac{\partial}{\partial x} & 0 \\ 0 & \frac{\partial}{\partial z} & \frac{\partial}{\partial y} \\ \frac{\partial}{\partial z} & 0 & \frac{\partial}{\partial x} \end{bmatrix} \tag{1.12}$$

为微分算子矩阵。将式(1.3)代入(1.10)可得

$$\boldsymbol{\varepsilon} = \boldsymbol{B}\boldsymbol{\delta}^e \tag{1.13}$$

其中

$$\boldsymbol{B} = \boldsymbol{L}\boldsymbol{N} \tag{1.14}$$

为单元的应变矩阵。

对于各向同性的线弹性体，应力和应变遵循以下的物理方程

$$\boldsymbol{\sigma} = \boldsymbol{D}\boldsymbol{\varepsilon} \tag{1.15}$$

$\boldsymbol{D}$ 为弹性矩阵，可表示为

$$\boldsymbol{D} = \begin{bmatrix} \lambda+2G & & & & & \\ \lambda & \lambda+2G & & & \text{对称} & \\ \lambda & \lambda & \lambda+2G & & & \\ 0 & 0 & 0 & G & & \\ 0 & 0 & 0 & 0 & G & \\ 0 & 0 & 0 & 0 & 0 & G \end{bmatrix} \tag{1.16}$$

λ 和 G 为拉梅系数，G 又称剪切模量，

$$\lambda = \frac{E\mu}{(1+\mu)(1-2\mu)} \tag{1.17}$$

$$G = \frac{E}{2(1+\mu)} \tag{1.18}$$

μ 为泊松比。将式(1.13)代入(1.15)可得

$$\boldsymbol{\sigma} = \boldsymbol{S}\boldsymbol{\delta}^{e} \tag{1.19}$$

其中

$$\boldsymbol{S} = \boldsymbol{D}\boldsymbol{B} \tag{1.20}$$

称为单元应力矩阵。

单元劲度矩阵

在有限元方法中，各单元之间的相互作用力表现为结点力，设单元的结点力为

$$\boldsymbol{F}^{e} = [U_1 \quad V_1 \quad W_1 \quad U_2 \quad V_2 \quad W_2 \quad \cdots \quad U_d \quad V_d \quad W_d]^{\mathrm{T}} \tag{1.21}$$

则虚功方程可表示为

$$(\delta\boldsymbol{\delta}^{e})^{\mathrm{T}}\boldsymbol{F}^{e} = \int_V (\delta\boldsymbol{\varepsilon})^{\mathrm{T}}\boldsymbol{\sigma}\mathrm{d}V \tag{1.22}$$

式中，$\delta\boldsymbol{\delta}^{e}$ 是单元的结点虚位移，$\delta\boldsymbol{\varepsilon}$ 是相应的虚应变。将 $\delta\boldsymbol{\varepsilon} = \boldsymbol{B}\delta\boldsymbol{\delta}^{e}$ 和(1.15)代入

式(1.22)，可得到单元结点力与结点位移的关系

$$\boldsymbol{F}^e = \boldsymbol{k}\boldsymbol{\delta}^e \tag{1.23}$$

式中

$$\boldsymbol{k} = \int_V \boldsymbol{B}^{\mathrm{T}}\boldsymbol{D}\boldsymbol{B}\,\mathrm{d}V \tag{1.24}$$

为单元劲度矩阵。

(3) 整体分析

弹性力学问题在按位移求解时，与基本微分方程对应的泛函是弹性体的势能 π_p，它是位移的函数。与微分方程等价的变分方程就是最小势能原理，即

$$\delta\pi_p = 0 \tag{1.25}$$

在有限元方法中，弹性体的总势能为各单元势能的集合，单元势能 π_p^e 由单元的形变势能 U^e 和外力势能 V^e 组成

$$\pi_p^e = U^e + V^e \tag{1.26}$$

式中

$$U^e = \int_V \frac{1}{2}\boldsymbol{\varepsilon}^{\mathrm{T}}\boldsymbol{\sigma}\,\mathrm{d}V \tag{1.27}$$

$$V^e = -\boldsymbol{f}^{\mathrm{T}}\boldsymbol{P} - \int_V \boldsymbol{f}^{\mathrm{T}}\boldsymbol{p}\,\mathrm{d}V - \int_{S_\sigma} \boldsymbol{f}^{\mathrm{T}}\bar{\boldsymbol{p}}\,\mathrm{d}S \tag{1.28}$$

将式(1.13)和(1.15)代入(1.27)，式(1.3)代入(1.28)，并注意式(1.24)和(1.9)，可得

$$\pi_p^e = \frac{1}{2}(\boldsymbol{\delta}^e)^{\mathrm{T}}\boldsymbol{k}\boldsymbol{\delta}^e - (\boldsymbol{\delta}^e)^{\mathrm{T}}\boldsymbol{R}^e \tag{1.29}$$

引入单元选择矩阵 $\boldsymbol{c}^e$，使

$$\boldsymbol{\delta}^e = \boldsymbol{c}^e\boldsymbol{\delta}$$

则总势能

$$\pi_p = \sum_e \pi^e = \frac{1}{2}\boldsymbol{\delta}^{\mathrm{T}}\boldsymbol{K}\boldsymbol{\delta} - \boldsymbol{\delta}^{\mathrm{T}}\boldsymbol{R} \tag{1.30}$$

根据式(1.25)，有

$$\frac{\partial\pi_p}{\partial\boldsymbol{\delta}} = 0$$

代入式(1.30),导出位移有限元的支配方程

$$\boldsymbol{K}\boldsymbol{\delta} = \boldsymbol{R} \tag{1.31}$$

其中

$$\boldsymbol{K} = \sum_{e} (\boldsymbol{c}^{e})^{\mathrm{T}} \boldsymbol{k} \boldsymbol{c}^{e} \tag{1.32}$$

为整体劲度矩阵。

$$\boldsymbol{R} = \sum_{e} (\boldsymbol{c}^{e})^{\mathrm{T}} \boldsymbol{R}^{e} \tag{1.33}$$

是整体结点荷载列阵。整体分析的目的就是将 $\boldsymbol{k}$ 集合成 $\boldsymbol{K}$, $\boldsymbol{R}^{e}$ 集合成 $\boldsymbol{R}$。

(4) 解方程,求位移和应力

求解支配方程(1.31),得到结点位移 $\boldsymbol{\delta}$, 然后根据式(1.13)和(1.15)求出单元的应变和应力。

1.3 本书内容及章节安排

本书共有七章和三个附录,内容包括材料非线性、几何非线性和接触非线性问题的有限元方法,以及一个二维的弹塑性有限元程序。

第 1 章介绍非线性问题的分类,非线性有限元方法和程序的发展简史,并回顾了作为非线性有限元的基础——线弹性有限元的基本方法。

第 2 章介绍了数值求解非线性代数方程组的主要方法。不管是哪一类非线性问题,最终建立的有限元支配方程都是非线性代数方程组,为了解决方程解的收敛性问题,需要不同的求解方法。本章首先介绍了各种迭代法,包括直接迭代法、Newton-Raphson 方法、修正的 Newton-Raphson 法、拟 Newton 法;随后介绍了增量法,包括 Euler 法、修正的 Euler 法等;再进一步介绍了由增量法和迭代法两者结合的几种混合法,以及求解软化问题的弧长法。本章最后给出非线性方程组求解的收敛准则和增量法步长的选择方法。

第 3 章针对材料非线性问题,介绍了非线性弹性、弹塑性和粘性材料的本构关系。着重介绍了弹塑性材料在应力空间和应变空间中的屈服条件和强化规律、流动法则、本构关系,给出 Mises 和 Drucker-Prager 材料模型的塑性矩阵。

第 4 章简介了小变形材料非线性问题的基本方程和有限元支配方程的常用求解方法,包括增量迭代法和初应力法。随后介绍了位移有限元中应力增量的计算方法,以及水利、土木工程中常见的三维结构整体破坏的有限元分析方法。最后列出材料非线性有限元分析中经常遇到的若干问题,包括荷载的分级施加、地应力、

开挖荷载、渗流和温度荷载、材料分区、一些用于处理非连续面的特殊单元。

第5章列出大变形问题的基本方程，包括 Lagrange 描述和 Euler 描述的应变和应力、平衡方程、本构关系和几何方程；几何非线性有限元的基本方法，重点介绍固体力学 Lagrange 描述的 T. L 法和 U. L 法；研究了结构几何失稳临界荷载的分析方法和非线性对临界荷载的影响。

第6章介绍了接触非线性有限元方法。首先列出接触问题的基本方程和有限元表达式、接触条件、一些典型的接触单元；再介绍接触问题的有限元解法，包括柔度法、罚函数法和 Lagrange 乘子法，间隙元方法等。此外，还给出一些在接触问题有限元建模时应注意的问题。

第7章给出一个二维的弹塑性有限元程序，并对程序中涉及的弹塑性模型、程序框图和流程图、主要子程序进行了说明。

附录 A、B、C 分别介绍了与非线性有限元分析相关的广义虎克定律、等参单元和高斯数值积分。

每一章节附有算例和习题，以供读者深入理解和练习之用。

参考文献

[1] Argyris J H. Elasto-plastic Matrix Displacement Analysis of Three-Dimensional Continua [J]. J. Royal Aeronaut. Soc. 1965, 69: 633-635.

[2] Marcal P V., King I P. Elastic-plastic Analysis of Two Dimensional Stress System by the Finite Element Method[J]. Int. J. Mech. Sci. 1967, 9: 143-155.

[3] Oden J T. Finite Elements of Nonlinear Continua[M]. McGraw-Hill, New York, 1972.

[4] Crisfield M A. Non-linear Finite Element Analysis of Solids and Structures[M]. Vol. 1, Wiley, New York, 1991.

[5] Kleiber M. Incremental Finite Element Modelling in Non-linear Solid Mechanics[M]. Ellis Horwood, Chichester, 1989.

[6] Zhong Z H. Finite Element Procedures for Contact — Impact Problems[M]. Oxford Press, New York, 1993.

[7] Bathe K J. Finite Element Procedures[M]. Prentice-Hall, Englewood Cliffs, NJ, 1996.

[8] Bonet J, Wood R D. Nonlinear Continuum Mechanics for Finite Element Analysis[M]. Cambridge University Press, New York, 1997.

[9] Simo J C, Hughes T J R. Computational Inelasticity[M]. Springer-Verlag, New York, 1998.

[10] [美]Ted Belytschko, Wing Kam Liu, Brian Moran. 连续体和结构的非线性有限元[M]. 庄茁，译. 北京：清华大学出版社，2002.

[11] 殷有泉. 固体力学非线性有限元引论[M]. 北京：清华大学出版社，1987.

[12] 龚晓南，王寿梅. 结构分析中的非线性有限元素法[M]. 北京：北京航空航天大学出版社，1986.

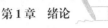

[13] 蒋友谅. 非线性有限元法[M]. 北京:北京工业学院出版社,1988.
[14] 徐兴,郭乙木,沈永兴. 非线性有限元及程序设计[M]. 杭州:浙江大学出版社,1993.
[15] 宋天霞,郭建生,杨元明. 非线性固体计算力学[M]. 武汉:华中科技大学出版社,2002.
[16] 郭乙木,陶伟明,庄茁. 线性与非线性有限元及其应用[M]. 北京:机械工业出版社,2004.
[17] Zienkiewicz O. C, Taylor R. L. Finite Element Method [M]. Seventh Edition Elsevier, Heinemann, 2005.

第 2 章　非线性代数方程组的解法

从数学的角度，非线性问题的求解可以归纳为偏微分方程的边值问题和初值问题。大部分静力问题属于边值问题，动力响应分析、热传导和流体力学问题既是边值问题，又是初值问题。在非线性力学中，有多种类型的非线性问题，如材料非线性、几何非线性、接触非线性等。无论是哪一类非线性问题，经有限元离散后，都归结为求解一个非线性代数方程组

$$
\begin{cases}
\psi_1(\delta_1 \quad \delta_2 \quad \cdots \quad \delta_n) = 0 \\
\psi_2(\delta_1 \quad \delta_2 \quad \cdots \quad \delta_n) = 0 \\
\cdots\cdots \\
\psi_n(\delta_1 \quad \delta_2 \quad \cdots \quad \delta_n) = 0
\end{cases}
$$

其中，δ_1，δ_2，…，δ_n 是未知量，ψ_1，ψ_2，…，ψ_n 是 δ_1，δ_2，…，δ_n 的非线性函数，现引用矢量记号

$$\boldsymbol{\delta} = [\delta_1 \quad \delta_2 \quad \cdots \quad \delta_n]^{\mathrm{T}}$$

$$\boldsymbol{\psi} = [\psi_1 \quad \psi_2 \quad \cdots \quad \psi_n]^{\mathrm{T}}$$

则上述由 n 个非线性方程构成的方程组可表示为

$$\boldsymbol{\psi}(\boldsymbol{\delta}) = \boldsymbol{0}$$

式中，$\boldsymbol{0} = [0 \quad 0 \quad \cdots \quad 0]^{\mathrm{T}}$。对于有限元分析，上式还可以改写为

$$\boldsymbol{\psi}(\boldsymbol{\delta}) \equiv \boldsymbol{F}(\boldsymbol{\delta}) - \boldsymbol{R} \equiv \boldsymbol{K}(\boldsymbol{\delta})\boldsymbol{\delta} - \boldsymbol{R} = \boldsymbol{0}$$

$\boldsymbol{K}(\boldsymbol{\delta})$ 是一个 $n \times n$ 的矩阵，如果是材料非线性和几何非线性问题，$\boldsymbol{K}$ 中元素 k_{ij} 是未知量 $\boldsymbol{\delta}$ 的函数，$\boldsymbol{R}$ 为已知矢量。位移有限元方法中的 $\boldsymbol{\delta}$ 代表未知结点位移，$\boldsymbol{F}(\boldsymbol{\delta})$ 是等效结点力，$\boldsymbol{R}$ 为等效结点荷载，方程 $\boldsymbol{\Psi}(\boldsymbol{\delta}) = \boldsymbol{0}$ 表示结点的平衡方程。

在线弹性有限元中，线性代数方程组

$$\boldsymbol{K}\boldsymbol{\delta} - \boldsymbol{R} = \boldsymbol{0}$$

的求解并不困难，但对非线性方程组 $\boldsymbol{\Psi}(\boldsymbol{\delta}) = \boldsymbol{0}$ 则不然。一般来说，难以求得其精

确解。通常采用数值解法,把非线性问题转化为一系列线性问题。为了使这一系列线性解收敛于非线性解,已经有许多方法,但它们都有一定的局限性。某一解法对某一类非线性问题有效,但对另一类问题可能不合适。因此,根据问题性质正确选用求解方法,成为非线性有限元方法的一个极其重要的问题。本章将介绍有限元分析中常见的各种求解非线性方程组的数值方法。

2.1 迭代法

前面已经提到,目前求解非线性方程组的方法一般为线性化方法。若对总荷载进行线性化处理,则称为迭代法[1][2]。

2.1.1 直接迭代法

设非线性方程组

$$\boldsymbol{K}(\boldsymbol{\delta})\boldsymbol{\delta}-\boldsymbol{R}=\boldsymbol{0} \tag{2.1}$$

的初始近似解为 $\boldsymbol{\delta}=\boldsymbol{\delta}^0$,由此确定近似的 $\boldsymbol{K}$ 矩阵

$$\boldsymbol{K}^0=\boldsymbol{K}(\boldsymbol{\delta}^0)$$

根据式(2.1)可得出改进的近似解

$$\boldsymbol{\delta}^1=(\boldsymbol{K}^0)^{-1}\boldsymbol{R}$$

重复这一过程,以第 $i-1$ 次近似解求出第 i 次近似解的迭代公式为

$$\begin{cases}\boldsymbol{K}^{i-1}=\boldsymbol{K}(\boldsymbol{\delta}^{i-1})\\ \boldsymbol{\delta}^i=(\boldsymbol{K}^{i-1})^{-1}\boldsymbol{R}\end{cases} \tag{2.2}$$

直到

$$\Delta\boldsymbol{\delta}^i=\boldsymbol{\delta}^i-\boldsymbol{\delta}^{i-1} \tag{2.3}$$

变得充分小,即近似解收敛时,终止迭代。

在迭代过程中,得到的近似解一般不会满足式(2.1),即

$$\boldsymbol{\psi}(\boldsymbol{\delta}^i)\equiv\boldsymbol{K}(\boldsymbol{\delta}^i)\boldsymbol{\delta}^i-\boldsymbol{R}\neq\boldsymbol{0}$$

$\boldsymbol{\Psi}(\boldsymbol{\delta})$ 作为对平衡状态偏离的一种度量,称为失衡力。

对于一个单变量问题的非线性方程,直接迭代法的计算过程如图 2.1 和图 2.2 所示,它们分别给出 $K\delta$-δ 为凸曲线和凹曲线时的迭代过程,其中 δ_T 表示非线性方

程的真解。可以看出 $K(\delta)$就是通过曲线上点$(\delta,\ K\delta)$与原点的割线斜率。对于单变量问题，这一迭代过程是收敛的，但对多自由度情况，由于未知量通过矩阵 **K** 耦合，不仅收敛速度慢，而且迭代过程不一定收敛。

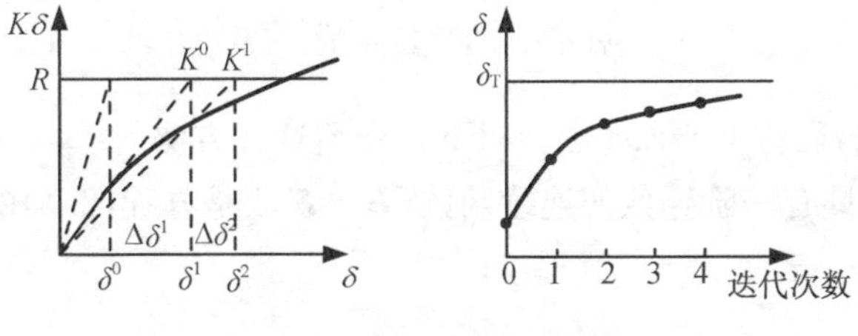

(a) 位移初值较小时的迭代过程

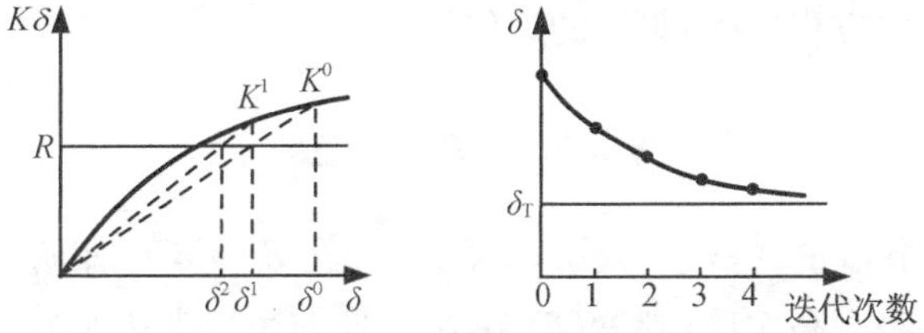

(b) 位移初值较大时的迭代过程

图 2. 1　F-δ 为凸曲线时的迭代过程

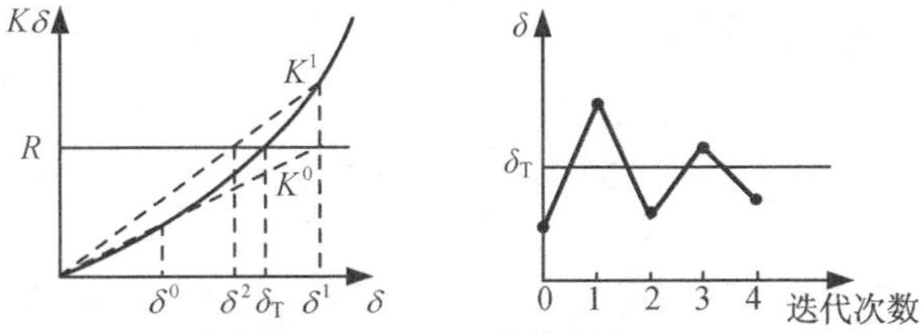

(a) 位移初值较小时的迭代过程

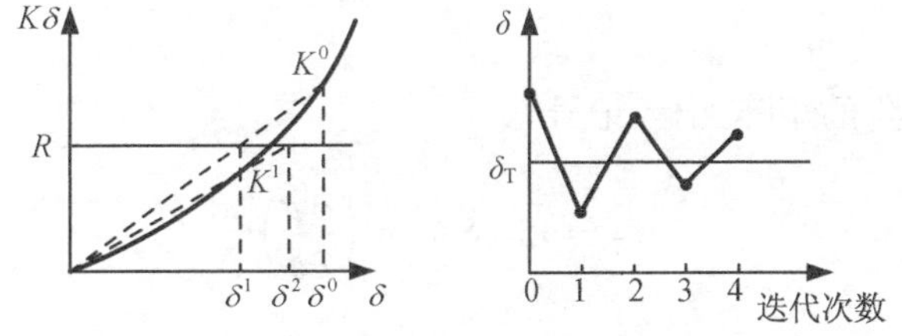

(b) 位移初值较大时的迭代过程

图 2. 2　F-δ 为凹曲线时的迭代过程

2.1.2 Newton-Raphson 方法

Newton-Raphson 方法是求解非线性方程组

$$\boldsymbol{\psi}(\boldsymbol{\delta}) \equiv \boldsymbol{F}(\boldsymbol{\delta}) - \boldsymbol{R} = \boldsymbol{0} \tag{2.4}$$

的一个著名方法，简称 Newton 法。以下将介绍这种方法。

设 $\boldsymbol{\Psi}(\boldsymbol{\delta})$ 为具有一阶导数的连续函数，$\boldsymbol{\delta} = \boldsymbol{\delta}^{i-1}$ 是方程(2.4)的第 $i-1$ ($i=1$, 2, …) 次近似解。若

$$\boldsymbol{\psi}^{i-1} = \boldsymbol{\psi}(\boldsymbol{\delta}^{i-1}) \equiv \boldsymbol{F}(\boldsymbol{\delta}^{i-1}) - \boldsymbol{R} \neq \boldsymbol{0}$$

希望能找到一个比方程(2.4)更好的近似解

$$\boldsymbol{\delta} = \boldsymbol{\delta}^{i} = \boldsymbol{\delta}^{i-1} + \Delta\boldsymbol{\delta}^{i} \tag{2.5}$$

$\Delta\boldsymbol{\delta}^{i}$ 为位移的微小增量，将(2.5)代入(2.4)，并在 $\boldsymbol{\delta} = \boldsymbol{\delta}^{i-1}$ 附近按 Taylor 级数展开，只取线性项，略去高次项，则 $\boldsymbol{\Psi}(\boldsymbol{\delta})$ 在 $\boldsymbol{\delta}^{i-1}$ 处的线性表达式为

$$\boldsymbol{\psi}^{i} = \boldsymbol{\psi}^{i-1} + \left(\frac{\partial \boldsymbol{\psi}}{\partial \boldsymbol{\delta}}\right)^{i-1} \Delta\boldsymbol{\delta}^{i}$$

其中

$$\left(\frac{\partial \boldsymbol{\psi}}{\partial \boldsymbol{\delta}}\right)^{i-1} = \left(\frac{\partial \boldsymbol{\psi}}{\partial \boldsymbol{\delta}}\right)_{\boldsymbol{\delta}=\boldsymbol{\delta}^{i-1}}$$

$$\frac{\partial \boldsymbol{\psi}}{\partial \boldsymbol{\delta}} \equiv \begin{Bmatrix} \psi_1 \\ \psi_2 \\ \vdots \\ \psi_n \end{Bmatrix} \begin{bmatrix} \dfrac{\partial}{\partial \delta_1} & \dfrac{\partial}{\partial \delta_2} & \cdots & \dfrac{\partial}{\partial \delta_n} \end{bmatrix}$$

这是一个 $n \times n$ 阶的矩阵，引入记号

$$\boldsymbol{K}_{\mathrm{T}}^{i} = \boldsymbol{K}_{\mathrm{T}}(\boldsymbol{\delta}^{i}) \equiv \left(\frac{\partial \boldsymbol{\psi}}{\partial \boldsymbol{\delta}}\right)^{i}$$

假定 $\boldsymbol{\delta}^{i}$ 为真实解，则由

$$\boldsymbol{\psi}(\boldsymbol{\delta}^{i}) = \boldsymbol{\psi}(\boldsymbol{\delta}^{i-1} + \Delta\boldsymbol{\delta}^{i}) = \boldsymbol{\psi}^{i-1} + \boldsymbol{K}_{\mathrm{T}}^{i-1} \Delta\boldsymbol{\delta}^{i} = \boldsymbol{0}$$

解出修正量 $\Delta\boldsymbol{\delta}^{i}$ 为

$$\Delta\boldsymbol{\delta}^i = -(\boldsymbol{K}_T^{i-1})^{-1}\boldsymbol{\psi}^{i-1} = (\boldsymbol{K}_T^{i-1})^{-1}(\boldsymbol{R}-\boldsymbol{F}^{i-1}) \tag{2.6}$$

由于这样确定的 $\Delta\boldsymbol{\delta}^i$ 仅考虑了 Taylor 级数的线性项，因而按式(2.6)和(2.5)求出的新解仍然是近似解，需要继续迭代。因此，Newton 法的迭代公式可归纳为

$$\begin{cases}\Delta\boldsymbol{\delta}^i = -(\boldsymbol{K}_T^{i-1})^{-1}\boldsymbol{\psi}^{i-1} = (\boldsymbol{K}_T^{i-1})^{-1}(\boldsymbol{R}-\boldsymbol{F}^{i-1}) \\ \boldsymbol{K}_T^{i-1} = \left(\dfrac{\partial\boldsymbol{\psi}}{\partial\boldsymbol{\delta}}\right)^{i-1} = \left(\dfrac{\partial\boldsymbol{F}}{\partial\boldsymbol{\delta}}\right)^{i-1} \\ \boldsymbol{\delta}^i = \boldsymbol{\delta}^{i-1} + \Delta\boldsymbol{\delta}^i\end{cases} \tag{2.7}$$

对于单变量的非线性问题，其迭代过程见图 2.3 和 2.4，可以看出 $K_T(\delta)$ 是曲线上通过点 $(\delta, K\delta)$ 的切线斜率，下标“T”表示切线。

Newton 法的收敛性是好的，但对某些非线性问题，如理想塑性和塑性软化问题，在迭代过程中 $\boldsymbol{K}_T$ 可能是奇异或病态的矩阵，于是 $\boldsymbol{K}_T$ 的求逆就会出现困难。为此，可引入一个阻尼因子 η，使矩阵 $\boldsymbol{K}_T^i+\eta^i\boldsymbol{I}$ 或者成为非奇异的，或者使它的病态减弱。这里 $\boldsymbol{I}$ 为 $n\times n$ 阶的单位矩阵。η^i 的作用是改变矩阵 $\boldsymbol{K}_T^i$ 主对角线元素不占优的情况。当 η^i 变大时，收敛速度变慢，当 $\eta^i\to 0$ 时，收敛速度最快。引入 η^i 后，式(2.7)中的 $\Delta\boldsymbol{\delta}^i$ 为

$$\Delta\boldsymbol{\delta}^i = -(\boldsymbol{K}_T^{i-1}+\eta^{i-1}\boldsymbol{I})^{-1}\boldsymbol{\psi}^{i-1} \tag{2.8}$$

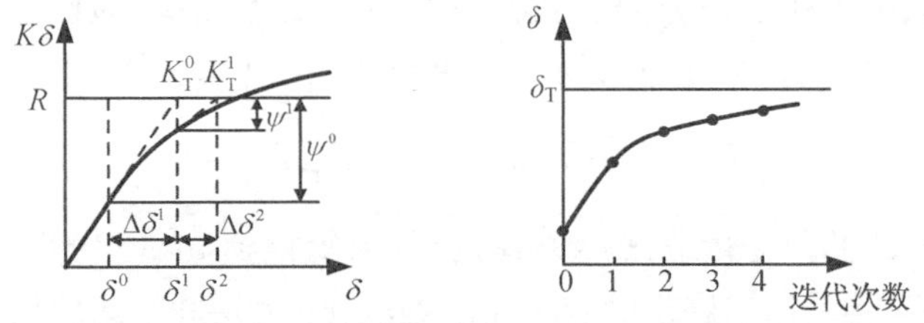

图 2.3　初值较小时 Newton 法迭代过程

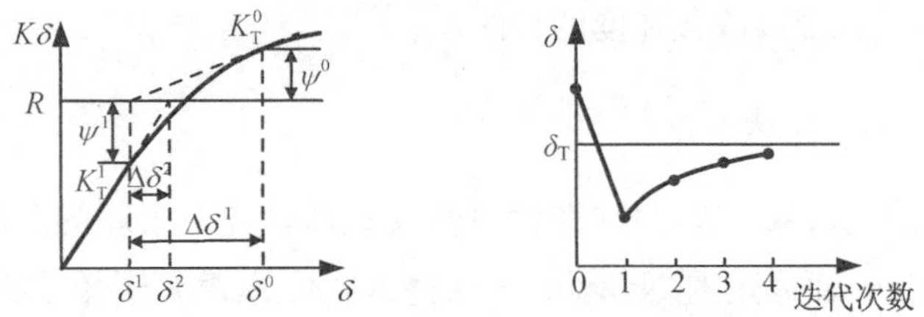

图 2.4　初值较大时 Newton 法迭代过程

2.1.3 修正的 Newton-Raphson 法

采用直接迭代法和 Newton 法求解非线性方程组时，在迭代过程的每一步都需要重新计算 $\boldsymbol{K}_{\mathrm{T}}^{i}$，计算工作量大。为此，将 Newton 法迭代公式中的 $\boldsymbol{K}_{\mathrm{T}}^{i}$ 改用初始矩阵 $\boldsymbol{K}_{\mathrm{T}}^{0}=\boldsymbol{K}_{\mathrm{T}}(\delta^{0})$，就成了修正的 Newton-Raphson 法（简称修正 Newton 法，图 2.5）。此时，仅第一步迭代需要完整求解一个线性方程组，并将三角分解后的 $\boldsymbol{K}_{\mathrm{T}}^{0}$ 存贮起来，以后的每一步迭代都采用公式(2.9)计算 $\Delta\boldsymbol{\delta}^{i}$

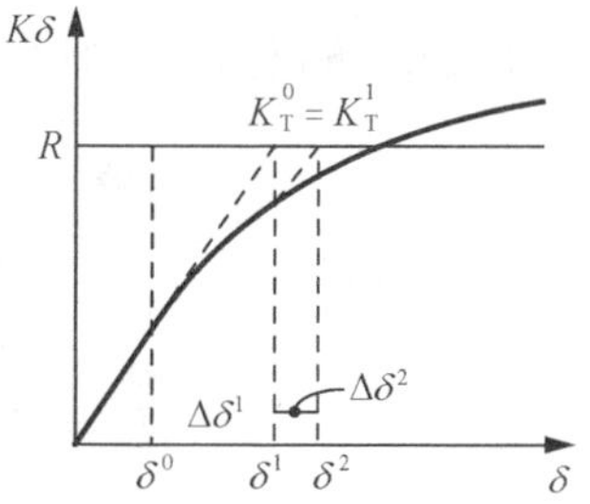

图 2.5 修正 Newton 法

$$\Delta\boldsymbol{\delta}^{i}=-(\boldsymbol{K}_{\mathrm{T}}^{0})^{-1}\boldsymbol{\psi}^{i-1} \tag{2.9}$$

这样，只需按式(2.9)右端的 $\boldsymbol{\psi}^{i}$ 进行回代即可。

修正 Newton 法的每一步迭代所用的计算时间较少，但迭代次数增加。为了提高收敛速度，可引入过量修正因子 w^{i}。在按(2.9)式求出 $\Delta\boldsymbol{\delta}^{i}$ 之后，采用下式计算修正解

$$\boldsymbol{\delta}^{i}=\boldsymbol{\delta}^{i-1}+w^{i}\Delta\boldsymbol{\delta}^{i} \tag{2.10}$$

w^{i} 为大于 1 的正数。可以采用一维搜索的方法确定 w^{i}，此时将 $\Delta\boldsymbol{\delta}^{i}$ 看作 n 维空间中的搜索方向，希望在这一方向上找到一个更好的近似值，即使不能得到精确解（使 $\boldsymbol{\psi}(\boldsymbol{\delta})=\boldsymbol{0}$ 的解），但可通过选择 w^{i}，使 $\boldsymbol{\psi}(\boldsymbol{\delta})$ 在搜索方向上的分量为零，即

$$G_{i}=(\Delta\boldsymbol{\delta}^{i})^{\mathrm{T}}\boldsymbol{\psi}(\boldsymbol{\delta}^{i-1}+w^{i}\Delta\boldsymbol{\delta}^{i})=0 \tag{2.11}$$

这是一个关于 w^{i} 的单变量非线性方程，容易求解得到 w^{i}。虽然一维搜索需要机时，但计算表明，将其用于修正的 Newton-Raphson 方法和下面的拟 Newton 法时，能够明显加快整个收敛过程。

在应用修正的 Newton 法时，还可以在每经过若干次迭代后再重新计算一个新的 $\boldsymbol{K}_{\mathrm{T}}^{0}$，也可达到提高收敛速度的目的。

2.1.4 拟 Newton 法

前面所谈的 Newton 法，每次迭代后需要重新计算一个新的劲度矩阵 $\boldsymbol{K}_{\mathrm{T}}$，单次计算时间较长。而修正的 Newton 法保持 $\boldsymbol{K}_{\mathrm{T}}^{0}$ 不变，缩短了单次迭代计算时间，但收敛性差。Davidon[3]最先提出拟 Newton 法的思想，Dennise 和 More[4]对该方法进行了深入探讨，Matthies 和 Strang[5]首先将此方法用于有限元计算。关于该

方法与相应程序的进一步工作可见参考文献[6]-[9]。

拟 Newton 法的主要思想是每次迭代后用一个简单的方法修正 $\boldsymbol{K}$，$\boldsymbol{K}$ 的修正要满足以下的拟牛顿方程

$$\boldsymbol{K}^i(\boldsymbol{\delta}^i-\boldsymbol{\delta}^{i-1})=\boldsymbol{\psi}(\boldsymbol{\delta}^i)-\boldsymbol{\psi}(\boldsymbol{\delta}^{i-1}) \tag{2.12}$$

上式表示 $\boldsymbol{K}^i$ 为割线劲度矩阵，它是导数 $(\partial\boldsymbol{\psi}/\partial\boldsymbol{\delta})_{\delta=\delta^{i-1}}$ 的近似表达式。对于单变量情况，由图2.6可知

$$\Delta\delta^1=(K^0)^{-1}(R-F^0)=-(K^0)^{-1}\psi^0$$

$$\delta^1=\delta^0+\Delta\delta^1$$

$$(K^1)^{-1}=\frac{\Delta\delta^1}{F^1-F^0}=\frac{\delta^1-\delta^0}{\psi^1-\psi^0}$$

$$\Delta\delta^2=(K^1)^{-1}(R-F^1)$$

……

$$(K^i)^{-1}=\frac{\Delta\delta^i}{\Delta\psi^i}=\frac{\delta^i-\delta^{i-1}}{\psi^i-\psi^{i-1}} \tag{2.13}$$

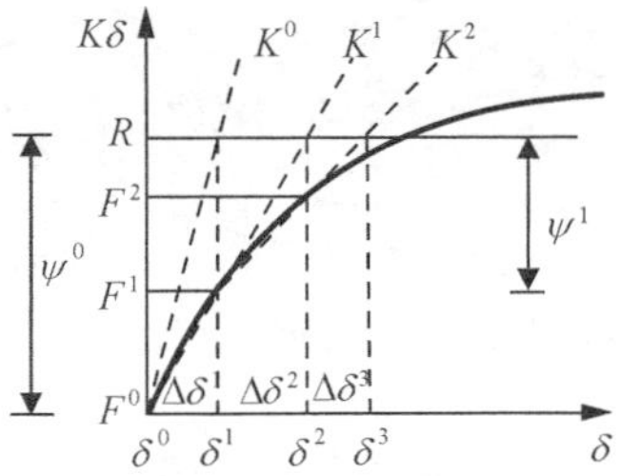

图 2.6　拟 Newton 法

显然，K^i 就是相应于 $\Delta\delta^i=\delta^i-\delta^{i-1}$ 与 $\Delta\psi^i=\psi^i-\psi^{i-1}$ 的割线劲度。但实际上对于多维情况，无法由(2.13)式求出 $\boldsymbol{K}^i$。我们可仿照位移的迭代公式来建立劲度矩阵逆矩阵的迭代公式

$$(\boldsymbol{K}^i)^{-1}=(\boldsymbol{K}^{i-1})^{-1}+(\Delta\boldsymbol{K}^i)^{-1} \tag{2.14}$$

那么，只要设法求出 $(\Delta\boldsymbol{K}^i)^{-1}$，就可以确定 $(\boldsymbol{K}^i)^{-1}$。得到 $(\boldsymbol{K}^i)^{-1}$ 后，再由它和拟牛顿方程(2.12)求出 $\Delta\boldsymbol{\delta}^i$

$$\Delta\boldsymbol{\delta}^i=(\boldsymbol{K}^i)^{-1}\Delta\boldsymbol{\psi}^i \tag{2.15}$$

关键的问题是如何确定 $(\Delta\boldsymbol{K}^i)^{-1}$ 。现假定修正矩阵 $(\Delta\boldsymbol{K}^i)^{-1}$ 的秩 $m\geqslant 1$(通常取 $m=1$ 或 2)。对于秩为 m 的 $N\times N$ 阶矩阵，总可以将它表示为 $\boldsymbol{A}\boldsymbol{B}^{\mathrm{T}}$ 的形式，$\boldsymbol{A}$ 和 $\boldsymbol{B}$ 均为 $N\times m$ 阶矩阵。以下介绍计算 $(\Delta\boldsymbol{K}^i)^{-1}$ 的秩 1($m=1$)和秩 2($m=2$)算法。

(1) 秩 1 算法

修正矩阵 $(\Delta\boldsymbol{K}^i)^{-1}$ 表示为

$$(\Delta\boldsymbol{K}^i)^{-1}=\boldsymbol{A}\boldsymbol{B}^{\mathrm{T}} \tag{2.16}$$

其中 $\boldsymbol{A}$ 和 $\boldsymbol{B}$ 均为 $N\times 1$ 阶向量。将(2.16)式代入(2.14)后，再将(2.14)式代入(2.15)式可得

$$\boldsymbol{A}\boldsymbol{B}^{\mathrm{T}}\Delta\boldsymbol{\psi}^{i}=\Delta\boldsymbol{\delta}^{i}-(\boldsymbol{K}^{i-1})^{-1}\Delta\boldsymbol{\psi}^{i}$$

若 $\boldsymbol{B}^{\mathrm{T}}\Delta\boldsymbol{\psi}^{i}\neq 0$，则

$$\boldsymbol{A}=[\Delta\boldsymbol{\delta}^{i}-(\boldsymbol{K}^{i-1})^{-1}\Delta\boldsymbol{\psi}^{i}]/\boldsymbol{B}^{\mathrm{T}}\Delta\boldsymbol{\psi}^{i} \tag{2.17}$$

将式(2.17)代入式(2.16)得

$$(\Delta\boldsymbol{K}^{i})^{-1}=\xi[\Delta\boldsymbol{\delta}^{i}-(\boldsymbol{K}^{i-1})^{-1}\Delta\boldsymbol{\psi}^{i}]\boldsymbol{B}^{\mathrm{T}} \tag{2.18}$$

式中

$$\xi=\begin{cases}\dfrac{1}{\boldsymbol{B}^{\mathrm{T}}\Delta\boldsymbol{\psi}^{i}} & \text{当 } \Delta\boldsymbol{\psi}^{i}\neq\boldsymbol{0}\text{ 时}\\ 0 & \text{当 } \Delta\boldsymbol{\psi}^{i}=\boldsymbol{0}\text{ 时}\end{cases} \tag{2.19}$$

若取 $\boldsymbol{B}^{\mathrm{T}}=(\Delta\boldsymbol{\psi}^{i})^{\mathrm{T}}(\boldsymbol{K}^{i-1})^{-1}$，由式(2.18)和式(2.19)得

$$(\Delta\boldsymbol{K}^{i})^{-1}=[\Delta\boldsymbol{\delta}^{i}-(\boldsymbol{K}^{i-1})^{-1}\Delta\boldsymbol{\psi}^{i}]\frac{(\Delta\boldsymbol{\psi}^{i})^{\mathrm{T}}(\boldsymbol{K}^{i-1})^{-1}}{(\Delta\boldsymbol{\psi}^{i})^{\mathrm{T}}(\boldsymbol{K}^{i-1})^{-1}\Delta\boldsymbol{\psi}^{i}}\ (\text{当 } \Delta\boldsymbol{\psi}^{i}\neq\boldsymbol{0}\text{ 时}) \tag{2.20}$$

根据上式和式(2.14)求出的 $(\boldsymbol{K}^{i})^{-1}$ 是不对称的，因而式(2.20)是非对称秩 1 算法。

若取 $\boldsymbol{B}=\Delta\boldsymbol{\delta}^{i}-(\boldsymbol{K}^{i-1})^{-1}\Delta\boldsymbol{\psi}^{i}$，由(2.18)和(2.19)式，当 $\Delta\boldsymbol{\delta}^{i}\neq(\boldsymbol{K}^{i-1})^{-1}\Delta\boldsymbol{\psi}^{i}$ 时，可得

$$(\Delta\boldsymbol{K}^{i})^{-1}=[\Delta\boldsymbol{\delta}^{i}-(\boldsymbol{K}^{i-1})^{-1}\Delta\boldsymbol{\psi}^{i}]\frac{[\Delta\boldsymbol{\delta}^{i}-(\boldsymbol{K}^{i-1})^{-1}\Delta\boldsymbol{\psi}^{i}]^{\mathrm{T}}}{[\Delta\boldsymbol{\delta}^{i}-(\boldsymbol{K}^{i-1})^{-1}\Delta\boldsymbol{\psi}^{i}]^{\mathrm{T}}\Delta\boldsymbol{\psi}^{i}} \tag{2.21}$$

可以看出，只要初始逆矩阵 $(\boldsymbol{K}^{0})^{-1}$ 是对称的，那么，按式(2.21)和(2.14)求出的 $(\boldsymbol{K}^{i})^{-1}$ 总是对称矩阵。所以，式(2.21)是对称秩 1 算法。

(2) 秩 2 算法

一个 $N\times N$ 阶的秩 2 矩阵，总可以表示为

$$(\Delta\boldsymbol{K}^{i})^{-1}=[\boldsymbol{A}_{1}\quad\boldsymbol{A}_{2}]\begin{bmatrix}\boldsymbol{B}_{1}^{\mathrm{T}}\\ \boldsymbol{B}_{2}^{\mathrm{T}}\end{bmatrix}=\boldsymbol{A}_{1}\boldsymbol{B}_{1}^{\mathrm{T}}+\boldsymbol{A}_{2}\boldsymbol{B}_{2}^{\mathrm{T}} \tag{2.22}$$

式中 $\boldsymbol{A}_1$、$\boldsymbol{A}_2$、$\boldsymbol{B}_1$ 和 $\boldsymbol{B}_2$ 均为 $N\times 1$ 维向量。将上式代入式(2.14)，再代入式(2.15)得

$$\boldsymbol{A}_{1}\boldsymbol{B}_{1}^{\mathrm{T}}\Delta\boldsymbol{\psi}^{i}+\boldsymbol{A}_{2}\boldsymbol{B}_{2}^{\mathrm{T}}\Delta\boldsymbol{\psi}^{i}=\Delta\boldsymbol{\delta}^{i}-(\boldsymbol{K}^{i-1})^{-1}\Delta\boldsymbol{\psi}^{i} \tag{2.23}$$

为满足式(2.23)，可取

$$\boldsymbol{A}_{1}=\frac{\Delta\boldsymbol{\delta}^{i}}{\boldsymbol{B}_{1}^{\mathrm{T}}\Delta\boldsymbol{\psi}^{i}}\quad \boldsymbol{A}_{2}=-\frac{(\boldsymbol{K}^{i-1})^{-1}\Delta\boldsymbol{\psi}^{i}}{\boldsymbol{B}_{2}^{\mathrm{T}}\Delta\boldsymbol{\psi}^{i}}$$

代回式(2.22)得

$$(\Delta \boldsymbol{K}^{i})^{-1}=\xi_{1}\Delta \boldsymbol{\delta}^{i}\boldsymbol{B}_{1}^{\mathrm{T}}-\xi_{2}(\boldsymbol{K}^{i-1})^{-1}\Delta \boldsymbol{\psi}^{i}\boldsymbol{B}_{2}^{\mathrm{T}} \tag{2.24}$$

其中

$$\xi_{1}=\begin{cases}\dfrac{1}{\boldsymbol{B}_{1}^{\mathrm{T}}\Delta \boldsymbol{\psi}^{i}} & 当\ \Delta \boldsymbol{\psi}^{i}\neq \boldsymbol{0}\ 时\\ 0 & 当\ \Delta \boldsymbol{\psi}^{i}=\boldsymbol{0}\ 时\end{cases} \tag{2.25}$$

$$\xi_{2}=\begin{cases}\dfrac{1}{\boldsymbol{B}_{2}^{\mathrm{T}}\Delta \boldsymbol{\psi}^{i}} & 当\ \Delta \boldsymbol{\psi}^{i}\neq \boldsymbol{0}\ 时\\ 0 & 当\ \Delta \boldsymbol{\psi}^{i}=\boldsymbol{0}\ 时\end{cases} \tag{2.26}$$

为了使它具有更普遍的意义，考虑作以下的变换

$$\bar{\boldsymbol{B}}_{1}^{\mathrm{T}}=\frac{\boldsymbol{B}_{1}^{\mathrm{T}}}{\boldsymbol{B}_{1}^{\mathrm{T}}\Delta \boldsymbol{\psi}^{i}}\quad \bar{\boldsymbol{B}}_{2}^{\mathrm{T}}=\frac{\boldsymbol{B}_{2}^{\mathrm{T}}}{\boldsymbol{B}_{2}^{\mathrm{T}}\Delta \boldsymbol{\psi}^{i}}$$

则显然有

$$\bar{\boldsymbol{B}}_{1}^{\mathrm{T}}\Delta \boldsymbol{\psi}^{i}=\bar{\boldsymbol{B}}_{2}^{\mathrm{T}}\Delta \boldsymbol{\psi}^{i}=1 \tag{2.27}$$

于是式(2.24)成为

$$(\Delta \boldsymbol{K}^{i})^{-1}=\Delta \boldsymbol{\delta}^{i}\,\bar{\boldsymbol{B}}_{1}^{\mathrm{T}}-(\boldsymbol{K}^{i-1})^{-1}\Delta \boldsymbol{\psi}^{i}\,\bar{\boldsymbol{B}}_{2}^{\mathrm{T}} \tag{2.28}$$

引入参数 β，将 $\bar{\boldsymbol{B}}_{1}^{\mathrm{T}}$ 和 $\bar{\boldsymbol{B}}_{2}^{\mathrm{T}}$ 取为如下的组合形式

$$\bar{\boldsymbol{B}}_{1}^{\mathrm{T}}=[1+\beta(\Delta \boldsymbol{\psi}^{i})^{\mathrm{T}}(\boldsymbol{K}^{i-1})^{-1}\Delta \boldsymbol{\psi}^{i}]\frac{(\Delta \boldsymbol{\delta}^{i})^{\mathrm{T}}}{(\Delta \boldsymbol{\delta}^{i})^{\mathrm{T}}\Delta \boldsymbol{\psi}^{i}}-\beta(\Delta \boldsymbol{\psi}^{i})^{\mathrm{T}}(\boldsymbol{K}^{i-1})^{-1}$$
$$[(\Delta \boldsymbol{\delta}^{i})^{\mathrm{T}}\Delta \boldsymbol{\psi}^{i}\neq 0] \tag{2.29}$$

$$\bar{\boldsymbol{B}}_{2}^{\mathrm{T}}=[1-\beta(\Delta \boldsymbol{\delta}^{i})^{\mathrm{T}}\Delta \boldsymbol{\psi}^{i}]\frac{(\Delta \boldsymbol{\psi}^{i})^{\mathrm{T}}(\boldsymbol{K}^{i-1})^{-1}}{(\Delta \boldsymbol{\psi}^{i})^{\mathrm{T}}(\boldsymbol{K}^{i-1})^{-1}\Delta \boldsymbol{\psi}^{i}}+\beta(\Delta \boldsymbol{\delta}^{i})^{\mathrm{T}}$$
$$[(\Delta \boldsymbol{\psi}^{i})^{\mathrm{T}}(\boldsymbol{K}^{i-1})^{-1}\Delta \boldsymbol{\psi}^{i}\neq 0] \tag{2.30}$$

显然，这样选择的 $\bar{\boldsymbol{B}}_{1}^{\mathrm{T}}$ 和 $\bar{\boldsymbol{B}}_{2}^{\mathrm{T}}$ 满足式(2.27)。现将式(2.29)和式(2.30)代入式(2.28)得

$$\begin{aligned}(\Delta \boldsymbol{K}^{i})^{-1}=&\frac{\Delta \boldsymbol{\delta}^{i}(\Delta \boldsymbol{\delta}^{i})^{\mathrm{T}}}{(\Delta \boldsymbol{\delta}^{i})^{\mathrm{T}}\Delta \boldsymbol{\psi}^{i}}-\frac{(\boldsymbol{K}^{i-1})^{-1}\Delta \boldsymbol{\psi}^{i}(\Delta \boldsymbol{\psi}^{i})^{\mathrm{T}}(\boldsymbol{K}^{i-1})^{-1}}{(\Delta \boldsymbol{\psi}^{i})^{\mathrm{T}}(\boldsymbol{K}^{i-1})^{-1}\Delta \boldsymbol{\psi}^{i}}\\&+\beta\Big[(\Delta \boldsymbol{\psi}^{i})^{\mathrm{T}}(\boldsymbol{K}^{i-1})^{-1}\Delta \boldsymbol{\psi}^{i}\ \frac{\Delta \boldsymbol{\delta}^{i}(\Delta \boldsymbol{\delta}^{i})^{\mathrm{T}}}{(\Delta \boldsymbol{\delta}^{i})^{\mathrm{T}}\Delta \boldsymbol{\psi}^{i}}\\&+(\Delta \boldsymbol{\delta}^{i})^{\mathrm{T}}\Delta \boldsymbol{\psi}^{i}\ \frac{(\boldsymbol{K}^{i-1})^{-1}\Delta \boldsymbol{\psi}^{i}(\Delta \boldsymbol{\psi}^{i})^{\mathrm{T}}(\boldsymbol{K}^{i-1})^{-1}}{(\Delta \boldsymbol{\psi}^{i})^{\mathrm{T}}(\boldsymbol{K}^{i-1})^{-1}\Delta \boldsymbol{\psi}^{i}}\\&-\Delta \boldsymbol{\delta}^{i}(\Delta \boldsymbol{\psi}^{i})^{\mathrm{T}}(\boldsymbol{K}^{i-1})^{-1}-(\boldsymbol{K}^{i-1})^{-1}\Delta \boldsymbol{\psi}^{i}(\Delta \boldsymbol{\delta}^{i})^{\mathrm{T}}\Big]\end{aligned} \tag{2.31}$$

可以看出，只要初始逆矩阵 $(\boldsymbol{K}^0)^{-1}$ 是对称的，那么，按式(2.31)和式(2.14)得到的 $(\boldsymbol{K}^i)^{-1}$ 总是对称矩阵，因而式(2.31)是对称的秩 2 算法。

如令式(2.31)中的 $\beta=0$，便得到 DFP (Davidon-Fletcher-Powell) 公式[5]

$$(\Delta\boldsymbol{K}^i)^{-1}=\frac{\Delta\boldsymbol{\delta}^i(\Delta\boldsymbol{\delta}^i)^{\mathrm{T}}}{(\Delta\boldsymbol{\delta}^i)^{\mathrm{T}}\Delta\boldsymbol{\psi}^i}-\frac{(\boldsymbol{K}^{i-1})^{-1}\Delta\boldsymbol{\psi}^i(\Delta\boldsymbol{\psi}^i)^{\mathrm{T}}(\boldsymbol{K}^{i-1})^{-1}}{(\Delta\boldsymbol{\psi}^i)^{\mathrm{T}}(\boldsymbol{K}^{i-1})^{-1}\Delta\boldsymbol{\psi}^i} \tag{2.32}$$

如令 $\beta=((\Delta\boldsymbol{\delta}^i)^{\mathrm{T}}\Delta\boldsymbol{\psi}^i)^{-1}$，可得 BFS (Broyden-Fletcher-shanno) 公式[5]

$$\begin{aligned}(\Delta\boldsymbol{K}^i)^{-1}=&\left(1+\frac{(\Delta\boldsymbol{\psi}^i)^{\mathrm{T}}(\boldsymbol{K}^{i-1})^{-1}\Delta\boldsymbol{\psi}^i}{(\Delta\boldsymbol{\delta}^i)^{\mathrm{T}}\Delta\boldsymbol{\psi}^i}\right)\frac{\Delta\boldsymbol{\delta}^i(\Delta\boldsymbol{\delta}^i)^{\mathrm{T}}}{(\Delta\boldsymbol{\delta}^i)^{\mathrm{T}}\Delta\boldsymbol{\psi}^i}+\\&-\frac{\Delta\boldsymbol{\delta}^i(\Delta\boldsymbol{\psi}^i)^{\mathrm{T}}(\boldsymbol{K}^{i-1})^{-1}+(\boldsymbol{K}^{i-1})^{-1}\Delta\boldsymbol{\psi}^i(\Delta\boldsymbol{\delta}^i)^{\mathrm{T}}}{(\Delta\boldsymbol{\delta}^i)^{\mathrm{T}}\Delta\boldsymbol{\psi}^i}\end{aligned} \tag{2.33}$$

式(2.20)、(2.21)、(2.32)和(2.33)中的任一个与式(2.14)、(2.15)联立，便构成解非线性方程组的拟 Newton 法。实践表明，BFS 的秩 2 算法是目前最成功的算法之一，它具有较好的数值稳定性。

从以上迭代法的计算过程可以看出，随着迭代次数的增加，失衡力 $\boldsymbol{\psi}^i=\boldsymbol{K}^i\boldsymbol{\delta}^i-\boldsymbol{R}$ 逐渐减小，并趋于平衡。可见迭代法就是用总荷载作用下不平衡的线性解去逐步逼近平衡的非线性解，迭代的过程就是消除失衡力的过程。对于不同的迭代方法，这一过程的快慢，也就是收敛速度是不同的。Newton 法最快，拟 Newton 法次之，修正的 Newton 法最慢。理论上可证明，Newton 法的收敛速度为二次，修正的 Newton 法收敛速度只有一次，BFS 秩 2 拟 Newton 法的收敛速度介于一次和二次之间。不过，各种方法的效率不仅与收敛速度有关，还与每一步迭代所需的计算量有关。Newton 法每一步的计算量最大，拟 Newton 法次之，修正 Newton 法最小。因而对于某个具体问题，往往需要进行数值实验，才能判断哪个方法较好。不同问题可选用不同方法，究竟用哪一种？与所研究问题的性质、计算规模及容许误差等多种因素有关。

2.2 增量法

在用线性化方法求解非线性方程组时，若对荷载增量而不是总荷载进行线性化处理，则称增量法。它的基本思想是将总荷载分成许多小的荷载部分(增量)，每次施加一个荷载增量。对于每一级荷载增量，可假定方程是线性的，劲度矩阵 $\boldsymbol{K}$ 为常矩阵。而对不同级别的荷载增量，$\boldsymbol{K}$ 是变化的。这样，求出相应于每级增量荷载的位移增量 $\Delta\boldsymbol{\delta}$，对它累加，就可得到总位移。这一过程实际上就是以一系列的线性问题代替非线性问题。

2.2.1　Euler 法

设 $\bar{\boldsymbol{R}}$ 为总荷载,引入参数 λ——荷载因子,令 $\boldsymbol{R}=\lambda\bar{\boldsymbol{R}}$,则非线性方程组成为

$$\boldsymbol{\psi}(\boldsymbol{\delta},\ \lambda)=\boldsymbol{F}(\boldsymbol{\delta})-\boldsymbol{R}=\boldsymbol{F}(\boldsymbol{\delta})-\lambda\bar{\boldsymbol{R}}=\boldsymbol{0} \tag{2.34}$$

问题成为对一个任意给定的 $\lambda\ (\lambda\geqslant 0)$,求 $\boldsymbol{\delta}=\boldsymbol{\delta}(\lambda)$。现设 $\boldsymbol{\delta}$ 是对应于 λ 的解,而 $\boldsymbol{\delta}+\Delta\boldsymbol{\delta}$ 是对应于 $\lambda+\Delta\lambda$ 的解,则有

$$\boldsymbol{\psi}(\boldsymbol{\delta},\ \lambda)=\boldsymbol{\psi}(\boldsymbol{\delta}+\Delta\boldsymbol{\delta},\ \lambda+\Delta\lambda)=\boldsymbol{0} \tag{2.35}$$

上式按 Taylor 级数展开

$$\boldsymbol{\psi}(\boldsymbol{\delta}+\Delta\boldsymbol{\delta},\ \lambda+\Delta\lambda)=\boldsymbol{\psi}(\boldsymbol{\delta},\ \lambda)+\frac{\partial\boldsymbol{\psi}}{\partial\boldsymbol{\delta}}\Delta\boldsymbol{\delta}+\frac{\partial\boldsymbol{\psi}}{\partial\lambda}\Delta\lambda+\cdots$$

略去高次项,保留线性项。令 $\boldsymbol{K}_{\mathrm{T}}(\boldsymbol{\delta},\ \lambda)=\dfrac{\partial\boldsymbol{\psi}}{\partial\boldsymbol{\delta}}$,并注意 $\dfrac{\partial\boldsymbol{\psi}}{\partial\lambda}=-\bar{\boldsymbol{R}}$ 和式(2.34),可得

$$\Delta\boldsymbol{\delta}=\boldsymbol{K}_{\mathrm{T}}^{-1}\bar{\boldsymbol{R}}\Delta\lambda=\boldsymbol{K}_{\mathrm{T}}^{-1}\Delta\boldsymbol{R} \tag{2.36}$$

$\Delta\boldsymbol{R}=\Delta\lambda\bar{\boldsymbol{R}}$ 为荷载增量,式(2.36)就是增量法的基本公式。现设

$$0=\lambda_0<\lambda_1<\lambda_2<\cdots<\lambda_M=1$$

将 λ_M 分成 M 个增量

$$\Delta\lambda_m=\lambda_m-\lambda_{m-1},\ \sum_{m=1}^{M}\Delta\lambda_m=1 \tag{2.37}$$

此时,第 m 级荷载增量为

$$\Delta\boldsymbol{R}_m=\boldsymbol{R}_m-\boldsymbol{R}_{m-1}=\Delta\lambda_m\bar{\boldsymbol{R}} \tag{2.38}$$

迭代公式(2.36)成为

$$\begin{cases}\Delta\boldsymbol{\delta}_m=\boldsymbol{K}_{\mathrm{T}}^{-1}(\boldsymbol{\delta}_{m-1},\ \lambda_{m-1})\bar{\boldsymbol{R}}\Delta\lambda_m=\boldsymbol{K}_{\mathrm{T},\ m-1}^{-1}\Delta\boldsymbol{R}_m\\ \boldsymbol{\delta}_m=\boldsymbol{\delta}_{m-1}+\Delta\boldsymbol{\delta}_m\end{cases} \tag{2.39}$$

初始值可取 $\lambda_0=0$, $\boldsymbol{R}_0=\boldsymbol{0}$, $\boldsymbol{\delta}_0=\boldsymbol{0}$。$\Delta\lambda_m$ 一般可取等分值,也可按 2.5 节方法计算。根据位移增量 $\Delta\boldsymbol{\delta}_m$,可求出应变增量 $\Delta\boldsymbol{\varepsilon}_m$ 和应力增量 $\Delta\boldsymbol{\sigma}_m$,则

$$\boldsymbol{\varepsilon}_m=\boldsymbol{\varepsilon}_{m-1}+\Delta\boldsymbol{\varepsilon}_m \tag{2.40}$$

$$\boldsymbol{\sigma}_m=\boldsymbol{\sigma}_{m-1}+\Delta\boldsymbol{\sigma}_m \tag{2.41}$$

以上式中,$\boldsymbol{K}_{\mathrm{T},\ 0}$ 为初始切线劲度矩阵,$\boldsymbol{K}_{\mathrm{T},\ m-1}$ 是对应于第 m 级荷载开始时位移状

态 $\boldsymbol{\delta}_{m-1}$ 的切线劲度矩阵，式(2.39)是基本的增量法，又称 Euler 法，对一维问题，其求解过程如图 2.7 所示。

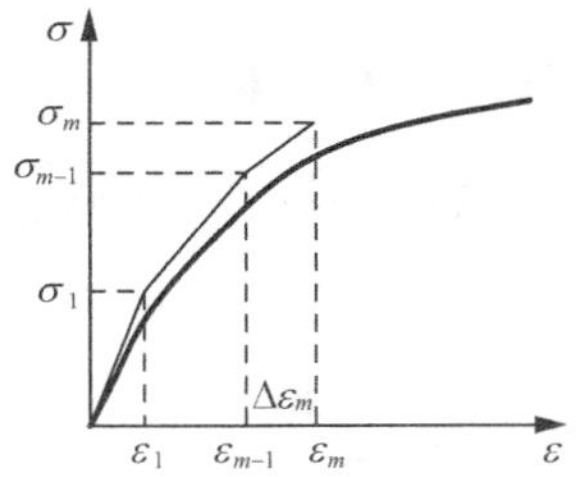

(a) 应力与应变

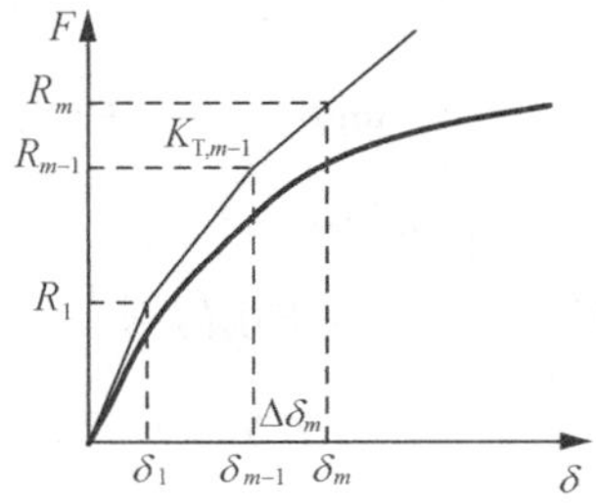

(b) 荷载与位移

图 2.7　一维 Euler 法

从图 2.7 可以看出，每步计算都会引起偏差，使折线偏离曲线，即解答产生漂移，随着求解步数的增加，由于偏差的积累使最后的解答离开真解较远，从而降低了计算精度，为此有必要对这一方法进行改进。

2.2.2　修正的 Euler 法

将由 Euler 法第 m 级荷载增量求得的 $\boldsymbol{\delta}_m$ 作为中间结果记为 $\boldsymbol{\delta}'_m$，它与前一级结果 $\boldsymbol{\delta}_{m-1}$ 加权平均为

$$\boldsymbol{\delta}_{m-\theta} = \theta\boldsymbol{\delta}_{m-1} + (1-\theta)\boldsymbol{\delta}'_m \tag{2.42}$$

式中 θ 为加权系数，由 $\boldsymbol{\delta}_{m-\theta}$ 确定 $\boldsymbol{K}_{\mathrm{T},\,m-\theta}$，并代替式(2.39)中的 $\boldsymbol{K}_{\mathrm{T},\,m-1}$，则得

$$\begin{cases} \Delta\boldsymbol{\delta}_m = \boldsymbol{K}_{\mathrm{T},\,m-\theta}^{-1}\Delta\boldsymbol{R}_m \\ \boldsymbol{\delta}_m = \boldsymbol{\delta}_{m-1} + \Delta\boldsymbol{\delta}_m \end{cases} \tag{2.43}$$

上式就是修正 Euler 法的基本公式，实际计算步骤为

(1) 根据加权系数 θ 计算荷载增量 $\Delta\boldsymbol{R}_{m-\theta} = \boldsymbol{R}_{m-\theta} - \boldsymbol{R}_{m-1}$

其中

$$\boldsymbol{R}_{m-\theta} = \theta\boldsymbol{R}_{m-1} + (1-\theta)\boldsymbol{R}_m$$

则有

$$\Delta\boldsymbol{R}_{m-\theta} = (1-\theta)(\boldsymbol{R}_m - \boldsymbol{R}_{m-1}) \tag{2.44}$$

按下式计算中间位移 $\boldsymbol{\delta}_{m-\theta}$

$$\begin{cases} \Delta\boldsymbol{\delta}_{m-\theta} = \boldsymbol{K}_{\mathrm{T},\,m-1}^{-1}\Delta\boldsymbol{R}_{m-\theta} \\ \boldsymbol{\delta}_{m-\theta} = \boldsymbol{\delta}_{m-1} + \Delta\boldsymbol{\delta}_{m-\theta} \end{cases} \tag{2.45}$$

(2) 计算相应于 $\boldsymbol{\delta}_{m-\theta}$ 的劲度矩阵 $\boldsymbol{K}_{\mathrm{T},\,m-\theta}$。

(3) 施加全部荷载增量 $\Delta\boldsymbol{R}_m$，按式(2.43)计算 $\boldsymbol{\delta}_m$。

单变量的修正 Euler 法求解过程如图 2.8 所示。当 $\theta = 0.5$ 时，修正的 Euler 法就是 Runge-Kutta 法。

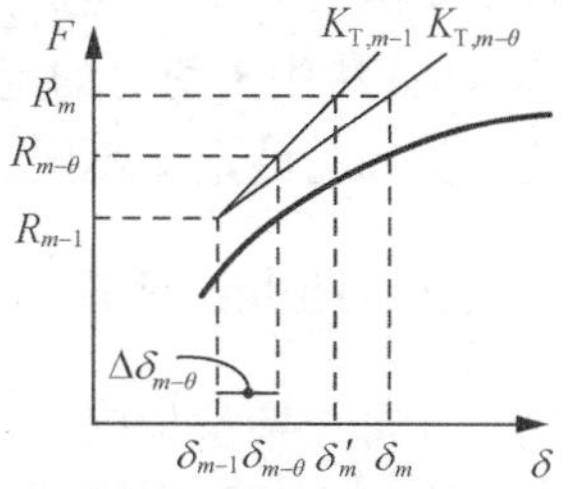

图 2.8　修正 Euler 法

2.3　混合法

如对同一非线性方程组混合使用增量法和迭代法，则称为混合法或增量迭代法。一般在总体上采用 Euler 增量法，而在同一级荷载增量内，采用迭代法。

2.3.1　Euler-Newton 法

在增量步内采用 Newton 迭代法。现以 $\boldsymbol{\delta}_m^0$ 和 $\boldsymbol{\delta}_m$ 分别表示第 m 级荷载增量时 $\boldsymbol{\delta}$ 的初值和终值，以 $\boldsymbol{R}_{m-1}$ 和 $\boldsymbol{R}_m$ 表示第 m 级增量时 $\boldsymbol{R}$ 的初值和终值，注意到

$$\boldsymbol{\delta}_m^0 = \boldsymbol{\delta}_{m-1} \quad \boldsymbol{K}_{\mathrm{T},\,m}^0 = \boldsymbol{K}_{\mathrm{T},\,m-1}$$

$$\boldsymbol{R}_m = \lambda_m \bar{\boldsymbol{R}} \quad \boldsymbol{\psi}_m^i = \boldsymbol{F}_m^i - \boldsymbol{R}_{m-1}$$

则由式(2.7)得第 m 增量步的迭代公式

$$\begin{cases}\Delta\boldsymbol{\delta}_m^i = (\boldsymbol{K}_{\mathrm{T},\,m}^{i-1})^{-1}(\lambda_m\bar{\boldsymbol{R}} - \boldsymbol{F}_m^{i-1}) = (\boldsymbol{K}_{\mathrm{T},\,m}^{i-1})^{-1}(\Delta\boldsymbol{R}_m - \boldsymbol{\psi}_m^{i-1})\\ \boldsymbol{\delta}_m^i = \boldsymbol{\delta}_m^{i-1} + \Delta\boldsymbol{\delta}_m^i\end{cases} \tag{2.46}$$

逐步迭代的过程可由图 2.9 所示的一维问题清楚地看出。

如果每一增量步内只迭代一次，此时

$$\boldsymbol{\delta}_m^1 = \boldsymbol{\delta}_m$$

$$\Delta\boldsymbol{\delta}_m^1 = \Delta\boldsymbol{\delta}_m$$

则对第 m 增量步有

$$\begin{cases}\Delta\boldsymbol{\delta}_m = (\boldsymbol{K}_{\mathrm{T},\,m}^0)^{-1}(\Delta R_m - \boldsymbol{\psi}_m^0)\\ \boldsymbol{\delta}_m = \boldsymbol{\delta}_{m-1} + \Delta\boldsymbol{\delta}_m\end{cases} \tag{2.47}$$

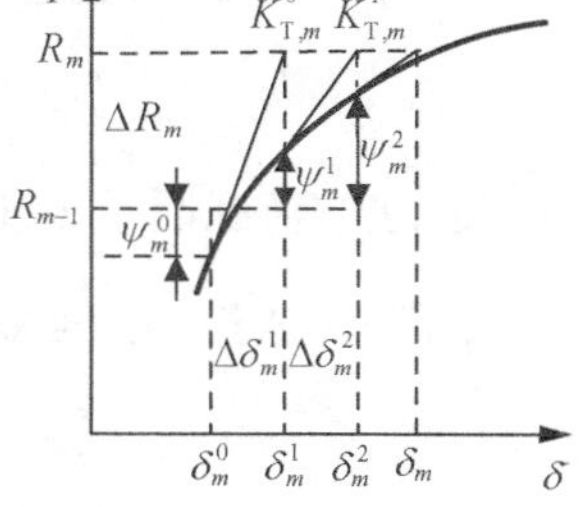

图 2.9　Euler-Newton 法

这实际上是对 Euler 法所产生的、与真解偏差的修正，因而称为自修正方法。若前一增量步的计算结果精确时，式(2.34)成立，则自修正方法退化到 Euler 法。

从图 2.9 可知，第 m 级荷载的起始点就是第 $m-1$ 级荷载的最后一次迭代。假定第 $m-1$ 级荷载一共迭

代了 I 次，则 $\boldsymbol{\psi}_m^0 = \boldsymbol{F}_m^0 - \boldsymbol{R}_{m-1} \equiv \boldsymbol{\psi}_{m-1}^I = \boldsymbol{F}_{m-1}^I - \boldsymbol{R}_{m-1}$ 的物理意义与 2.1.2 节 Newton 法中失衡力的定义相同，但从 $i=1$ 开始，$\boldsymbol{\psi}_m^i = \boldsymbol{F}_m^i - \boldsymbol{R}_{m-1}$，则与 Newton 法中失衡力的定义不同。

2.3.2 Euler-修正 Newton 法

在每一增量步内，采用修正的 Newton 法，取其初始的切线劲度矩阵作为该增量步内不变的劲度矩阵，则由于

$$\boldsymbol{K}_{\mathrm{T},m}^{i-1} = \boldsymbol{K}_{\mathrm{T},m}^{0} = \boldsymbol{K}_{\mathrm{T},m-1}$$

$$\boldsymbol{\delta}_m^0 = \boldsymbol{\delta}_{m-1},\ \boldsymbol{R}_m = \lambda_m \bar{\boldsymbol{R}}$$

所以，在第 m 增量步内有

$$\begin{cases}\Delta\boldsymbol{\delta}_m^i = (\boldsymbol{K}_{\mathrm{T},m-1})^{-1}(\lambda_m\bar{\boldsymbol{R}} - \boldsymbol{F}_m^{i-1}) = (\boldsymbol{K}_{\mathrm{T},m-1})^{-1}(\Delta\boldsymbol{R}_m - \boldsymbol{\psi}_m^{i-1}) \\ \boldsymbol{\delta}_m^i = \boldsymbol{\delta}_m^{i-1} + \Delta\boldsymbol{\delta}_m^i\end{cases} \tag{2.48}$$

按同样的思路，还可给出 Euler-拟 Newton 法。

2.4 软化问题的非线性求解

前面的非线性方程求解方法适合于强化问题，难以分析图 2.10 的峰值点和软化下降段。对此，研究人员和工程师们已经进行了不少研究[10]-[11]，其中，弧长法和各种改进的弧长法是解决此类问题的有力工具，尤其适合结构破坏全过程分析中对峰值点和软化问题的求解。国内外学者经过几十年的努力，已经形成比较完整的理论体系。弧长法的思想最初由 Riks[12] 等提出，后经 Crisfield[13] 和 Ramm[14] 改进，使其便于应用。

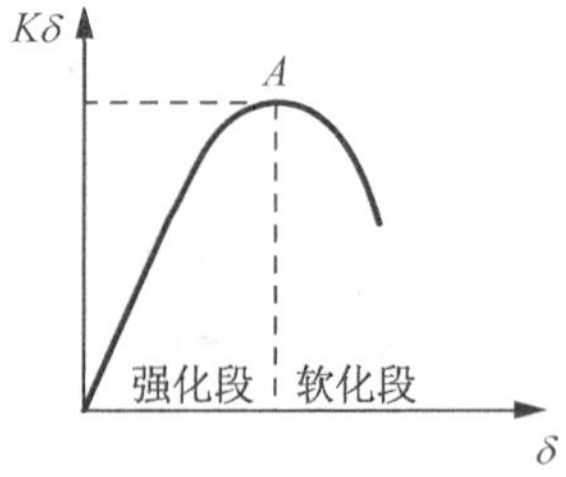

图 2.10 峰值点和软化段

现介绍 Crisfield 弧长法，从结构非线性静力分析的结点平衡方程(2.34)出发

$$\boldsymbol{\psi}(\boldsymbol{\delta},\lambda) = \boldsymbol{F}(\boldsymbol{\delta}) - \lambda\bar{\boldsymbol{R}} = \boldsymbol{0} \tag{2.34}$$

在弧长法中荷载因子 λ 视为未知变量，故要求增加一个附加约束方程为

$$(\Delta\boldsymbol{\delta}^{i-1})^{\mathrm{T}}\Delta\boldsymbol{\delta}^{i-1} + b(\Delta\lambda^{i-1})^2\bar{\boldsymbol{R}}^{\mathrm{T}}\bar{\boldsymbol{R}} = (\Delta\boldsymbol{\delta}^i)^{\mathrm{T}}\Delta\boldsymbol{\delta}^i + b(\Delta\lambda^i)^2\bar{\boldsymbol{R}}^{\mathrm{T}}\bar{\boldsymbol{R}} = \cdots = \Delta l^2 \tag{2.49}$$

式中 $\Delta\boldsymbol{\delta}^i$ 和 $\Delta\lambda^i$ 分别是第 i 次迭代收敛时前 i 次迭代累加的总位移增量和荷载因子增量；Δl 是弧长增量；b 是常数，不同的作者提出了不同的 b 值。

约束方程(2.49)定义了一个球面约束，使迭代过程在球面上进行。对于一维情况，迭代在圆弧上进行，其迭代过程如图 2.11 所示，这里 $b=1$。

设某次增量计算收敛时有

$$\boldsymbol{F}_{m-1}(\boldsymbol{\delta}_{m-1}) = \lambda_{m-1}\bar{\boldsymbol{R}}$$

式中 $\boldsymbol{\delta}_{m-1}$ 是上一级增量迭代收敛时的位移，$\boldsymbol{F}_{m-1}(\boldsymbol{\delta}_{m-1})$ 是上一级增量迭代收敛时的内力矢量；$\lambda_{m-1}\bar{\boldsymbol{R}}$ 表示上一级增量迭代收敛时的荷载水平。对本级荷载增量，则有 $\Delta\boldsymbol{\delta}^0=0$；令

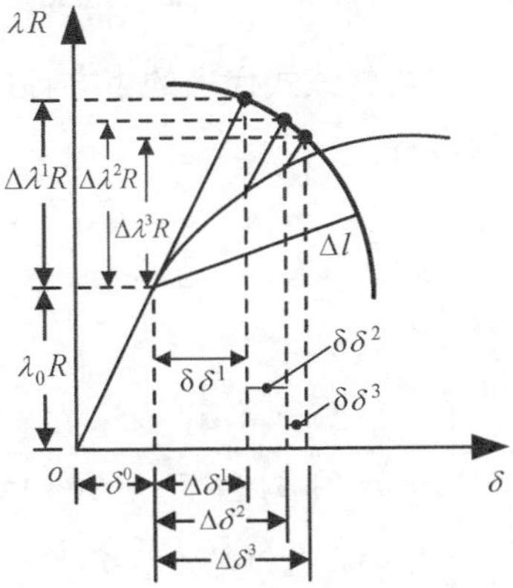

图 2.11　一维情况下 Crisfield 弧长法迭代过程

$$\begin{cases}\Delta\lambda^i = \Delta\lambda^{i-1} + \delta\lambda^i \\ \Delta\boldsymbol{\delta}^i = \Delta\boldsymbol{\delta}^{i-1} + \eta^i\delta\boldsymbol{\delta}^i\end{cases} \tag{2.50}$$

其中 $\delta\lambda^i$ 及 $\delta\boldsymbol{\delta}^i$ 分别是迭代过程中的荷载水平增量及位移矢量增量；η^i 是步长，可取 $\eta^i=1$。

从 $i=1$ 开始进行下列迭代过程

$$\begin{cases}\lambda^i = \lambda_{m-1} + \Delta\lambda^i = \lambda_{m-1} + \Delta\lambda^{i-1} + \delta\lambda^i = \lambda^{i-1} + \delta\lambda^i \\ \boldsymbol{\delta}^i = \boldsymbol{\delta}_{m-1} + \Delta\boldsymbol{\delta}^i = \boldsymbol{\delta}_{m-1} + \Delta\boldsymbol{\delta}^{i-1} + \eta^i\delta\boldsymbol{\delta}^i = \boldsymbol{\delta}^{i-1} + \eta^i\delta\boldsymbol{\delta}^i\end{cases} \tag{2.51}$$

应用修正的 Newton-Raphson 方法进行迭代，在每级增量迭代开始时形成初始切向劲度矩阵 $\boldsymbol{K}_{\mathrm{T}}$，在本级增量的每次迭代过程中保持不变。参考 Euler-修正 Newton 法的迭代公式(2.48)得

$$\delta\boldsymbol{\delta}^i = -\boldsymbol{K}_{\mathrm{T}}^{-1}(\boldsymbol{F}^{i-1}(\boldsymbol{\delta}^{i-1}) - \lambda^i\bar{\boldsymbol{R}}) = \bar{\boldsymbol{\delta}}^{i-1} + \lambda^i\boldsymbol{\delta}_T \tag{2.52}$$

式中

$$\bar{\boldsymbol{\delta}}^{i-1} = -\boldsymbol{K}_{\mathrm{T}}^{-1}\boldsymbol{F}^{i-1}(\boldsymbol{\delta}^{i-1}) \tag{2.53}$$

$$\boldsymbol{\delta}_T = \boldsymbol{K}_{\mathrm{T}}^{-1}\bar{\boldsymbol{R}} \tag{2.54}$$

对于 $i=1$ 时的本级增量迭代开始时的位移

$$\begin{aligned}\delta\boldsymbol{\delta}^1 &= -\boldsymbol{K}_{\mathrm{T}}^{-1}(\boldsymbol{F}_{m-1}(\boldsymbol{\delta}_{m-1}) - \lambda^1\bar{\boldsymbol{R}}) = -\boldsymbol{K}_{\mathrm{T}}^{-1}(\lambda_{m-1}\bar{\boldsymbol{R}} - \lambda^1\bar{\boldsymbol{R}}) \\ &= (\lambda^1 - \lambda_{m-1})\boldsymbol{K}_{\mathrm{T}}^{-1}\bar{\boldsymbol{R}} = \Delta\lambda^1\boldsymbol{\delta}_T\end{aligned} \tag{2.55}$$

因此，在每次迭代中只需按(2.53)式计算 $\bar{\boldsymbol{\delta}}^i$，开始计算时就已被存储。在(2.52)式中如果知道 λ^i，则位移增量 $\delta\boldsymbol{\delta}^i$ 便可完全确定。为此，先将(2.52)式代入(2.50)的第二式得

$$\Delta\boldsymbol{\delta}^i = \Delta\boldsymbol{\delta}^{i-1} + \eta^i\delta\boldsymbol{\delta}^i = \Delta\boldsymbol{\delta}^{i-1} + \eta^i(\bar{\boldsymbol{\delta}}^{i-1} + \lambda^i\boldsymbol{\delta}_T)$$

再将该式代入约束方程(2.49)式，并取 $b=0$，整理可得如下关于 λ^i 的一元二次方程

$$a_1(\lambda^i)^2 + a_2\lambda^i + a_3 = 0 \tag{2.56}$$

其中，

$$\begin{cases} a_1 = (\eta^i)^2\boldsymbol{\delta}_T^{\mathrm{T}}\boldsymbol{\delta}_T \\ a_2 = 2\eta^i\boldsymbol{\delta}_T^{\mathrm{T}}\Delta\boldsymbol{\delta}^{i-1} + 2(\eta^i)^2\boldsymbol{\delta}_T^{\mathrm{T}}\bar{\boldsymbol{\delta}}^{i-1} = 2\eta^i d_1 + 2(\eta^i)^2 d_2 \\ a_3 = (\eta^i)^2(\bar{\boldsymbol{\delta}}^{i-1})^{\mathrm{T}}\bar{\boldsymbol{\delta}}^{i-1} + 2\eta^i(\bar{\boldsymbol{\delta}}^{i-1})^{\mathrm{T}}\Delta\boldsymbol{\delta}^{i-1} + ((\Delta\boldsymbol{\delta}^{i-1})^{\mathrm{T}}\Delta\boldsymbol{\delta}^{i-1} - \Delta l^2) \\ \quad = (\eta^i)^2 d_3 + 2\eta^i d_4 + ((\Delta\boldsymbol{\delta}^{i-1})^{\mathrm{T}}\Delta\boldsymbol{\delta}_{i-1} - \Delta l^2) \end{cases} \tag{2.57}$$

$$d_1 = \boldsymbol{\delta}_T^{\mathrm{T}}\Delta\boldsymbol{\delta}^{i-1},\ d_2 = \boldsymbol{\delta}_T^{\mathrm{T}}\bar{\boldsymbol{\delta}}^{i-1},\ d_3 = (\bar{\boldsymbol{\delta}}^{i-1})^{\mathrm{T}}\bar{\boldsymbol{\delta}}^{i-1},\ d_4 = (\bar{\boldsymbol{\delta}}^{i-1})^{\mathrm{T}}\Delta\boldsymbol{\delta}^{i-1}$$

由于本级迭代过程中 $\boldsymbol{\delta}_T$、$\Delta\boldsymbol{\delta}^{i-1}$ 和 $\bar{\boldsymbol{\delta}}^{i-1}$ 已知，故容易从方程(2.56)解出 λ^i，由于在前面一级增量迭代过程中位移增量已满足约束方程(2.49)，故系数 a_3 的表达式最后一项为零。约束方程一般和平衡路径交于两点，方程(2.56)有两个根，以保证 $\Delta\boldsymbol{\delta}^i$ 和 $\Delta\boldsymbol{\delta}^{i-1}$ 之间的角 θ 为锐角的条件来选择合适的根

$$\cos\theta = 1 + \frac{\eta_i}{\Delta l^2}(d_4 + \lambda^i d_1) \tag{2.58}$$

两个根 λ_i 一般给出两个 $\cos\theta$ 值，绝大多数情况下 $\cos\theta$ 值为一正一负，故很容易选出对应于锐角 θ 的 λ^i。但是，当两个 $\cos\theta$ 值均为正值时，则选择接近于方程(2.56)式线性解的根用于迭代计算，线性解为

$$\lambda_{lin}^i = -a_3/a_2 \tag{2.59}$$

一般假设增量长度 Δl 为已知。第一次迭代时，可以采用某个假设的初始荷载 $\Delta\lambda^1$，根据式(2.49)、(2.50)和(2.55)，取 $b=0$，$i=1$，并注意 $\Delta\boldsymbol{\delta}^0 = \mathbf{0}$，得到

$$\Delta l = \Delta\lambda^1\sqrt{\boldsymbol{\delta}_T^{\mathrm{T}}\boldsymbol{\delta}_T} \tag{2.60}$$

其中，$\boldsymbol{\delta}_T$ 由式(2.54)计算。此值在本级荷载增量的迭代过程中保持不变。下一级的荷载增量长度可由下式控制

$$\Delta l_m = \Delta l_{m-1}\sqrt{\frac{I_{m-1}}{I_d}} \tag{2.61}$$

式中，Δl_{m-1} 是 $m-1$ 级增量迭代的增量长度，I_{m-1} 是 $m-1$ 级增量迭代要求的迭

代次数，I_d 是希望的迭代次数，一般取 4。如果在最大的迭代次数内不能收敛，则需要减小增量长度，同样可由以上公式给出第一次迭代时的增量荷载估计值

$$\Delta\lambda^1 = \lambda^1 - \lambda_0 = \pm \frac{\Delta l}{\sqrt{\boldsymbol{\delta}_T^{\mathrm{T}}\boldsymbol{\delta}_T}} = a\frac{\Delta l}{\sqrt{\boldsymbol{\delta}_T^{\mathrm{T}}\boldsymbol{\delta}_T}} \tag{2.62}$$

式中

$$a = \mathrm{sign}(r),\ r = \boldsymbol{\delta}_T^{\mathrm{T}}\bar{\boldsymbol{R}} = \boldsymbol{\delta}_T^{\mathrm{T}}\boldsymbol{K}_{\mathrm{T}}\boldsymbol{\delta}_T \tag{2.63}$$

其中，r 为当前的劲度参数。

但是，在实际应用中上述 Crisfield 弧长法仍存在困难，首先就是一元二次方程(2.56)根的选取问题，Crisfield 虽然给出了方法，但在具有材料非线性和几何非线性行为或是卸载的多维问题中，对于用 $\Delta\boldsymbol{\delta}^{i-1}$ 作为选取 $\Delta\boldsymbol{\delta}^{i}$ 的参考矢量是否为最佳方法仍存在疑问；第二，一元二次方程(2.56)式有时会出现虚根，如何进行适当的修正也不确定，可以简单地通过减小弧长 Δl 来解决，但不一定总是有效的，Lam 和 Morley 采用图解法来改进弧长法可以在一定程度上解决这些困难。

目前，存在多种弧长方法，也有广泛应用，但均由 Crisfield 弧长法、Lam 和 Morley 弧长法的思想发展、修正而来[9][15][16]。不同的方法缘于采用不同形式的约束方程，但每种方法均涉及四个部分：① 约束方程的参数选择；② 弧长 Δl_m 的控制；③ 初始荷载增量控制参数 $\Delta\lambda^1$ 符号确定；④ 荷载增量控制参数 λ^i 的求解。不同的弧长法都有成功和失败情况，因此，对于具体的情况需选择与之适应的弧长类方法，也可对弧长法作以上四个部分中某些方面的改进。

2.5　迭代收敛准则及增量法的步长选择

非线性方程的求解过程是一个通过迭代计算逐步逼近真解的过程。能不能逼近某一定值，也就是迭代计算的收敛性是一个首要问题。非线性问题求解不收敛的情况经常发生，引起不收敛的原因很多，通常为：

① 多数是算法问题。同一种算法应用于不同的非线性问题，其收敛性可能不一样，甚至不收敛。

② 收敛准则和收敛容差。所选用的收敛准则不适合求解的非线性问题，导致不收敛。收敛容差取得太小会降低收敛速度，有时也会使迭代不收敛。当然，容差也不能取得太大，否则会出现虚假的收敛，或者虽然收敛了，但没有到达真解。

③ 增量步长和迭代次数。增量步长太大，不能使问题较好地线性化，导致问题求解失真，或使迭代不收敛，特别是对一些非线性明显的问题。迭代次数过少可

能使计算不能达到收敛标准。

④ 单元形态太差。单元形态不好不仅降低计算结果的精度，严重时甚至影响迭代求解的收敛性。

⑤ 非线性问题本身。对于强非线性问题，由于分叉和混沌现象的存在，可能使问题不收敛。

这里将重点讨论迭代过程的收敛准则和荷载增量步长两个重要因素，关于这方面的研究见参考文献[17]-[18]。

2.5.1 收敛准则

解的收敛性是指非线性方程进行迭代求解时，其解能否向某一确定场（不一定是非线性方程的真解）逼近的性质。不收敛的表现有两种：一是振荡，即迭代计算次数 n 达到一定值后，其解不是逼近某一确定值，而是随 n 的增加在某一确定值上下摆动；二是发散，即迭代达到某一值后，再增加迭代次数，计算结果反而越来越远离某个确定值，无法返回该确定值的邻域内。

为了研究解的收敛性，在采用迭代法或混合法求解非线性方程组时，必须给出迭代的收敛准则，也就是容许误差，否则就无法终止迭代计算。收敛准则取得不合适，会使计算结果不精确或多费机时。目前，在非线性有限元计算中常用的迭代收敛准则有以下三种：

(1) 位移准则

$$\| \Delta\boldsymbol{\delta}^i \| \leqslant \alpha_d \| \boldsymbol{\delta}^i \| \tag{2.64}$$

式中，符号“‖ ‖”表示范数，它的定义是

$$\| \Delta\boldsymbol{\delta} \| = (\Delta\boldsymbol{\delta}^{\mathrm{T}} \Delta\boldsymbol{\delta})^{1/2} \tag{2.65}$$

$$\| \boldsymbol{\delta} \| = (\boldsymbol{\delta}^{\mathrm{T}} \boldsymbol{\delta})^{1/2} \tag{2.66}$$

α_d 为位移收敛容差，是事先指定的一个很小的正数。

当材料硬化明显时，位移增量的微小变化将引起失衡力的很大偏差。还有，当相邻两次迭代得到的位移增量范数之比跳动较大时，会使一个应当能收敛的问题被判定为不收敛。对于这两种情况，不能使用位移收敛准则。

(2) 失衡力准则

$$\| \boldsymbol{\psi}(\boldsymbol{\delta}^i) \| \leqslant \alpha_q \| \boldsymbol{R} \| \tag{2.67}$$

α_q 是失衡力收敛容差。当失衡力很小时，可认为式(2.1)满足，逼近了真解。

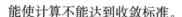

当材料表现出明显软化时，或材料接近理想塑性时，失衡力的微小变化将引起位移增量的很大偏差，此时不能采用失衡力准则。

(3) 能量准则

这是一种比较好的收敛准则，因为它同时考虑了位移增量和失衡力。能量准则是把每次迭代后的内能增量与初始内能增量相比较。内能增量指失衡力在位移增量上所做的功。这一准则可表示为

$$(\Delta\boldsymbol{\delta}^i)^{\mathrm{T}}\boldsymbol{\psi}^i \leqslant \alpha_e((\Delta\boldsymbol{\delta}^0)^{\mathrm{T}}\boldsymbol{\psi}^0) \tag{2.68}$$

α_e 是能量收敛容差。

收敛准则确定后，接下来的问题就是选择一个合适的收敛容差 α。对于 Newton-Raphson 方法，考虑到收敛较快，迭代次数少，如果不考虑舍入误差，两、三次就可能收敛，所以 α 可以取计算机精度的一半。因此，如果计算的精度是 16 位数字，可以取 $\alpha=10^{-8}$。对于需要大量时间分析步的问题，如果 α 过大，会使求解过程不稳定，也推荐采用计算机的一半精度作为容许误差。对于修正的 Newton 法和拟 Newton 法，收敛较慢，需要更多的迭代次数以保证较高的计算精度。此时，通常采用比较大的收敛容差，一般在 0.001～0.05 之间。

2.5.2　增量步长的选择

在用增量法或混合法求解非线性方程组时，需要合理选择荷载增量的步长。步长太大使计算不收敛，步长太短则增加了计算时间。

由于增量法是一种线性化方法，应当根据问题的非线性程度来选择合理的步长。一般来说，随着非线性程度的增大，步长应减小。

P. G. Bergan 等提出根据不同荷载阶段的结构劲度，计算增量步长的方法。初始(线弹性)劲度可用下式度量

$$S_1^* = \frac{\boldsymbol{R}_1^{\mathrm{T}}\boldsymbol{R}_1}{\boldsymbol{\delta}_1^{\mathrm{T}}\boldsymbol{R}_1} \tag{2.69}$$

第 m 增量步的劲度用式(2.70)度量

$$S_m^* = \frac{\Delta\boldsymbol{R}_m^{\mathrm{T}}\Delta\boldsymbol{R}_m}{\Delta\boldsymbol{\delta}_m^{\mathrm{T}}\Delta\boldsymbol{R}_m} \quad (m=1,\ 2,\ \cdots) \tag{2.70}$$

第 m 增量步的劲度参数则表示为

$$S_m = S_m^* / S_1^* \tag{2.71}$$

由于

$$\boldsymbol{R}_1 = \lambda_1 \bar{\boldsymbol{R}} \quad \Delta \boldsymbol{R}_m = \Delta\lambda_m \bar{\boldsymbol{R}}$$

由式(2.69)～(2.71)可得

$$S_m = \frac{\Delta\lambda_m}{\lambda_1} \frac{\boldsymbol{\delta}_1^{\mathrm{T}} \bar{\boldsymbol{R}}}{\Delta\boldsymbol{\delta}_m^{\mathrm{T}} \bar{\boldsymbol{R}}} \tag{2.72}$$

这样就可按下面的递推公式选择荷载增量的步长

$$\Delta\lambda_m = \Delta\lambda_{m-1} \frac{\Delta\bar{S}}{|S_{m-2} - S_{m-1}|} \quad (m \geqslant 3) \tag{2.73}$$

式中 $\Delta\bar{S}$ 是劲度参数的变化值，事先给出，可在 0.05～0.2 范围内选取。如果给定进入非线性状态后的第一个荷载增量因子 $\Delta\lambda_2$，就可按上式确定 $\Delta\lambda_3$，$\Delta\lambda_4$，…。

习题

1. 分别采用直接迭代法、Newton 法、修正 Newton 法、拟 Newton 法、Euler-Newton 法(两段相等的荷载增量)，通过编程或手算，求解以下非线性方程，分析各种方法的收敛性。

$$H\phi + f = 0, \text{其中}, H = 10 \times (1 + \mathrm{e}^{8\phi}), f = 10$$

2. 假定上题中的 ϕ 为位移，$\psi = H\phi + f$ 为失衡力，采用 Newton 法求解上题，分析三类收敛准则对迭代计算收敛的影响。

3. 分别采用 Newton 法、修正 Newton 法、Euler 法(五段相等的荷载增量)求解以下非线性方程组

$$\boldsymbol{K}(\boldsymbol{\delta})\boldsymbol{\delta} \equiv \begin{bmatrix} 1 & 1 \\ \delta_1 & \delta_2 \end{bmatrix} \begin{Bmatrix} \delta_1 \\ \delta_2 \end{Bmatrix} = \begin{Bmatrix} 3 \\ 9 \end{Bmatrix} \equiv \boldsymbol{R}$$

初始值采用 $\boldsymbol{\delta}_0 = [1 \quad 5]^{\mathrm{T}}$，位移收敛容差为 10^{-5}。

参考文献

[1] 冯果忱. 非线性方程组迭代解法[M]. 上海科学技术出版社 1989.
[2] H. R. Schwarz. Numerical Analysis[M]. John Wiley, Chichester, Sussex, 1989.
[3] W. C. Davidon. Variable metric method for minimization[R]. Technical Report ANL-5990, Argonne National Laboratory, 1959.
[4] J. E. Dennis, J. More. Quasi-Newton methods-motivation and theory[R]. SIAM Rev., 19, 46-89, 1977.

[5] H. Matthies, G. Strang. The solution of nonlinear finite element equations[J]. Int. J. Num. Meth. Eng., 1979,14, 1613-26.

[6] K. J. Bathe, A. P. Cimento. Some practical procedures for the solution of nonlinear finite element equations[J]. Comp. Meth. Appl. Mech. Eng., 1980,22, 59-85.

[7] M. Geradin, S. Idelsohn, M. Hogge. Computational strategies for the solution of large nonlinear problems via qusi-Newton methods[J]. Comp. Struct., 1981,13, 73-81.

[8] M. A. Crisfield. Non-linear Finite Element Analysis of Solids and Structures[M]. Volume 1, John Wiley, Chichester, Sussex, 1991.

[9] M. A. Crisfield. Non-linear Finite Element Analysis of Solids and Structures[M]. Volume 2, John Wiley, Chichester, Sussex, 1997.

[10] O. C. Zienkiewicz. Incremental displacement in non-linear analysis[J]. Int. J. Num. Meth. Eng., 1971,3, 587-92.

[11] T. H. H. Pian, P. Tong. Variational formulation of finite displacement analysis[R]. Symp. On High Speed Electronic Computation of Structures, Liege, 1970.

[12] E. Riks. An incremental approach to the solution of snapping and buckling problems[J]. Int. J. Solids Struct. 1979,15, 529-51.

[13] M. A. Crisfield. Incremental/Iterative solution procedures for nonlinear structural analysis [M]. In C. Taylor, E. Hinton, D. R. J. Owen et al (eds), Numerical Methods for Nonlinear Problems, Pineridge Press, Swansea, 1980.

[14] E. Ramm. Strategies for tracing nonlinear response near limit points[M]. In W. Wunderlich, E. Stein, K. J. Bathe (eds), Nonlinear Finite Element Analysis in Structural Mechanics, 63-89, Springer-Verlag, Berlin, 1981.

[15] 蔡松柏，沈蒲生. 关于非线性方程组求解技术[J]. 湖南大学学报，2000，27(3):86-91.

[16] 朱菊芬，杨海平. 求解结构后屈曲路径的加速弧长法[J]. 大连理工大学学报，1994，34(1):17-22.

[17] 范志良，石洞. 结构非线性分析的变步长增量迭代法研究[J]. 同济大学学报，1993，21(3):315-321.

[18] Bathe K J. Finite Element Procedures in Engineering Analysis[M]. New York, USA: Prentice-Hall, 1982.

第3章　非线性材料的本构模型

3.1　材料非线性问题简介

所有固体材料在外力作用下，或多或少总要产生变形，变形与外力的关系也呈多种形式。如某些材料在外力较小时，外力与变形基本呈线性关系，且在卸荷后，变形随之消失，我们称之为线弹性材料，低碳钢在拉伸和压缩时就具有此种性质。有些材料的变形与外力呈非线性关系，但卸荷后变形也能消失，称之为非线性弹性材料，如铸铁、木材、橡胶等材料受力时就呈现这种现象。当外力逐渐增大并超过某个值时，荷载无须明显增加，就会发生显著变形，且此时卸载后，存在不可恢复的变形，材料的这种性质称为塑性。具有塑性的材料通常被称为塑性材料，工程中很多材料都具有此种性质，如低碳钢、岩土体、混凝土等。还有一些材料的变形不仅取决于外力，还与时间有关，称为材料的粘性（又称流变）。如软岩、化学聚合物等均属于粘性材料。

材料的非线性弹性、塑性、粘性等行为在固体力学中统称为材料非线性。材料的非线性性质是相当复杂的，一方面与材料本身的物理结构有关，另一方面与它所处的环境有关，如受力状态、加载速率、时间、温度等。一种材料可能在不同的条件下，具有不同的非线性性质，或在一种条件下就同时呈现多种非线性性质。为解决工程中的力学问题，必须研究和分析材料的非线性行为。

处于小变形状态的材料非线性问题，其平衡方程和几何方程与线弹性问题相同，仅反映应力应变关系的物理方程与线弹性问题不同。本章针对具有非线性弹性、弹塑性和粘性这些主要非线性特性的工程材料，描述几种典型的本构模型。关于这方面的详细内容和最新发展可见相关文献[1]-[5]。

以下给出小变形问题的基本方程。

3.1.1　应变和几何方程

变形体内任一点的位移为

$$f = [u \quad v \quad w]^{\mathrm{T}} \tag{3.1}$$

式中，u、v、w 分别为位移在空间坐标 x、y、z 方向上的分量。

该点的应变为

$$\boldsymbol{\varepsilon} = [\varepsilon_x \quad \varepsilon_y \quad \varepsilon_z \quad \gamma_{xy} \quad \gamma_{yz} \quad \gamma_{zx}]^{\mathrm{T}} \tag{3.2}$$

其中，ε_x、ε_y、ε_z 为三个坐标方向的正应变，γ_{xy}、γ_{yz}、γ_{zx} 分别是两个坐标方向之间的剪应变。这是工程应变的表达式，它也可以用一个对称的二阶应变张量表示（见附录 A）。

根据弹性力学理论，在小变形情况下，位移分量和工程应变分量之间的关系可表示为几何方程

$$\boldsymbol{\varepsilon} = \boldsymbol{L}\boldsymbol{f} \tag{3.3}$$

式中，$\boldsymbol{L}$ 是微分算子

$$\boldsymbol{L} = \begin{bmatrix} \frac{\partial}{\partial x} & 0 & 0 & \frac{\partial}{\partial y} & 0 & \frac{\partial}{\partial z} \\ 0 & \frac{\partial}{\partial y} & 0 & \frac{\partial}{\partial x} & \frac{\partial}{\partial z} & 0 \\ 0 & 0 & \frac{\partial}{\partial z} & 0 & \frac{\partial}{\partial y} & \frac{\partial}{\partial x} \end{bmatrix}^{\mathrm{T}} \tag{3.4}$$

式(3.3)反映了变形体内各点的几何协调关系。在变形体的边界上也要满足几何协调条件，即在位移边界 S_u 上，应当满足位移边界条件

$$\boldsymbol{f}\,|_{s=s_u} = \bar{\boldsymbol{f}} = [\bar{u} \quad \bar{v} \quad \bar{w}]^{\mathrm{T}} \tag{3.5}$$

式中，$\bar{\boldsymbol{f}} = [\bar{u} \quad \bar{v} \quad \bar{w}]^{\mathrm{T}}$ 为位移边界上的已知位移。

3.1.2　应力和平衡方程

变形体内任一点的应力为

$$\boldsymbol{\sigma} = [\sigma_x \quad \sigma_y \quad \sigma_z \quad \tau_{xy} \quad \tau_{yz} \quad \tau_{zx}]^{\mathrm{T}} \tag{3.6}$$

σ_x、σ_y、σ_z 为三个坐标方向的正应力，τ_{xy}、τ_{yz} 、τ_{zx} 分别是两个坐标方向之间的剪应力，这是工程上常用的表示，$\boldsymbol{\sigma}$ 也可以用一个对称的二阶应力张量表示（见附录 A）。

变形体内部的应力受平衡条件的制约，设作用在变形体上的体力为

$$\boldsymbol{p} = [X \quad Y \quad Z]^{\mathrm{T}} \tag{3.7}$$

式中，X、Y、Z 为体力在三个坐标方向上的分量。作用在变形体面力边界 S_σ 上的

面力为

$$\bar{\boldsymbol{p}} = [\bar{X} \quad \bar{Y} \quad \bar{Z}]^{\mathrm{T}} \tag{3.8}$$

$\bar{X}$、$\bar{Y}$、$\bar{Z}$ 为面力在三个坐标方向上的分量。那么，物体内部任一点的平衡方程为

$$\boldsymbol{L}^{\mathrm{T}}\boldsymbol{\sigma} + \boldsymbol{p} = \boldsymbol{0} \tag{3.9}$$

在面力边界 S_σ 上，应满足应力边界条件

$$\boldsymbol{n}(\boldsymbol{\sigma})_{S_\sigma} = \bar{\boldsymbol{p}} \tag{3.10}$$

其中 $\boldsymbol{n}$ 是应力边界上相应点的方向余弦矩阵

$$\boldsymbol{n} = \begin{bmatrix} l & 0 & 0 & m & 0 & n \\ 0 & m & 0 & l & n & 0 \\ 0 & 0 & n & 0 & m & l \end{bmatrix} \tag{3.11}$$

l、m 和 n 为该点外法线的方向余弦。

根据虚功原理，可以得出与式(3.9)和(3.10)等价的虚功方程

$$\int_V \delta\boldsymbol{\varepsilon}^{\mathrm{T}}\boldsymbol{\sigma}\mathrm{d}V = \int_V \delta\boldsymbol{f}^{\mathrm{T}}\boldsymbol{p}\mathrm{d}V + \int_{S_\sigma} \delta\boldsymbol{f}^{\mathrm{T}}\bar{\boldsymbol{p}}\mathrm{d}S \tag{3.12}$$

式中，$\delta\boldsymbol{f}$ 是虚位移矢量，在位移边界 S_u 上应满足 $\delta\boldsymbol{f} = 0$，$\delta\boldsymbol{\varepsilon}$ 是与虚位移相应的虚应变矢量

$$\delta\boldsymbol{\varepsilon} = \boldsymbol{L}\delta\boldsymbol{f} \tag{3.13}$$

虚功方程是一个以积分形式表示的平衡方程，不仅对连续可导的函数成立，对广义函数也是成立的，因而由虚功方程导出的有限元支配方程，可降低对位移函数(或其他场函数)的光滑性要求。例如，在求解以位移为基本未知量的弹性力学基本方程时，要求位移函数是二阶连续可导的。但从虚功方程出发，只要求位移连续和分片可导(即分片光滑)。这是有限元方法的优点。

3.1.3 物理方程

前面讨论的几何方程和平衡方程对所有的小变形问题都是正确的，而不管是弹性材料还是非弹性材料。但物理方程，即应力与应变之间的关系(通常称为材料的本构关系或本构方程)，就要涉及材料的力学性质。本构关系一般是从实验和经验中观察到的特性出发，在某些理论的假设下得出的，它只是反映了材料在某些方面的性态，因而是描述真实材料的一种理想化的模型。

以下将分别给出小变形问题中反映应力与应变之间联系的各类本构方程，包括弹性材料、弹塑性材料和粘性材料的本构关系。

3.2　弹性材料的本构关系

物体在外力作用下产生变形和应力。在应力水平不高的情况下，当移去外力后，变形和应力也随之消失，物体的这种性质称为弹性。对理想的弹性材料，其内部各点的应变和应力存在一一对应的关系。变形与加载过程无关，只决定于当前的应力，这就假设了变形和应力都是瞬时产生的，没有时间上的先后。

最简单的弹性模型是线弹性模型，此时应力和应变之间的关系是线性关系

$$\boldsymbol{\sigma} = \boldsymbol{D}\boldsymbol{\varepsilon} \tag{3.14}$$

弹性矩阵(3.15)是 6×6 的对称矩阵。对于一般的各向异性线弹性材料，$\boldsymbol{D}$ 中有 21 个独立的弹性常数。

$$\boldsymbol{D} = \begin{bmatrix} D_{11} & & & & & \\ D_{21} & D_{22} & & \text{对} & & \\ D_{31} & D_{32} & D_{33} & & \text{称} & \\ D_{41} & D_{42} & D_{43} & D_{44} & & \\ D_{51} & D_{52} & D_{53} & D_{54} & D_{55} & \\ D_{61} & D_{62} & D_{63} & D_{64} & D_{65} & D_{66} \end{bmatrix} \tag{3.15}$$

对于正交各向异性材料，有 9 个独立常数。以 x、y、z 代表三个正交的坐标方向，则式(3.16)中的元素是三个方向杨氏弹性模量、三个坐标面内的剪切弹性模量和泊松比的函数。

$$\boldsymbol{D} = \begin{bmatrix} D_{11} & & & & & \\ D_{21} & D_{22} & & \text{对} & & \\ D_{31} & D_{32} & D_{33} & & \text{称} & \\ 0 & 0 & 0 & D_{44} & & \\ 0 & 0 & 0 & 0 & D_{55} & \\ 0 & 0 & 0 & 0 & 0 & D_{66} \end{bmatrix} \tag{3.16}$$

横观各向同性材料有 5 个独立常数，以 xy 面为横向面，z 轴垂直于 xy 面，则式(3.17)中的元素是横向和 z 向的杨氏弹性模量、横向泊松比、横向与垂直向之间的剪切弹性模量和泊松比的函数。

$$\boldsymbol{D}=\begin{bmatrix} D_{11} & & & & & \\ D_{12} & D_{11} & & \text{对} & & \\ D_{31} & D_{31} & D_{33} & & \text{称} & \\ 0 & 0 & 0 & D_{44} & & \\ 0 & 0 & 0 & 0 & D_{66} & \\ 0 & 0 & 0 & 0 & 0 & D_{66} \end{bmatrix} \tag{3.17}$$

其中，

$$D_{44}=\frac{D_{11}-D_{12}}{2}$$

对各向同性材料，$\boldsymbol{D}$ 的元素中有 2 个独立常数：杨氏弹性模量 E 和泊松比 μ。此时，$\boldsymbol{D}$ 的表达式如(1.16)所示

$$\boldsymbol{D}=\begin{bmatrix} \lambda+2G & & & & & \\ \lambda & \lambda+2G & & \text{对} & & \\ \lambda & \lambda & \lambda+2G & & \text{称} & \\ 0 & 0 & 0 & G & & \\ 0 & 0 & 0 & 0 & G & \\ 0 & 0 & 0 & 0 & 0 & G \end{bmatrix} \tag{1.16}$$

式中 λ、G 为拉梅系数。$\boldsymbol{D}$ 矩阵还可以表示为

$$\boldsymbol{D}=\begin{bmatrix} K+\frac{4}{3}G & & & & & \\ K-\frac{2}{3}G & K+\frac{4}{3}G & & \text{对} & & \\ K-\frac{2}{3}G & K-\frac{2}{3}G & K+\frac{4}{3}G & & \text{称} & \\ 0 & 0 & 0 & G & & \\ 0 & 0 & 0 & 0 & G & \\ 0 & 0 & 0 & 0 & 0 & G \end{bmatrix} \tag{3.18}$$

其中 K 为弹性的体积模量

$$K=\frac{E}{3(1-2\mu)} \tag{3.19}$$

通用的弹性模型是非线性弹性模型，此时应力和应变之间存在非线性关系

$$\boldsymbol{\sigma} = \boldsymbol{D}_{\mathrm{S}}(\boldsymbol{\varepsilon})\boldsymbol{\varepsilon} \tag{3.20}$$

$\boldsymbol{D}_{\mathrm{S}}(\boldsymbol{\varepsilon})$ 是 6×6 的材料系数矩阵，其中的元素是 $\boldsymbol{\varepsilon}$ 或 $\boldsymbol{\sigma}$ 的函数。对于各向同性的非线性弹性体，$\boldsymbol{D}_{\mathrm{S}}$ 与(1.16)或(3.18)中 $\boldsymbol{D}$ 的形式相同，但其中的 E 和 μ 是应变或应力的函数，现分别记为 E_{S} 和 μ_{S}。对于单向应力状态，σ-ε 关系如图 3.1 所示，E_{S} 和 μ_{S} 分别是割线杨氏模量和割线泊松比，因而 $\boldsymbol{D}_{\mathrm{S}}$ 称为非线性弹性的割线弹性矩阵。

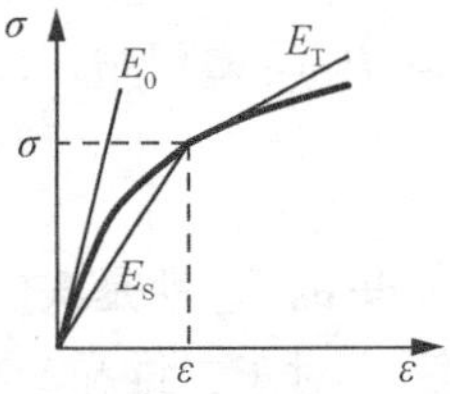

图 3.1 非线性弹性

如果采用增量形式的本构关系，则式(3.20)成为

$$\mathrm{d}\boldsymbol{\sigma} = \boldsymbol{D}_{\mathrm{T}}\mathrm{d}\boldsymbol{\varepsilon} \tag{3.21}$$

$\boldsymbol{D}_{\mathrm{T}}$ 为切线弹性矩阵，其中的元素 E 和 μ 分别用切线杨氏模量 E_{T} 和切线泊松比 μ_{T} 表示，它们也是应变 $\boldsymbol{\varepsilon}$ 或应力 $\boldsymbol{\sigma}$ 的函数，与加载历史无关。

以上直接按定义建立应力和应变之间的函数关系，这一方法称 Cauchy 方法。还有一种 Green 方法是根据应变能来导出本构关系。设变形物体具有势能 W(弹性应变能)，此时的应变为 $\boldsymbol{\varepsilon}$，应力为 $\boldsymbol{\sigma}$。对于应变的微小变化 $\delta\boldsymbol{\varepsilon}$，相应的应变能改变是

$$\delta W = \delta\boldsymbol{\varepsilon}^{\mathrm{T}}\boldsymbol{\sigma} \tag{3.22}$$

此外，从数学上，还可将 δW 表示为

$$\delta W = \delta\boldsymbol{\varepsilon}^{\mathrm{T}}\frac{\partial W}{\partial\boldsymbol{\varepsilon}} \tag{3.23}$$

由以上两式得出用应变能 W 表示的本构关系：

$$\boldsymbol{\sigma} = \frac{\partial W}{\partial\boldsymbol{\varepsilon}} \tag{3.24}$$

如果取 W 为应变分量的正定二次齐次函数

$$W(\boldsymbol{\varepsilon}) = \frac{1}{2}\boldsymbol{\varepsilon}^{\mathrm{T}}\boldsymbol{D}\boldsymbol{\varepsilon} \tag{3.25}$$

式中矩阵 $\boldsymbol{D}$ 为正定对称矩阵，将(3.25)式代入(3.24)式，就得到线弹性模型的本构关系(3.14)。可见，正定的二次齐次应变能函数对应于线弹性体，$\boldsymbol{D}$ 就是弹性矩阵。

对一般的非线性弹性材料，当介质是各向同性时，W 为应变张量不变量的函数，其具体形式可由实验确定。以下我们将说明如何给出非线性弹性材料的割线弹性矩阵 $\boldsymbol{D}_{\mathrm{S}}$ 的形式。对于一维问题，由式(3.24)可给出其非线性弹性本构关系为

$$\sigma = \frac{\mathrm{d}W}{\mathrm{d}\varepsilon} = E_0 g(\varepsilon) \tag{3.26}$$

式中,E_0为初始弹模(图 3.1),$g(\varepsilon)$ 为 ε 的函数,可理解为割线弹模 E_S 与 E_0之比

$$g(\varepsilon) = E_S\varepsilon/E_0 \tag{3.27}$$

这里的 E_S 就是式(3.20)中的 $\boldsymbol{D}_S$。$g(\varepsilon)$ 可由实验确定。

对于二维和三维情况,可以根据塑性力学形变理论来确定 $\boldsymbol{D}_S$ 或 $\boldsymbol{D}_T$。当材料为线弹性各向同性时,广义虎克定律可表示为

$$\varepsilon_m = \frac{1-2\mu}{E}\sigma_m = \frac{1}{3K}\sigma_m \tag{3.28}$$

$$\boldsymbol{e} = \frac{1}{2G}\boldsymbol{s} \tag{3.29}$$

式中,σ_m,ε_m 分别是应力球张量(平均应力)和应变球张量(平均应变)

$$\begin{cases}\sigma_m = (\sigma_x + \sigma_y + \sigma_z)/3 \\ \varepsilon_m = (\varepsilon_x + \varepsilon_y + \varepsilon_z)/3\end{cases} \tag{3.30}$$

应力偏量 $\boldsymbol{s}$ 和应变偏量 $\boldsymbol{e}$ 分别为

$$\boldsymbol{s} = \begin{Bmatrix} s_x \\ s_y \\ s_z \\ s_{xy} \\ s_{yz} \\ s_{zx} \end{Bmatrix} = \begin{Bmatrix} \sigma_x - \sigma_m \\ \sigma_y - \sigma_m \\ \sigma_{zx} - \sigma_m \\ \tau_{xy} \\ \tau_{yz} \\ \tau_{zx} \end{Bmatrix} \quad \boldsymbol{e} = \begin{Bmatrix} e_x \\ e_y \\ e_z \\ e_{xy} \\ e_{yz} \\ e_{zx} \end{Bmatrix} = \begin{Bmatrix} \varepsilon_x - \varepsilon_m \\ \varepsilon_y - \varepsilon_m \\ \varepsilon_{zx} - \varepsilon_m \\ \gamma_{xy}/2 \\ \gamma_{yz}/2 \\ \gamma_{zx}/2 \end{Bmatrix} \tag{3.31}$$

引入应力强度(等效应力)$\bar{\sigma}$ 和应变强度(等效应变)$\bar{\varepsilon}$

$$\bar{\sigma} = \sqrt{3J_2} = \frac{1}{\sqrt{2}}\sqrt{(\sigma_x - \sigma_y)^2 + (\sigma_y - \sigma_z)^2 + (\sigma_z - \sigma_x)^2 + 6(\tau_{xy}^2 + \tau_{yz}^2 + \tau_{zx}^2)} \tag{3.32}$$

$$\bar{\varepsilon} = \frac{\sqrt{2}}{3}\sqrt{(\varepsilon_x - \varepsilon_y)^2 + (\varepsilon_y - \varepsilon_z)^2 + (\varepsilon_z - \varepsilon_x)^2 + \frac{3}{2}(\gamma_{xy}^2 + \gamma_{yz}^2 + \gamma_{zx}^2)} \tag{3.33}$$

由式(3.29)和(3.31)得

$$\bar{\sigma} = 3G\bar{\varepsilon} \tag{3.34}$$

将式(3.34)代回(3.29)得

$$\boldsymbol{s}=\frac{2\bar{\sigma}}{3\bar{\varepsilon}}\boldsymbol{e} \tag{3.35}$$

式(3.35)是在各向同性、线弹性情况[即 $\boldsymbol{e}$ 和 $\boldsymbol{s}$ 满足式(3.29)]下推出的。对于各向同性的非线性弹性情况，式(3.29)和(3.34)不成立，但式(3.28)和式(3.35)仍然成立，而且 $\bar{\sigma}$ 和 $\bar{\varepsilon}$ 之间存在单值函数关系

$$\bar{\sigma}=\Phi(\bar{\varepsilon}) \tag{3.36}$$

$\Phi(\bar{\varepsilon})$ 为 $\bar{\varepsilon}$ 的单值函数，对于同一种材料的不同应力状态，式(3.36)总是成立的。但对不同材料，$\Phi(\bar{\varepsilon})$ 的具体形式不同。$\Phi(\bar{\varepsilon})$ 可由实验确定，对于简单拉伸，$\bar{\sigma}$ 和 $\bar{\varepsilon}$ 之间的关系就是单轴 σ 和 ε 的关系。

现令

$$\boldsymbol{\varepsilon}'=\begin{bmatrix}\varepsilon_x & \varepsilon_y & \varepsilon_z & \frac{1}{2}\gamma_{xy} & \frac{1}{2}\gamma_{yz} & \frac{1}{2}\gamma_{zx}\end{bmatrix}^{\mathrm{T}} \tag{3.37}$$

$$\boldsymbol{I}'=\begin{bmatrix}1 & 1 & 1 & 0 & 0 & 0\end{bmatrix}^{\mathrm{T}} \tag{3.38}$$

则式(3.31)可记为

$$\boldsymbol{s}=\boldsymbol{\sigma}-\sigma_m\boldsymbol{I}' \tag{3.39}$$

$$\boldsymbol{e}=\boldsymbol{\varepsilon}'-\varepsilon_m\boldsymbol{I}' \tag{3.40}$$

将式(3.39)和(3.40)代入(3.35)，得

$$\boldsymbol{\sigma}=\boldsymbol{D}_{\mathrm{S}}\boldsymbol{\varepsilon}=(\boldsymbol{D}-\boldsymbol{D}_p)\boldsymbol{\varepsilon} \tag{3.41}$$

$\boldsymbol{D}$ 为弹性矩阵，

$$\boldsymbol{D}_p=\left(\frac{E}{3(1+\mu)}-\frac{2\Phi(\bar{\varepsilon})}{9\bar{\varepsilon}}\right)\begin{bmatrix}2 & & & & & \\ -1 & 2 & & & \text{对称} & \\ -1 & -1 & 2 & & & \\ 0 & 0 & 0 & \frac{3}{2} & & \\ 0 & 0 & 0 & 0 & \frac{3}{2} & \\ 0 & 0 & 0 & 0 & 0 & \frac{3}{2}\end{bmatrix} \tag{3.42}$$

式(3.41)为全量形式的非线性弹性本构方程，增量形式的非线性弹性本构方程可

表示为式(3.21),其中

$$\boldsymbol{D}_{\mathrm{T}}=\boldsymbol{D}-\boldsymbol{D}_{p}(\bar{\varepsilon}) \tag{3.43}$$

$$\boldsymbol{D}_{p}(\bar{\varepsilon})=\left(\frac{E}{3(1+\mu)}-\frac{2\mathrm{d}\Phi(\bar{\varepsilon})}{9\mathrm{d}\bar{\varepsilon}}\right)\begin{bmatrix}2 & & & & & \\ -1 & 2 & & & \text{对称} & \\ -1 & -1 & 2 & & & \\ 0 & 0 & 0 & \frac{3}{2} & & \\ 0 & 0 & 0 & 0 & \frac{3}{2} & \\ 0 & 0 & 0 & 0 & 0 & \frac{3}{2}\end{bmatrix} \tag{3.44}$$

式中

$$\mathrm{d}\bar{\varepsilon}=\frac{\sqrt{2}}{3}\sqrt{(\mathrm{d}\varepsilon_{x}-\mathrm{d}\varepsilon_{y})^{2}+(\mathrm{d}\varepsilon_{y}-\mathrm{d}\varepsilon_{z})^{2}+(\mathrm{d}\varepsilon_{z}-\mathrm{d}\varepsilon_{x})^{2}+\frac{3}{2}(\mathrm{d}\gamma_{xy}^{2}+\mathrm{d}\gamma_{yz}^{2}+\mathrm{d}\gamma_{zx}^{2})} \tag{3.45}$$

3.3 弹塑性小变形本构关系

3.3.1 概述

大部分材料属于弹塑性材料,特别是当应力水平较高时。现通过岩石的单轴压缩实验,以了解弹塑性小变形分析的一些特点。图 3.2 所示为一般岩石在普通室温和大气压下进行单轴压缩实验的典型曲线。根据曲线的形状,可将它分为四个区。

第(Ⅰ)区为 oA 段,压应力 σ 从零开始增大,随着变形的增加,产生同样大小的应变所需的应力增量越来越大,显示出“锁紧”效应,这是由于岩石中存在的孔隙和裂缝被逐步压紧闭合的缘故。

第(Ⅱ)区为 AB 段,应力 σ 和应变 ε 之间接近直线关系,直线的斜率就是岩石的弹模 E。在(Ⅰ)、(Ⅱ)区发生卸荷时,变形可以完全恢复,不产生塑性变形。因而 oB 段为弹性变形阶段,σ_B 为弹性极限(或初始屈服应力 σ_s)。

第(Ⅲ)区为 BC 段,此时岩石进入塑性状态。在该段内任一点(例如 P 点)卸荷时,应力应变关系曲线将沿 PQ 下降,产生塑性应变 oQ。若此时再加载,曲线沿 QR 上升。PQ 和 QR 基本上与 AB 平行。在达到 R 点之前,岩石只产生弹性应变，而无新的塑性应变出现，这相当于屈服应力从 σ_B 提高到 σ_R，此种现象称为应变强化(硬化)。C 为最高点，σ_C 称压缩强度。对于一般岩石，$\sigma_C = (1.5 \sim 2.0)\ \sigma_B$。

第(Ⅳ)区为 CD 段。从 B 点开始，岩石试件开始出现微裂纹，到 C 点时，岩石表面显现可见裂缝。此时如果加在试件上的压力不变，或压力减少不及时，试件会突然破裂。如能及时减小荷载，就可观测到 CD 段。CD 段内岩石强度降低，这一现象称应变软化。

以上(Ⅰ)、(Ⅱ)和(Ⅲ)区内，$d\sigma \cdot d\varepsilon > 0$，材料属稳定阶段。第(Ⅳ)区内，$d\sigma \cdot d\varepsilon \leqslant 0$，属非稳定阶段。

为了突出弹塑性材料的主要性质，使计算简单，现将图 3.2 所示的实验曲线作如下的简化(图 3.3)。

oA 段不出现，σ_B 以下的应力应变关系曲线为直线，其斜率为弹模 E。BC 和 CD 段可以是曲线[图 3.3(a)]也可以是折线[图 3.3(b)]。此外，还假定卸荷和再加载为同一条直线，直线的斜率为 E。重新加载后，变形将沿原来的应力应变曲线继续发展。

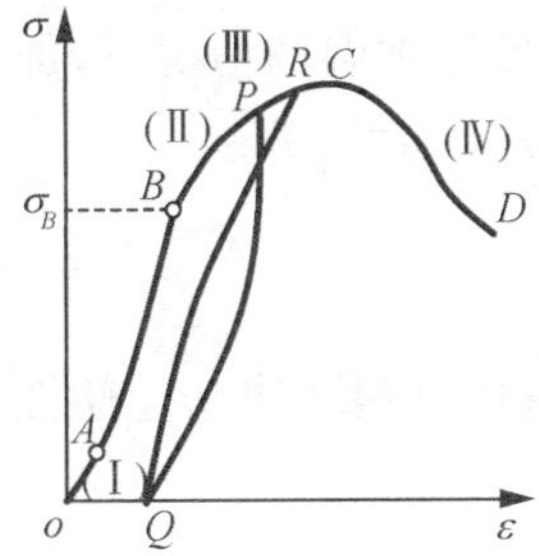

图 3.2　岩石单轴压缩实验 σ-ε

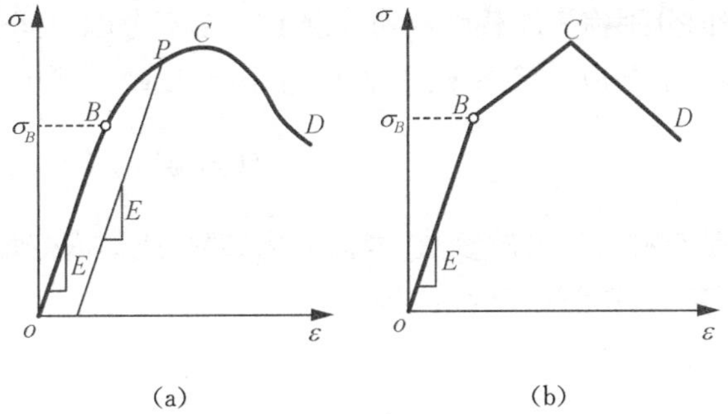

图 3.3　简化的 σ-ε 曲线

可以看出，由于存在塑性变形，应力 σ 与应变 ε 之间不再是一一对应的单值关系，σ 的确定必须依赖于变形状态，与加载历史有关。因而，本构关系的建立应当采用增量理论。

根据以上弹塑性变形的特点，在进行弹塑性分析计算时，必须要解决以下几个问题：

(1) 建立增量理论的材料本构关系；

(2) 确定材料的塑性变形何时开始或停止的准则，即屈服准则；

(3) 判断材料所处状态(弹性或塑性)的准则，即加载准则。

以下分别从应力空间和应变空间描述弹塑性本构关系。

3.3.2 应力空间描述的弹塑性本构关系

(1) 屈服条件与强化规律

材料由初始弹性状态进入塑性状态的条件称屈服条件，又称屈服准则。对于单向受力状态，屈服条件可简单写为

$$\sigma = \sigma_s \tag{3.46}$$

σ_s为屈服应力。对于复杂受力状态，以 f 表示屈服函数，它是应力 $\boldsymbol{\sigma}$ 的函数，当材料从初始弹性状态进入塑性状态时屈服条件可表示为

$$f = f^*(\boldsymbol{\sigma}) = 0 \tag{3.47}$$

在应力空间内，这是一个超曲面，称为屈服面。

屈服面是可以变化的。屈服面的大小、形状和位置的变化规律称为材料的强化规律。对于理想塑性材料，屈服面大小、形状和位置都不变。对于强化材料，在加载过程中，屈服面将随以前发生过的塑性变形而改变。改变后的屈服函数和屈服面分别称为加载函数和加载面。在不考虑时间效应及接近常温的情况下，加载函数 f 与应力状态 $\boldsymbol{\sigma}$、塑性应力 $\boldsymbol{\sigma}^p$ 和反映加载历史的参数 κ 有关，即

$$f(\boldsymbol{\sigma},\ \boldsymbol{\sigma}^p,\ \kappa) = 0 \tag{3.48}$$

κ 是与材料有关的参数[4]，称强化参数，或称内变量。它可以是塑性功 w^p，塑性体应变 θ^p 或等效塑性应变 $\bar{\varepsilon}^p$

$$\boldsymbol{\sigma}^p = \boldsymbol{D}\boldsymbol{\varepsilon}^p \tag{3.49}$$

$$w^p = \int \boldsymbol{\sigma}^{\mathrm{T}} \mathrm{d}\boldsymbol{\varepsilon}^p \tag{3.50}$$

$$\theta^p = \int \boldsymbol{I}'^{\mathrm{T}} \mathrm{d}\boldsymbol{\varepsilon}^p \tag{3.51}$$

$$\bar{\varepsilon}^p = \int ((\mathrm{d}\boldsymbol{\varepsilon}^p)^{\mathrm{T}} \mathrm{d}\boldsymbol{\varepsilon}^p)^{1/2} \tag{3.52}$$

$\boldsymbol{\varepsilon}^p$ 为塑性应变矢量，式(3.47)和(3.48)又可分别称为初始屈服面和后继屈服面。

由于强化规律比较复杂，一般可用简化的模型来近似表示。目前，常用的简化模型有等向强化和随动强化。等向强化模型假定在塑性变化过程中，加载面均匀扩大[图 3.4(a)]，其位置和形状不变，此时后继屈服函数 f 只与应力状态 $\boldsymbol{\sigma}$ 和强化参数 κ 有关，式(3.48)成为

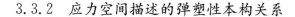

$$f(\boldsymbol{\sigma}, \kappa) = 0 \tag{3.53}$$

随动强化模型假定在塑性变形过程中，加载面的大小和形状不变，只在应力空间中平动[图 3.4(b)]。此时后继屈服函数与 κ 无关

$$f(\boldsymbol{\sigma}, \boldsymbol{\sigma}^{p}) = 0 \tag{3.54}$$

等向强化模型便于数学处理，应用比较广泛，特别当材料在加载过程中，如果应力空间中各应力分量的比值变化不大，采用等向强化模型与实际情况比较符合。随动强化模型由于加载面不对称，数学处理比较困难，但可以考虑材料的 Bauschinger 效应，对于循环加载或可能出现反向屈服的问题，可采用这种强化模型。

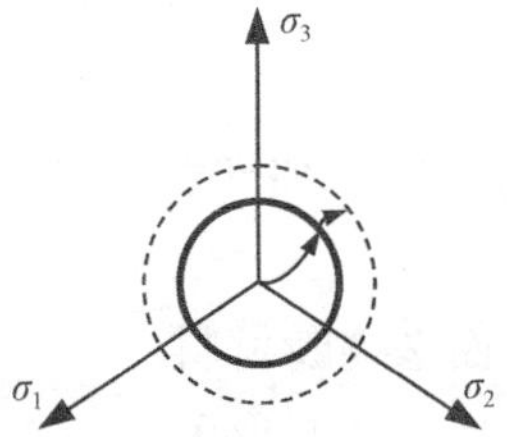

(a) 等向强化

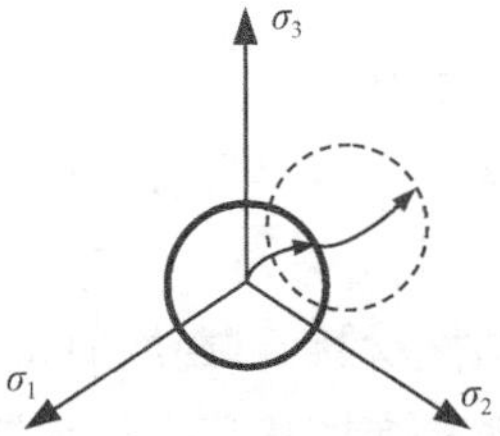

(b) 随动强化

图 3.4　强化模型

(2) 流动法则

弹塑性材料的本构关系是根据流动法则得出的。所谓流动法则是指塑性应变增量 $\mathrm{d}\boldsymbol{\varepsilon}^{p}$ 随应力增量的变化规律。

对于弹性材料，应力 $\boldsymbol{\sigma}$ 和应变 $\boldsymbol{\varepsilon}$ 之间可表示为式(3.24)。对于弹塑性材料，Mises 采用类比的方法，提出塑性势理论

$$\mathrm{d}\boldsymbol{\varepsilon}^{p} = \mathrm{d}\lambda \frac{\partial g}{\partial \boldsymbol{\sigma}} \tag{3.55}$$

式中，$g = g(\boldsymbol{\sigma})$ 是塑性势函数，$\mathrm{d}\lambda$ 是非负的比例系数。如果取塑性势为屈服函数或加载函数，即 $g = f$，则式(3.55)成为

$$\mathrm{d}\boldsymbol{\varepsilon}^{p} = \mathrm{d}\lambda \frac{\partial f}{\partial \boldsymbol{\sigma}} \tag{3.56}$$

这是与屈服(或加载)条件相关联的流动法则，简称关联流动法则。它是 Mises 应用类比方法得到的，缺乏严格的论证。后来，Drucker 作了“稳定性材料塑性功不可逆”的公设，进一步证明了关于稳定性材料的两个结论：

① 屈服(或加载)面外凸;

② 塑性应变增量 $d\boldsymbol{\varepsilon}^p$ 遵守关联流动法则式(3.56)。

理想塑性材料和一般的强化材料属于稳定材料,遵循关联流动法则。对于岩石、土和混凝土一类材料,虽然采用非关联流动法则更符合实际情况,但这样一来,意味着材料是不稳定的,而且导出的弹塑性矩阵 $\boldsymbol{D}_{ep}$ 是不对称的,增加了解题的难度。因而一般情况下,对岩土、混凝土类材料仍采用关联流动法则。

从几何上看,关联流动法则表示塑性应变增量 $d\boldsymbol{\varepsilon}^p$ 的方向与屈服面的外法线方向一致,即 $d\boldsymbol{\varepsilon}^p$ 与 f 正交,所以关联流动法则又称正交性法则。

对由 n 个光滑曲面组成的非正则屈服面(或加载面),关联流动法则可写为

$$d\boldsymbol{\varepsilon}^p = \sum_{i=1}^{n} d\lambda_i \frac{\partial f_i}{\partial \boldsymbol{\sigma}} \tag{3.57}$$

(3) 加卸载准则

处于不同状态的材料具有不同形式的本构方程,加卸载准则就是用来判断材料状态的一种准则。

对于理想塑性材料,可用屈服条件或屈服面来判断材料的状态。当材料从弹性状态变化到塑性状态,且塑性变形可任意增长,这一过程叫做加载。由于理想塑性材料的屈服面保持不变,加载时从一种塑性状态到达另一种塑性状态时,应力点保持在屈服面上,即应力增量 $d\boldsymbol{\sigma}$ 不可能指向屈服面外侧,只能与屈服面 $f=0$ 相切。如果材料从塑性状态变化到某一弹性状态的过程中不产生新的塑性变形,那么,这一过程叫做卸载。此时,应力点离开屈服面,$d\boldsymbol{\sigma}$ 指向屈服面内侧(图 3.5)。如以数学式子表示,则有

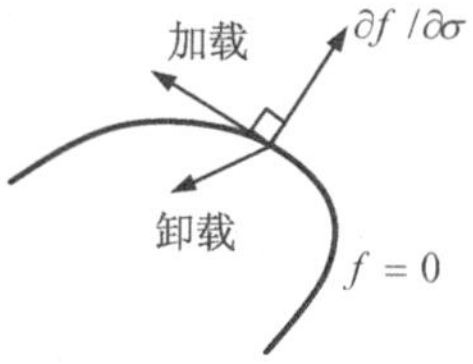

图 3.5 理想弹塑性

$$f(\boldsymbol{\sigma} + d\boldsymbol{\sigma}) < 0 \quad 卸载$$

$$f(\boldsymbol{\sigma} + d\boldsymbol{\sigma}) = 0 \quad 加载$$

将 $f(\boldsymbol{\sigma} + d\boldsymbol{\sigma})$ 按 Tailor 级数展开,并只取线性项,则有

$$df = f(\boldsymbol{\sigma} + d\boldsymbol{\sigma}) - f(\boldsymbol{\sigma}) = \left(\frac{\partial f}{\partial \boldsymbol{\sigma}}\right)^{\mathrm{T}} d\boldsymbol{\sigma}$$

因此,理想塑性材料的加载准则为

$$f(\boldsymbol{\sigma}) < 0 \quad 弹性状态 \tag{3.58}$$

$$f(\boldsymbol{\sigma}) = 0 \quad 且\ l_1 = \left(\frac{\partial f}{\partial \boldsymbol{\sigma}}\right)^{\mathrm{T}} d\boldsymbol{\sigma} \begin{cases} < 0 & 卸载状态 \\ = 0 & 加载状态 \end{cases} \tag{3.59}$$

可以看出，理想塑性材料加载时，应力增量 $\mathrm{d}\boldsymbol{\sigma}$ 与屈服面法线方向 $\dfrac{\partial f}{\partial \boldsymbol{\sigma}}$ 垂直；卸载时，两者夹角大于 90°。

对于强化材料，可用加载条件或后继屈服面来判断材料的状态。当材料从一个塑性状态变到另一个塑性状态时有新的塑性变形产生，这一过程称为加载。如果塑性状态改变，但应力增量没有使塑性应变发生变化，则此过程称为中性变载。如果材料从塑性状态变化至某一弹性状态的过程中不产生新的塑性变形，那么，该过程称为卸载(图 3.6)。因此，强化材料的加卸载准则是

$$f(\boldsymbol{\sigma},\ \boldsymbol{\sigma}^{p},\ \kappa) < 0 \quad \text{弹性状态} \tag{3.60}$$

$$f = 0 \text{ 且 } l_1 = \left(\frac{\partial f}{\partial \boldsymbol{\sigma}}\right)^{\mathrm{T}} \mathrm{d}\boldsymbol{\sigma} \begin{cases} > 0 & \text{加载状态} \\ = 0 & \text{中性变载} \\ < 0 & \text{卸载状态} \end{cases} \tag{3.61}$$

由图 3.6 可知，强化材料加载时，矢量 $\mathrm{d}\boldsymbol{\sigma}$ 与屈服面法线方向 $\dfrac{\partial f}{\partial \boldsymbol{\sigma}}$ 的夹角小于 90°；中性变载时，两者垂直；卸载时，两者之间的夹角大于 90°。

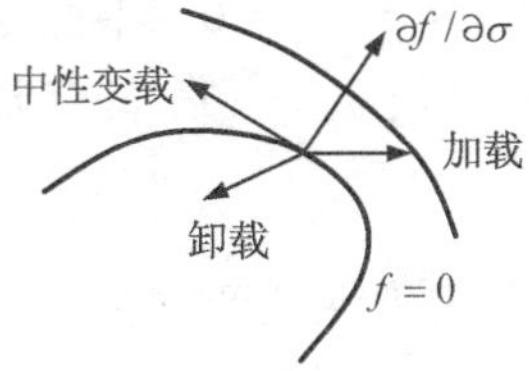

图 3.6　强化材料

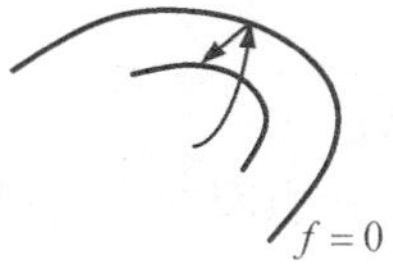

图 3.7　软化材料

对于软化材料(图 3.7)，加载时屈服面收缩，应力增量指向当时屈服面的内侧，因而无法给出区别加载和卸载的表达式。

若屈服面不是一个光滑曲面，而是由 n 个光滑曲面组成的曲面，即所谓的非正则屈服面，其加卸载准则可改写为[5][6]：

对理想塑性材料

$$\text{若 } f_i(\boldsymbol{\sigma}) < 0 \ (i = 1,\ 2,\ \cdots,\ n) \tag{3.62}$$

则材料处于弹性状态。

若 $f_i(\boldsymbol{\sigma}) < 0,\ f_j(\boldsymbol{\sigma}) = 0\ (i \neq j;\ i,\ j = 1,\ 2,\ \cdots,\ n)$

$$\text{且} \quad \left(\frac{\partial f_j}{\partial \boldsymbol{\sigma}}\right)^{\mathrm{T}} \mathrm{d}\boldsymbol{\sigma} \begin{cases} < 0 & \text{卸载状态} \\ = 0 & \text{加载状态} \end{cases} \tag{3.63}$$

若 $f_i(\boldsymbol{\sigma})<0$，$f_j(\boldsymbol{\sigma})=f_k(\boldsymbol{\sigma})=0$ $(i\neq j;\ i\neq k;\ i,\ j,\ k=1,\ 2,\ \cdots,\ n)$

$$\text{且}\quad\begin{cases}\max\left(\left(\dfrac{\partial f_j}{\partial\boldsymbol{\sigma}}\right)^{\mathrm{T}}\mathrm{d}\boldsymbol{\sigma},\ \left(\dfrac{\partial f_k}{\partial\boldsymbol{\sigma}}\right)^{\mathrm{T}}\mathrm{d}\boldsymbol{\sigma}\right)=0 & \text{加载状态}\\ \left(\dfrac{\partial f_j}{\partial\boldsymbol{\sigma}}\right)^{\mathrm{T}}\mathrm{d}\boldsymbol{\sigma}<0,\ \left(\dfrac{\partial f_k}{\partial\boldsymbol{\sigma}}\right)^{\mathrm{T}}\mathrm{d}\boldsymbol{\sigma}<0 & \text{卸载状态}\end{cases}\tag{3.64}$$

对于强化材料

$$\text{若 } f_i(\boldsymbol{\sigma},\ \boldsymbol{\sigma}^p,\ \kappa)<0\ (i=1,\ 2,\ \cdots,\ n)\tag{3.65}$$

则材料处于弹性状态。

若 $f_i<0$，$f_j=0$ $(i\neq j;\ i,\ j=1,\ 2,\ \cdots,\ n)$

$$\text{且}\quad\left(\frac{\partial f_j}{\partial\boldsymbol{\sigma}}\right)^{\mathrm{T}}\mathrm{d}\boldsymbol{\sigma}\begin{cases}>0 & \text{加载状态}\\=0 & \text{中性变载}\\<0 & \text{卸载状态}\end{cases}\tag{3.66}$$

若 $f_i<0$，$f_j=f_k=0$ $(i\neq j;\ i\neq k;\ i,\ j,\ k=1,\ 2,\ \cdots,\ n)$

$$\text{且}\quad\max\left(\left(\frac{\partial f_j}{\partial\boldsymbol{\sigma}}\right)^{\mathrm{T}}\mathrm{d}\boldsymbol{\sigma},\ \left(\frac{\partial f_k}{\partial\boldsymbol{\sigma}}\right)^{\mathrm{T}}\mathrm{d}\boldsymbol{\sigma}\right)=\begin{cases}>0 & \text{加载状态}\\=0 & \text{中性变载}\\<0 & \text{卸载状态}\end{cases}\tag{3.67}$$

(4) 本构关系

由应力增量 $\mathrm{d}\boldsymbol{\sigma}$ 引起的应变增量 $\mathrm{d}\boldsymbol{\varepsilon}$ 可分为弹性应变增量 $\mathrm{d}\boldsymbol{\varepsilon}^e$ 和塑性应变增量 $\mathrm{d}\boldsymbol{\varepsilon}^p$ 两部分(图 3.8)

$$\mathrm{d}\boldsymbol{\varepsilon}=\mathrm{d}\boldsymbol{\varepsilon}^e+\mathrm{d}\boldsymbol{\varepsilon}^p\tag{3.68}$$

$$\mathrm{d}\boldsymbol{\varepsilon}^e=\boldsymbol{D}^{-1}\mathrm{d}\boldsymbol{\sigma}\tag{3.69}$$

引入(3.56)式得

$$\mathrm{d}\boldsymbol{\varepsilon}=\boldsymbol{D}^{-1}\mathrm{d}\boldsymbol{\sigma}+\frac{\partial f}{\partial\boldsymbol{\sigma}}\mathrm{d}\lambda\tag{3.70}$$

对于卸载和中性变载情况，由于无新的塑性应变产生，所以 $\mathrm{d}\lambda=0$。加载时，$\mathrm{d}\lambda>0$。$\mathrm{d}\lambda$ 可根据一致性条件求出。

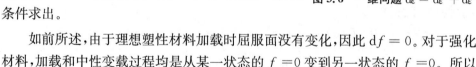

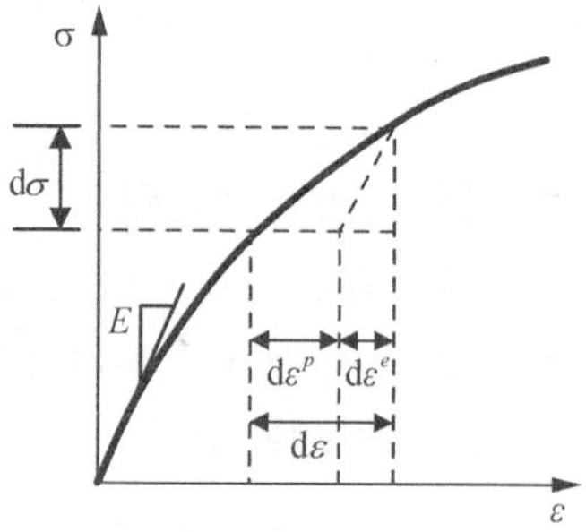

图 3.8　一维问题 $\mathrm{d}\varepsilon=\mathrm{d}\varepsilon^e+\mathrm{d}\varepsilon^p$

如前所述，由于理想塑性材料加载时屈服面没有变化，因此 $\mathrm{d}f=0$。对于强化材料，加载和中性变载过程均是从某一状态的 $f=0$ 变到另一状态的 $f=0$。所以也有

$$\mathrm{d}f=0 \tag{3.71}$$

这就是材料的一致性条件。根据(3.48)式,一致性条件可改写为

$$\mathrm{d}f=\left(\frac{\partial f}{\partial\boldsymbol{\sigma}}\right)^{\mathrm{T}}\mathrm{d}\boldsymbol{\sigma}+\left(\frac{\partial f}{\partial\boldsymbol{\sigma}^{p}}\right)^{\mathrm{T}}\mathrm{d}\boldsymbol{\sigma}^{p}+\frac{\partial f}{\partial\kappa}\mathrm{d}\kappa=0 \tag{3.72}$$

代入式(3.49)及(3.56)并考虑(3.50)～(3.52)式,由一致性条件得

$$\mathrm{d}\lambda=\frac{1}{A}\left(\frac{\partial f}{\partial\boldsymbol{\sigma}}\right)^{\mathrm{T}}\mathrm{d}\boldsymbol{\sigma} \tag{3.73}$$

其中

$$A=-\left(B+\left(\frac{\partial f}{\partial\boldsymbol{\sigma}^{p}}\right)^{\mathrm{T}}\boldsymbol{D}\frac{\partial f}{\partial\boldsymbol{\sigma}}\right) \tag{3.74}$$

$$B=\begin{cases}\dfrac{\partial f}{\partial w^{p}}\boldsymbol{\sigma}^{\mathrm{T}}\dfrac{\partial f}{\partial\boldsymbol{\sigma}} & \text{当}\,\kappa=w^{p}\,\text{时}\\ \dfrac{\partial f}{\partial\theta^{p}}\boldsymbol{I}'^{\mathrm{T}}\dfrac{\partial f}{\partial\boldsymbol{\sigma}} & \text{当}\,\kappa=\theta^{p}\,\text{时}\\ \dfrac{\partial f}{\partial\bar{\varepsilon}^{p}}\left(\left(\dfrac{\partial f}{\partial\boldsymbol{\sigma}}\right)^{\mathrm{T}}\left(\dfrac{\partial f}{\partial\boldsymbol{\sigma}}\right)\right)^{1/2} & \text{当}\,\kappa=\bar{\varepsilon}^{p}\,\text{时}\end{cases} \tag{3.75}$$

将(3.73)代入(3.70)得加载时的本构方程

$$\mathrm{d}\boldsymbol{\varepsilon}=\left(\boldsymbol{D}^{-1}+\frac{1}{A}\frac{\partial f}{\partial\boldsymbol{\sigma}}\left(\frac{\partial f}{\partial\boldsymbol{\sigma}}\right)^{\mathrm{T}}\right)\mathrm{d}\boldsymbol{\sigma} \tag{3.76}$$

为了同时考虑加卸载情况,引入阶梯函数 $H(l_1)$

$$H(l_1)=\begin{cases}0 & \text{当}\,l_1\leqslant 0\,\text{时}\\ 1 & \text{当}\,l_1>0\,\text{时}\end{cases} \tag{3.77}$$

$$l_1=\left(\frac{\partial f}{\partial\boldsymbol{\sigma}}\right)^{\mathrm{T}}\mathrm{d}\boldsymbol{\sigma} \tag{3.78}$$

式(3.76)可改写为对加载、中性变载和卸载均适用的本构方程

$$\mathrm{d}\boldsymbol{\varepsilon}=\left(\boldsymbol{D}^{-1}+\frac{H(l_1)}{A}\frac{\partial f}{\partial\boldsymbol{\sigma}}\left(\frac{\partial f}{\partial\boldsymbol{\sigma}}\right)^{\mathrm{T}}\right)\mathrm{d}\boldsymbol{\sigma} \tag{3.79}$$

根据这一关系,只要给出应力增量 $\mathrm{d}\boldsymbol{\sigma}$,就可确定应变增量 $\mathrm{d}\boldsymbol{\varepsilon}$。

3.3.3 应变空间描述的弹塑性本构关系

应力空间中描述的弹塑性本构关系有着很大的局限性,它仅适用于强化材料,

图 3.9 可以说明这一点。当 $\varepsilon > \varepsilon_s$ 后，就有塑性变形产生，应力和应变之间呈非线性关系。B 点处于材料的强化阶段，C 点处于材料的软化阶段。如在应力空间内考虑本构关系，对强化点 B，$\mathrm{d}\sigma > 0$ 表示加载，$\mathrm{d}\sigma < 0$ 表示卸载。但对软化点 C，无论是加载还是卸载，均为 $\mathrm{d}\sigma < 0$，因而难以由应力增量 $\mathrm{d}\sigma$ 判别加载还是卸载。但如果在应变空间内，不管是强化阶段还是软化阶段，$\mathrm{d}\varepsilon > 0$ 表示加载，$\mathrm{d}\varepsilon < 0$ 表示卸载，这样就有可能在应变空间内给出对强化、软化和理想塑性普遍适用的本构关系。

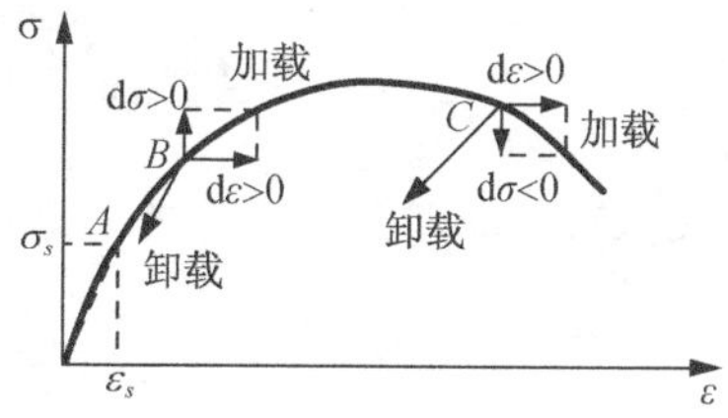

图 3.9　$\sigma-\varepsilon$ 曲线中强化和软化阶段

(1) 应变屈服条件

以 F 表示应变屈服函数，当材料从初始弹性状态进入塑性状态，其初始屈服条件为

$$F(\boldsymbol{\varepsilon}) = 0 \tag{3.80}$$

后继屈服面可表示为

$$F(\boldsymbol{\varepsilon},\ \boldsymbol{\varepsilon}^p,\ \kappa) = 0 \tag{3.81}$$

如果有

$$F(\boldsymbol{\varepsilon},\ \boldsymbol{\varepsilon}^p,\ \kappa) < 0$$

则材料处于弹性状态，如果有

$$F(\boldsymbol{\varepsilon},\ \boldsymbol{\varepsilon}^p,\ \kappa) = 0$$

则材料处于塑性状态，不存在使 $F > 0$ 的状态。

(2) 流动法则

与应力空间中的流动法则类似，在应变空间内，对于弹性性质不随塑性变形的产生和发展而变化的材料，加载时的塑性应力增量 $\mathrm{d}\boldsymbol{\sigma}^p = \boldsymbol{D}\mathrm{d}\boldsymbol{\varepsilon}^p$ 指向应变屈服面的外法向，即

$$\mathrm{d}\boldsymbol{\sigma}^p = \mathrm{d}\lambda \frac{\partial F}{\partial \boldsymbol{\varepsilon}} \tag{3.82}$$

这就是应变空间中的流动法则，或称正交法则，式中 $\mathrm{d}\lambda$ 是非负的比例系数。加载时 $\mathrm{d}\lambda > 0$，其他情况 $\mathrm{d}\lambda = 0$。

(3) 加卸载准则

对于理想塑性材料，加载情况下，从一种塑性状态到达另一种塑性状态时，塑

性变形可以任意增长，但其屈服面不变，应变点保留在屈服面上，所以 $\mathrm{d}\boldsymbol{\varepsilon}$ 与 $F=0$ 相切。卸载时，从塑性状态变化到某种弹性状态的过程中无新的塑性变形产生。$\mathrm{d}\boldsymbol{\varepsilon}$ 指向 $F=0$ 的内侧(图 3.10)，所以，与应力空间的加卸载准则类似，可得应变空间的加卸载准则为

$$F(\boldsymbol{\varepsilon})<0 \quad \text{处于弹性状态} \tag{3.83}$$

$$F(\boldsymbol{\varepsilon})=0 \text{ 且 } l_2=\left(\frac{\partial F}{\partial \boldsymbol{\varepsilon}}\right)^{\mathrm{T}} \mathrm{d}\boldsymbol{\varepsilon}\begin{cases}<0 & \text{卸载状态} \\ =0 & \text{加载状态}\end{cases} \tag{3.84}$$

对于强化材料和软化材料，在某种塑性状态下，有 $F(\boldsymbol{\varepsilon},\ \boldsymbol{\varepsilon}^p,\ \kappa)=0$。当它受外力作用时，应变点仍在屈服面上，并伴有新的塑性变形发生，此过程为塑性加载。如此时无新的塑性变形产生，应变点保持在同一屈服面上，则为中性变载。如果应变点离开屈服面，回到弹性状态，称为塑性卸载。因而其加卸载准则为

$$F(\boldsymbol{\varepsilon},\ \boldsymbol{\varepsilon}^p,\ \kappa)<0 \quad \text{弹性状态} \tag{3.85}$$

$$F=0 \text{ 且 } l_2=\left(\frac{\partial F}{\partial \boldsymbol{\varepsilon}}\right) \mathrm{d}\boldsymbol{\varepsilon}\begin{cases}>0 & \text{加载状态} \\ =0 & \text{中性变载} \\ <0 & \text{卸载状态}\end{cases} \tag{3.86}$$

这个准则的几何解释见图 3.11。

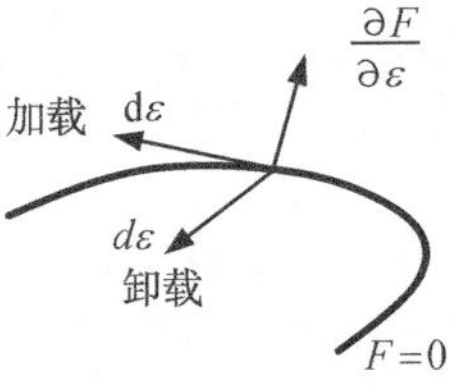

图 3.10 理想塑性

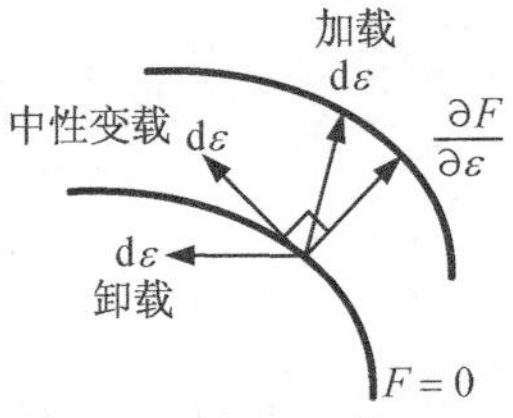

图 3.11 强化和软化材料

具有非正则屈服面材料的流动法则和加卸载准则与应力空间类似，可参照式(3.57)和(3.62)～(3.67)写出。

(4) 本构关系

在应变空间内，反映总应变组成的式(3.68)和弹性应变的表达式(3.69)仍然成立。利用流动法则(3.82)，由式(3.68)和(3.69)得

$$\mathrm{d}\boldsymbol{\sigma}=\boldsymbol{D}\mathrm{d}\boldsymbol{\varepsilon}-\mathrm{d}\lambda \frac{\partial F}{\partial \boldsymbol{\varepsilon}} \tag{3.87}$$

对于中性变载和卸载，$\mathrm{d}\lambda=0$，上式成为虎克定律。对于加载情况，$\mathrm{d}\lambda>0$，其大小可根据一致性条件 $\mathrm{d}F=0$，由式(3.81)得出

$$\mathrm{d}F = \left(\frac{\partial F}{\partial \boldsymbol{\varepsilon}}\right)^{\mathrm{T}} \mathrm{d}\boldsymbol{\varepsilon} + \left(\frac{\partial F}{\partial \boldsymbol{\varepsilon}^{p}}\right)^{\mathrm{T}} \mathrm{d}\boldsymbol{\varepsilon}^{p} + \frac{\partial F}{\partial \kappa}\mathrm{d}\kappa = 0$$

代入式(3.82)并考虑式(3.50)～(3.52)可得

$$\mathrm{d}\lambda = \frac{1}{A}\left(\frac{\partial F}{\partial \boldsymbol{\varepsilon}}\right)^{\mathrm{T}} \mathrm{d}\boldsymbol{\varepsilon} \tag{3.88}$$

式中

$$A = -\left[B + \left(\frac{\partial F}{\partial \boldsymbol{\varepsilon}^{p}}\right)^{\mathrm{T}} \boldsymbol{D}^{-1} \frac{\partial F}{\partial \boldsymbol{\varepsilon}}\right] \tag{3.89}$$

$$B = \begin{cases} \dfrac{\partial F}{\partial w^{p}} \boldsymbol{\sigma}^{\mathrm{T}} \boldsymbol{D}^{-1} \dfrac{\partial F}{\partial \boldsymbol{\varepsilon}} & 当\ \kappa = w^{p} \\ \dfrac{\partial F}{\partial \theta^{p}} \boldsymbol{I}'^{\mathrm{T}} \boldsymbol{D}^{-1} \dfrac{\partial F}{\partial \boldsymbol{\varepsilon}} & 当\ \kappa = \theta^{p} \\ \dfrac{\partial F}{\partial \bar{\varepsilon}^{p}} \left(\left(\dfrac{\partial F}{\partial \boldsymbol{\varepsilon}}\right)^{\mathrm{T}} (\boldsymbol{D}^{-1})^{\mathrm{T}} \boldsymbol{D}^{-1} \left(\dfrac{\partial F}{\partial \boldsymbol{\varepsilon}}\right)\right)^{1/2} & 当\ \kappa = \bar{\varepsilon}^{p} \end{cases} \tag{3.90}$$

将(3.88)代入(3.87)得加载时的本构方程

$$\mathrm{d}\boldsymbol{\sigma} = (\boldsymbol{D} - \boldsymbol{D}_{p})\mathrm{d}\boldsymbol{\varepsilon} \tag{3.91}$$

$$\boldsymbol{D}_{p} = \frac{1}{A} \frac{\partial F}{\partial \boldsymbol{\varepsilon}} \left(\frac{\partial F}{\partial \boldsymbol{\varepsilon}}\right)^{\mathrm{T}} \tag{3.92}$$

引入阶梯函数

$$H(l_2) = \begin{cases} 0 & 当\ l_2 \leqslant 0\ 时 \\ 1 & 当\ l_2 > 0\ 时 \end{cases} \tag{3.93}$$

$$l_2 = \left(\frac{\partial F}{\partial \boldsymbol{\varepsilon}}\right)^{\mathrm{T}} \mathrm{d}\boldsymbol{\varepsilon} \tag{3.94}$$

可得对加载、卸载和中性变载均适用的本构关系

$$\mathrm{d}\boldsymbol{\sigma} = [\boldsymbol{D} - H(l_2)\boldsymbol{D}_{p}]\mathrm{d}\boldsymbol{\varepsilon} \tag{3.95}$$

由于通过实验确定的屈服条件多用应力表示，为此设法将式(3.92)用应力屈服函数表示，由于

$$\boldsymbol{\sigma}^{p} = \boldsymbol{D}\boldsymbol{\varepsilon}^{p},\ \boldsymbol{\sigma} = \boldsymbol{D}(\boldsymbol{\varepsilon} - \boldsymbol{\varepsilon}^{p})$$

所以

$$f(\boldsymbol{\sigma}, \boldsymbol{\sigma}^p, \kappa) = f(\boldsymbol{D}(\boldsymbol{\varepsilon}-\boldsymbol{\varepsilon}^p), \boldsymbol{D}\boldsymbol{\varepsilon}^p, \kappa) \equiv F(\boldsymbol{\varepsilon}, \boldsymbol{\varepsilon}^p, \kappa)$$

$$\begin{cases} \dfrac{\partial F}{\partial \boldsymbol{\varepsilon}} = \boldsymbol{D}\dfrac{\partial f}{\partial \boldsymbol{\sigma}} \\ \dfrac{\partial F}{\partial \boldsymbol{\varepsilon}^p} = \boldsymbol{D}\left(\dfrac{\partial f}{\partial \boldsymbol{\sigma}^p} - \dfrac{\partial f}{\partial \boldsymbol{\sigma}}\right) \\ \dfrac{\partial F}{\partial \kappa} = \dfrac{\partial f}{\partial \kappa} \end{cases} \tag{3.96}$$

利用以上关系，将应变空间内的本构关系(3.92)改用在应力空间内描述

$$\boldsymbol{D}_p = \frac{1}{A}\frac{\partial F}{\partial \boldsymbol{\varepsilon}}\left(\frac{\partial F}{\partial \boldsymbol{\varepsilon}}\right)^{\mathrm{T}} = \frac{1}{A}\boldsymbol{D}\frac{\partial f}{\partial \boldsymbol{\sigma}}\left(\frac{\partial f}{\partial \boldsymbol{\sigma}}\right)^{\mathrm{T}}\boldsymbol{D} \tag{3.97}$$

式中

$$A = \left(\frac{\partial f}{\partial \boldsymbol{\sigma}}\right)^{\mathrm{T}}\boldsymbol{D}\frac{\partial f}{\partial \boldsymbol{\sigma}} - \left(\frac{\partial f}{\partial \boldsymbol{\sigma}^p}\right)^{\mathrm{T}}\boldsymbol{D}\frac{\partial f}{\partial \boldsymbol{\sigma}} - B \tag{3.98}$$

$$B = \begin{cases} \dfrac{\partial f}{\partial w^p}\boldsymbol{\sigma}^{\mathrm{T}}\dfrac{\partial f}{\partial \boldsymbol{\sigma}} & \text{当}\ \kappa = w^p\ \text{时} \\ \dfrac{\partial f}{\partial \theta^p}\boldsymbol{I}'^{\mathrm{T}}\dfrac{\partial f}{\partial \boldsymbol{\sigma}} & \text{当}\ \kappa = \theta^p\ \text{时} \\ \dfrac{\partial f}{\partial \bar{\varepsilon}^p}\left(\left(\dfrac{\partial f}{\partial \boldsymbol{\sigma}}\right)^{\mathrm{T}}\left(\dfrac{\partial f}{\partial \boldsymbol{\sigma}}\right)\right)^{1/2} & \text{当}\ \kappa = \bar{\varepsilon}^p\ \text{时} \end{cases} \tag{3.99}$$

此时，比例系数 $\mathrm{d}\lambda$ 的表达式(3.88)成为

$$\mathrm{d}\lambda = \frac{1}{A}\left(\frac{\partial f}{\partial \boldsymbol{\sigma}}\right)^{\mathrm{T}}\boldsymbol{D}\mathrm{d}\boldsymbol{\varepsilon} \tag{3.100}$$

加载准则函数式(3.94)成为

$$l_2 = \left(\frac{\partial f}{\partial \boldsymbol{\sigma}}\right)^{\mathrm{T}}\boldsymbol{D}\mathrm{d}\boldsymbol{\varepsilon} = \left(\frac{\partial f}{\partial \boldsymbol{\sigma}}\right)^{\mathrm{T}}\mathrm{d}\boldsymbol{\sigma}^e \tag{3.101}$$

这与应力空间内的式(3.78)不同，它将按弹性规律由 $\mathrm{d}\boldsymbol{\varepsilon}$ 计算弹性应力增量 $\mathrm{d}\boldsymbol{\sigma}^e$。这样应用起来更为方便，因为在位移有限元法中，式(3.78)中的 $\mathrm{d}\boldsymbol{\sigma}$ 事先并不知道，而式(3.101)中的 $\mathrm{d}\boldsymbol{\sigma}^e$ 容易计算。

对于非正则屈服面的本构关系，可按类似方法建立，例如对其中的第 j 个光滑曲面，弹塑性本构方程为

$$\mathrm{d}\boldsymbol{\sigma} = (\boldsymbol{D} - \boldsymbol{D}_p^j)\mathrm{d}\boldsymbol{\varepsilon} \tag{3.102}$$

式中

$$\boldsymbol{D}_p^j = \frac{1}{A_j}\boldsymbol{D}\frac{\partial f_j}{\partial \boldsymbol{\sigma}}\left(\frac{\partial f_j}{\partial \boldsymbol{\sigma}}\right)^{\mathrm{T}}\boldsymbol{D} \tag{3.103}$$

$$A_j = \left(\frac{\partial f_j}{\partial \boldsymbol{\sigma}}\right)^{\mathrm{T}}\boldsymbol{D}\frac{\partial f_j}{\partial \boldsymbol{\sigma}} - \left(\frac{\partial f_j}{\partial \boldsymbol{\sigma}^p}\right)^{\mathrm{T}}\boldsymbol{D}\frac{\partial f_j}{\partial \boldsymbol{\sigma}} - B_j \tag{3.104}$$

$$B_j = \begin{cases} \dfrac{\partial f_j}{\partial w^p}\boldsymbol{\sigma}^{\mathrm{T}}\dfrac{\partial f_j}{\partial \boldsymbol{\sigma}} & \text{当}\kappa = w^p\text{ 时} \\ \dfrac{\partial f_j}{\partial \theta^p}\boldsymbol{I}'^{\mathrm{T}}\dfrac{\partial f_j}{\partial \boldsymbol{\sigma}} & \text{当}\kappa = \theta^p\text{ 时} \\ \dfrac{\partial f_j}{\partial \bar{\varepsilon}^p}\left(\left(\dfrac{\partial f_j}{\partial \boldsymbol{\sigma}}\right)^{\mathrm{T}}\left(\dfrac{\partial f_j}{\partial \boldsymbol{\sigma}}\right)\right)^{1/2} & \text{当}\kappa = \bar{\varepsilon}^p\text{ 时} \end{cases} \tag{3.105}$$

对于 f_j 与 f_k 两个曲面的交线，根据一致性条件及非正则屈服面的流动法则，可得出弹塑性本构方程如下

$$\mathrm{d}\boldsymbol{\sigma} = (\boldsymbol{D} - \boldsymbol{D}_p^{jk})\mathrm{d}\boldsymbol{\varepsilon} \tag{3.106}$$

$$\boldsymbol{D}_p^{jk} = \boldsymbol{D}\frac{\partial f_{jk}}{\partial \boldsymbol{\sigma}}\boldsymbol{A}^{-1}\left(\frac{\partial f_{jk}}{\partial \boldsymbol{\sigma}}\right)^{\mathrm{T}}\boldsymbol{D} \tag{3.107}$$

式中

$$\frac{\partial f_{jk}}{\partial \boldsymbol{\sigma}} = \left[\frac{\partial f_j}{\partial \boldsymbol{\sigma}} \quad \frac{\partial f_k}{\partial \boldsymbol{\sigma}}\right] \tag{3.108}$$

$$\boldsymbol{A} = \left(\frac{\partial f_{jk}}{\partial \boldsymbol{\sigma}}\right)^{\mathrm{T}}\boldsymbol{D}\frac{\partial f_{jk}}{\partial \boldsymbol{\sigma}} - \left(\frac{\partial f_{jk}}{\partial \boldsymbol{\sigma}^p}\right)^{\mathrm{T}}\boldsymbol{D}\frac{\partial f_{jk}}{\partial \boldsymbol{\sigma}} - \boldsymbol{B} \tag{3.109}$$

$$\boldsymbol{B} = \begin{cases} \dfrac{\partial f_{jk}}{\partial w^p}\boldsymbol{\Sigma}^{\mathrm{T}}\dfrac{\partial f_{jk}}{\partial \boldsymbol{\sigma}} & \text{当}\kappa = w^p\text{ 时} \\ \dfrac{\partial f_{jk}}{\partial \theta^p}\boldsymbol{\Delta}^{\mathrm{T}}\dfrac{\partial f_{jk}}{\partial \boldsymbol{\sigma}} & \text{当}\kappa = \theta^p\text{ 时} \\ \dfrac{\partial f_{jk}}{\partial \bar{\varepsilon}^p}\left(\left(\dfrac{\partial f_{jk}}{\partial \boldsymbol{\sigma}}\right)^{\mathrm{T}}\left(\dfrac{\partial f_{jk}}{\partial \boldsymbol{\sigma}}\right)\right)^{1/2} & \text{当}\kappa = \bar{\varepsilon}^p\text{ 时} \end{cases} \tag{3.110}$$

$$\frac{\partial f_{jk}}{\partial \kappa} = \begin{bmatrix} \dfrac{\partial f_j}{\partial \kappa} & 0 \\ 0 & \dfrac{\partial f_k}{\partial \kappa} \end{bmatrix} \quad (\kappa = w^p,\ \theta^p,\ \bar{\varepsilon}^p) \tag{3.111}$$

$$\boldsymbol{\Sigma} = [\boldsymbol{\sigma} \quad \boldsymbol{\sigma}] \tag{3.112}$$

$$\boldsymbol{\Delta} = [\boldsymbol{I}' \quad \boldsymbol{I}'] \tag{3.113}$$

$\boldsymbol{A}$ 和 $\boldsymbol{B}$ 为 2×2 矩阵。实际上，这些光滑屈服面的交线成了屈服面的奇异点。有时为了简单起见，可用光滑曲面代替奇异点，使各屈服面的法线方向可连续改变。

以上是根据流动理论得出的弹塑性本构关系，是对各种弹塑性材料模型普遍适用的一般形式。为便于在弹塑性有限元法中实际应用，以下将针对几种常见的材料模型，根据其屈服函数，导出本构关系中塑性矩阵 $\boldsymbol{D}_p$ 的具体表达式。

3.4　常见材料模型的塑性矩阵

以 Mises 和 Drucker-Prager 材料模型为例[7]，根据其屈服函数的表达式，采用等向强化模型，按照上一节的方法导出塑性矩阵 $\boldsymbol{D}_p$。

3.4.1　Von Mises 模型

Mises 模型的屈服条件为

$$f = \sqrt{3J_2} - \sigma_s = \bar{\sigma} - \sigma_s = 0 \tag{3.114}$$

式中 J_2 是应力偏量的第二不变量

$$J_2 = \frac{1}{2}(S_x^2 + S_y^2 + S_z^2) + S_{xy}^2 + S_{yz}^2 + S_{zx}^2 \tag{3.115}$$

在主应力空间内，屈服面(3.114)是一个中心轴垂直于 $\sigma_1 + \sigma_2 + \sigma_3 = 0$ 平面（π 平面）的圆柱面（图 3.12）。

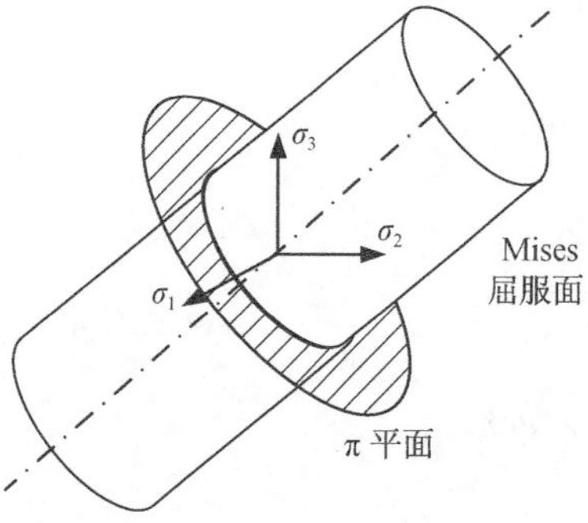

图 3.12　Mises 屈服面

Mises 屈服面是一个正则屈服面，可按式(3.98)和(3.99)计算 A、B，再按式(3.97)确定 $\boldsymbol{D}_p$。

对于等向强化材料，式(3.114)中的 σ_s 是内变量 κ 的函数。假定 κ 为塑性功 w^p，则常数 B 中的

$$\frac{\partial f}{\partial w^p} = -\frac{\mathrm{d}\sigma_s(w^p)}{\mathrm{d}w^p} = -\frac{\mathrm{d}\sigma_s(w^p)}{\mathrm{d}\varepsilon^p}\frac{\mathrm{d}\varepsilon^p}{\mathrm{d}w^p} = -\frac{H'}{\sigma_s(w^p)} \tag{3.116}$$

式中的 H' 是材料单向拉伸实验曲线 σ_s-ε^p 的切线斜率（图 3.13），称塑性模量。当

材料进入初始塑性状态后，$\sigma_s-\varepsilon^p$ 曲线就是$\sigma-\varepsilon^p$ 曲线。可见 H' 也是$\sigma-\varepsilon^p$ 曲线的切线斜率，所以

$$\frac{\mathrm{d}\varepsilon^p}{\mathrm{d}\sigma}=\frac{\mathrm{d}\varepsilon^p}{\mathrm{d}\sigma_s}=\frac{1}{H'} \tag{3.117}$$

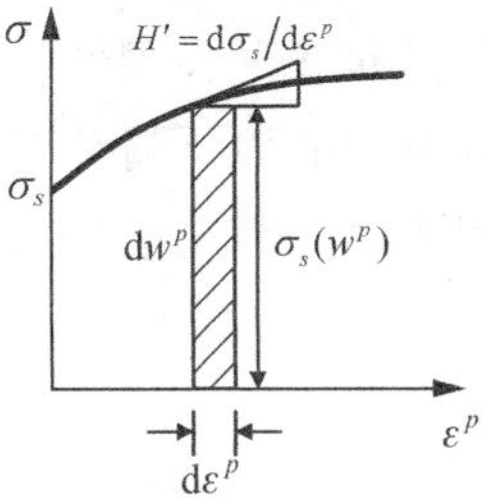

图 3.13　$\sigma_s-\varepsilon^p$ 关系曲线

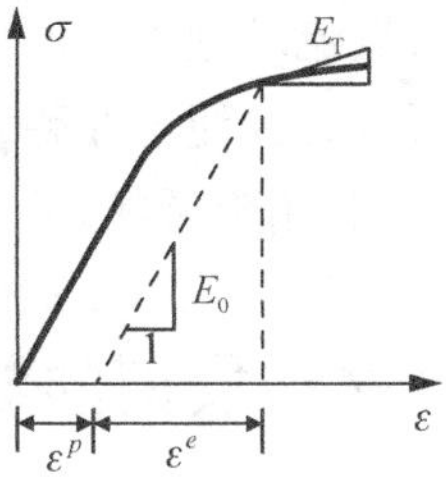

图 3.14　初始弹模和切线弹模

由式(3.68)有

$$\frac{\mathrm{d}\varepsilon}{\mathrm{d}\sigma}=\frac{\mathrm{d}\varepsilon^e}{\mathrm{d}\sigma}+\frac{\mathrm{d}\varepsilon^p}{\mathrm{d}\sigma}$$

设 E_0 为初始弹模，E_T 为切线弹模(图 3.14)，则上式成为

$$\frac{1}{E_{\mathrm{T}}}=\frac{1}{E_0}+\frac{1}{H'}$$

由此求出

$$H'=\frac{E_0E_{\mathrm{T}}}{E_0-E_{\mathrm{T}}} \tag{3.118}$$

令

$$\boldsymbol{S}'=[S_x\quad S_y\quad S_z\quad 2S_{xy}\quad 2S_{yz}\quad 2S_{zx}]^{\mathrm{T}} \tag{3.119}$$

不难得出

$$\frac{\partial f}{\partial \boldsymbol{\sigma}}=\frac{3}{2\sqrt{3J_2}}\boldsymbol{S}' \tag{3.120}$$

根据上式及(3.39)，有

$$\boldsymbol{\sigma}^{\mathrm{T}}\frac{\partial f}{\partial \boldsymbol{\sigma}}=\frac{3}{2\sqrt{3J_2}}(\boldsymbol{S}^{\mathrm{T}}\boldsymbol{S}'+\boldsymbol{\sigma}_m\boldsymbol{I}'^{\mathrm{T}}\boldsymbol{S}') \tag{3.121}$$

由于

$$\boldsymbol{S}^{\mathrm{T}}\boldsymbol{S}' = 2J_2 \tag{3.122}$$

$$\boldsymbol{I}'^{\mathrm{T}}\boldsymbol{S}' = 0 \tag{3.123}$$

则式(3.121)成为

$$\boldsymbol{\sigma}^{\mathrm{T}}\frac{\partial f}{\partial \boldsymbol{\sigma}} = \sqrt{3J_2} \tag{3.124}$$

将式(3.116)及(3.124)代入式(3.99)，并考虑到 $\sqrt{3J_2} = \sigma_s$（即 $f=0$），可得

$$B = -H' = \frac{-E_0 E_{\mathrm{T}}}{E_0 - E_{\mathrm{T}}} \tag{3.125}$$

有了 B，就可根据式(3.98)求 A。

对于等向强化模型，式(3.53)成立，即屈服函数与塑性应力 $\boldsymbol{\sigma}^p$ 无关，则

$$\frac{\partial f}{\partial \boldsymbol{\sigma}^p} = 0 \tag{3.126}$$

由 $\boldsymbol{D}$ 的表达式(3.18)和式(3.120)得

$$\boldsymbol{D}\frac{\partial f}{\partial \boldsymbol{\sigma}} = \frac{3G}{\sqrt{3J_2}}\boldsymbol{S} \tag{3.127}$$

将式(3.120)、(3.127)和(3.126)代入式(3.98)，求出

$$A = \frac{3G}{2J_2}\boldsymbol{S}^{\mathrm{T}}\boldsymbol{S}' + H' = 3G + \frac{E_0 E_{\mathrm{T}}}{E_0 - E_{\mathrm{T}}} \tag{3.128}$$

把式(3.127)和(3.128)代入式(3.97)，就可以确定 $\boldsymbol{D}_p$

$$\boldsymbol{D}_p = \frac{3G^2}{\left(3G + \dfrac{E_0 E_{\mathrm{T}}}{E_0 - E_{\mathrm{T}}}\right)J_2}\boldsymbol{S}\boldsymbol{S}^{\mathrm{T}} =$$

$$= \frac{3G^2}{\left(3G + \dfrac{E_0 E_{\mathrm{T}}}{E_0 - E_{\mathrm{T}}}\right)J_2}\begin{bmatrix} S_x^2 & & & & & \\ S_y S_x & S_y^2 & & & \text{对称} & \\ S_z S_x & S_z S_y & S_z^2 & & & \\ S_{xy} S_x & S_{xy} S_y & S_{xy} S_z & S_{xy}^2 & & \\ S_{yz} S_x & S_{yz} S_y & S_{yz} S_z & S_{yz} S_{xy} & S_{yz}^2 & \\ S_{zx} S_x & S_{zx} S_y & S_{zx} S_z & S_{zx} S_{xy} & S_{zx} S_{yz} & S_{zx}^2 \end{bmatrix} \tag{3.129}$$

将 $\boldsymbol{D}_p$ 代入式(3.91),就可以由应变增量 $\mathrm{d}\boldsymbol{\varepsilon}$ 确定应力增量 $\mathrm{d}\boldsymbol{\sigma}$。

3.4.2 Drucker-Prager 模型

Drucker-Prager 屈服条件是在 Mises 屈服条件的基础上再考虑静水压力的影响,即

$$f = aI_1 + \sqrt{J_2} - k = 0 \tag{3.130}$$

I_1 为应力张量的第一不变量

$$I_1 = \sigma_x + \sigma_y + \sigma_z \tag{3.131}$$

a 和 k 是材料常数,它与材料的内摩擦角 ϕ 和粘结力 c 有关,式(3.130)表明,随着应力的增大,Mises 屈服圆的半径将扩大。所以,它在三维应力空间内是一个圆锥面(图 3.15),除锥顶点是奇异点外,它是光滑的正则曲面,与 π 平面的交线是一个圆,称 Drucker-Prager 圆。

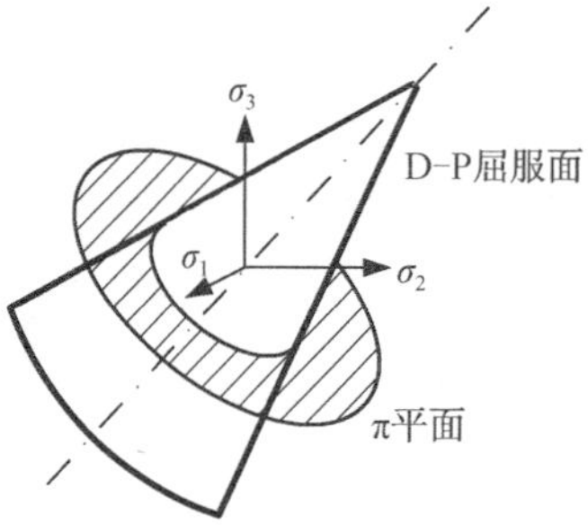

图 3.15 D-P 屈服面

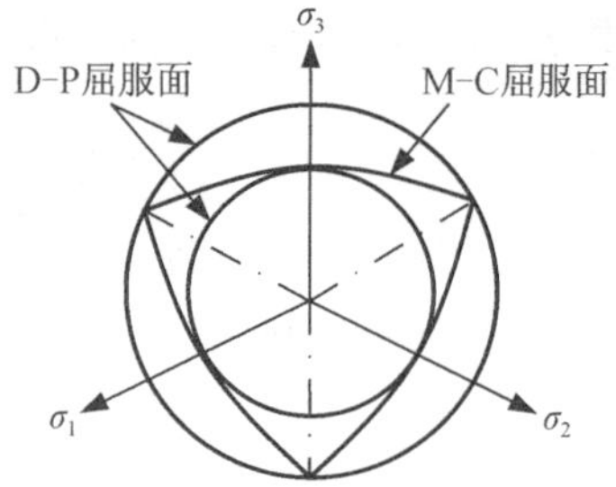

图 3.16 D-P 和 M-C 屈服面

通过 Drucker-Prager 屈服条件(3.130)和 Mohr-Coulomb 屈服条件的比较,可以确定参数 a 和 k。Mohr-Coulomb 屈服面在主应力空间内是一个六棱锥,它在 π 平面内的截线是一个不规则的六边形(图 3.16),称 Coulomb 六边形。现使 Drucker-Prager 圆锥面的锥顶与 Coulomb 六棱锥的锥顶重合,若 Drucker-Prager 圆与 Coulomb 六边形的外顶点重合时,可得

$$a = \frac{2\sin\phi}{\sqrt{3}(3-\sin\phi)}, \quad k = \frac{6c\cos\phi}{\sqrt{3}(3-\sin\phi)} \tag{3.132}$$

若与 Coulomb 六边形的内顶点重合,可得

$$a = \frac{2\sin\phi}{\sqrt{3}(3+\sin\phi)}, \quad k = \frac{6c\cos\phi}{\sqrt{3}(3+\sin\phi)} \tag{3.133}$$

对于平面应变问题，则有

$$a=\frac{\operatorname{tg}\phi}{(9+12\operatorname{tg}^2\phi)^{1/2}},\quad k=\frac{3c}{(9+12\operatorname{tg}^2\phi)^{1/2}} \tag{3.134}$$

常数 B 的确定：设强化参数 $\kappa=\theta^p$，则 $a=a(\theta^p)$，$k=k(\theta^p)$，令 $a'=\partial a/\partial\theta^p$，$k'=\partial k/\partial\theta^p$，则

$$\frac{\partial f}{\partial\boldsymbol{\sigma}}=a\boldsymbol{I}'+\frac{1}{2\sqrt{J_2}}\boldsymbol{S}' \tag{3.135}$$

$$B=\frac{\partial f}{\partial\theta^p}\boldsymbol{I}'^{\mathrm{T}}\frac{\partial f}{\partial\boldsymbol{\sigma}}=3a(a'I_1-k') \tag{3.136}$$

常数 A 的确定

$$\boldsymbol{D}\frac{\partial f}{\partial\boldsymbol{\sigma}}=3Ka\boldsymbol{I}'+\frac{G}{\sqrt{J_2}}\boldsymbol{S} \tag{3.137}$$

由于是等向强化材料，$\frac{\partial f}{\partial\boldsymbol{\sigma}^p}=0$，由式(3.98)得

$$A=\left(\frac{\partial f}{\partial\boldsymbol{\sigma}}\right)^{\mathrm{T}}\boldsymbol{D}\frac{\partial f}{\partial\boldsymbol{\sigma}}-B=9Ka^2+G+3a(k'-a'I_1) \tag{3.138}$$

若 $k'-a'I=0$，即 $\frac{\partial f}{\partial\theta^p}=0$，表示理想塑性。令

$$\boldsymbol{D}\frac{\partial f}{\partial\boldsymbol{\sigma}}=3KaI'+\frac{G}{\sqrt{J_2}}\boldsymbol{S}=\boldsymbol{\Phi}=[\boldsymbol{\Phi}_1\boldsymbol{\Phi}_2\boldsymbol{\Phi}_3\boldsymbol{\Phi}_4\boldsymbol{\Phi}_5\boldsymbol{\Phi}_6]^{\mathrm{T}}$$

则得塑性矩阵

$$\boldsymbol{D}_p=\frac{1}{A}\boldsymbol{D}\frac{\partial f}{\partial\boldsymbol{\sigma}}\left(\frac{\partial f}{\partial\boldsymbol{\sigma}}\right)^{\mathrm{T}}\boldsymbol{D}=\frac{1}{A}\boldsymbol{\Phi}\boldsymbol{\Phi}^{\mathrm{T}} \tag{3.139}$$

3.5 粘性介质的本构关系

前面所谈的弹性变形和塑性变形都与时间无关，被认为是瞬时发生的。但实际上变形的发生与时间有关。只是一般情况下，时间的影响可忽略不计。然而对某些情况，例如高温下的金属变形，外力作用下的软岩变形，可以随时间累积至比较大的量值。因而对它们进行变形和应力分析，必须考虑时间因素。介质这种变

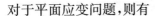

形和应力随时间变化的特性称为粘性。

为了便于表述，材料的弹性、塑性和粘性分别用相应的元件表示。弹性材料用弹性元件 **H**（图 3.17）表示。理想塑性或强化塑性可用一对摩擦滑块的塑性元件 **V**（图 3.18）表示，对于一维应力状态，当应力小于屈服极限 σ_s 时，不产生变形；当应力满足屈服条件（即 $\sigma = \sigma_s$）时，发生塑性变形。对于服从牛顿粘性流动介质的一维问题，其应力与应变速率成正比

$$\sigma = \eta \frac{\mathrm{d}\varepsilon}{\mathrm{d}t} \tag{3.140}$$

式中 η 是粘性系数。反映材料粘性的元件 **N**，用一个在盛满粘性流体圆筒内运动的活塞表示（图 3.19）。

将这些元件按一定的方式组合就可以得到不同性质的材料。以下将介绍粘弹性和粘塑性模型[2][8]。

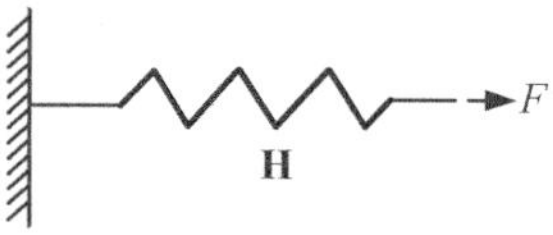

图 3.17　弹性元件(H)

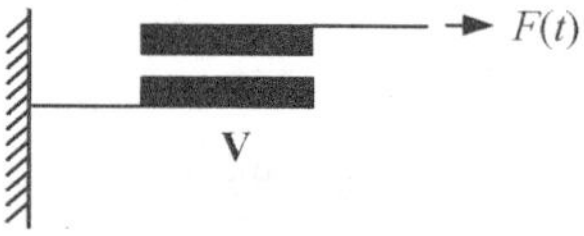

图 3.18　塑性元件(V)

图 3.19　粘性元件 (N)

3.5.1　两元件粘弹性模型

粘弹性模型由弹性元件和粘性元件组成。现约定，两元件并联时，它们的应变相同，且等于总应变，总应力则为两元件应力之和；两元件串联时，它们的应力相同，且等于总应力，总应变为两元件应变之和。常见的两元件粘弹性模型有两种：

(1) Kelvin 模型

Kelvin 模型由一个弹性元件和一个粘性元件并联组成（图 3.20）。令弹性元件的应变和应力分别为 ε^e 和 σ^e，粘性元件的应变和应力分别为 ε^v 和 σ^v，则 Kelvin 粘弹性介质中的总应变 ε 和总应力 σ 分别为

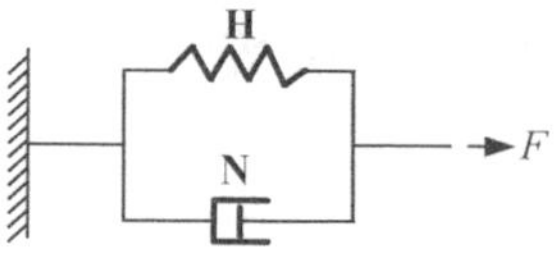

图 3.20　Kelvin 模型

$$\varepsilon = \varepsilon^e = \varepsilon^v \tag{3.141}$$

$$\sigma = \sigma^e + \sigma^v = E\varepsilon + \eta \frac{\mathrm{d}\varepsilon}{\mathrm{d}t} \tag{3.142}$$

从式(3.142)可见，随着应变速率的增加，介质内的应力也增加。如果介质内应变保持不变，即 $\varepsilon = \varepsilon_0$，此时 $\mathrm{d}\varepsilon/\mathrm{d}t = 0$，则应力也保持不变，$\sigma = E\varepsilon_0$（图 3.21）。

反之,如介质承受的是常应力 σ_0,则由式(3.142)解出

$$\varepsilon = \frac{\sigma_0}{E}(1 - e^{-\frac{Et}{\eta}}) \tag{3.143}$$

可见,应变随时间逐渐增加,并趋向 σ_0/E,这就是所谓蠕变现象(图 3.22)。

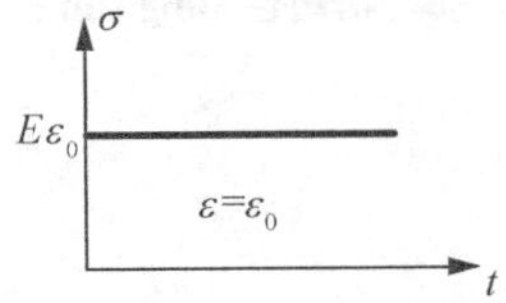

图 3.21 常应变时 $\sigma-t$

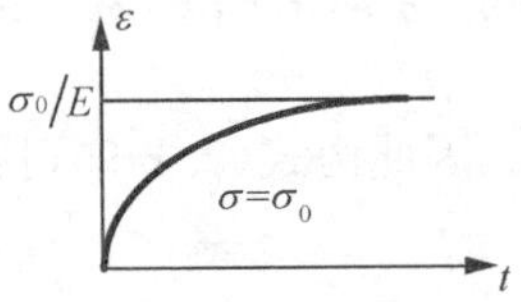

图 3.22 常应力时 $\varepsilon-t$(蠕变)

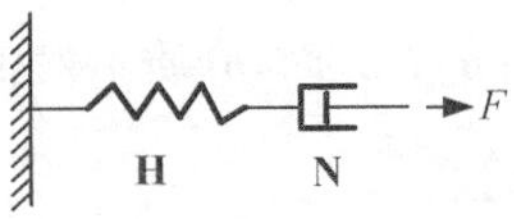

图 3.23 Maxwell 模型

(2) Maxwell 模型

Maxwell 模型由一个弹性元件和一个粘性元件串联(图 3.23)而成,此时有

$$\sigma = \sigma^e = \sigma^v \tag{3.144}$$

$$\varepsilon = \varepsilon^e + \varepsilon^v \tag{3.145}$$

由式(3.145)及(3.140)可得

$$\frac{d\varepsilon}{dt} = \frac{1}{E}\frac{d\sigma}{dt} + \frac{\sigma}{\eta} \tag{3.146}$$

可见,当介质在常应力 $\sigma = \sigma_0$ 作用下,将具有常速率的变形,应变随时间线性增加(图 3.24)。反之,当介质在常应变作用下,例如在时刻 $t=0$,介质内有应力 σ_0,对应的初始应变为 $\varepsilon_0 = \sigma_0/E$,设法固定这个应变,使 $d\varepsilon/dt = 0$,则由式(3.146)解出

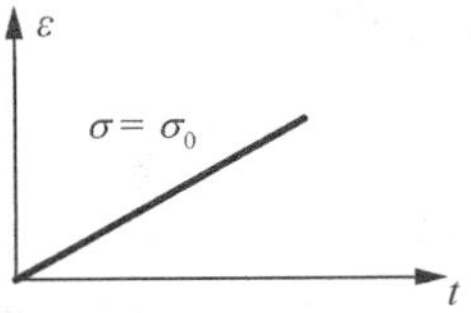

图 3.24 常应力时 $\varepsilon-t$

$$\sigma = \sigma_0 e^{-\frac{Et}{\eta}} \tag{3.147}$$

此时,应力将按指数规律随时间衰减(图 3.25),并趋于零。这种在常应变情况下,应力随时间变小的现象叫做应力松弛。

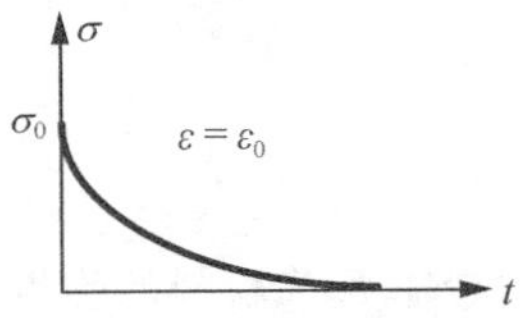

图 3.25 常应变时 $\sigma-t$

3.5.2 两元件粘塑性模型

粘塑性模型是将粘性元件和塑性元件组合的模型,对于最简单的两元件模型,也有以下两种:

(1) 并联模型(Bingham 模型)

图 3.26 为一个塑性元件和一个粘性元件组成的并联模型。此时,总应变 ε 等

于粘性应变 ε^v 或塑性应变 ε^p，总应力等于粘性应力 σ^v 和塑性应力 σ^p 之和，即

$$\varepsilon = \varepsilon^v = \varepsilon^p \tag{3.148}$$

$$\sigma = \sigma^v + \sigma^p = \eta \frac{d\varepsilon}{dt} + \sigma_s \ (\sigma \geqslant \sigma_s \text{ 时}) \tag{3.149}$$

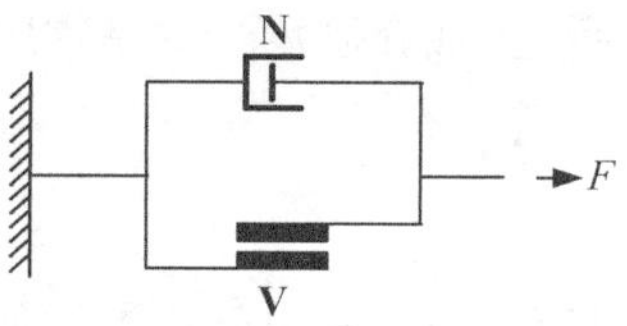

图 3.26　粘塑性 Bingham 模型

当 $\sigma < \sigma_s$ 时，介质不发生变形。因此由式(3.149)可得

$$\frac{d\varepsilon}{dt} = \begin{cases} \frac{1}{\eta}(\sigma - \sigma_s) & \sigma \geqslant \sigma_s \\ 0 & \sigma < \sigma_s \end{cases} \tag{3.150}$$

可见，对于这种模型，只有当应力超过屈服应力 σ_s 时，才会产生明显的流动(图 3.27)，流动的速度与介质的粘性有关。

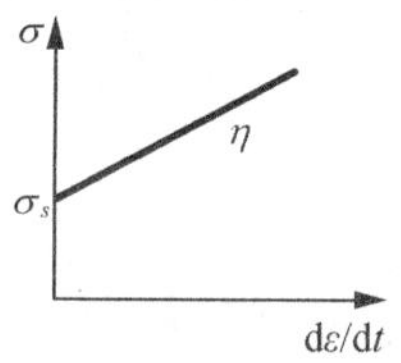

图 3.27　粘塑性并联本构

(2) 串联模型

对于一个塑性元件和一个粘性元件构成的串联模型，当 $\sigma < \sigma_s$ 时，不产生塑性变形，仅产生粘性流动。当 $\sigma \geqslant \sigma_s$ 时，总应变由塑性应变和粘性应变两部分组成，即

$$\frac{d\varepsilon}{dt} = \frac{d\varepsilon^v}{dt} + \frac{d\varepsilon^p}{dt} \tag{3.151}$$

对单向应力状态，屈服函数为 $f = \sigma - \sigma_s = 0$，由式(3.56)、(3.88)和(3.96)可得

$$\frac{d\varepsilon^p}{dt} = \frac{1}{A}\left(\frac{\partial f}{\partial \sigma}\right)^{\mathrm{T}} E \frac{\partial f}{\partial \sigma} \frac{d\varepsilon}{dt} = \frac{E}{A} \frac{d\varepsilon}{dt} \tag{3.152}$$

式中，E 为材料的弹性模量。将式(3.152)代入式(3.151)并引入式(3.140)，得

$$\frac{d\varepsilon}{dt} = \begin{cases} \dfrac{1}{\eta\left(1 - \dfrac{E}{A}\right)}\sigma & (\sigma \geqslant \sigma_s \text{ 时}) \\ \dfrac{1}{\eta}\sigma & (\sigma < \sigma_s \text{ 时}) \end{cases} \tag{3.153}$$

与并联模型不同的是只要有应力存在，就产生粘性流动(图 3.28)。

以上是几种最基本的粘性模型。将各类元件按一定的规律进行组合可得到更复杂的粘性模型，可以更好地描述介质的特性。

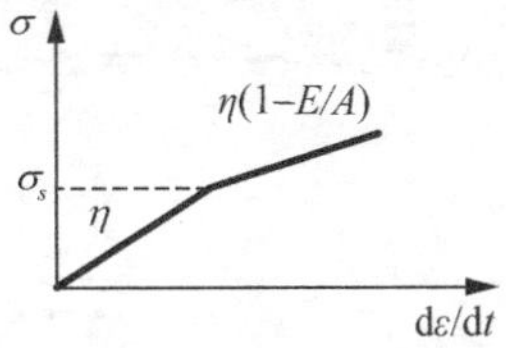

图 3.28　粘塑性串联本构

3.5.3　弹粘塑性模型

最简单的三元件弹粘塑性模型是将弹性元件与 Bingham 模型串联(图 3.29)，此时由于总应变为弹性应变 ε^e 和粘塑性应变 ε^{vp} 之和，所以有

$$\frac{d\varepsilon}{dt}=\frac{d\varepsilon^e}{dt}+\frac{d\varepsilon^{vp}}{dt} \tag{3.154}$$

式中

$$\frac{d\varepsilon^e}{dt}=\frac{1}{E}\frac{d\sigma}{dt} \tag{3.155}$$

$$\frac{d\varepsilon^{vp}}{dt}=\begin{cases}\dfrac{1}{\eta}(\sigma-\sigma_s) & \sigma\geqslant\sigma_s\\ 0 & \sigma<\sigma_s\end{cases} \tag{3.156}$$

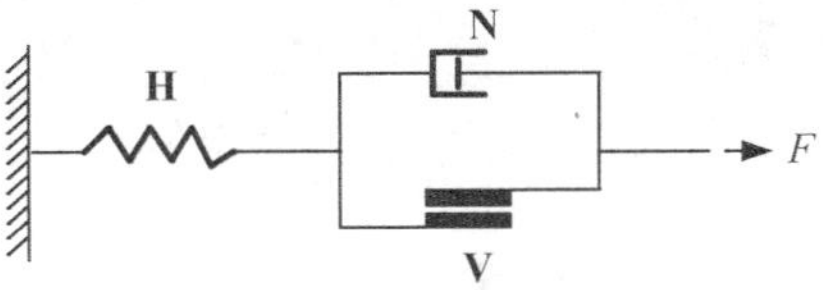

图 3.29　弹粘塑性模型

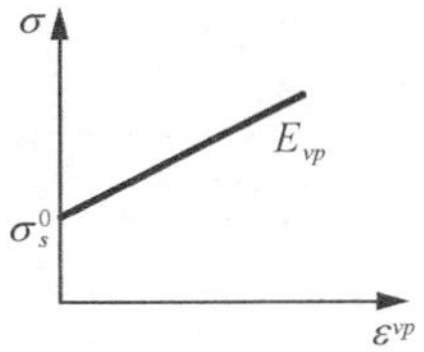

图 3.30　粘塑性线性强化

当这一系统受常应力 σ 作用，并假定粘塑性具有线性强化特性(图 3.30)，即

$$\sigma_s=\sigma_s^0+E_{vp}\varepsilon^{vp} \tag{3.157}$$

此时，若 $\sigma<\sigma_s$，只有弹性变形产生

$$\varepsilon=\varepsilon^e=\frac{\sigma}{E} \tag{3.158}$$

当 $\sigma\geqslant\sigma_s$ 时，由式(3.154)、(3.156)和(3.157)得到

$$\frac{d\varepsilon}{dt}=\frac{1}{\eta}(\sigma-\sigma_s^0-E_{vp}\varepsilon^{vp})$$

代入 $\varepsilon^{vp}=\varepsilon-\varepsilon^{e}=\varepsilon-\dfrac{\sigma}{E}$，得

$$\frac{\mathrm{d}\varepsilon}{\mathrm{d}t}+\frac{E_{vp}}{\eta}\varepsilon=\frac{1}{\eta}(\sigma-\sigma_s^0)+\frac{E_{vp}\sigma}{\eta E} \tag{3.159}$$

求解上述微分方程，并代入初始条件

$$t=0,\ \varepsilon=\frac{\sigma}{E}$$

得到微分方程的解为

$$\varepsilon=\frac{\sigma}{E}+\frac{\sigma-\sigma_s^0}{E_{vp}}\left(1-\mathrm{e}^{-\frac{E_{vp}}{\eta}t}\right) \tag{3.160}$$

图 3.31 示出这一应变规律。

对于理想粘塑性材料，$E_{vp}=0$，式(3.159)成为

$$\frac{\mathrm{d}\varepsilon}{\mathrm{d}t}=\frac{1}{\eta}(\sigma-\sigma_s^0) \tag{3.161}$$

其解为

$$\varepsilon=\frac{\sigma}{E}+\frac{1}{\eta}(\sigma-\sigma_s^0)t \tag{3.162}$$

此时的应变规律见图 3.32，与式(3.160)不同的是它不能达到稳定值。

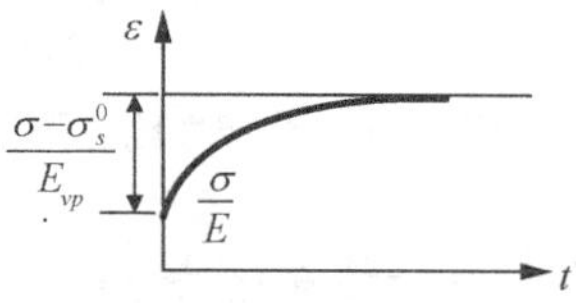

图 3.31　弹粘塑性模型的应变曲线

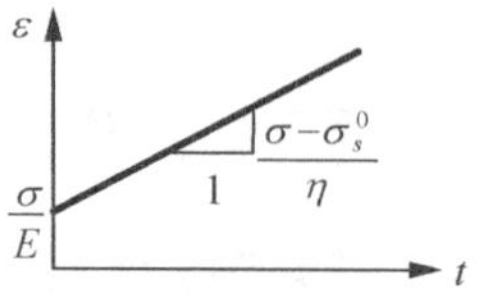

图 3.32　理想粘塑性时的应变曲线

3.5.4　粘弹性三维本构方程

以上均针对一维问题探讨与粘性相关的材料本构关系，这里将讨论粘弹性 Kelvin 模型和 Maxwell 模型的三维本构关系。

弹性介质的应力和应变服从广义虎克定律，如式(3.28)和(3.29)所示，令

$$\boldsymbol{e}'=[e_x\quad e_y\quad e_z\quad 2e_{xy}\quad 2e_{yz}\quad 2e_{zx}]^{\mathrm{T}} \tag{3.163}$$

式(3.29)可改写为

$$\boldsymbol{s} = G\boldsymbol{D}_2\boldsymbol{e}' \tag{3.164}$$

式中

$$\boldsymbol{D}_2 = \begin{bmatrix} 2 & & & & & \\ & 2 & & & \boldsymbol{0} & \\ & & 2 & & & \\ & & & 1 & & \\ & \boldsymbol{0} & & & 1 & \\ & & & & & 1 \end{bmatrix} \tag{3.165}$$

式(3.28)可改写为

$$\boldsymbol{I}'\sigma_m = K\boldsymbol{D}_1\boldsymbol{\varepsilon} \tag{3.166}$$

其中，

$$\boldsymbol{D}_1 = \begin{bmatrix} 1 & 1 & 1 & \\ 1 & 1 & 1 & \boldsymbol{0} \\ 1 & 1 & 1 & \\ & \boldsymbol{0} & & \boldsymbol{0} \end{bmatrix} \tag{3.167}$$

与式(3.140)类似，牛顿粘性介质的三维应力和应变应服从下式

$$\boldsymbol{s} = \eta\boldsymbol{D}_2\,\dot{\boldsymbol{e}}' \tag{3.168}$$

式中，$\dot{\boldsymbol{e}}$是$\boldsymbol{e}'$对时间t的导数。

对于Kelvin模型的粘弹性介质，由于介质应力是弹性应力与粘性应力之和，由式(3.164)和(3.168)得

$$\boldsymbol{s} = G\boldsymbol{D}_2\boldsymbol{e}' + \eta\boldsymbol{D}_2\,\dot{\boldsymbol{e}}' \tag{3.169}$$

假定粘性变形不可压缩，体积应变完全弹性，因而式(3.166)成立，由式(3.39)可知

$$\boldsymbol{\sigma} = \boldsymbol{s} + \boldsymbol{I}'\sigma_m$$

将式(3.169)和(3.166)代入得

$$\boldsymbol{\sigma} = G\boldsymbol{D}_2\boldsymbol{e}' + \eta\boldsymbol{D}_2\,\dot{\boldsymbol{e}}' + K\boldsymbol{D}_1\boldsymbol{\varepsilon} \tag{3.170}$$

由于

$$\boldsymbol{e}' = \boldsymbol{\varepsilon} - \boldsymbol{I}'\varepsilon_m = \boldsymbol{\varepsilon} - \frac{1}{3}\boldsymbol{D}_1\boldsymbol{\varepsilon} = \left(\boldsymbol{I} - \frac{1}{3}\boldsymbol{D}_1\right)\boldsymbol{\varepsilon}$$

将其代入(3.170)得

$$\boldsymbol{\sigma} = \boldsymbol{D\varepsilon} + \eta\left(\boldsymbol{D}_2 - \frac{2}{3}\boldsymbol{D}_1\right)\dot{\boldsymbol{\varepsilon}} \tag{3.171}$$

这就是 Kelvin 模型的三维本构方程。

对于 Maxwell 模型的粘弹性介质，介质的应变是弹性应变和粘性应变之和，因而由式(3.164)和(3.168)可得

$$\dot{\boldsymbol{e}}' = \frac{1}{G}\boldsymbol{D}_2^{-1}\dot{\boldsymbol{s}} + \frac{1}{\eta}\boldsymbol{D}_2^{-1}\boldsymbol{s} \tag{3.172}$$

仍然假定粘性变形不可压缩，由式(3.28)给出

$$\boldsymbol{I}'\boldsymbol{\varepsilon}_m = \frac{1}{9K}\boldsymbol{D}_1\boldsymbol{\sigma}$$

因而

$$\dot{\boldsymbol{\varepsilon}} = \dot{\boldsymbol{e}}' + \boldsymbol{I}'\dot{\varepsilon}_m = \frac{1}{G}\boldsymbol{D}_2^{-1}\dot{\boldsymbol{s}} + \frac{1}{\eta}\boldsymbol{D}_2^{-1}\boldsymbol{s} + \frac{1}{9K}\boldsymbol{D}_1\dot{\boldsymbol{\sigma}} \tag{3.173}$$

又因为

$$\boldsymbol{s} = \boldsymbol{\sigma} - \boldsymbol{I}'\sigma_m = \boldsymbol{\sigma} - \frac{1}{3}\boldsymbol{D}_1\boldsymbol{\sigma} = \left(\boldsymbol{I} - \frac{1}{3}\boldsymbol{D}_1\right)\boldsymbol{\sigma}$$

将其代入式(3.173)得

$$\dot{\boldsymbol{\varepsilon}} = \boldsymbol{D}^{-1}\dot{\boldsymbol{\sigma}} + \frac{1}{\eta}\left(\boldsymbol{D}_2^{-1} - \frac{1}{6}\boldsymbol{D}_1\right)\boldsymbol{\sigma} \tag{3.174}$$

这就是 Maxwell 模型的三维本构关系。

习 题

1. 已知下列三种应力状态：(1)单向应力状态，单向应力为 σ；(2)纯剪状态，切应力为 τ；(3)平面应力状态，平面 xy 上无应力。请用矩阵表示法给出这些应力状态的应力 $\boldsymbol{\sigma}$ 和偏应力 $\boldsymbol{s}$，并计算应力强度 $\bar{\sigma}$。

2. 一根等截面直杆，杆端作用有沿杆轴线方向的拉力 F(沿截面均匀分布)，F 由 0 逐渐增大至 12 kN，杆材料为双线性本构关系，屈服应力为 100 MPa，屈服前的弹性模量 $E_0 = 100$ GPa，屈服后的塑性模量 $H' = 10$ GPa，杆端截面积 $A = 1.0\times10^{-4}$ m^2，计算杆的弹性和塑性应变。

3. 请导出平面问题应力偏量第二不变量 J_2 对应力 $\boldsymbol{\sigma}$ 的导数 $\partial J_2/\partial \boldsymbol{\sigma}$ 表达式。
4. 采用等向强化模型，假定内变量 κ 为塑性功 w^p，针对 Mises 屈服函数，导出塑性应变增量 $\mathrm{d}\boldsymbol{\varepsilon}^p$ 的表达式。
5. 请导出 Mohr-Coulomb 模型的塑性矩阵 $\boldsymbol{D}_p$ 表达式，采用等向强化模型，假定内变量 κ 为塑性体应变 θ^p。
6. 假定某种材料拉伸和压缩时具有相同的力学特性，以最大主应力达到极限值 σ_s 为屈服条件，请给出屈服函数形式。
7. 试用 Euler-Newton 法，通过手算求解图 3.33 所示一维单元的非线性弹性问题，假定杆长 $L=5$，截面积 $A=1$，杆内应力 $\sigma=20(\varepsilon-\varepsilon^2)$ 为总荷载 $F=4.8$，分两个相等的荷载增量进行计算。
8. 图 3.34 所示的粘弹性模型，求出外加应力 σ 作用下的总应变 ε。当 σ 为常应力时，绘出应变随时间变化的曲线。

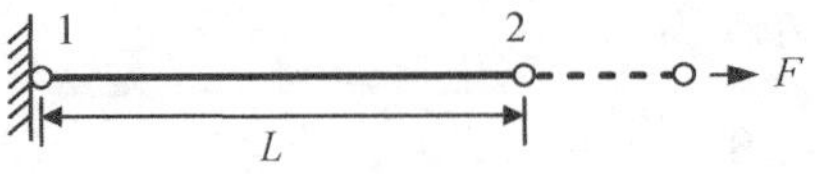

图 3.33 一维杆件单元的非线性弹性分析

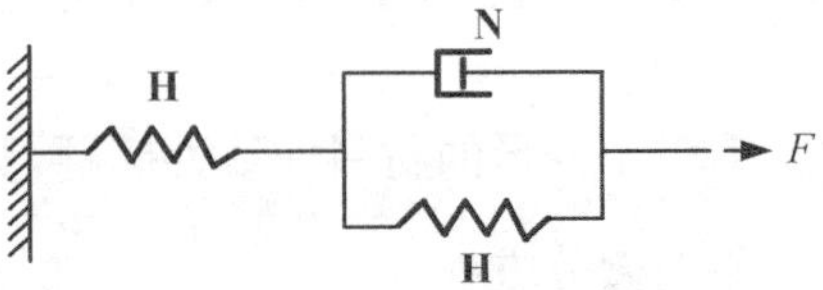

图 3.34 粘弹性模型

参考文献

[1] 杨桂通. 弹塑性力学引论[M]. 北京：清华大学出版社，2004
[2] [英]O. C. Zienkiewicz, R. L. Taylor. 有限元方法第2卷-固体力学[M]. 庄茁，岑松，译. 北京：清华大学出版社，2006
[3] 余同希，薛璞. 工程塑性力学[M]. 北京：高等教育出版社，2010
[4] J. Lubliner. Plasticity Theory[M]. Macmillan, New York, 1990
[5] J. C. Simo, T. J. R. Hughes. Interdisciplinary Applied Mathematics[M]. Volume 7, Computational Inelasticity. Berlin: Springer-Verlag, 1998.
[6] W. T. Koiter. Stress-strain relations, uniqueness and variational theorems for elastic-plastic materials with a singular yield surface[J]. Q. J. Appl. Math., 1953, 11, 350-354.
[7] 李咏偕，施泽华. 塑性力学[M]. 北京：水利电力出版社，1987
[8] 孙钧. 岩土材料流变及其工程应用[M]. 北京：中国建筑工业出版社，1999

第 4 章　材料非线性有限元法

本章介绍材料非线性有限元方法[1]-[3]。其非线性是由本构关系的非线性引起的，几何上仍按小变形问题考虑。因而，关于形函数的选取，应变矩阵、应力矩阵及劲度矩阵的形式均与线弹性有限元相同，不同的仅是劲度矩阵和应力矩阵中的弹性矩阵 $\boldsymbol{D}$ 应考虑材料非线性，这是材料非线性有限元的基本内容。

4.1　非线性有限元支配方程

对于小变形的材料非线性问题，其基本方程为

平衡微分方程
$$\boldsymbol{L}^{\mathrm{T}}\boldsymbol{\sigma}+\boldsymbol{p}=\boldsymbol{0} \tag{3.9}$$

几何方程
$$\boldsymbol{\varepsilon}=\boldsymbol{L}\boldsymbol{f} \tag{3.3}$$

物理方程
$$\boldsymbol{\sigma}=\boldsymbol{D}_{\mathrm{S}}\boldsymbol{\varepsilon} \tag{3.20}$$

或
$$\mathrm{d}\boldsymbol{\sigma}=\boldsymbol{D}_{\mathrm{T}}\mathrm{d}\boldsymbol{\varepsilon} \tag{3.21}$$

式中，$\boldsymbol{D}_{\mathrm{S}}$ 和 $\boldsymbol{D}_{\mathrm{T}}$ 的表达式均为 $\boldsymbol{D}-\boldsymbol{D}_p$。其中的 $\boldsymbol{D}_p$，对于非线性弹性问题，见式(3.42)和(3.44)，它们是应变强度 $\bar{\varepsilon}$ 的函数。对于弹塑性问题，见式(3.97)。上述基本方程的边界条件为

位移边界条件
$$\boldsymbol{f}\,|_{s=s_u}=\bar{\boldsymbol{f}} \tag{3.5}$$

应力边界条件
$$\boldsymbol{n}(\boldsymbol{\sigma})_{s=s_\sigma}=\bar{\boldsymbol{p}} \tag{3.10}$$

虚功方程是

$$\int_V \delta\boldsymbol{\varepsilon}^{\mathrm{T}}\boldsymbol{\sigma}\mathrm{d}V=\int_V \delta\boldsymbol{f}^{\mathrm{T}}\boldsymbol{p}\mathrm{d}V+\int_{S_\sigma}\delta\boldsymbol{f}^{\mathrm{T}}\bar{\boldsymbol{p}}\mathrm{d}S \tag{3.12}$$

可见，除表示为物理方程的本构关系外，其他基本方程与边界条件均与线弹性问题相同，而且虚功方程(3.12)不涉及材料性质，因而线弹性有限元的几何关系和由虚功方程得到的单元和整体的平衡方程完全适用于非线性弹性和弹塑性问题，它们是

$$f = N\delta^e \tag{4.1}$$

$$\varepsilon = B\delta^e \tag{4.2}$$

其中，N 和 B 分别为单元形函数矩阵和应变矩阵

单元平衡方程
$$\int_V B^{\mathrm{T}} \sigma \mathrm{d}V = R^e \tag{4.3}$$

整体平衡方程
$$\sum_e (c^e)^{\mathrm{T}} \int_V B^{\mathrm{T}} \sigma \mathrm{d}V = R \tag{4.4}$$

将式(4.1)代入几何方程(3.3)，再依次代入物理方程(3.20)和单元平衡方程(4.3)，则单元平衡方程为

$$k_{\mathrm{S}}(\varepsilon)\delta^e = R^e \tag{4.5}$$

其中，单元割线劲度矩阵 k_{S} 为

$$k_{\mathrm{S}}(\varepsilon) = \int_V B^{\mathrm{T}} D_{\mathrm{S}} B \mathrm{d}V \tag{4.6}$$

同样可由式(4.4)得整体平衡方程

$$K_{\mathrm{S}}(\delta)\delta = R \tag{4.7}$$

式中，整体割线劲度矩阵为

$$K_{\mathrm{S}}(\delta) = \sum_e (c^e)^{\mathrm{T}} k_{\mathrm{S}}(\varepsilon) c^e \tag{4.8}$$

由于 K_{S} 与位移 δ 有关，式(4.7)是一个非线性方程组。但实际求解时通常不用式(4.7)，因为式(4.7)的求解要用直接迭代法，这一方法不但计算量大，且常常不收敛。

在求解非线性方程组时，除直接迭代法要用割线劲度矩阵外，其他方法都要计算切线劲度矩阵。为此，需对非线性有限元的切线劲度矩阵进行研究。由式(4.4)得失衡力

$$\psi = \sum_e (c^e)^{\mathrm{T}} \int_v B^{\mathrm{T}} \sigma \mathrm{d}v - R \tag{4.9}$$

由上式及 Newton 法迭代公式(2.7)可得切线劲度矩阵

$$K_{\mathrm{T}}(\delta) = \frac{\partial \psi}{\partial \delta} = \sum_e (c^e)^{\mathrm{T}} \int_V B^{\mathrm{T}} \frac{\mathrm{d}\sigma}{\mathrm{d}\varepsilon} \frac{\mathrm{d}\varepsilon}{\mathrm{d}\delta} \mathrm{d}V = \sum_e (c^e)^{\mathrm{T}} \left(\int_V B^{\mathrm{T}} D_{\mathrm{T}} B \mathrm{d}V \right) c^e \tag{4.10}$$

4.2 非线性有限元支配方程的常用解法

4.2.1 增量迭代法

增量迭代法实际上就是求解非线性方程组的 Euler-Newton 法，即将荷载分成若干级增量，对每一级荷载增量进行迭代运算。由第二章可知，对于第 m 级荷载，迭代的基本公式是

$$\begin{cases}\Delta\boldsymbol{\delta}_m^i=(\boldsymbol{K}_{\mathrm{T},m}^{i-1})^{-1}(\lambda_m\bar{\boldsymbol{R}}-\boldsymbol{F}_m^{i-1})=(\boldsymbol{K}_{\mathrm{T},m}^{i-1})^{-1}(\Delta\boldsymbol{R}_m-\boldsymbol{\psi}_m^{i-1})\\ \boldsymbol{\delta}_m^i=\boldsymbol{\delta}_m^{i-1}+\Delta\boldsymbol{\delta}_m^i\end{cases}\tag{2.46}$$

式中 $\boldsymbol{R}_m$ ——第 m 级荷载增量施加后的总荷载；

$\Delta\boldsymbol{R}_m$ ——第 m 级荷载增量；

$\boldsymbol{F}_m^i$ ——第 m 级荷载第 i 次迭代结束时的结点力；

$\boldsymbol{\psi}_m^i$—— 第 m 级荷载第 i 次迭代结束时的不平衡力。

根据当时的单元应力 σ_m^i ，按下式计算 $\boldsymbol{F}_m^i$、$\boldsymbol{\psi}_m^i$

$$\begin{cases}\boldsymbol{F}_m^i=\sum(\boldsymbol{c}^e)^{\mathrm{T}}\int_V\boldsymbol{B}^{\mathrm{T}}\boldsymbol{\sigma}_m^i\mathrm{d}V\\ \boldsymbol{\psi}_m^i=\boldsymbol{F}_m^i-\boldsymbol{R}_{m-1}\end{cases}\tag{4.11}$$

根据式(4.10)，切线劲度矩阵 $\boldsymbol{K}_{\mathrm{T},m}^i$ 由下式给出

$$\boldsymbol{K}_{\mathrm{T},m}^i=\sum_e(\boldsymbol{c}^e)^{\mathrm{T}}\left(\int_V\boldsymbol{B}^{\mathrm{T}}\boldsymbol{D}_{\mathrm{T}}(\boldsymbol{\varepsilon}_m^i)\boldsymbol{B}\mathrm{d}V\right)\boldsymbol{c}^e\tag{4.12}$$

如果已知第 m 级荷载增量时第 i 次迭代的近似解 $\boldsymbol{\delta}_m^i=\boldsymbol{\delta}_{m-1}+\sum\limits_{i=1}\Delta\boldsymbol{\delta}_m^i$，由于本章只考虑材料非线性，几何方程线性，因此，相应的应变为

$$\Delta\boldsymbol{\varepsilon}_m^i=\boldsymbol{B}\boldsymbol{c}^e\Delta\boldsymbol{\delta}_m^i\ ,\ \boldsymbol{\varepsilon}_m^i=\boldsymbol{B}\boldsymbol{c}^e\boldsymbol{\delta}_m^i\tag{4.13}$$

于是切线弹性矩阵 $\boldsymbol{D}_{\mathrm{T}}(\boldsymbol{\varepsilon}_m^i)$ 可以确定，由式(4.12)和(4.11)分别计算 $\boldsymbol{K}_{\mathrm{T},m}^i$ 和 $\boldsymbol{F}_m^i$，最后利用式(2.46)求出 $\Delta\boldsymbol{\delta}_m^i$。

第 m 级荷载增量作用下，整个迭代过程从 $i=1$ 开始直至 $\Delta\boldsymbol{\delta}_m^i$ 足够小，当计算达到一定精度时，如失衡力小于容许值，迭代终止。假定最后一次迭代的 $i=I$，则本级荷载增量作用下的位移增量 $\Delta\boldsymbol{\delta}_m$ 和应变增量 $\Delta\boldsymbol{\varepsilon}_m$，以及最终位移 $\boldsymbol{\delta}_m$ 和应变 $\boldsymbol{\varepsilon}_m$ 分别为

$$\Delta\boldsymbol{\delta}_m=\sum_{i=1}^{I}\Delta\boldsymbol{\delta}_m^i\tag{4.14}$$

$$\boldsymbol{\delta}_m=\boldsymbol{\delta}_{m-1}+\Delta\boldsymbol{\delta}_m\tag{4.15}$$

$$\Delta\boldsymbol{\varepsilon}_m = \boldsymbol{B}\Delta\boldsymbol{\delta}_m \tag{4.16}$$

$$\boldsymbol{\varepsilon}_m = \boldsymbol{\varepsilon}_{m-1} + \Delta\boldsymbol{\varepsilon}_m \tag{4.17}$$

一维问题的迭代过程见图 4.1。可以看出，上一级荷载增量作用下，迭代收敛后仍然存在不平衡力。如图，第 1 级荷载增量 ΔR_1 作用下，迭代收敛后仍然存在的不平衡力 $F_1^3 - R_1$ 将转至下一级的 ψ_2。

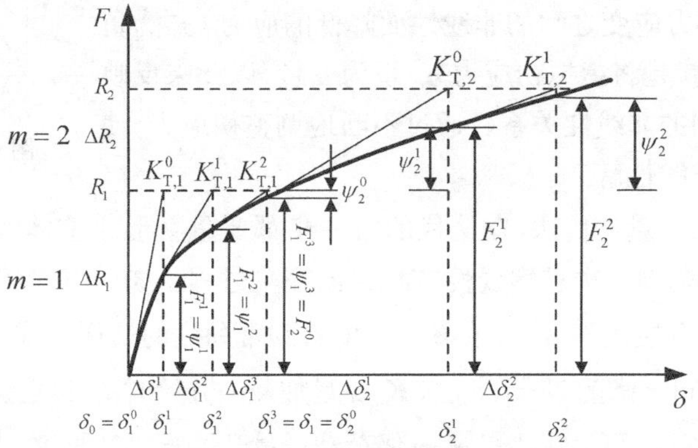

图 4.1　增量迭代法

然而，根据式(4.11)确定结点力 $\boldsymbol{F}_m^i$ 时，需要计算应力增量 $\Delta\boldsymbol{\sigma}_m^i$，然后根据式(4.18)求出第 m 级荷载作用下，第 i 次迭代结束时的应力 $\boldsymbol{\sigma}_m^i$ 。

$$\boldsymbol{\sigma}_m^i = \boldsymbol{\sigma}_{m-1} + \sum_{i=1} \Delta\boldsymbol{\sigma}_m^i \tag{4.18}$$

由于应力与应变之间存在非线性关系，如何由应变增量 $\Delta\boldsymbol{\varepsilon}_m^i$ 确定应力增量 $\Delta\boldsymbol{\sigma}_m^i$ 是一个复杂的问题，将在 4.3 节中讲述。

4.2.2　*初应力法*

如果在弹性材料内确实存在初应力 $\boldsymbol{\sigma}_0$，则材料的应力应变关系为

$$\boldsymbol{\sigma} = \boldsymbol{D\varepsilon} + \boldsymbol{\sigma}_0 \tag{4.19}$$

由上式及虚功原理可导出单元的结点力为

$$\boldsymbol{F}^e = \boldsymbol{k\delta}^e + \int_V \boldsymbol{B}^{\mathrm{T}}\boldsymbol{\sigma}_0 \mathrm{d}V \tag{4.20}$$

集合单元的劲度矩阵、结点荷载列阵，得到有限元支配方程

$$\boldsymbol{K\delta} = \boldsymbol{R} + \boldsymbol{R}_{\sigma_0} \tag{4.21}$$

式中，$\boldsymbol{R}_{\sigma_0}$ 为由初应力 $\boldsymbol{\sigma}_0$ 引起的等效结点荷载

$$\boldsymbol{R}_{\sigma_0}=-\sum_e(\boldsymbol{c}^e)^{\mathrm{T}}\int_V\boldsymbol{B}^{\mathrm{T}}\boldsymbol{\sigma}_0\,\mathrm{d}V \tag{4.22}$$

利用式(4.21)，形成可用于求解非线性方程组的初应力法。此时，非线性的应力应变关系仍由式(4.19)表示，但 $\boldsymbol{\sigma}_0$ 并非真正的初应力，它是实际应力 $\boldsymbol{\sigma}$ 和弹性应力 $\boldsymbol{\sigma}^e$ 之差，是一种虚拟的初应力。从图 4.2 可以看出，$\sigma^e=D\varepsilon$ 为弹性应力，σ_0 是由于应力应变之间的非线性而降低的应力（σ_0 为负值）。初应力法就是将虚拟初应力 $\boldsymbol{\sigma}_0$ 视为变量，以此来反映应力和应变之间的非线性关系。通过不断地调整初应力，使线弹性解逼近非线性解。

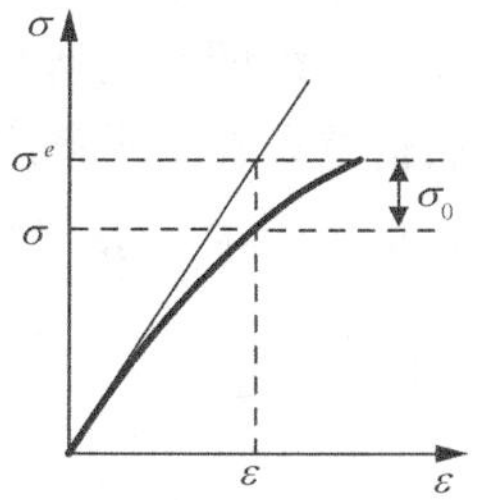

图 4.2　初应力 σ_0

前面所谈的增量迭代法，在迭代的每一步都要重新形成整体的切线劲度矩阵 $\boldsymbol{K}_{\mathrm{T},m}^i$，每一步都需要一次求解线性方程组的完整过程。如果将式(2.46)中的 $\boldsymbol{K}_{\mathrm{T},m}^i$ 改用初始的切线劲度矩阵 $\boldsymbol{K}_{\mathrm{T},m}^0$ 或 $\boldsymbol{K}_{\mathrm{T},1}^0$，就得到常劲度的迭代公式。这相当于求解非线性方程的 Euler 修正 Newton 法，$\boldsymbol{K}_{\mathrm{T},1}^0$ 是加载一开始时的切线劲度矩阵，也就是弹性劲度矩阵。$\boldsymbol{K}_{\mathrm{T},m}^0$ 可以认为是第 m 级荷载增量开始施加时的“弹性”劲度矩阵

$$\boldsymbol{K}_{\mathrm{T},m}^0=\boldsymbol{K}_m^0=\sum_e(\boldsymbol{c}^e)^{\mathrm{T}}\left(\int_V\boldsymbol{B}^{\mathrm{T}}\boldsymbol{D}\boldsymbol{B}\,\mathrm{d}V\right)\boldsymbol{c}^e \tag{4.23}$$

式中的“弹性”矩阵 $\boldsymbol{D}$ 实际上是 $\boldsymbol{D}_{\mathrm{T}}(\boldsymbol{\varepsilon}_m^0)$，此时，式(2.46)可写成

$$\begin{cases}\boldsymbol{K}_m^0\Delta\boldsymbol{\delta}_m^i=\boldsymbol{R}_m-\boldsymbol{F}_m^{i-1}\\ \boldsymbol{\delta}_m^i=\boldsymbol{\delta}_m^{i-1}+\Delta\boldsymbol{\delta}_m^i\end{cases} \tag{4.24}$$

根据式(4.23)可得出以下的恒等式

$$\boldsymbol{K}_m^0\boldsymbol{\delta}_m^i\equiv\sum(\boldsymbol{c}^e)^{\mathrm{T}}\int_V\boldsymbol{B}^{\mathrm{T}}(\boldsymbol{\sigma}^e)_m^i\,\mathrm{d}V \tag{4.25}$$

其中

$$(\boldsymbol{\sigma}^e)_m^i=\boldsymbol{D}\boldsymbol{B}\boldsymbol{c}^e\boldsymbol{\delta}_m^i \tag{4.26}$$

简称“弹性应力”。将式(4.24)的第二式代入第一式，并利用等式(4.25)及(4.11)可得

$$\begin{cases}\boldsymbol{K}_m^0\boldsymbol{\delta}_m^i=\boldsymbol{R}_m+(\boldsymbol{R}_{\sigma_0})_m^{i-1}\\ (\boldsymbol{R}_{\sigma_0})_m^{i-1}=-\sum(\boldsymbol{c}^e)^{\mathrm{T}}\int_V\boldsymbol{B}^{\mathrm{T}}(\boldsymbol{\sigma}_m^{i-1}-(\boldsymbol{\sigma}^e)_m^{i-1})\,\mathrm{d}V\end{cases} \tag{4.27}$$

与式(4.22)相比，非线性求解时第 m 级荷载增量作用下第 $i-1$ 次迭代的虚拟初应力为

$$(\boldsymbol{\sigma}_0)_m^{i-1}=\boldsymbol{\sigma}_m^{i-1}-(\boldsymbol{\sigma}^e)_m^{i-1} \tag{4.28}$$

式(4.27)是直接计算总位移的迭代公式。

根据式(4.27)可得第($i-1$)次迭代的公式

$$\boldsymbol{K}_m^0\boldsymbol{\delta}_m^{i-1} = \boldsymbol{R}_m + (\boldsymbol{R}_{\sigma_0})_m^{i-2}$$

将它与式(4.27)的第一式相减得

$$\boldsymbol{K}_m^0\Delta\boldsymbol{\delta}_m^i = (\boldsymbol{R}_{\sigma_0})_m^{i-1} - (\boldsymbol{R}_{\sigma_0})_m^{i-2} \tag{4.29}$$

这是求解位移增量的迭代公式。一维的迭代过程见图 4.3。

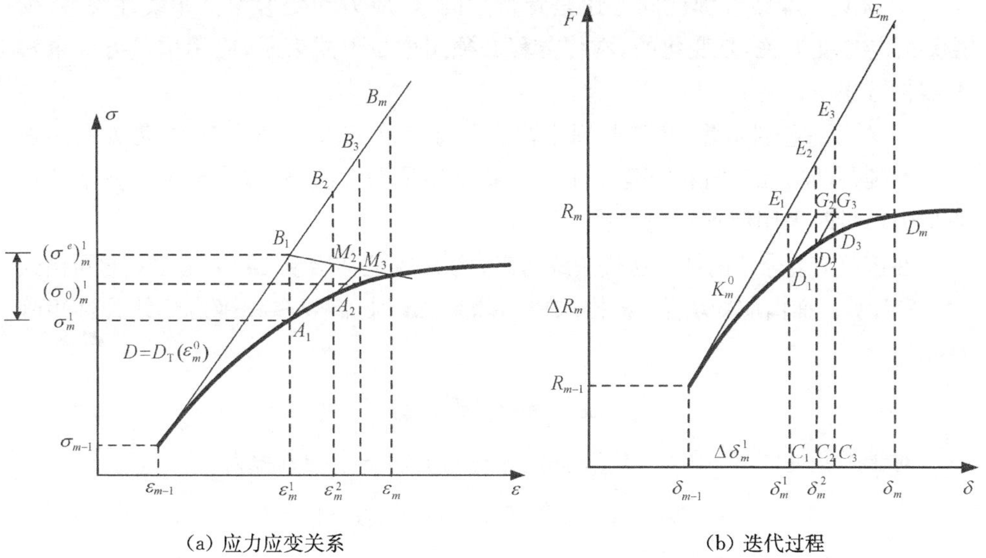

图 4.3 初应力法

设经过 M 次迭代后在容许的精度范围内达到 $\boldsymbol{\delta}_m^{M-1} = \boldsymbol{\delta}_m^M$，则迭代结束，并由 $\boldsymbol{\delta}_m^M = \boldsymbol{\delta}_m$，按真实的本构关系求出最后的应力结果。在迭代过程中，$\boldsymbol{\sigma}_m^i$ 和 $(\boldsymbol{\sigma}^e)_m^i$ 分别是由 $\boldsymbol{\delta}_m^i$ 按真实本构关系和“线弹性本构”计算出来的应力。$(\boldsymbol{R}_{\sigma_0})_m^i$ 在迭代过程中并不趋于零，而是趋于一常数矢量[图 4.3(b)中的 E_mD_m]，它是与收敛解的真实应力 $\boldsymbol{\sigma}_m^M = \boldsymbol{\sigma}_m$ 和弹性应力 $(\boldsymbol{\sigma}^e)_m^M$ 之差相应的等效结点荷载。$(\boldsymbol{\sigma}_0)_m^M = \boldsymbol{\sigma}_m - (\boldsymbol{\sigma}^e)_m^M$ 是迭代结束时的虚拟初应力。因而，迭代过程也相当于寻求一个合适的“初应力”场。

从图 4.3(b)可见，在进行第二次迭代(即 $i=2$)时，若按式(4.27)求总位移，方程右端等于 E_2C_2；若按式(4.29)求位移增量，方程右端为 $E_1D_1 = E_2G_2$，对应于图 4.3(a)中的 $(\sigma_0)_m^1$（线段 B_1A_1）。第三次迭代（$i=3$）时，式(4.27)右端为 E_3C_3，而式(4.29)右端为 $(R_{\sigma_0})_m^2 - (R_{\sigma_0})_m^1 = E_2D_2 - E_1D_1 = G_2D_2$，与(a)中的 M_2A_2 所示的应力对应，经 M 次迭代后，式(4.29)右端接近于零，此时，$\Delta\boldsymbol{\delta}_m^M$ 也趋于零。本级的最后位移为

$$\boldsymbol{\delta}_m = \boldsymbol{\delta}_m^M = \boldsymbol{\delta}_{m-1} + \sum_{i=0}^{M} \Delta\boldsymbol{\delta}_m^i \tag{4.30}$$

实际上,式(4.29)右端相当于失衡力。

4.3 应力增量的计算

求得位移增量后,由位移增量计算应力增量时,有两点必须注意:

① 无论是非线性弹性问题还是弹塑性问题,应力和变形均呈非线性关系,劲度矩阵与应变有关,是变化的,本构方程必须用增量形式表示,应用增量方法求解非线性方程组。

② 对于弹塑性问题,由于材料本构关系与应力、变形的历史有关,需要利用加卸载准则判断单元的材料究竟处于弹性状态还是塑性状态,以决定由应变增量计算应力增量时采用何种本构关系。

在按照上节介绍的增量迭代法或初应力法求出位移增量 $\Delta\boldsymbol{\delta}$ 后,应变增量可由式(4.13)计算。而由应变增量 $\Delta\boldsymbol{\varepsilon}$ 推求应力增量 $\Delta\boldsymbol{\sigma}$ 时,需要事先确定切线弹性矩阵 $\boldsymbol{D}_{\mathrm{T}}$。

$$\Delta\boldsymbol{\sigma}_m^i = \boldsymbol{D}_{\mathrm{T}}(\boldsymbol{\varepsilon}_m^i)\Delta\boldsymbol{\varepsilon}_m^i$$

对于弹塑性问题,$\boldsymbol{D}_{\mathrm{T}} = \boldsymbol{D}_{ep}$。弹塑性材料的增量本构方程为

$$\mathrm{d}\boldsymbol{\sigma} = \boldsymbol{D}_{ep}\mathrm{d}\boldsymbol{\varepsilon} = [\boldsymbol{D} - H(l_2)\boldsymbol{D}_p]\mathrm{d}\boldsymbol{\varepsilon} \tag{4.31}$$

式(4.31)中的 $\mathrm{d}\boldsymbol{\varepsilon}$ 和 $\mathrm{d}\boldsymbol{\sigma}$ 是应变和应力的无限小增量。而在有限元数值计算中,由于荷载增量一般以有限大小的形式 $\Delta\boldsymbol{R}$ 给出,所以,应力增量和应变增量也是有限大,设分别为 $\Delta\boldsymbol{\sigma}$ 和 $\Delta\boldsymbol{\varepsilon}$。因此,可利用数值积分的方法由式(4.31)得到。

$$\Delta\boldsymbol{\sigma} = \int_{\varepsilon_{m-1}}^{\varepsilon_{m-1}+\Delta\boldsymbol{\varepsilon}} \boldsymbol{D}_{ep}\mathrm{d}\boldsymbol{\varepsilon} \tag{4.32}$$

对于弹塑性问题的塑性阶段,由于在荷载增量 $\Delta\boldsymbol{R}$ 作用前后,所研究单元的高斯积分点可能处于加载或卸载状态。为此,可以用第三章介绍的应变空间内的加卸载准则来判断介质究竟处于什么状态,以决定采用何种本构关系

$$l_2 = \left(\frac{\partial f}{\partial \boldsymbol{\sigma}}\right)^{\mathrm{T}} \boldsymbol{D}\mathrm{d}\boldsymbol{\varepsilon} = \left(\frac{\partial f}{\partial \boldsymbol{\sigma}}\right)^{\mathrm{T}} \mathrm{d}\boldsymbol{\sigma}^e \begin{cases} < 0 & \text{卸载状态} \\ = 0 & \text{中性变载} \\ > 0 & \text{加载状态} \end{cases} \tag{4.33}$$

几何上就是当弹性应力增量 $\mathrm{d}\boldsymbol{\sigma}^e$ 指向屈服面外侧,使

$$f(\boldsymbol{\sigma} + \mathrm{d}\boldsymbol{\sigma}^e, \boldsymbol{\kappa}) > 0 \tag{4.34}$$

时为加载，材料处于塑性状态。当弹性应力增量 $\mathrm{d}\boldsymbol{\sigma}^e$ 指向屈服面内侧或与屈服面相切，使

$$f(\boldsymbol{\sigma}+\mathrm{d}\boldsymbol{\sigma}^e,\ \boldsymbol{\kappa})\leqslant 0 \tag{4.35}$$

时为卸载和中性变载，介质处于弹性状态。值得注意的是，这里用于判断的应力增量 $\mathrm{d}\boldsymbol{\sigma}^e$ 是弹性应力增量，真正的应力增量 $\mathrm{d}\boldsymbol{\sigma}$ 还未求出，当 $\mathrm{d}\boldsymbol{\varepsilon}$ 已知时，很容易由弹性本构关系求出 $\mathrm{d}\boldsymbol{\sigma}^e$，因而实际上是以应变增量 $\mathrm{d}\boldsymbol{\varepsilon}$ 来判断的。在有限元方法中，根据式(4.34)和(4.35)，可由应变增量 $\Delta\boldsymbol{\varepsilon}$ 来判断材料所处的状态。

设某个单元的某个积分点在荷载 $\boldsymbol{R}_{m-1}$ 作用下的应力为 $\boldsymbol{\sigma}_{m-1}$，内变量为 κ_{m-1}，施加荷载增量 $\Delta\boldsymbol{R}_m$ 后，产生的应变增量为 $\Delta\boldsymbol{\varepsilon}$，弹性应力增量 $\Delta\boldsymbol{\sigma}^e=\boldsymbol{D}\Delta\boldsymbol{\varepsilon}$。如果

$$f_m=f(\boldsymbol{\sigma}_{m-1}+\Delta\boldsymbol{\sigma}^e,\ \kappa_{m-1})\leqslant 0$$

表示应力 $\boldsymbol{\sigma}_{m-1}+\Delta\boldsymbol{\sigma}^e$ 在屈服面内（弹性或卸载）或在屈服面上（中性变载），没有新的塑性应变产生，因而该点处于弹性状态，可采用弹性本构关系由 $\Delta\boldsymbol{\varepsilon}$ 求 $\Delta\boldsymbol{\sigma}$，即

$$\Delta\boldsymbol{\sigma}=\boldsymbol{D}\Delta\boldsymbol{\varepsilon} \tag{4.36}$$

如果

$$f_{m-1}=f(\boldsymbol{\sigma}_{m-1},\ \kappa_{m-1})=0$$

$$f_m=f(\boldsymbol{\sigma}_{m-1}+\Delta\boldsymbol{\sigma}^e,\ \kappa_{m-1})>0$$

说明该点始终处于塑性状态，在荷载增量 $\Delta\boldsymbol{R}_m$ 作用下，产生了新的塑性应变。当应变增量 $\Delta\boldsymbol{\varepsilon}$ 很小时，则有

$$\Delta\boldsymbol{\sigma}=\boldsymbol{D}_{ep}\Delta\boldsymbol{\varepsilon} \tag{4.37}$$

当 $\Delta\boldsymbol{\varepsilon}$ 较大时，需按(4.32)式计算应力增量 $\Delta\boldsymbol{\sigma}$。

如果

$$f_{m-1}=f(\boldsymbol{\sigma}_{m-1},\ \kappa_{m-1})<0$$

$$f_m=f(\boldsymbol{\sigma}_{m-1}+\Delta\boldsymbol{\sigma}^e,\ \kappa_{m-1})>0$$

即从荷载增量施加前的弹性状态进入施加后的塑性状态，此时，可由条件

$$f(\boldsymbol{\sigma}_{m-1}+r\Delta\boldsymbol{\sigma}^e,\ \kappa_{m-1})=0 \tag{4.38}$$

确定应力增量中的弹性部分与总应力增量 $\Delta\boldsymbol{\sigma}$ 之比 r[$0<r<1$，见图 4.4(a)]。r 也可以通过对屈服函数 f 采用线性内插得到

$$r=\frac{-f_{m-1}}{f_m-f_{m-1}} \tag{4.39}$$

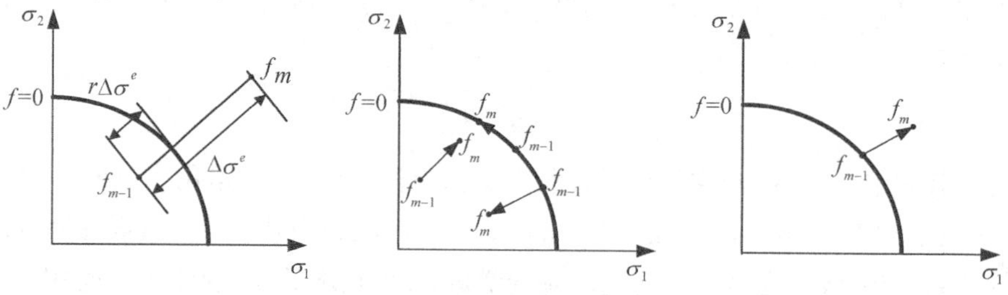

(a) 0<r<1　　(b) r=1　　(c) r=0

图 4.4　弹性部分的比例 r

在求出 r 之后，根据式(4.32)可求出应力增量

$$\begin{aligned}\Delta\boldsymbol{\sigma} &= \int_{\varepsilon_{m-1}}^{\varepsilon_{m-1}+r\Delta\boldsymbol{\varepsilon}} \boldsymbol{D}\mathrm{d}\boldsymbol{\varepsilon} + \int_{\varepsilon_{m-1}+r\Delta\boldsymbol{\varepsilon}}^{\varepsilon_{m-1}+\Delta\boldsymbol{\varepsilon}} \boldsymbol{D}_{ep}\mathrm{d}\boldsymbol{\varepsilon} \\ &= r\boldsymbol{D}\Delta\boldsymbol{\varepsilon} + \int_{\varepsilon_{m-1}+r\Delta\boldsymbol{\varepsilon}}^{\varepsilon_{m-1}+\Delta\boldsymbol{\varepsilon}} \boldsymbol{D}_{ep}\mathrm{d}\boldsymbol{\varepsilon} = \boldsymbol{D}\Delta\boldsymbol{\varepsilon} - \int_{\varepsilon_{m-1}+r\Delta\boldsymbol{\varepsilon}}^{\varepsilon_{m-1}+\Delta\boldsymbol{\varepsilon}} \boldsymbol{D}_{p}\mathrm{d}\boldsymbol{\varepsilon}\end{aligned} \tag{4.40}$$

当 $\Delta\boldsymbol{\varepsilon}$ 较小时(要求 $\Delta\boldsymbol{R}$ 足够小)，上式可改写为下面的近似公式

$$\begin{cases}\boldsymbol{\sigma}'_m = \boldsymbol{\sigma}_{m-1} + r\boldsymbol{D}\Delta\boldsymbol{\varepsilon} \\ \Delta\boldsymbol{\sigma} = [r\boldsymbol{D} + (1-r)\boldsymbol{D}_{ep}(\boldsymbol{\sigma}'_m)]\Delta\boldsymbol{\varepsilon} = \boldsymbol{D}\Delta\boldsymbol{\varepsilon} - (1-r)\boldsymbol{D}_p(\boldsymbol{\sigma}'_m)\Delta\boldsymbol{\varepsilon}\end{cases} \tag{4.41}$$

由上面两式可知，只要取 $r=1$，式(4.40)和(4.41)都成为式(4.36)，表明增量 $\Delta\boldsymbol{R}$ 施加前后，材料状态的变化是从一个弹性状态到另一个弹性状态。或塑性卸载或中性变载[图 4.4(b)]，该点介质的反应是纯弹性的。如果取 $r=0$，式(4.40)和(4.41)成为式(4.37)，表明材料处于塑性加载状态[图 4.4(c)]。

当 $\Delta\boldsymbol{\varepsilon}$ 较大，需采用式(4.32)或(4.40)计算 $\Delta\boldsymbol{\sigma}$ 时，由于被积分的 $\boldsymbol{D}_{ep}$ 或 $\boldsymbol{D}_p$ 很难写成显式，因而可以把与积分对应的塑性变形部分再分为若干子增量，用分段线性的计算结果去逼近积分值，例如将塑性变形部分 $(1-r)\Delta\boldsymbol{\varepsilon}$ 分为 N 个相等的子增量 $\Delta\Delta\boldsymbol{\varepsilon}$，即

$$\Delta\Delta\boldsymbol{\varepsilon} = \frac{(1-r)\Delta\boldsymbol{\varepsilon}}{N}$$

则式(4.40)成为

$$\Delta\boldsymbol{\sigma} = r\boldsymbol{D}\Delta\boldsymbol{\varepsilon} + \sum_{j=1}^{N}[\boldsymbol{D}_{ep}(\boldsymbol{\sigma}^j)]_{\mathrm{T}}\Delta\Delta\boldsymbol{\varepsilon} = (r\boldsymbol{D} + \frac{1-r}{N}\sum_{j=1}^{N}[\boldsymbol{D}_{ep}(\boldsymbol{\sigma}^j)]_{\mathrm{T}})\Delta\boldsymbol{\varepsilon} \tag{4.42}$$

整个计算过程见图 4.5。

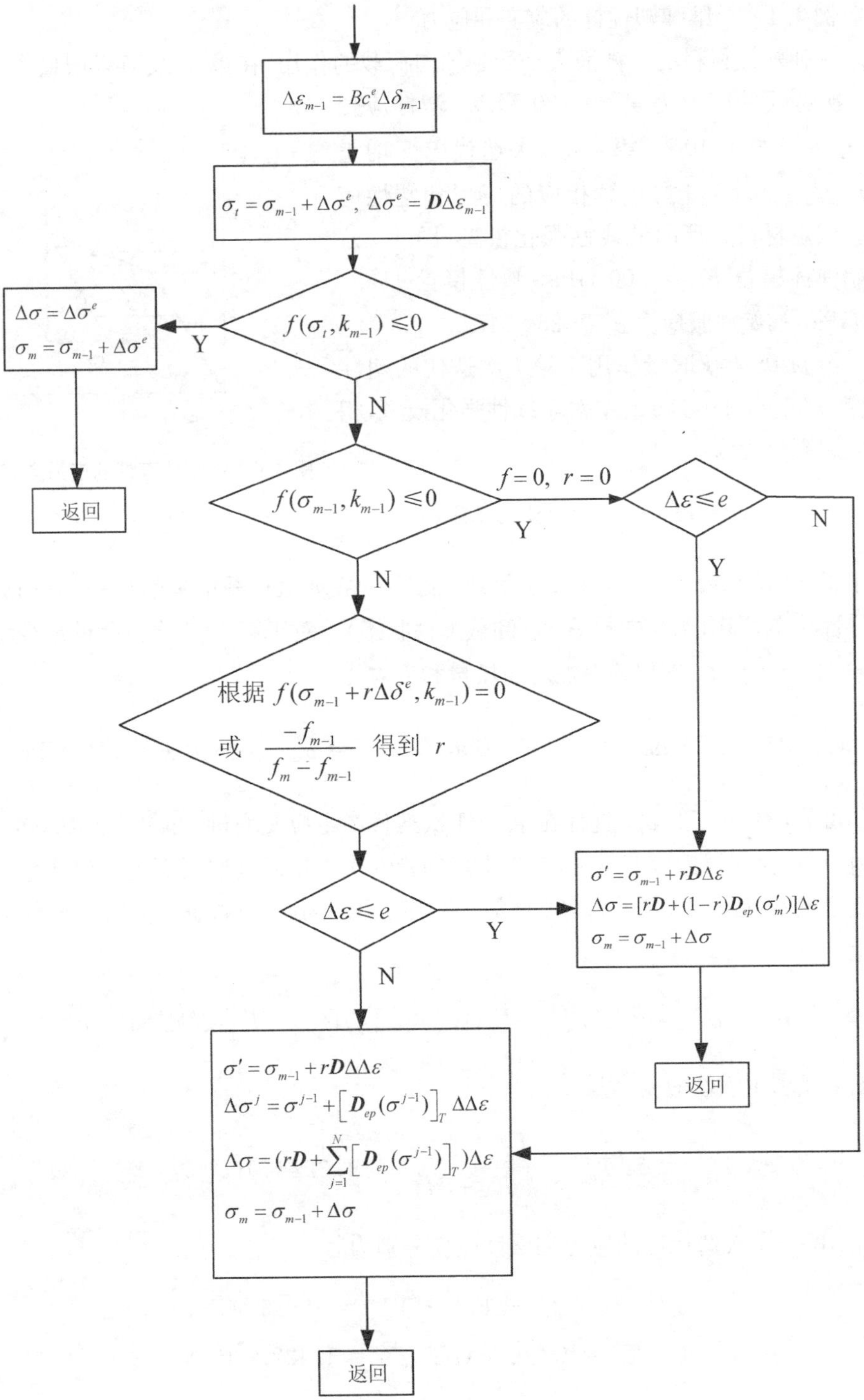

图 4.5　应力增量计算流程

例 4.1 一维弹塑性杆的应变和应力[4]

一弹塑性材料的等截面直杆受到轴向荷载的作用，在第 m 级荷载增量作用下第 i 次迭代的应力为 $\sigma_m^i = 150$ MPa，塑性应变 $(\varepsilon^p)_m^i = 1.0\times10^{-4}$。第 $i+1$ 次迭代应变增量 $(\Delta\varepsilon)_m^{i+1} = 0.002$ 时，计算相应的应力和塑性应变。假定材料为等向的线性强化模型（图 4.6），初始弹性模量 $E_0 = 200$ GPa，塑性模量 $H' = 25$ GPa，初始屈服应力 $\sigma_s^0 = 250$ MPa。

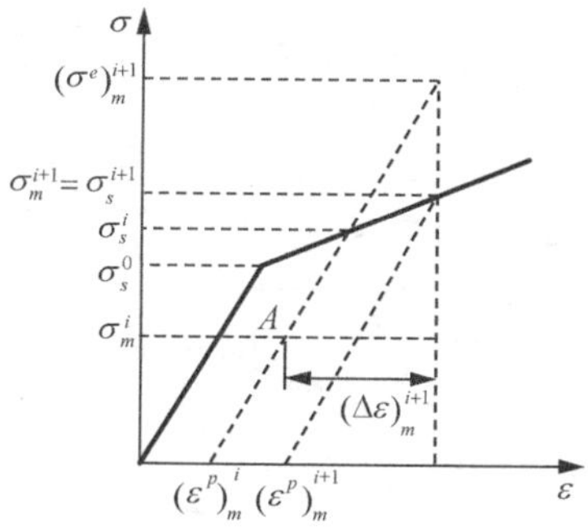

图 4.6 弹塑性直杆的应力应变曲线

第 m 级荷载增量作用下第 i 次迭代的塑性应变 $(\varepsilon^p)_m^i = 1.0\times10^{-4}$，对于线性强化模型，相应的屈服应力为

$$\sigma_s^i = \sigma_s^0 + H'(\varepsilon^p)_m^i = 252.5 \text{ MPa}$$

由于 $\sigma_m^i = 150 \text{ MPa} < \sigma_s^i = 252.5$ MPa，材料在第 m 级荷载增量第 i 次迭代时处于线弹性状态，即图 4.6 中的 A 点（卸载弹性状态）。对于第 $i+1$ 次迭代的应变增量 $(\Delta\varepsilon)_m^{i+1} = 0.002$，虚拟的弹性应力增量和应力为

$$(\Delta\sigma^e)_m^{i+1} = E_0(\Delta\varepsilon)_m^{i+1} = 400 \text{ MPa},\ (\sigma^e)_m^{i+1} = \sigma_m^i + (\Delta\sigma^e)_m^{i+1} = 550 \text{ MPa}$$

可见，$(\sigma^e)_m^{i+1} > \sigma_s^i$，直杆在第 $i+1$ 次迭代产生应变增量 $(\Delta\varepsilon)_m^{i+1} = 0.002$ 时，材料屈服，存在塑性应变增量，它将虚拟的弹性应力拉回到屈服面上。应注意塑性应变增量不仅修正了应力，同时增大了屈服应力。因此，可根据下式确定塑性应变增量

$$\sigma_m^{i+1} - \sigma_s^{i+1} = [(\sigma^e)_m^{i+1} - E_0(\Delta\varepsilon^p)_m^{i+1}] - [\sigma_s^i + H'(\Delta\varepsilon^p)_m^{i+1}] = 0$$

根据上式求出塑性应变增量

$$(\Delta\varepsilon^p)_m^{i+1} = \frac{(\sigma^e)_m^{i+1} - \sigma_s^i}{E_0 + H'} = 1.322\times10^{-3}$$

因此，第 $i+1$ 次迭代后的应力和塑性应变分别为

$$\sigma_m^{i+1} = (\sigma^e)_m^{i+1} - E_0(\Delta\varepsilon^p)_m^{i+1} = 285.6 \text{ MPa},$$
$$(\varepsilon^p)_m^{i+1} = (\varepsilon^p)_m^i + (\Delta\varepsilon^p)_m^{i+1} = 1.422\times10^{-3}$$

注意，此时的 $\sigma_m^{i+1} = \sigma_s^{i+1} = 285.6$ MPa。

4.4 三维结构整体破坏的有限元分析

4.4.1 三维结构破坏的特征与本质

三维结构，如大坝、边坡、地下洞室等，在静荷载作用下的破坏通常是一个渐变过程。图 4.7 显示某混凝土重力坝在超载水压力作用下，坝基岩体结构面的破坏过程。

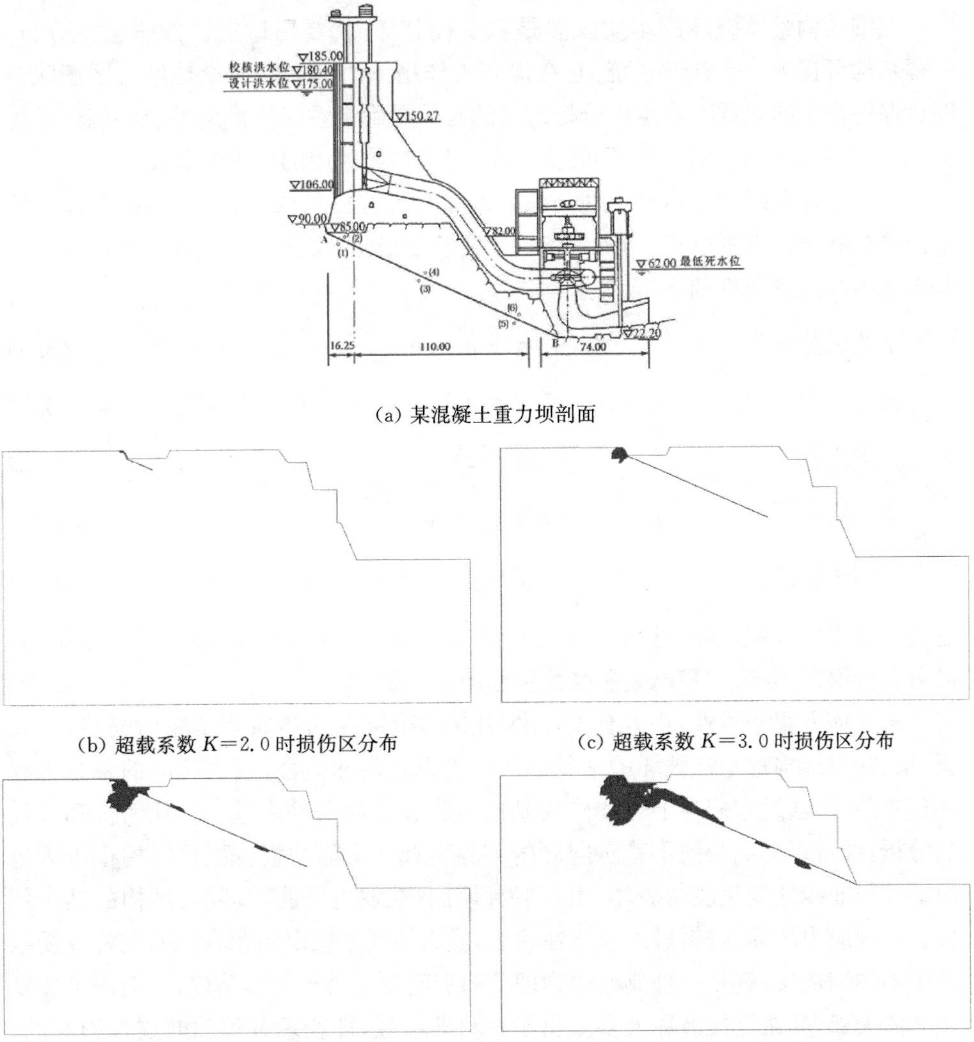

(a) 某混凝土重力坝剖面

(b) 超载系数 $K=2.0$ 时损伤区分布

(c) 超载系数 $K=3.0$ 时损伤区分布

(d) 超载系数 $K=4.5$ 时损伤区分布

(e) 超载系数 $K=5.9$ 时损伤区分布

图 4.7 某混凝土重力坝坝基岩体结构面破坏过程

可见，坝基岩体的破坏特征是，在荷载作用下，局部区域应力超过材料强度发生破坏，随着荷载的增大，破坏区扩大，最终发生结构的整体破坏，失去承载能力，这是一个从局部损伤到整体失效的破坏演变过程。根据力学系统的稳定性理论，这是一种始于强度破坏的物理不稳定现象[5]，整体破坏的本质是稳定性破坏。由于其破坏过程的荷载位移曲线具有极值点，因而属于极值点失稳。稳定性破坏的根源是材料从线弹性状态进入非线性状态(塑性、脆性或流变)。

4.4.2 三维结构整体破坏的分析方法

三维结构整体破坏的本质既然是稳定性破坏，就要用稳定性方法进行分析。工程结构可视为一个弹性系统，它在保守力作用下的稳定性理论是静力平衡状态能否保持稳定的问题。稳定性分析的目的是需要确定系统从稳定平衡状态向不稳定平衡状态过渡的中间状态，即临界状态，以及与此相应的临界荷载。

一个弹性系统的平衡稳定性与其控制微分方程解的唯一性是一致的，即系统平衡的控制微分方程解唯一，则系统的平衡状态稳定；反之亦是。静力弹性系统的基本方程和边界条件如下

平衡微分方程 $$\boldsymbol{L}^{\mathrm{T}}\boldsymbol{\sigma}+\boldsymbol{p}=\boldsymbol{0} \tag{3.9}$$

几何方程 $$\boldsymbol{\varepsilon}=\boldsymbol{L}\boldsymbol{f} \tag{3.3}$$

物理方程 $$\boldsymbol{\sigma}=\boldsymbol{D}\boldsymbol{\varepsilon} \tag{3.14}$$

应力边界条件 $$n(\boldsymbol{\sigma})_{s_\sigma}=\bar{\boldsymbol{p}} \tag{3.10}$$

位移边界条件 $$\boldsymbol{f}\,|_{s=s_u}=\bar{\boldsymbol{f}}=[\bar{u}\quad \bar{v}\quad \bar{w}]^{\mathrm{T}} \tag{3.5}$$

这是一组线性方程，其解是唯一的。因此，线弹性结构的平衡状态肯定是稳定的。微分方程解的不唯一，只能是非线性引起的。

若几何方程非线性，由几何非线性引起的稳定性问题通常是屈曲失稳，这是板、梁、柱类结构稳定性破坏的常见形式。考虑几何非线性，列出相应的基本方程和边界条件，通过它们与上述线弹性基本方程和边界条件之差——几何扰动方程的分析，即可以得到几何不稳定问题的临界荷载。实际的板、梁、柱结构很少因单纯的几何非线性发生屈曲破坏，由于各种原因，在发生屈曲破坏前，结构的某个部位会出现应力超标，材料进入非线性状态，成为物理不稳定问题，例如，钢杆件受拉发生的颈缩现象，就是一种典型的物理不稳定问题。对于三维结构，一般不可能发生屈曲失稳，其稳定性破坏大多是由于材料非线性，即物理方程的非线性引起的，属于物理不稳定问题。

几何不稳定问题的对象是弹性系统，物理不稳定问题的对象，只要弹性变形存

在，就可视为受损的弹性系统，因此，均可按弹性系统研究其稳定性。当作用在弹性系统的力为有势力时，静力平衡状态的稳定性可以采用能量判据进行分析和评价。一个有 n 个自由度的弹性系统，其广义坐标为 $\boldsymbol{X}=(x_1, x_2, \cdots, x_n)$，设 $\boldsymbol{X}^0$ 是满足 $\boldsymbol{Q}(\boldsymbol{X}, t)\cdot\delta\boldsymbol{X}=\sum_{i=1}^{n}Q_i\delta x_i=\boldsymbol{0}$ 的一个静力平衡状态，其中 $\delta\boldsymbol{X}$ 是广义位移改变量或广义虚位移，$\boldsymbol{Q}(\boldsymbol{X}, t)$ 为广义力。令 U 为系统的势能，

$$U(\boldsymbol{X}, t)=-\int_{X_0}^{X}\boldsymbol{Q}(\boldsymbol{X}, t)\cdot\delta\boldsymbol{X} \tag{4.43}$$

若取 $\delta\boldsymbol{X}$ 为真实位移的微小增量，即 $\delta\boldsymbol{X}=\frac{\mathrm{d}\boldsymbol{X}}{\mathrm{d}t}\mathrm{d}t$，由虚功原理推出的系统处于静力平衡状态的充分必要条件是

$$\mathrm{d}U=\boldsymbol{Q}(\boldsymbol{X}, t)\cdot\delta\boldsymbol{X}=0 \tag{4.44}$$

系统在 $\boldsymbol{X}^0$ 状态下平衡，且平衡是稳定的充分必要条件是系统在该状态下的势能严格极小，即势能的改变量 δU 满足

$$\delta U=-\delta\boldsymbol{Q}\cdot\delta\boldsymbol{X}=\sum_{i=1}^{n}\sum_{j=1}^{n}\frac{\partial^2 U}{\partial x_i\partial x_j}\delta x_j\delta x_i>0 \tag{4.45}$$

这就是稳定性的 Lagrange 定理。如果存在某个广义虚位移 $\delta\boldsymbol{X}^*$ 使

$$\sum_{i=1}^{n}\sum_{j=1}^{n}\frac{\partial^2 U}{\partial x_i\partial x_j}\delta x_i^*\delta x_j^*<0 \tag{4.46}$$

则系统的平衡状态 $\boldsymbol{X}^0$ 是不稳定的。系统处于临界平衡状态的必要条件是

$$\det\left[\frac{\partial^2 U}{\partial x_i\partial x_j}\right]=0 \tag{4.47}$$

应用 Lagrange 定理，还可以得到比式(4.43)和(4.44)更一般的稳定性判据，如果系统的势能 U 足够光滑，在平衡状态附近 U 的改变量可表示为

$$\Delta U=\mathrm{d}U+\frac{1}{2!}\mathrm{d}^2U+\cdots+\frac{1}{m!}\mathrm{d}^mU+\cdots \tag{4.48}$$

则当其第一个不为零的项 d^kU 的 k 为奇数时，系统的平衡是不稳定的；而 k 为偶数时，若 $\mathrm{d}^kU>0$，则系统的平衡是稳定的；若 $\mathrm{d}^kU<0$，则系统的平衡是不稳定的。

对于物理不稳定问题，式(3.14)的线性物理方程被非线性物理方程(3.21)代替。设 $\Delta\boldsymbol{\delta}^e$ 为结点虚位移(为避免改变量符号 δ 与结点位移向量 $\boldsymbol{\delta}$ 的混淆，以 Δ 代替改变量符号 δ)，在系统静力平衡状态上施加一组虚位移 $\Delta\boldsymbol{f}=\boldsymbol{N}\Delta\boldsymbol{\delta}^e$，相应的虚

应变(应变增量)为 $\Delta\boldsymbol{\varepsilon}=\boldsymbol{L}\Delta\boldsymbol{f}$，此时的应力为 $\boldsymbol{\sigma}+\Delta\boldsymbol{\sigma}$，其中，$\Delta\boldsymbol{\sigma}$ 为应力增量，$\Delta\boldsymbol{\sigma}=\boldsymbol{D}_{\mathrm{T}}\Delta\boldsymbol{\varepsilon}$。单元的势能改变量为

$$\Delta\pi_p^e=\int_V\delta\boldsymbol{\varepsilon}^{\mathrm{T}}(\boldsymbol{\sigma}+\Delta\boldsymbol{\sigma})\mathrm{d}V-\int_V\Delta\boldsymbol{f}^{\mathrm{T}}\boldsymbol{p}\mathrm{d}V-\int_{S_\sigma}\Delta\boldsymbol{f}^{\mathrm{T}}\bar{\boldsymbol{p}}\mathrm{d}S$$

式中，等号右端第一项为内力势能，包括弹性应变能和耗散能；第二、三项是外力功。代入虚功方程式(3.12)，得

$$\Delta\pi_p^e=\int_V\Delta\boldsymbol{\varepsilon}^{\mathrm{T}}\Delta\boldsymbol{\sigma}\mathrm{d}V=(\Delta\boldsymbol{\delta}^e)^{\mathrm{T}}\int_V\boldsymbol{B}^{\mathrm{T}}\boldsymbol{D}_{\mathrm{T}}\boldsymbol{B}\mathrm{d}V(\Delta\boldsymbol{\delta}^e)=(\Delta\boldsymbol{\delta}^e)^{\mathrm{T}}\boldsymbol{k}_{\mathrm{T}}(\Delta\boldsymbol{\delta}^e)$$

式中，$\boldsymbol{k}_{\mathrm{T}}$ 为单元切线劲度矩阵

$$\boldsymbol{k}_{\mathrm{T}}=\int_V\boldsymbol{B}^{\mathrm{T}}\boldsymbol{D}_{\mathrm{T}}\boldsymbol{B}\mathrm{d}V \tag{4.49}$$

系统总势能的改变量为

$$\begin{aligned}\Delta\pi_p&=\sum_e\Delta\pi_p^e=\sum_e(\Delta\boldsymbol{\delta}^e)^{\mathrm{T}}\boldsymbol{k}_{\mathrm{T}}(\Delta\boldsymbol{\delta}^e)=(\Delta\boldsymbol{\delta})^{\mathrm{T}}\sum_e(\boldsymbol{c}^e)^{\mathrm{T}}\boldsymbol{k}_{\mathrm{T}}\boldsymbol{c}^e(\Delta\boldsymbol{\delta})\\&=(\Delta\boldsymbol{\delta})^{\mathrm{T}}\boldsymbol{K}_{\mathrm{T}}(\Delta\boldsymbol{\delta})\end{aligned} \tag{4.50}$$

$\boldsymbol{K}_{\mathrm{T}}=\sum_e(\boldsymbol{c}^e)^{\mathrm{T}}\boldsymbol{k}_{\mathrm{T}}\boldsymbol{c}^e$ 为整体切线劲度矩阵。

式(4.50)中的 $\Delta\pi_p$ 就是式(4.48)中的 ΔU。根据静力平衡状态稳定性的能量判据，如果对于所有可能的虚位移 $\Delta\boldsymbol{\delta}$，$\Delta U>0$，$\boldsymbol{K}_{\mathrm{T}}$ 是正定矩阵，则系统的平衡状态稳定。如果存在某个广义虚位移 $\Delta\boldsymbol{\delta}$，使得 $\Delta U<0$，则系统的平衡状态不稳定，$\boldsymbol{K}_{\mathrm{T}}$ 失去正定性。系统处于临界平衡状态的必要条件是 $\Delta U=0$，此时 $\boldsymbol{K}_{\mathrm{T}}$ 成为奇异矩阵，其行列式

$$\det|\boldsymbol{K}_{\mathrm{T}}|=0 \tag{4.51}$$

通常 $\boldsymbol{K}_{\mathrm{T}}$ 为实对称矩阵，它有 n 个实特征值 $\lambda_i(i=1,2,\cdots,n)$。当系统平衡状态稳定时，$\boldsymbol{K}_{\mathrm{T}}$ 为正定矩阵时，$\lambda_i>0$。若 $\boldsymbol{K}_{\mathrm{T}}$ 的最小特征值 $\lambda_1<0$，则系统的平衡状态失稳。因此，由式(4.51)可以确定系统静力平衡状态失稳的临界荷载。

对于复杂的实际工程结构，如何定义整体破坏？根据我国有关可靠度设计规范，当结构超过某一特定状态而不能满足设计规定的功能要求时，称该特定状态为结构相应于该功能的极限状态。极限状态可分两类：

承载能力极限状态——结构或构件达到最大承载能力。

正常使用极限状态——结构或构件达到正常使用或耐久性要求的某一功能限值。

这就是设计意义上的结构整体失效。稳定性破坏的重要标志是结构荷载达到

最大承载能力，即临界荷载。对于结构的物理不稳定问题，通常采用基于材料非线性有限元方法的间接法[6]，确定结构的极限荷载(临界荷载)。为了使结构达到极限平衡状态，可以应用超载方法或强度折减方法，并以收敛性准则和突变性准则判别结构是否达到极限平衡状态。超载法和强度折减法得到的稳定安全度一般不同。超载法模拟结构的实际加载过程，将荷载分级，在每级荷载增量作用下，进行材料非线性有限元分析，研究结构的工作状态，如位移、应力、塑性区或开裂范围等。通过相邻工作状态的比较和发展趋势，根据收敛性准则和突变性准则，确定结构达到临界状态的极限荷载。可见，超载法更接近上述的物理不稳定分析方法。

4.4.3 混凝土重力坝沿建基面滑移的整体破坏分析

混凝土重力坝在上游水压力作用下有可能沿抗剪能力相对薄弱的建基面(包括与建基面大致平行的地基软弱结构面)发生滑动破坏，设计规范要求校核重力坝沿这类薄弱面的抗滑稳定性。这里通过建立一个简化的力学模型来研究重力坝失稳破坏的极限荷载。由于建基面相对软弱，变形破坏主要在此发生，故假定建基面为变形体。而混凝土坝体和坝基岩体的变形很小，可假定为刚性体。设混凝土重力坝底宽为 L，高度为 H，建基面厚度等效为 $b(b \ll B)$。重力坝垂直方向的作用力包括坝体自重和扬压力，简化成合力 W，库水压力为 P。简化后的重力坝模型如图 4.8 所示。

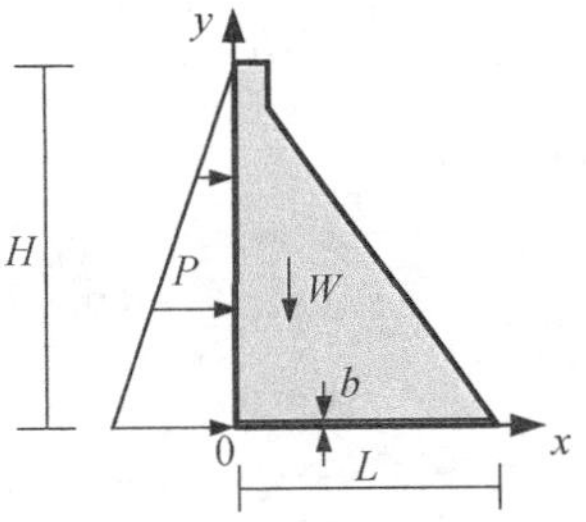

图 4.8 混凝土重力坝简化力学模型

简化模型考虑了建基面材料抗剪强度在峰值之后的软化性质。但由于建基面材料的抗压强度一般较高，坝体自重引起的建基面竖向压缩变形可认为是弹性的。设建基面材料的弹性模量为 E，剪切弹模为 G。由于 b 很小，建基面材料的变形可视为平面应变问题，其竖向相对位移为 v，水平向相对位移为 u。由于坝体和地基是刚体，可假定建基面各点的水平向位移和切应力相同，变形状态主要由相对位移 u 控制。此时，建基面薄层的垂直向正应变 ε_y 和剪应变 γ_{xy} 分别表示为

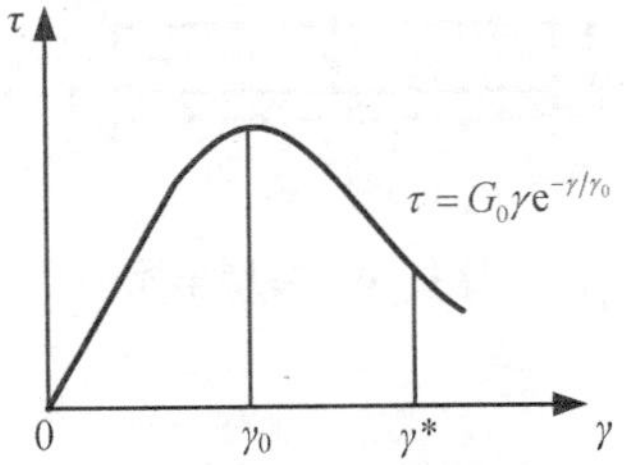

图 4.9 建基面材料应力—应变关系曲线

$$\varepsilon_y = \frac{v}{b}, \quad \gamma_{xy} = \frac{u}{b} \tag{4.52}$$

已有的研究表明[7]，软弱结构面抗剪强度的软

化行为可以用指数函数模拟(图 4.9)。因此,建基面材料的本构关系可表示为

$$\sigma_y = E\varepsilon_y, \quad \tau_{xy} = G_0\gamma_{xy}\mathrm{e}^{-\frac{\gamma_{xy}}{\gamma_0}} \tag{4.53}$$

式中,σ_y 和 τ_{xy} 分别是建基面 y 向的正应力和 x 向的切应力;G_0 为初始剪切模量;γ_0 为峰值应力处对应的应变值。

以下分别采用三种方法确定重力坝的抗滑稳定性和极限(临界)荷载。

方法一:能量判据

忽略坝体的微小转动,则图 4.8 所示的反映重力坝失稳破坏的力学系统的势函数表达式为

$$U = \int_V\left(\int_0^{\varepsilon}\sigma\mathrm{d}\varepsilon + \int_0^{\gamma}\tau\mathrm{d}\gamma\right)\mathrm{d}V - Fu - Wv = Lb\gamma_0G_0\left[\gamma_0 - \left(\gamma_0 + \frac{u}{b}\right)\mathrm{e}^{-\frac{u}{b\gamma_0}}\right] + \frac{LEv^2}{2b} - Fu - Wv \tag{4.54}$$

据此求出

$$\mathrm{d}U = \frac{\partial U}{\partial u}\mathrm{d}u = \left(LG_0\frac{u}{b}\mathrm{e}^{-\frac{u}{b\gamma_0}} - F\right)\mathrm{d}u$$

$$\mathrm{d}^2U = \frac{\partial^2 U}{\partial u^2}\mathrm{d}u = \frac{LG_0}{b}\mathrm{e}^{-\frac{u}{b\gamma_0}}\left(1 - \frac{u}{b\gamma_0}\right)\mathrm{d}u$$

由重力坝在 x 方向的平衡条件 $\int_0^B\tau\mathrm{d}x = LG_0\frac{u}{b}\mathrm{e}^{-\frac{u}{b\gamma_0}} = P$ 可知,$\mathrm{d}U = 0$。当 $u < b\gamma_0$(即 $\gamma < \gamma_0$)时,$\mathrm{d}^2U > 0$,根据式(4.48)的能量判据,重力坝处于稳定状态;当 $u > b\gamma_0$ 时,$\mathrm{d}^2U < 0$,重力坝沿建基面失稳破坏;当 $u = b\gamma_0$ 时,$\mathrm{d}^2U = 0$,重力坝处于临界的极限平衡状态,极限荷载

$$P_{\max} = LG_0\gamma_0\mathrm{e}^{-1} = 0.367\ 879LG_0\gamma_0 \tag{4.55}$$

方法二:整体劲度矩阵 $\mathbf{K}_\mathrm{T}$ 的正定性

将建基面作为一个四结点的薄层单元(图 4.10),其几何性质可用它两端点的坐标和单元厚度来描述,每个端点有一对结点(通常称结点对),由于单元厚度很小,结点对的两个结点可以采用相同的坐标。

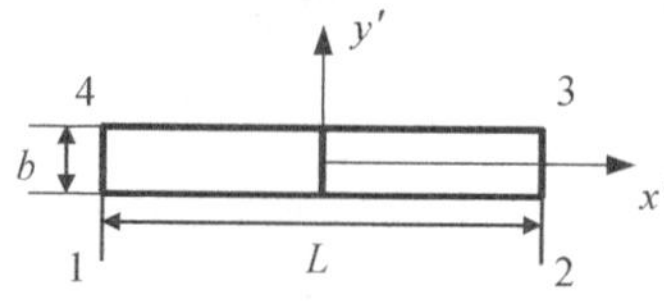

图 4.10 薄层单元

令

$$\xi = \frac{2x'}{L}$$

采用线性位移模式，则底面任一点的位移 u_B 和 v_B 为

$$\boldsymbol{f}_B=\begin{Bmatrix}u_B\\v_B\end{Bmatrix}=\begin{bmatrix}N_1 & 0 & N_2 & 0\\0 & N_1 & 0 & N_2\end{bmatrix}\begin{Bmatrix}u_1\\v_1\\u_2\\v_2\end{Bmatrix}$$

式中，

$$N_1=\frac{1}{2}(1-\xi),\quad N_2=\frac{1}{2}(1+\xi)$$

顶面任一点的位移 u_T 和 v_T 为

$$\boldsymbol{f}_T=\begin{Bmatrix}u_T\\v_T\end{Bmatrix}=\begin{bmatrix}N_1 & 0 & N_2 & 0\\0 & N_1 & 0 & N_2\end{bmatrix}\begin{Bmatrix}u_4\\v_4\\u_3\\v_3\end{Bmatrix}$$

因而，结点对的相对位移

$$\Delta\boldsymbol{f}=\boldsymbol{f}_T-\boldsymbol{f}_B=\boldsymbol{N}\boldsymbol{\delta}^e$$

式中，$\Delta\boldsymbol{f}=\begin{Bmatrix}u_T-u_B\\v_T-v_B\end{Bmatrix}=\begin{Bmatrix}u_{TB}\\v_{TB}\end{Bmatrix}$

$$\boldsymbol{\delta}^e=[u_4-u_1\quad v_4-v_1\quad u_3-u_2\quad v_3-v_2]^{\mathrm{T}}=[u_{41}\quad v_{41}\quad u_{32}\quad v_{32}]^{\mathrm{T}}$$

$$\boldsymbol{N}=\begin{bmatrix}N_1 & 0 & N_2 & 0\\0 & N_1 & 0 & N_2\end{bmatrix}$$

由式(4.52)得

$$\boldsymbol{\varepsilon}=\begin{Bmatrix}\gamma_{x'y'}\\\varepsilon_{y'}\end{Bmatrix}=\frac{\Delta\boldsymbol{f}}{b}=\frac{1}{b}\boldsymbol{N}\boldsymbol{\delta}^e=\boldsymbol{B}\boldsymbol{\delta}^e \tag{4.56}$$

式中，$\boldsymbol{B}=\dfrac{\boldsymbol{N}}{b}$。

根据式(4.53)，建基面薄层单元的应力增量和应变增量之间有如下关系：

$$\mathrm{d}\boldsymbol{\sigma}=\begin{Bmatrix}\mathrm{d}\tau_{x'y'}\\\mathrm{d}\sigma_{y'}\end{Bmatrix}=\begin{bmatrix}G & 0\\0 & E\end{bmatrix}\begin{Bmatrix}\mathrm{d}\gamma_{x'y'}\\\mathrm{d}\varepsilon_{y'}\end{Bmatrix}=\boldsymbol{D}_{\mathrm{T}}\mathrm{d}\boldsymbol{\varepsilon} \tag{4.57}$$

式中

$$\mathrm{d}\boldsymbol{\sigma}=[\mathrm{d}\tau_{x'z'}\quad \mathrm{d}\sigma_{z'}]^{\mathrm{T}}$$

$$G=G_0\left(1-\frac{\gamma_{x'y'}}{\gamma_0}\right)\mathrm{e}^{-\frac{\gamma_{x'y'}}{\gamma_0}} \tag{4.58}$$

$$\boldsymbol{D}_{\mathrm{T}}=\begin{bmatrix}G & 0\\0 & E\end{bmatrix}$$

由式(4.49)可得节理单元的劲度矩阵为

$$\boldsymbol{k}_{\mathrm{T}}=\int_V \boldsymbol{B}^{\mathrm{T}}\boldsymbol{D}_{\mathrm{T}}\boldsymbol{B}\mathrm{d}V=\frac{1}{b}\int_{-L/2}^{L/2}\boldsymbol{N}^{\mathrm{T}}\boldsymbol{D}_{\mathrm{T}}\boldsymbol{N}\mathrm{d}x'=\frac{L}{6b}\begin{bmatrix}2G & & \text{对} & \\0 & 2E & & \text{称}\\G & 0 & 2G & \\0 & E & 0 & 2E\end{bmatrix} \tag{4.59}$$

由于大坝和地基均假定为刚体，因此大坝—地基系统的整体劲度矩阵 $\boldsymbol{K}_{\mathrm{T}}=\boldsymbol{k}_{\mathrm{T}}$。从 $\boldsymbol{k}_{\mathrm{T}}$ 的表达式可知，切向相对位移 u 与法向相对位移 v 无耦合项，从式(4.59)可得到切向的整体劲度矩阵为

$$\boldsymbol{K}_{\mathrm{T}}=\frac{L}{6b}\begin{bmatrix}2G & G\\G & 2G\end{bmatrix} \tag{4.60}$$

有限元支配方程为

$$\boldsymbol{K}_{\mathrm{T}}\Delta\boldsymbol{u}=\Delta\boldsymbol{R} \tag{4.61}$$

根据 $\boldsymbol{K}_{\mathrm{T}}$ 的特征方程 $|\boldsymbol{K}_{\mathrm{T}}-\lambda\boldsymbol{I}|=\boldsymbol{0}$ 求出特征根为 $\lambda_1=G$, $\lambda_2=3G$。由式(4.58)可知，当 $\gamma_{x'y'}<\gamma_0$ 时，λ_1 和 λ_2 均大于零，$\boldsymbol{K}_{\mathrm{T}}$ 为正定矩阵，重力坝处于稳定状态；当 $\gamma_{x'y'}>\gamma_0$ 时，最小特征根 $\lambda_1<0$，$\boldsymbol{K}_{\mathrm{T}}$ 失去正定性，重力坝沿建基面失稳破坏；当 $\gamma_{x'y'}=\gamma_0$ 时，$\lambda_1=0$, $\det|\boldsymbol{K}_{\mathrm{T}}|=0$，重力坝处于临界的极限平衡状态。在建基面各点水平向位移和切应力相同的假定下，库水压力 F 只能均匀作用于结点 4 和 3，即分别作用 $P/2$，对式(4.61)积分得

$$P_{\max}=2\,\frac{3L}{6b}\int_0^{b\gamma_0}G\mathrm{d}u=\frac{LG_0}{b}\int_0^{b\gamma_0}\left(1-\frac{u}{b\gamma_0}\right)\mathrm{e}^{-\frac{u}{b\gamma_0}}\mathrm{d}u=\frac{LG_0}{b}\left[u\mathrm{e}^{-\frac{u}{b\gamma_0}}\right]_0^{b\gamma_0}=LG_0\gamma_0\mathrm{e}^{-1} \tag{4.62}$$

得到与式(4.55)相同的极限荷载 $P_{\max}$。

方法三：材料非线性有限元分析

对于上述的重力坝简化模型，有限元分析的单元只有一个：建基面单元，有限元支配方程(4.61)中的

$$\Delta\boldsymbol{u}=\begin{Bmatrix}u_{41}\\u_{32}\end{Bmatrix}\quad \Delta\boldsymbol{R}=\begin{Bmatrix}\Delta R_4\\\Delta R_3\end{Bmatrix}$$

且在建基面各点水平向位移相同假设下，$u_{41}=u_{32}=u$，$\Delta R_4=\Delta R_3=\Delta R$。

根据有限元增量迭代法公式(2.46)得

$$\begin{cases}\Delta u_m^i=(\boldsymbol{K}_{\mathrm{T},m}^{i-1})^{-1}(\Delta\boldsymbol{R}_m-\boldsymbol{\psi}_m^{i-1})\\ u_m^i=u_m^{i-1}+\Delta u_m^i\end{cases}\tag{4.63}$$

式中，
$$(\boldsymbol{K}_{\mathrm{T},m}^{i})^{-1}=\frac{2b}{LG_m^i}\begin{bmatrix}2&-1\\-1&2\end{bmatrix}$$

$$G_m^i=G_0\left(1-\frac{(\gamma_{xy})_m^i}{\gamma_0}\right)\mathrm{e}^{-\frac{(\gamma_{xy})_m^i}{\gamma_0}}=G_0\left(1-\frac{\gamma_m^i}{\gamma_0}\right)\mathrm{e}^{-\frac{\gamma_m^i}{\gamma_0}}$$

$$(\Delta\gamma)_m^i=\frac{\Delta u_m^i}{b},\quad \gamma_m^i=\gamma_m^{i-1}+(\Delta\gamma_{xy})_m^i$$

$$(\Delta\tau)_m^i=\int_{\gamma_m^{i-1}}^{\gamma_m^i}G_m^i\mathrm{d}\gamma,\quad \tau_m^i=\tau_m^{i-1}+(\Delta\tau)_m^i$$

结点力 $\boldsymbol{F}_m^i$ 和失衡力 $\boldsymbol{\psi}_m^i$ 分别为

$$\boldsymbol{F}_m^i=\int_V\boldsymbol{B}^{\mathrm{T}}\tau_m^i\mathrm{d}V=\frac{\tau_m^iL}{2}\begin{Bmatrix}1\\1\end{Bmatrix},\quad \boldsymbol{\psi}_m^i=\boldsymbol{F}_m^i-\boldsymbol{R}_{m-1}$$

以增量迭代法求解有限元方程(4.63)。作用在结点4和3的最终荷载为前面求出的极限荷载的1/2，即 $\bar{R}=0.5F_{\max}=0.5LG_0\gamma_0\mathrm{e}^{-1}=0.183\,940LG_0\gamma$，分两级施加，第一级荷载增量为 $\Delta R_1=0.6\bar{R}=0.110\,364LG_0\gamma_0$，第二级荷载增量为 $\Delta R_2=0.4\bar{R}=0.073\,576LG_0\gamma_0$。采用位移收敛准则，$\|\Delta u^i\|\leqslant\alpha_d u_0$，取位移收敛容差为 $\alpha_d=1\%$。表4.1列出迭代计算过程，图4.11为荷载位移曲线 $F-u$。

表4.1　有限元计算迭代过程

m	i	$\frac{G_m^i}{G_0}$	$\frac{\Delta u}{u_0}$	$\frac{u}{u_0}$	$\frac{\Delta\gamma}{\gamma_0}$	$\frac{\gamma}{\gamma_0}$	$\frac{\Delta\tau}{G_0\gamma_0}$	$\frac{\tau}{G_0\gamma_0}$	$\frac{F}{LG_0\gamma_0}$	$\frac{\psi}{LG_0\gamma_0}$
1	0	1		0		0		0	0	0
	1	0.624 926	0.220 728	0.220 728	0.220 728	0.220 728	0.177 009	0.177 009	0.088 505	0.088 505
	2	0.530 392	0.069 956	0.290 684	0.069 956	0.290 684	0.040 350	0.217 359	0.108 680	0.108 680
	3	0.522 317	0.006 350	0.297 034	0.006 350	0.297 034	0.003 342	0.220 701	0.110 351	0.110 351
	α_d	0.006 35 ＜ 0.01								

续表

m	i	$\frac{G_m^i}{G_0}$	$\frac{\Delta u}{u_0}$	$\frac{u}{u_0}$	$\frac{\Delta\gamma}{\gamma_0}$	$\frac{\gamma}{\gamma_0}$	$\frac{\Delta\tau}{G_0\gamma_0}$	$\frac{\tau}{G_0\gamma_0}$	$\frac{F}{LG_0\gamma_0}$	$\frac{\psi}{LG_0\gamma_0}$
2	0	0.522 317		0.297 034		0.297 034		0.220 701	0.110 351	−0.000 013
	1	0.236 102	0.281 779	0.578 813	0.281 779	0.578 813	0.103 759	0.324 460	0.162 230	0.051 866
	2	0.110 669	0.183 904	0.762 716	0.183 904	0.762 716	0.031 268	0.355 728	0.177 864	0.067 500
	3	0.053 273	0.109 805	0.872 521	0.109 805	0.872 521	0.008 894	0.364 622	0.182 311	0.071 947
	4	0.026 072	0.061 157	0.933 678	0.061 157	0.933 678	0.002 410	0.367 032	0.183 516	0.073 152
	5	0.012 860	0.032 526	0.966 204	0.032 526	0.966 204	0.000 631	0.367 663	0.183 832	0.073 468
	6	0.006 361	0.016 796	0.983 000	0.016 796	0.983 000	0.000 161	0.367 824	0.183 912	0.073 548
	7	0.003 040	0.008 803	0.991 803	0.008 803	0.991 803	0.000 041	0.367 865	0.183 932	0.073 568
	α_d	0.008 803 < 0.01								

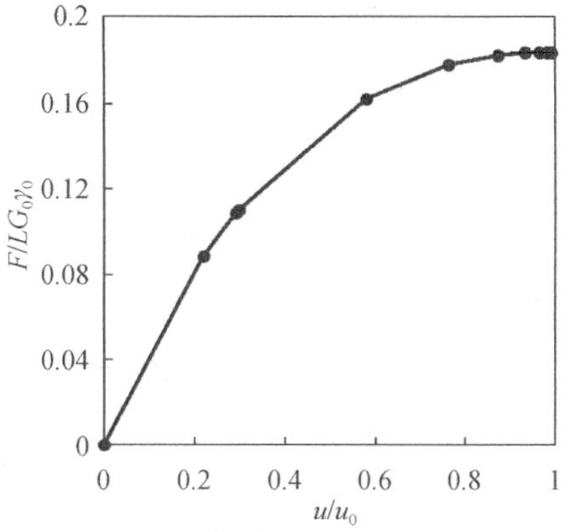

图 4.11 荷载位移曲线 F-u

可以看出，通过两级荷载增量共 10 次迭代，得到极限荷载 $P_{\max}=2F=0.367\ 864LG_0\gamma_0$，与方法一和方法二获得的 $P_{\max}=0.367\ 879LG_0\gamma_0$ 相比，误差仅为0.004%。此时，建基面相对位移 u 已非常接近峰值应力相应的 u_0，表征 $\boldsymbol{K}_\mathrm{T}$ 正定性的剪切弹模 G 也趋近零。

4.5 材料非线性有限元分析中的几个问题

4.5.1 荷载分级

不同的非线性方程组求解方法，迭代过程中的一些具体处理方法也不相同，但对荷载的处理一般都进行分级，采用增量方法进行有限元分析。

对于实际的工程问题，将荷载分级施加是相当重要的。首先，这样做可以模拟实际施工加载过程，进行“仿真”的数值分析，这对弹塑性问题显得更为重要，因为不同的加载过程将得到不同的位移和应力计算成果。其次，对荷载分级，容易使求解过程收敛。

荷载的分级首先要考虑荷载的性质，不同类型的荷载需根据实际施工加载顺序依次施加。为了更精细地模拟施工过程并使迭代过程收敛，每类荷载还可按2.2节介绍的荷载系数法分成更小的荷载增量。图4.12为三峡永久船闸的闸室横剖面，为了分析闸室结构的应力状态和两侧边坡的稳定性，所施加的荷载按加载顺序依次有开挖荷载、衬砌自重、边墙衬砌的锚固力、边坡内的渗压和闸室内的水压力。开挖荷载的计算需要事先确定地应力场（分别见以下的4.5.2节和4.5.3节）。很明显，对于这个问题，开挖是主要荷载之一，根据设计的开挖施工程序再将它分为若干级增量。其他荷载也可根据需要再分级，目的就是为了更精确地模拟加载过程和使求解过程收敛。

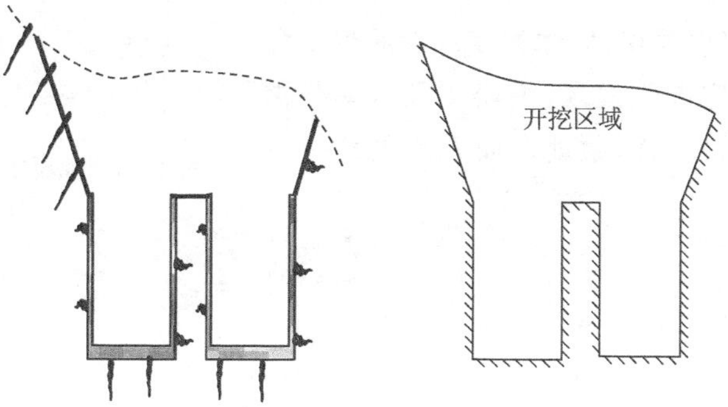

图4.12　三峡五级双线船闸

4.5.2　地应力

岩体的初始应力状态决定了施工开挖引起的附加应力，它是开挖荷载的来源，是洞室、基础和边坡力学分析的最主要荷载，对工程岩体的应力分布、变形和破坏有着极其重要的影响。可以说，不了解岩体初应力状态就无法对工程岩体一系列力学过程和现象作出正确的评价。初始地应力场的形成与岩体构造、性质、埋藏条件和大地构造运动的历史等因素密切相关，问题比较夏杂。影响岩体初始应力状态的因素通常可分为两类：

第一类是重力、温度、岩体的物理力学性质及构造、地形等经常性的因素。

第二类是地壳运动、地下水活动、人类的长期活动等暂时性的或局部性的因素。

因此，初应力场可认为由两种力系构成，即

$$\boldsymbol{\sigma} = \boldsymbol{\sigma}_w + \boldsymbol{\sigma}_c \tag{4.64}$$

式中，$\boldsymbol{\sigma}_w$ ——自重应力分量，$\boldsymbol{\sigma}_c$ ——构造应力分量。

在上述因素中，通常以岩体自重引起的应力场为基础，而其他因素则被认为是改变了由重力造成的自重应力场。自重应力场的估计可以采用弹性力学的方法。其可靠性则决定于对岩石的物理力学性质，以及岩体的构造和特性的研究，这样得到的初应力场，误差通常是很大的。而其他因素造成的初应力场，主要是通过实验(现场试验)的方法确定。

(1) 自重应力场

对于具有水平表面且水平分层的弹性地基，如图 4.13。xy 平面内是均质的，沿 z 轴方向是非均质的。设 E_z、μ_z 分别为垂直方向的岩体弹性模量和泊松比，E、μ 为水平方向的岩体弹性模量和泊松比。可以看出，岩体的变形性质仅沿深度变化，故可假定弹性模量、泊松比和岩体容重都只是 z 的函数，这样，距地表面 h 深处任一点的应力状态为

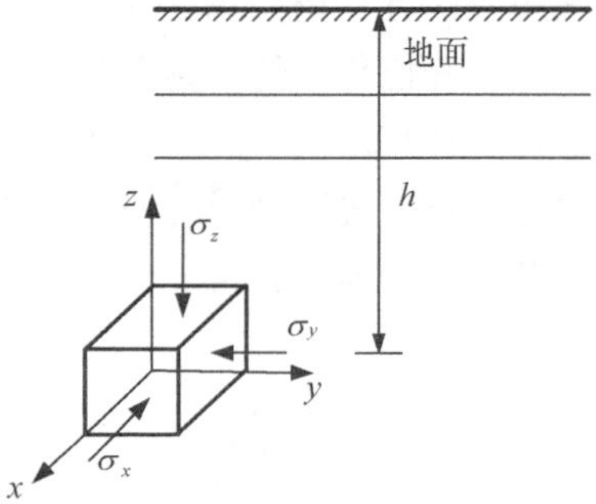

图 4.13　地表水平时的自重应力

$$\sigma_z = \int_0^h \gamma(z)\mathrm{d}z$$

$$\sigma_x = \sigma_x(z)$$

$$\sigma_y = \sigma_y(z)$$

$$\tau_{xy} = \tau_{zx} = \tau_{zy} = 0$$

由于地基无限大，可以认为水平方向没有变形，根据弹性力学理论得到

$$\sigma_x = \sigma_y = \frac{E_z}{E}\frac{\mu}{1-\mu_z}\sigma_z = \lambda\sigma_z \tag{4.65}$$

$$\lambda = \frac{E_z}{E}\frac{\mu}{1-\mu_z} \tag{4.66}$$

式中，λ 称为侧压力系数。

显然，当垂直应力已知时，水平压力的大小决定于围岩的弹性模量和泊松比，对于各向同性岩体，则仅为泊松比 μ 的函数。大多数围岩的泊松比变化在 0.15～0.35 左右。因此，在依据弹性力学理论得到的自重应力场中，水平应力小于垂直

应力。

以上得到的自重应力场是理论解,实际的自重应力场由于受到多种因素的影响,与理论解可能有很大的不同。

首先,深度对初始应力状态有着重大影响。随着深度的增加,三个方向的应力数值都在增大。但围岩本身的强度是有限的。因此,当应力增加到一定量值后,三向受力的围岩将处于隐塑性状态。由于围岩的弹性模量和泊松比也是变化的,导致 λ 值在改变。随着深度的增加,λ 值趋于 1,即与静水压力相似,这就是最早计算地应力的 Heim 静水应力场假定。此时围岩接近流动状态。

由此可见,围岩的初应力状态是随深度而变的,其应力状态可视围岩的不同,分别处在弹性、隐塑性和流动三种状态。对于坚硬的岩体,隐塑性状态约在距地面 10 km 以下出现。对于软岩,有可能在浅处发生。通常情况下,对于一般的地下工程,均可视自重应力场为弹性的,这一点亦可由部分量测资料所证实。

其次,理论解的推导假定地表面和岩层分界面均为水平面,实际上由于地壳运动的结果,岩层并不一定是水平的,可能倾斜也可能弯曲。这种地形、地质的变化,也会改变岩体初应力场主应力的大小和方向,特别当地形变化激烈或洞室埋深较小的情况下,其影响可能很大。例如,对于垂直岩层,由于各层的物理力学性质不同,在同一水平面上的应力分布可能是不同的。又如在背斜情况下,由于岩层成拱状分布,使上覆岩体的重量向两翼传递,而直接位于背斜轴下面的岩层则受到较小的应力(图 4.14)。在被断层分割的楔形岩体中(图 4.15),也可观察到类似情况,下窄上宽的楔形岩体移动时,受到两侧岩块的限制,因而使应力减小;反之,下宽上窄的岩块,则受到附加荷载的作用。大量的实测资料表明,地质构造形态改变了自重应力场的初始状态,这种改变有时是不容忽视的。

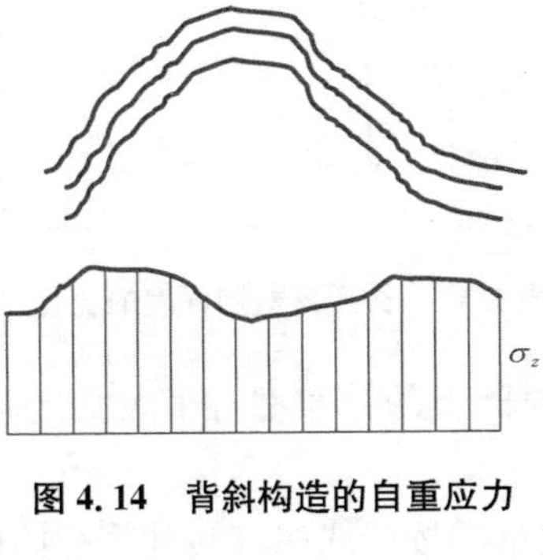

图 4.14 背斜构造的自重应力

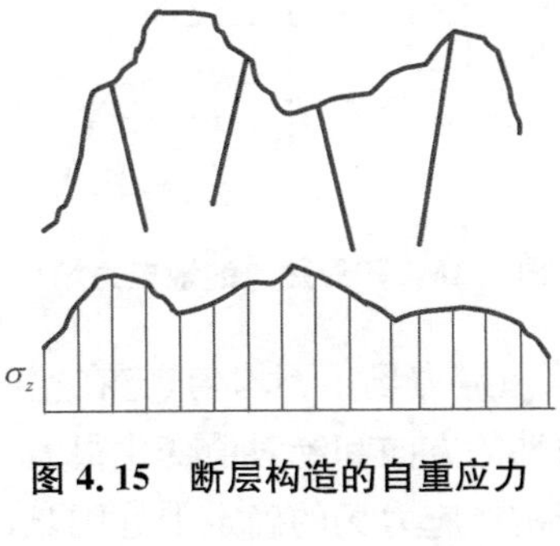

图 4.15 断层构造的自重应力

(2) 构造应力场

地质力学理论认为,地壳各处发生的一切构造变形与破裂都是地应力作用的结果,并将这种地壳构造形成过程中的应力状态称之为构造应力场,它是动态的。

由于地质构造的复杂性，构造应力场很难用函数形式表达。它在整个初应力场中的作用只能通过某些量测数据加以分析。已发表的一些研究成果表明：

① 地质构造形态不仅可改变自重应力场，而且，地应力除了以各种构造形态获得释放外，还以各种形式积蓄在岩体内，这种残余构造应力将对岩体工程特别是地下工程产生重大影响。

② 构造应力场在不深的地方已普遍存在，而且最大构造应力的方向多近似为水平，其值常常大于理论自重应力场中的水平应力分量，甚至大于垂直应力分量，这与理论自重应力场有很大不同。位于片岩中的陶恩隧道实地量测的初应力场（图 4.16）就是一个例证，图中虚线为自重应力场中水平地应力的理论值，远小于实际的水平地应力。在南非测得的平均水平应力与垂直应力的比值随深度的变化如图 4.17 所示。并可用下式表述

$$\lambda = \frac{\sigma_x}{\sigma_z} = \frac{248}{H} + 0.448 \tag{4.67}$$

上式和图 4.17 表明，埋深较小时，水平应力与垂直应力的比值 λ 很大。随着埋深的增加，λ 逐渐减小。根据我国现阶段积累起来的浅层（埋深小于 500m）实测资料，λ 小于 0.8 者约占 27.5%，在 0.8～1.25 之间者约占 42.3%，大于 1.25 者约占 30.2%。可见，大部分水平地应力大于按式（4.65）计算的理论值。

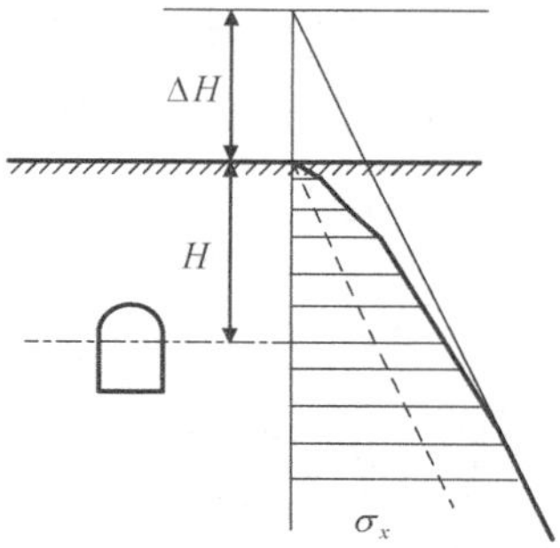

图 4.16　陶恩隧道的地应力场

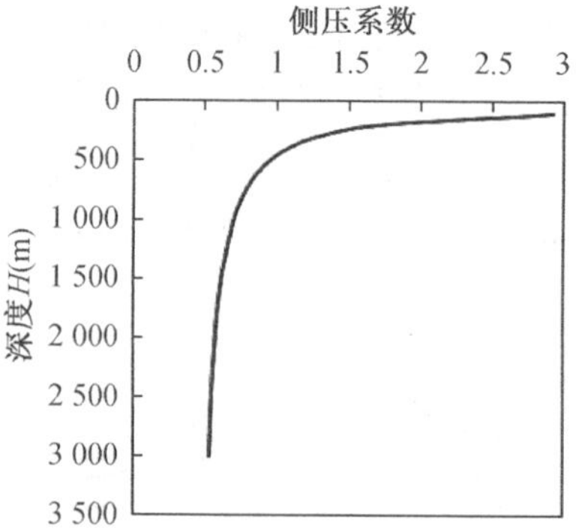

图 4.17　侧压系数随深度的变化

③ 构造应力场很不均匀，它在空间和时间上的分布都有很大变化，特别是它的主应力轴的方向和绝对值变化很大。

由于构造应力场的确定十分困难，也就难以按照式（4.64）计算初始的地应力场。一般情况下，对于浅层或风化严重的岩体，可以不考虑构造应力，而根据自重应力确定初始地应力。对于深部的洞室开挖和重要工程，多采取实地量测的方法来判断主应力的大小和方向。比较通用的量测方法有地震法、水压致裂法、超前钻

孔应力解除法、声发射法等。由于地应力量测费用高、耗时多，实测的地应力点不会太多。为了得到比较切合实际的初始地应力场，一般采用基于有限的几个地应力测点数据的反演分析方法。

图4.18给出用于地应力反演的地基模型：底边界为水平面，水平剖面为矩形，整体坐标系的 z 轴铅直向下，x 轴和 y 轴与矩形的边平行。研究对象至各边界的距离应不小于研究对象最大尺寸的2～3倍。模型的顶面一般是地面，为自由边界，底面和 x、y 两个方向施加约束，另两个方向施加未知的侧压力。边界方向应尽可能垂直于实测地应力的主应力，这样就只需施加法向边界荷载和法向连杆支座，否则还要考虑边界上的切向荷载，而且位移边界需要设置三个方向的连杆支座。

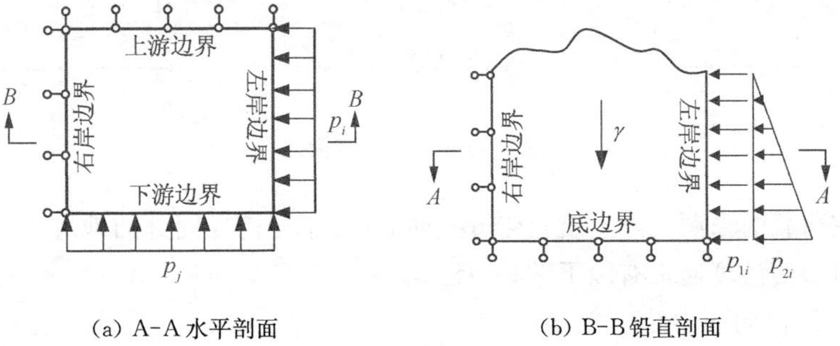

图4.18　地应力反演力学模型

边界上作用的荷载就是未知的侧压力，根据地质构造和实测地应力数值，也可以沿边界分段施加侧压力。应用有限元方法，研究岩体在自重（体力）和侧压力（面力）作用下的应力场。为了减小反演分析的难度，模型内的地质结构应进行合理的概化。

假设侧压力沿 z 向线性分布，其值按下式考虑

$$p_i = p_{1i} + p_{2i} = (\lambda_{1i} + \lambda_{2i})\gamma z \tag{4.68}$$

式中，i 是荷载段的编号，λ_{1i}、λ_{2i} 为未知的侧压系数，表示侧压力的分布。取 λ_{1i} 和 λ_{2i} 为设计变量，通过优化调整，使计算地应力与实测地应力偏差最小来确定其值。当荷载已知时，采用有限元方法分析，得到各测点的应力 $\boldsymbol{\sigma}_j$，建立目标函数

$$V(\boldsymbol{X}) = \sqrt{\sum_j (\boldsymbol{\sigma}_j - \bar{\boldsymbol{\sigma}}_j)^{\mathrm{T}} (\boldsymbol{\sigma}_j - \bar{\boldsymbol{\sigma}}_j)} \tag{4.69}$$

其中，$\boldsymbol{X}$ 为设计变量，j 是地应力测点编号，$\bar{\boldsymbol{\sigma}}_j$ 为实测地应力值。则优化模型为

$$\begin{aligned} & V(\boldsymbol{X}) \rightarrow \min \\ s.t.\quad & a_i \leqslant x_i \leqslant b_i \end{aligned} \tag{4.70}$$

几何约束中的 a_i、b_i 分别是设计变量的上下限，根据地质构造、实测地应力等先验信息确定。上述优化问题还可以加上其他性态约束条件。

4.5.3 开挖荷载

地应力确定后，就可以计算开挖荷载。开挖荷载是当地基或边坡开挖时，地应力释放导致开挖边界发生变形的荷载。图 4.19 显示了地基被开挖的部分 A 和余下的部分 B，在开挖界面上存在相互之间的作用力 $\boldsymbol{R}_p$，$-\boldsymbol{R}_p$ 即为开挖荷载。

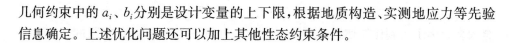

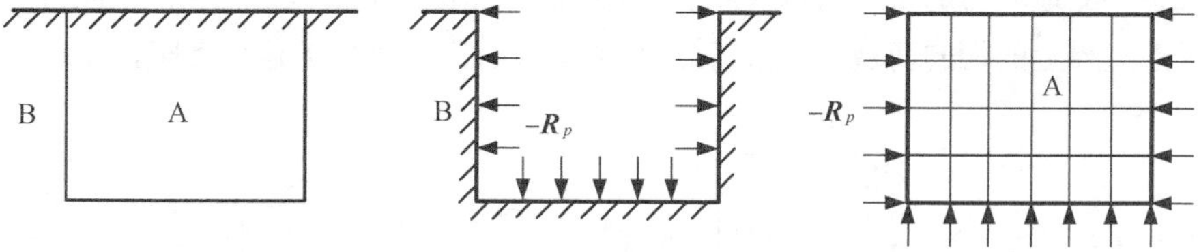

图 4.19　地基开挖荷载

开挖荷载的来源实际上就是未开挖时，存在于开挖界面处的地应力。目前，关于开挖荷载的计算通常有以下两种方法。

方法 1：反向面力法

开挖荷载来自开挖面上的应力，采用有限元方法得到开挖面 S_e 的应力 $\boldsymbol{\sigma}$ 后，即可按以下公式确定开挖面上的结点荷载 $\boldsymbol{R}_p$

$$\boldsymbol{R}_p = \sum_{e=1}^{N_{e1}} \int_{S_e} \boldsymbol{B}^{\mathrm{T}} \boldsymbol{\sigma} \mathrm{d}S \tag{4.71}$$

式中，N_{e1} 为 A 或 B 中具有开挖面的单元个数。

式(4.71)具有明确的物理意义，它将开挖面上的应力反向作用于 B，使原来受 A 约束的开挖面变成自由面。存在的问题是，开挖面应力 $\boldsymbol{\sigma}$ 往往通过积分点或结点内插得到，其计算精度不高，导致开挖荷载计算得不准确。因此，式(4.71)在应用上不够理想。

方法 2：支座荷载法

根据有限元方法的原理，单元之间的相互作用力表现为应力，应力转化为结点力。对开挖面而言，结点力相当于结点荷载。为了保持开挖体 A 的平衡，开挖边界的结点荷载相当于支座反力 $\boldsymbol{R}_p$。设 $\boldsymbol{\delta}_e$ 为 A 中开挖界面的结点位移，则根据虚功原理对开挖体 A 有

$$\boldsymbol{\delta}_e^{*\mathrm{T}} \boldsymbol{R}_p + \sum_{e=1}^{N_e} \int_V \boldsymbol{f}^{*\mathrm{T}} \boldsymbol{p} \mathrm{d}V + \sum_{e=1}^{N_e} \int_{S_\sigma} \boldsymbol{f}^{*\mathrm{T}} \bar{\boldsymbol{p}} \mathrm{d}S + \sum_{e=1}^{N_e} \boldsymbol{f}^{*\mathrm{T}} \boldsymbol{P} = \sum_{e=1}^{N_e} \int_V \boldsymbol{\varepsilon}^{*\mathrm{T}} \boldsymbol{\sigma} \mathrm{d}V \tag{4.72}$$

式中，N_e是开挖体A的单元数，$\boldsymbol{p}$、$\bar{\boldsymbol{p}}$和$\boldsymbol{P}$分别为作用于A的体力、面力和集中力，$\boldsymbol{f}$、$\boldsymbol{\varepsilon}$和$\boldsymbol{\sigma}$分别是A中各单元某点的位移、应变和应力，由于

$$\boldsymbol{f}=\boldsymbol{N}\boldsymbol{\delta}^e \quad \boldsymbol{\varepsilon}=\boldsymbol{B}\boldsymbol{\delta}^e \quad \boldsymbol{\delta}^e=\boldsymbol{c}^e\boldsymbol{\delta} \quad \boldsymbol{\delta}_e=\boldsymbol{c}\boldsymbol{\delta}$$

其中，$\boldsymbol{\delta}^e$和$\boldsymbol{\delta}$为开挖体A的单元结点位移和整体结点位移，$\boldsymbol{c}^e$和$\boldsymbol{c}$是单元选择矩阵和开挖面结点的选择矩阵。将它们代入式(4.72)并注意结点虚位移的任意性，得

$$\boldsymbol{c}^{\mathrm{T}}\boldsymbol{R}_p=\sum_{e=1}^{N_e}(\boldsymbol{c}^e)^{\mathrm{T}}\left(\int_V\boldsymbol{B}^{\mathrm{T}}\boldsymbol{\sigma}\mathrm{d}V-\int_V\boldsymbol{N}^{\mathrm{T}}\boldsymbol{p}\mathrm{d}V-\int_{S_\sigma}\boldsymbol{N}^{\mathrm{T}}\bar{\boldsymbol{p}}\mathrm{d}S-\boldsymbol{N}^{\mathrm{T}}\boldsymbol{P}\right) \tag{4.73}$$

$-\boldsymbol{R}_p$作用在B的开挖面结点处，就是开挖荷载。

4.5.4　渗流荷载

土体由于孔隙比较多，且孔隙的分布也比较均匀，可以采用比较成熟的连续介质方法分析渗流。对于裂隙岩体，裂隙是岩体输送水流的主要通道，目前的渗流分析模型主要有以下三种：

① 等效连续介质模型。把主要发生在裂隙内的渗流平均到整个岩体，按照连续介质的分析方法进行渗流计算。

② 裂隙网络模型。岩块被视为不透水体，渗流仅在裂隙内发生，渗流从一条裂隙流向与之相交的其他裂隙。

③ 双重介质模型。除裂隙渗流外，岩块也被视为渗透系数较小的连续介质，岩块孔隙与岩体裂隙之间存在水体的交换。

后两种模型比较接近实际，但需要事先给出符合实际的裂隙网络，包括裂隙的产状、分布、形状、开度、连通率、水力特性等。由于这些参数的不均匀，致使相隔不远的钻孔，甚至同一钻孔不同区段的渗水量可能相差很大。而且，复杂的地质结构使得有限的钻孔难以给出比较精确的裂隙网络。因此，后两种模型的实际应用还有困难，目前比较现实的方法仍是等效连续介质模型，该模型的稳定渗流有限元分析方法如下：

稳定渗流指水头和流速不随时间变化。设水头函数$h(x\ y\ z)$为

$$h=z+\frac{p}{\gamma} \tag{4.74}$$

式中，γ为水容重，p为计算点的渗透压力，z是自某个基准面起算的计算点的高度，z轴铅直向上。

对于渗透系数各向异性的介质，达西定律可表示为

$$\boldsymbol{v}=-\boldsymbol{k}_h\boldsymbol{h}' \tag{4.75}$$

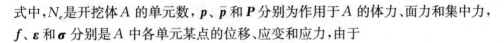

其中，$\boldsymbol{k}_h$ 为各个方向渗透系数组成的对称渗透矩阵，$\boldsymbol{v}$ 是渗流流速(流入为正)

$$\boldsymbol{v} = [v_x \quad v_y \quad v_z]^{\mathrm{T}} \tag{4.76}$$

$$\boldsymbol{k}_h = \begin{bmatrix} k_{xx} & k_{xy} & k_{xz} \\ k_{yx} & k_{yy} & k_{yz} \\ k_{zx} & k_{zy} & k_{zz} \end{bmatrix} \tag{4.77}$$

$$k_{ij} = k_{ji}$$

$$\boldsymbol{h}' = \left[\frac{\partial h}{\partial x} \quad \frac{\partial h}{\partial y} \quad \frac{\partial h}{\partial z}\right]^{\mathrm{T}} \tag{4.78}$$

对于不可压缩的水体，应满足的连续方程为

$$\frac{\partial v_x}{\partial x} + \frac{\partial v_y}{\partial y} + \frac{\partial v_z}{\partial z} - q = 0 \tag{4.79}$$

q 为内源(流入为正)，将式(4.75)代入式(4.79)得

$$\begin{aligned} &\frac{\partial}{\partial x}\left[k_{xx}\frac{\partial h}{\partial x} + k_{xy}\frac{\partial h}{\partial y} + k_{xz}\frac{\partial h}{\partial z}\right] + \frac{\partial}{\partial y}\left[k_{yx}\frac{\partial h}{\partial x} + k_{yy}\frac{\partial h}{\partial y} + k_{yz}\frac{\partial h}{\partial z}\right] + \\ &\frac{\partial}{\partial z}\left[k_{zx}\frac{\partial h}{\partial x} + k_{zy}\frac{\partial h}{\partial y} + k_{zz}\frac{\partial h}{\partial z}\right] + q = 0 \end{aligned} \tag{4.80}$$

这就是水头 h 在计算范围内需要满足的基本方程。同时 h 还要满足边界条件，工程中经常遇到的边界条件有：

第一类边界条件，边界水头已知

$$h = \bar{h} \tag{4.81}$$

第二类边界条件，边界法向流速 v_n 已知

$$v_n = l\boldsymbol{v}_x + m\boldsymbol{v}_y + n\boldsymbol{v}_z \tag{4.82}$$

式中，l、m 和 n 分别是边界外法线的方向余弦。

根据变分原理，以上问题等价于泛函的极值问题。对第二类边界，相应的泛函为

$$\begin{aligned} \pi(h) = \int_V \Bigg\{ &\frac{1}{2}\left[k_{xx}\left(\frac{\partial h}{\partial x}\right)^2 + k_{yy}\left(\frac{\partial h}{\partial y}\right)^2 + k_{zz}\left(\frac{\partial h}{\partial z}\right)^2 + 2k_{xy}\frac{\partial h}{\partial x}\frac{\partial h}{\partial y} + \right. \\ &\left. + 2k_{yz}\frac{\partial h}{\partial y}\frac{\partial h}{\partial z} + 2k_{zx}\frac{\partial h}{\partial z}\frac{\partial h}{\partial x}\right] - qh \Bigg\} \mathrm{d}V + \int_S v_n h \,\mathrm{d}S \end{aligned} \tag{4.83}$$

上述泛函取极值得到的水头函数 h 必定在整个计算范围内满足式(4.80)，且在边界上满足式(4.82)所示的第二类边界条件。

现对整个计算区域进行有限元剖分，设单元的结点数为 d，则单元内任一点的水头 h 可用结点水头 $\boldsymbol{h}^e$ 表示

$$h = \boldsymbol{N}\boldsymbol{h}^e \tag{4.84}$$

式中，形函数 $\boldsymbol{N}$ 和结点水头分别为

$$\boldsymbol{N} = [N_1 \quad N_2 \quad \cdots \quad N_d] \tag{4.85}$$

$$\boldsymbol{h}^e = [h_1 \quad h_2 \quad \cdots \quad h_d]^{\mathrm{T}} \tag{4.86}$$

将式(4.84)代入式(4.78)和(4.75)得

$$\boldsymbol{h}' = \boldsymbol{B}_1 \boldsymbol{h}^e \tag{4.87}$$

$$\boldsymbol{v} = -\boldsymbol{k}_h \boldsymbol{B}_1 \boldsymbol{h}^e \tag{4.88}$$

$$\boldsymbol{B}_1 = \begin{bmatrix} \dfrac{\partial N_1}{\partial x} & \dfrac{\partial N_2}{\partial x} & \cdots & \dfrac{\partial N_d}{\partial x} \\ \dfrac{\partial N_1}{\partial y} & \dfrac{\partial N_2}{\partial x} & \cdots & \dfrac{\partial N_d}{\partial x} \\ \dfrac{\partial N_1}{\partial x} & \dfrac{\partial N_2}{\partial x} & \cdots & \dfrac{\partial N_d}{\partial x} \end{bmatrix} \tag{4.89}$$

渗流场计算范围离散化之后，根据式(4.83)可以写出单元的泛函表达式 $\pi^e(\boldsymbol{h})$，则

$$\begin{aligned} \pi(\boldsymbol{h}) &= \sum_e \pi^e(\boldsymbol{h}) = \sum_e \left[\int_V \left(\frac{1}{2}\boldsymbol{h}'^{\mathrm{T}}\boldsymbol{k}_h\boldsymbol{h}' - qh\right)\mathrm{d}V + \int_S v_n h \,\mathrm{d}S\right] = \\ &= \sum_e \left[\int_V \left(\frac{1}{2}\boldsymbol{h}^{e\mathrm{T}}\boldsymbol{B}_1^{\mathrm{T}}\boldsymbol{k}_h\boldsymbol{B}\boldsymbol{h}^e - q\boldsymbol{N}\boldsymbol{h}^e\right)\mathrm{d}V + \int_S v_n \boldsymbol{N}\boldsymbol{h}^e \,\mathrm{d}S\right] \end{aligned} \tag{4.90}$$

式中，V 是单元体积，S 为靠近渗流边界的单元边界，$\boldsymbol{h}$ 是整体的结点水头。通过单元选择矩阵 $\boldsymbol{c}_1^e$，建立 $\boldsymbol{h}$ 与 $\boldsymbol{h}^e$ 的关系

$$\boldsymbol{h}^e = \boldsymbol{c}_1^e \boldsymbol{h} \tag{4.91}$$

则式(4.90)成为

$$\pi(\boldsymbol{h}) = \frac{1}{2}\boldsymbol{h}^{\mathrm{T}} \sum_e \int_V ((\boldsymbol{c}_1^e)^{\mathrm{T}}\boldsymbol{B}_1^{\mathrm{T}}\boldsymbol{k}_h\boldsymbol{B}_1 c_1^e \mathrm{d}V)\boldsymbol{h} - \boldsymbol{h}^{\mathrm{T}} \sum_e (\boldsymbol{c}_1^e)^{\mathrm{T}} \left(\int_V q\boldsymbol{N}^{\mathrm{T}}\mathrm{d}V - \int_S v_n \boldsymbol{N}^{\mathrm{T}}\mathrm{d}S\right)$$

令

$$\begin{cases} \boldsymbol{H}^e = \int_V \boldsymbol{B}_1^{\mathrm{T}} \boldsymbol{k}_h \boldsymbol{B}_1 \mathrm{d}V \\ \boldsymbol{F}^e = \int_V \boldsymbol{N}^{\mathrm{T}} q \mathrm{d}V - \int_S \boldsymbol{N}^{\mathrm{T}} v_n \mathrm{d}S \end{cases} \tag{4.92}$$

$$\begin{cases} \boldsymbol{H} = \sum_e (\boldsymbol{c}_1^e)^{\mathrm{T}} \boldsymbol{H}^e \boldsymbol{c}_1^e \\ \boldsymbol{F} = \sum_e (\boldsymbol{c}_1^e)^{\mathrm{T}} \boldsymbol{F}^e \end{cases} \tag{4.93}$$

其中，$\boldsymbol{H}^e$、$\boldsymbol{F}^e$ 分别为单元的传输矩阵和等效结点流量，$\boldsymbol{H}$、$\boldsymbol{F}$ 分别为整体的传输矩阵和等效结点流量。$\pi(\boldsymbol{h})$ 的表达式为

$$\pi(\boldsymbol{h}) = \frac{1}{2}\boldsymbol{h}^{\mathrm{T}}\boldsymbol{H}\boldsymbol{h} - \boldsymbol{h}^{\mathrm{T}}\boldsymbol{F}$$

该泛函取极值，即 $\partial\pi/\partial\boldsymbol{h} = \boldsymbol{0}$ ，得

$$\boldsymbol{H}\boldsymbol{h} = \boldsymbol{F} \tag{4.94}$$

这就是等效连续介质模型稳定渗流场的有限元支配方程，求解该方程，得到各结点的渗透水头 $\boldsymbol{h}$。

以上渗流场分析应考虑各种防渗设施，如防渗帷幕、排水孔的作用。渗流力按体力施加于渗透介质，求得渗透水头 $\boldsymbol{h}$ 后，渗透体力的分量按公式(4.95)计算。

$$X = -\frac{\partial h}{\partial x} \quad Y = -\frac{\partial h}{\partial y} \quad Z = -\frac{\partial h}{\partial z} + 1 \tag{4.95}$$

4.5.5 温度荷载

与其他材料不同，混凝土是一种热源材料。由于水泥的水化热，混凝土在浇筑后会不断产生热量，直到一定时间后，才逐渐趋于稳定。同时，混凝土结构的环境温度也在变化。因此，混凝土结构，特别是大体积混凝土结构如混凝土坝，温度荷载必须考虑。混凝土坝在施工期主要考虑由于水化热引起的温度荷载，运行期主要是外界环境温度变化产生的温度荷载。

设 $T(x\ \ y\ \ z\ \ t)$ 是混凝土介质内 t 时刻的温度场，假定混凝土为热传导各向同性介质，其应满足的热传导方程为

$$\frac{\partial^2 T}{\partial x^2} + \frac{\partial^2 T}{\partial y^2} + \frac{\partial^2 T}{\partial z^2} + \frac{1}{a}\left(\frac{\partial \theta}{\partial t} - \frac{\partial T}{\partial t}\right) = 0 \tag{4.96}$$

式中，a 为导温系数，θ 是绝热温升。假定方程的初始条件为

$$T_{t=0}=T_0(x\quad y\quad z) \tag{4.97}$$

在边界 S_1 上有第一类边界条件：已知边界上任一点各时刻的温度 $\bar{T}$，即

$$T_{S=S_1}=\bar{T} \tag{4.98}$$

在边界 S_2 上有第二类边界条件：已知边界上任一点的法向热流密度 $\bar{q}_n$，即

$$-\lambda\left(l\frac{\partial T}{\partial x}+m\frac{\partial T}{\partial y}+n\frac{\partial T}{\partial z}\right)=\bar{q}_n \tag{4.99}$$

在边界 S_3 上有第三类边界条件：已知边界上任一点各瞬时的对流换热情况，即

$$q_n=\beta(T-T_a)\ \text{或}\ l\frac{\partial T}{\partial x}+m\frac{\partial T}{\partial y}+n\frac{\partial T}{\partial z}+\frac{\beta}{\lambda}(T-T_a)=0 \tag{4.100}$$

式中，l、m 和 n 分别是边界外法线的方向余弦，β 是表面放热系数，λ 为导热系数，$\bar{T}$ 和 T_a 分别是已知边界温度和气温。

根据变分原理，该热传导问题与第三类边界条件等价于泛函(4.101)的极值问题。

$$\pi(T)=\int_V\left\{\frac{1}{2}\left[\left(\frac{\partial T}{\partial x}\right)^2+\left(\frac{\partial T}{\partial y}\right)^2+\left(\frac{\partial T}{\partial z}\right)^2\right]-\frac{1}{a}\left(\frac{\partial\theta}{\partial t}-\frac{\partial T}{\partial t}\right)T\right\}\mathrm{d}V$$
$$+\int_{S_3}\left[\frac{1}{2}\frac{\beta}{\lambda}T^2-\frac{\beta}{\lambda}T_aT\right]\mathrm{d}S \tag{4.101}$$

对温度场的分析范围进行有限元离散化，单元内任一点的温度 T 可以用该单元的结点温度 $\boldsymbol{T}^e$ 表示

$$T=\boldsymbol{N}\boldsymbol{T}^e \tag{4.102}$$

其中，$\boldsymbol{N}$ 为形函数矩阵，$\boldsymbol{N}=[N_1\quad N_2\quad\cdots\quad N_d]$，$d$ 为单元的结点数。因此

$$\begin{bmatrix}\dfrac{\partial T}{\partial x}\\[2mm]\dfrac{\partial T}{\partial y}\\[2mm]\dfrac{\partial T}{\partial z}\end{bmatrix}=\begin{bmatrix}\dfrac{\partial \boldsymbol{N}}{\partial x}\\[2mm]\dfrac{\partial \boldsymbol{N}}{\partial y}\\[2mm]\dfrac{\partial \boldsymbol{N}}{\partial z}\end{bmatrix}\boldsymbol{T}^e=\begin{bmatrix}\dfrac{\partial N_1}{\partial x}&\dfrac{\partial N_2}{\partial x}&\cdots&\dfrac{\partial N_d}{\partial x}\\[2mm]\dfrac{\partial N_1}{\partial y}&\dfrac{\partial N_2}{\partial y}&\cdots&\dfrac{\partial N_d}{\partial y}\\[2mm]\dfrac{\partial N_1}{\partial z}&\dfrac{\partial N_2}{\partial z}&\cdots&\dfrac{\partial N_d}{\partial z}\end{bmatrix}\boldsymbol{T}^e=\boldsymbol{B}_1\boldsymbol{T}^e$$

矩阵 $\boldsymbol{B}_1$ 的表达式与式(4.89)相同。据此表达式可得

$$\left(\frac{\partial T}{\partial x}\right)^2+\left(\frac{\partial T}{\partial y}\right)^2+\left(\frac{\partial T}{\partial z}\right)^2=(\boldsymbol{T}^e)^{\mathrm{T}}\boldsymbol{B}_1^{\mathrm{T}}\boldsymbol{B}_1\boldsymbol{T}^e$$

将上式和(4.102)代入式(4.101)，通过单元的体积和边界积分，得到单元的泛函：

$$\pi^e=\int_V\left(\frac{1}{2}(\boldsymbol{T}^e)^{\mathrm{T}}\boldsymbol{B}_1^{\mathrm{T}}\boldsymbol{B}_1\boldsymbol{T}^e+\frac{1}{a}(\boldsymbol{T}^e)^{\mathrm{T}}\mathbf{N}^{\mathrm{T}}\mathbf{N}\frac{\partial\boldsymbol{T}^e}{\partial t}-\frac{1}{a}\frac{\partial\theta}{\partial t}(\boldsymbol{T}^e)^{\mathrm{T}}\mathbf{N}^{\mathrm{T}}\right)\mathrm{d}V$$
$$+\int_{S_3}\left(\frac{1}{2}\frac{\beta}{\lambda}(\boldsymbol{T}^e)^{\mathrm{T}}\mathbf{N}^{\mathrm{T}}\mathbf{N}\boldsymbol{T}^e-\frac{\beta}{\lambda}T_a(\boldsymbol{T}^e)^{\mathrm{T}}\mathbf{N}^{\mathrm{T}}\right)\mathrm{d}S$$

引入单元选择矩阵 $\boldsymbol{c}_1^e$，建立单元结点温度 $\boldsymbol{T}^e$ 与整体结点温度 $\boldsymbol{T}$ 之间的关系

$$\boldsymbol{T}^e=\boldsymbol{c}_1^e\boldsymbol{T} \tag{4.103}$$

则有

$$\pi(\boldsymbol{T})=\sum_e\pi^e=\boldsymbol{T}^{\mathrm{T}}\frac{1}{2}\sum_e(\boldsymbol{c}_1^e)^{\mathrm{T}}\left(\int_V\boldsymbol{B}_1^{\mathrm{T}}\boldsymbol{B}_1\mathrm{d}V\right)\boldsymbol{c}_1^e\boldsymbol{T}$$
$$+\boldsymbol{T}^{\mathrm{T}}\sum_e(\boldsymbol{c}_1^e)^{\mathrm{T}}\left(\frac{1}{a}\int_V\mathbf{N}^{\mathrm{T}}\mathbf{N}\mathrm{d}V\right)\boldsymbol{c}_1^e\frac{\partial\boldsymbol{T}}{\partial t}$$
$$-\boldsymbol{T}^{\mathrm{T}}\sum_e(\boldsymbol{c}_1^e)^{\mathrm{T}}\frac{1}{a}\frac{\partial\theta}{\partial t}\left(\int_V\mathbf{N}^{\mathrm{T}}\mathrm{d}V\right)+\boldsymbol{T}^{\mathrm{T}}\frac{1}{2}\sum_e(\boldsymbol{c}_1^e)^{\mathrm{T}}\left(\frac{\beta}{\lambda}\int_{S_3}\mathbf{N}^{\mathrm{T}}\mathbf{N}\mathrm{d}S\right)\boldsymbol{c}^e\boldsymbol{T}$$
$$-\boldsymbol{T}^{\mathrm{T}}\sum_e(\boldsymbol{c}_1^e)^{\mathrm{T}}T_a\left(\frac{\beta}{\lambda}\int_{S_3}\mathbf{N}^{\mathrm{T}}\mathrm{d}S\right)$$

令

$$\begin{cases}\boldsymbol{H}_1^e=\int_V\boldsymbol{B}_1^{\mathrm{T}}\boldsymbol{B}_1\mathrm{d}V\\ \boldsymbol{A}^e=\dfrac{1}{a}\int_V\mathbf{N}^{\mathrm{T}}\mathbf{N}\mathrm{d}V\\ \boldsymbol{F}_1^e=\dfrac{1}{a}\int_V\mathbf{N}^{\mathrm{T}}\mathrm{d}V\\ \boldsymbol{H}_2^e=\dfrac{\beta}{\lambda}\int_{S_3}\mathbf{N}^{\mathrm{T}}\mathbf{N}\mathrm{d}S\\ \boldsymbol{F}_2^e=\dfrac{\beta}{\lambda}\int_{S_3}\mathbf{N}^{\mathrm{T}}\mathrm{d}S\end{cases} \tag{4.104}$$

以及

$$\begin{cases}\boldsymbol{H}=\sum_e(\boldsymbol{c}_1^e)^{\mathrm{T}}(\boldsymbol{H}_1^e+\boldsymbol{H}_2^e)\boldsymbol{c}_1^e\\ \boldsymbol{A}=\sum_e(\boldsymbol{c}_1^e)^{\mathrm{T}}\boldsymbol{A}^e\boldsymbol{c}_1^e\\ \boldsymbol{F}=\sum_e(\boldsymbol{c}_1^e)^{\mathrm{T}}\left(\boldsymbol{F}_1^e\dfrac{\partial\theta}{\partial t}+\boldsymbol{F}_2^e\boldsymbol{T}_a\right)\end{cases} \tag{4.105}$$

对 $\pi(\boldsymbol{T})$ 取极值，即 $\dfrac{\partial\pi}{\partial\boldsymbol{T}}=0$，得

$$\boldsymbol{HT} + \boldsymbol{A}\frac{\partial \boldsymbol{T}}{\partial t} - \boldsymbol{F} = 0 \tag{4.106}$$

这就是求解不稳定温度场的有限元支配方程。求解方程，得到不同时刻的结点温度值 $\boldsymbol{T}$，以及相邻时刻任一点的变温

$$\Delta T = \boldsymbol{N}\Delta\boldsymbol{T}^{e} = \boldsymbol{N}\boldsymbol{c}_1^{e}\Delta\boldsymbol{T} \tag{4.107}$$

变温只产生正应变，因此一点的总应变为

$$\boldsymbol{\varepsilon} = \boldsymbol{D}_{\mathrm{S}}^{-1}\boldsymbol{\sigma} + \boldsymbol{I}'\alpha\Delta T$$

式中，α 是介质的线热涨系数，$\boldsymbol{D}_{\mathrm{S}}$ 为割线弹性矩阵。

该点应力为

$$\boldsymbol{\sigma} = \boldsymbol{D}_{\mathrm{S}}\boldsymbol{\varepsilon} - \boldsymbol{D}_{\mathrm{S}}\boldsymbol{I}'\alpha\Delta T \tag{4.108}$$

由上式及虚功原理可导出单元的结点力为

$$\boldsymbol{F}^{e} = \int_V \boldsymbol{B}^{\mathrm{T}}\boldsymbol{\sigma}\mathrm{d}V = \boldsymbol{k}_s\boldsymbol{\delta}^{e} - \int_V \boldsymbol{B}^{\mathrm{T}}\boldsymbol{D}_{\mathrm{S}}\boldsymbol{I}'\alpha\Delta T\mathrm{d}V \tag{4.109}$$

其中 $\boldsymbol{B}$ 为单元应变矩阵，集合单元得出以下的具有变温的有限元支配方程

$$\boldsymbol{K}_{\mathrm{S}}\boldsymbol{\delta} = \boldsymbol{R} + \boldsymbol{R}_T \tag{4.110}$$

式中，$\boldsymbol{R}_T$ 为变温 ΔT 引起的等效结点荷载

$$\boldsymbol{R}_T = \sum_e (\boldsymbol{c}^{e})^{\mathrm{T}}\left(\alpha\int_V \boldsymbol{B}^{\mathrm{T}}\boldsymbol{D}_{\mathrm{S}}\boldsymbol{I}'\Delta T\mathrm{d}V\right) \tag{4.111}$$

4.5.6　材料分区

实际工程问题中，被分析的对象可能由多种材料组成。图 4.20 为高 305 m 锦屏拱坝的材料分区，不同灰度的区域代表不同的材料编号。

对计算范围内的材料进行分区时，应注意：

① 一般来说，主要力学特性(如弹性模量、强度、容重等)不同的材料，应赋以不同的材料编号。但有时为了简化复杂的实际工程问题，也可以把力学参数相近的材料赋以同一编号。

② 同一种材料，也可能力学特性相差较大，例如不同标号的混凝土，或者风化程度不同的同类岩体。此时，仍然需要赋以不同的材料编号。

另外一种情况是，同种材料即使其力学特性相同，由于在非线性分析中需要模

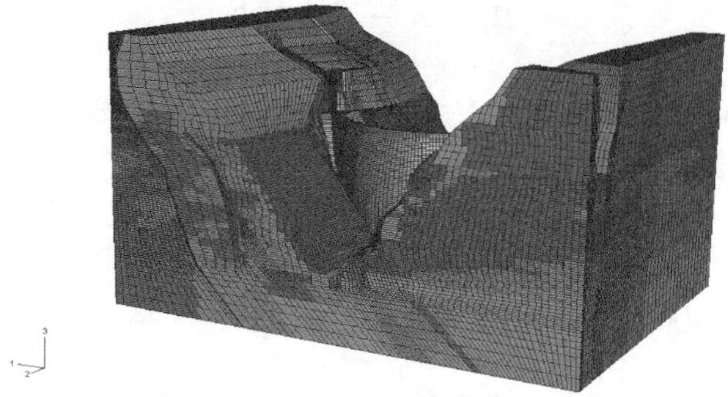

图 4.20 锦屏拱坝非线性有限元分析的材料分区

拟施工加载过程，可以将不同区域的同种材料赋以不同的材料编号，如图 4.21 所示。A,B,C,……给出某水电站地下厂房的开挖顺序，当需要开挖某个区域时，只要将属于该区域材料编号的单元去除即可，从而有效地简化了计算程序的编写和执行。

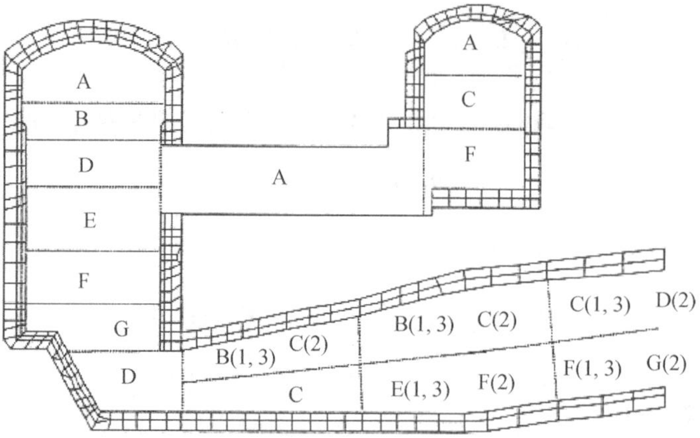

图 4.21 开挖次序示意图(A→B→C→D→E→F→G→H)

4.5.7 特殊单元在非线性有限元中的应用

在非线性有限元分析中，为了模拟材料的某些特殊性质或结构上的一些特征，经常要使用一些特殊单元。以下是几种常用的特殊单元：

(1) 低抗拉或不抗拉单元

对于抗拉能力低的材料，如破碎岩体、土体，可采用低抗拉或不抗拉单元进行模拟。此时，根据积分点的应力，计算主应力 σ_1。若 σ_1 为拉应力，且

$$\sigma_1 > \sigma_t$$

则需要进行“应力转移”，式中 σ_t 为材料的抗拉强度。

所谓“应力转移”，就是认为实际存在的 σ_1 不可能大于 σ_t，超过抗拉强度部分的应力 $\sigma_1 - \sigma_t$ 应转移至周围其他单元，并按应力与主应力的关系，确定实际存在的应力 $\boldsymbol{\sigma}$，再按

$$\boldsymbol{F} = \sum_e (\boldsymbol{c}^e)^{\mathrm{T}} \int_V \boldsymbol{B}^{\mathrm{T}} \boldsymbol{\sigma} \mathrm{d}V$$

求出结点力后，进行迭代计算。

(2) 层状单元

若岩体中有一组没有胶结的平行层面，那么垂直层面的方向不能承受拉力。设层面产状为倾向 α，倾角 β，现以北方向 N 为整体坐标系的 x 正向，东 E 为 y 正向，z 向下为正。并令局部坐标系 x'，y' 位于层面内，z' 正向与层面的向上法线一致，其方向余弦为

$$\begin{cases} l = \cos\alpha \sin\beta \\ m = \sin\alpha \sin\beta \\ n = -\cos\beta \end{cases} \tag{4.112}$$

由于这类介质具有强烈的各向异性，最可能的破坏形式是沿层面的剪切滑移或垂直层面的拉开。应用有限元方法求出 σ 后，若根据弹性力学公式确定的层面法向应力 $\sigma_{z'} > 0$ 时，取 $\sigma_{z'} = 0$。按前面一样的方法确定结点力 $\boldsymbol{F}$，进行迭代计算。

如果 $\sigma_{z'} < 0$，需要检查是否沿层面发生剪切破坏，常规的做法是，如果

$$\tau = \sqrt{\tau_{x'z'}^2 + \tau_{y'z'}^2} \leqslant c' - f'\sigma_{z'}$$

不发生应力转移。如果 $\tau_{x'z'}$ 和 $\tau_{y'z'}$ 中有一个或合力大于 $c' - f'\sigma_{z'}$，那么层面单元“实际”存在的应力只能是 $f'\sigma_{z'}$，据此计算相应的结点力 $\boldsymbol{F}$，进行迭代计算。

殷有泉[3]建议对这种由层面形成的层状材料，采用修正的 M-C 屈服准则进行弹塑性分析。修正后的 M-C 屈服条件为

$$f(\boldsymbol{\sigma}, \kappa) = (\tau_{z'x'}^2 + \tau_{z'y'}^2 + a^2 c'^2)^{1/2} + f'\sigma_{z'} - c' \tag{4.113}$$

式中，a^2 是一个小参数，引入它的目的是用双曲线屈服面（图 4.22 中的实线）代替顶点为奇点的摩尔库仑屈服面（图 4.22 中的虚线）。c' 和 f' 是层面材料的粘结力和摩擦系数，它们均是内变量 κ 的函数，现取 $\kappa = \theta^p$，并假定为等向强化材料，则

$$\frac{\partial f}{\partial \boldsymbol{\sigma}} = \begin{bmatrix} 0 & 0 & f' & 0 & \dfrac{\tau_{y'z'}}{\beta} & \dfrac{\tau_{x'z'}}{\beta} \end{bmatrix}^{\mathrm{T}} \tag{4.114}$$

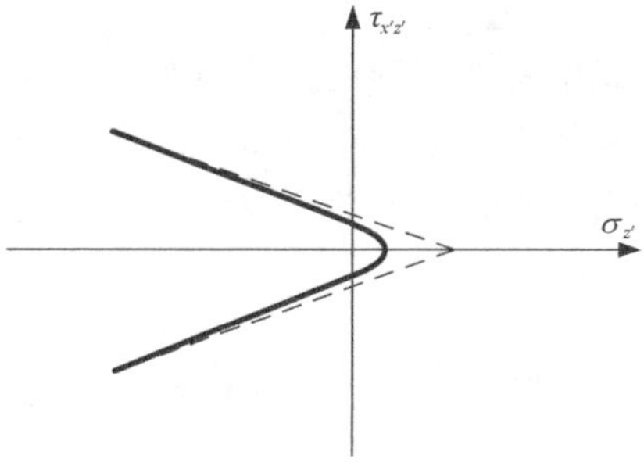

图 4.22　修正 M-C 准则

$$\boldsymbol{D}\frac{\partial f}{\partial \boldsymbol{\sigma}}=\left[\left(K-\frac{2}{3}G\right)f' \quad \left(K-\frac{2}{3}G\right)f' \quad \left(K+\frac{4}{3}G\right)f' \quad 0 \quad G\frac{\tau_{z'y'}}{\beta} \quad G\frac{\tau_{z'x'}}{\beta}\right]^{\mathrm{T}} \tag{4.115}$$

$$\begin{aligned} A &= \left(\frac{\partial f}{\partial \boldsymbol{\sigma}}\right)^{\mathrm{T}}\boldsymbol{D}\frac{\partial f}{\partial \boldsymbol{\sigma}}-\frac{\partial f}{\partial \theta_p}\boldsymbol{I}'^{\mathrm{T}}\frac{\partial f}{\partial \boldsymbol{\sigma}} \\ &= \left(K+\frac{4}{3}G\right)f'^2+G\frac{\beta^2-a^2c'^2}{\beta^2}+f'\left(\frac{\partial c'}{\partial \theta^p}-\frac{\partial f'}{\partial \theta^p}\sigma_{z'}\right)-\frac{a^2c'f'}{\beta}\frac{\partial c'}{\partial \theta^p} \end{aligned} \tag{4.116}$$

式中，$\boldsymbol{D}$ 为横观各向同性材料的弹性矩阵，β 的表达式为

$$\beta=(\tau_{y'z'}^2+\tau_{x'z'}^2+a^2c'^2)^{1/2} \tag{4.117}$$

4.5.8　节理单元

岩体中往往存在软弱结构面，如薄断层、岩层层面、节理、裂隙等，厚度很小，结构面两侧的位移不同。为了模拟这种间断的不连续性质，可以采用节理单元。它最早是由 Goodman 首先提出的，有时也称 Goodman 单元，为了简单明了起见，这里仅讨论平面问题的节理单元。

节理单元的几何性质可用它两端点的坐标和单元厚度来描述。对于四结点的节理单元(图 4.23)，每个端点有一对结点(通常称结点对)，由于单元厚度很小，结点对的两个结点可以采用相同的坐标。

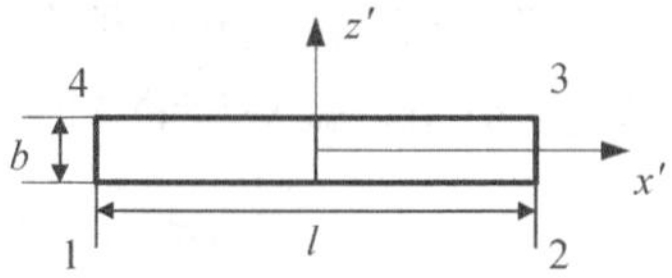

图 4.23　节理单元

令

$$\xi=\frac{2x'}{l}$$

采用线性位移模式，则底面任一点的位移 u_B 和 v_B 为

$$\boldsymbol{\delta}_B=\begin{Bmatrix}u_B\\v_B\end{Bmatrix}=\begin{bmatrix}N_1 & 0 & N_2 & 0\\0 & N_1 & 0 & N_2\end{bmatrix}\begin{Bmatrix}u_1\\v_1\\u_2\\v_2\end{Bmatrix}\tag{4.118}$$

式中

$$N_1=\frac{1}{2}(1-\xi)\quad N_2=\frac{1}{2}(1+\xi)\tag{4.119}$$

顶面任一点的位移 u_T 和 v_T 为

$$\boldsymbol{\delta}_T=\begin{Bmatrix}u_T\\v_T\end{Bmatrix}=\begin{bmatrix}N_2 & 0 & N_1 & 0\\0 & N_2 & 0 & N_1\end{bmatrix}\begin{Bmatrix}u_3\\v_3\\u_4\\v_4\end{Bmatrix}\tag{4.120}$$

因而，节理的相对位移

$$\Delta\boldsymbol{\delta}=\boldsymbol{\delta}_T-\boldsymbol{\delta}_B=\boldsymbol{N}\boldsymbol{\delta}^e\tag{4.121}$$

式中

$$\Delta\boldsymbol{\delta}=\begin{Bmatrix}u_T-u_B\\v_T-v_B\end{Bmatrix}\tag{4.122}$$

$$\boldsymbol{\delta}^e=[u_1\quad v_1\quad u_2\quad v_2\quad u_3\quad v_3\quad u_4\quad v_4]^{\mathrm{T}}$$

$$\boldsymbol{N}=\begin{bmatrix}-N_1 & 0 & -N_2 & 0 & N_2 & 0 & N_1 & 0\\0 & -N_1 & 0 & -N_2 & 0 & N_2 & 0 & N_1\end{bmatrix}\tag{4.123}$$

关于节理单元劲度矩阵的推导有两种方法：

① 设节理单元的应力和相对位移之间有如下关系

$$\boldsymbol{\sigma}=\boldsymbol{k}'\Delta\boldsymbol{\delta}\tag{4.124}$$

式中

$$\boldsymbol{\sigma}=[\tau_{x'z'}\quad\sigma_{z'}]^{\mathrm{T}}\tag{4.125}$$

$$\boldsymbol{k}'=\begin{bmatrix}k_s & 0\\0 & k_n\end{bmatrix}\tag{4.126}$$

其中，k_s 和 k_n 分别为节理的切向和法向劲度系数。由虚功原理可得节理单元的劲度矩阵为

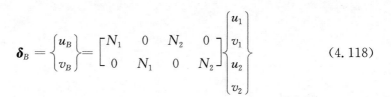

$$
\boldsymbol{k}=\int_{-l/2}^{l/2}\boldsymbol{N}^{\mathrm{T}}\boldsymbol{k}'\boldsymbol{N}\mathrm{d}x=\frac{l}{6}\begin{bmatrix}
2k_s & & & & & & & \\
0 & 2k_n & & & & \text{对称} & & \\
k_s & 0 & 2k_s & & & & & \\
0 & k_n & 0 & 2k_n & & & & \\
-k_s & 0 & -2k_s & 0 & 2k_s & & & \\
0 & -k_n & 0 & -2k_n & 0 & 2k_n & & \\
-2k_s & 0 & -k_s & 0 & k_s & 0 & 2k_s & \\
0 & -2k_n & 0 & -k_n & 0 & k_n & 0 & 2k_n
\end{bmatrix}
\tag{4.127}
$$

$\boldsymbol{k}$ 是按局部坐标建立的，在整体坐标系中(图 4.24)需要进行转换，整体坐标系下的节理单元劲度矩阵为

$$
\boldsymbol{T}^{\mathrm{T}}\boldsymbol{k}\boldsymbol{T} \tag{4.128}
$$

其中，转换矩阵为

$$
\boldsymbol{T}=\begin{bmatrix}
\boldsymbol{\theta} & & & 0 \\
 & \boldsymbol{\theta} & & \\
 & & \boldsymbol{\theta} & \\
0 & & & \boldsymbol{\theta}
\end{bmatrix} \tag{4.129}
$$

$$
\boldsymbol{\theta}=\begin{bmatrix}\cos\theta & \sin\theta \\ -\sin\theta & \cos\theta\end{bmatrix} \tag{4.130}
$$

关于 k_n 和 k_s 的取值，可以通过实验确定它们的取值。一般来说，当

$\sigma_{z'}<0$ 时，k_n取大值，例如 $k_n=10^7\ \mathrm{T/m^3}$，以模拟接触面不相互嵌入；

$\sigma_{z'}>0$ 时，k_n取小值，例如 $k_n=1\ \mathrm{T/m^3}$，以模拟不抗拉。

关于 k_s 的取值：实验表明，k_s 与 $\delta_s=u_T-u_B$ 之间呈非线性关系，可近似用双曲线表示(图 4.25)

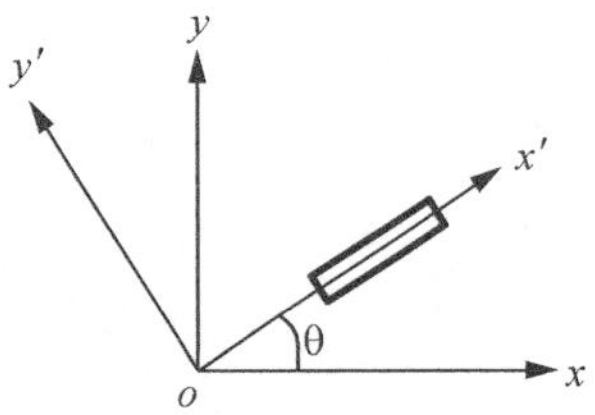

图 4.24　坐标变换

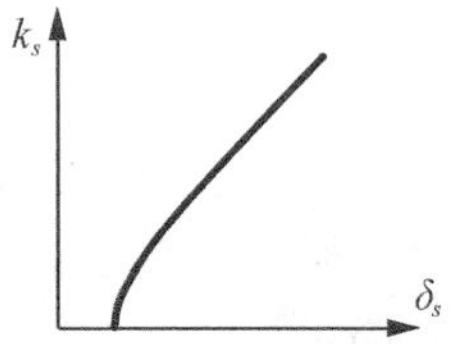

图 4.25　k_s-δ_s双曲线关系

$$k_s=\left(1-\frac{R_f\tau_{x'z'}}{\sigma_{z'}\operatorname{tg}\phi}\right)^2\left[k_1\gamma_w\left(\frac{\sigma_{z'}}{p_a}\right)^n\right] \tag{4.131}$$

其中系数 R_f，k_1，n 由三轴实验得出。ϕ 为节理单元材料与岩体之间的外摩擦角，可取 $\phi=0.8\varphi$（φ 为节理材料的内摩擦角），γ_w 为水容重，p_a 为大气压力。

② 根据修正的 M-C 准则导出 $\boldsymbol{D}_p$ 矩阵。平面问题的节理单元可认为是平面应变情况，根据增量本构关系(3.95)和修正的 M-C 准则式(4.113)，确定节理单元的本构关系，

$$\mathrm{d}\boldsymbol{\sigma}=\bar{\boldsymbol{D}}_{ep}\mathrm{d}\boldsymbol{\delta}=(\bar{\boldsymbol{D}}-H(l)\,\bar{\boldsymbol{D}}_p)\mathrm{d}(\Delta\boldsymbol{\delta}) \tag{4.132}$$

式中

$$\bar{\boldsymbol{D}}=\begin{bmatrix}k_s & 0\\ 0 & k_n\end{bmatrix} \tag{4.133}$$

$$k_s=\frac{G}{b},\ k_n=\left(K+\frac{4}{3}G\right)/b \tag{4.134}$$

$$\bar{\boldsymbol{D}}_p=\frac{1}{\bar{A}}\begin{bmatrix}k_s^2\dfrac{\tau_{x'z'}^2}{\beta^2} & f'k_sk_n\dfrac{\tau_{x'z'}}{\beta}\\ f'k_sk_n\dfrac{\tau_{x'z'}}{\beta} & f'^2k_n^2\end{bmatrix} \tag{4.135}$$

$$\bar{A}=f'^2k_n+k_s\frac{f'^2-a^2c'^2}{\beta^2}-\frac{f'}{b}\left(\frac{a^2c'}{\beta}\frac{\partial c'}{\partial\theta^p}+\sigma_{z'}\frac{\partial f'}{\partial\theta^p}-\frac{\partial c'}{\partial\theta^p}\right) \tag{4.136}$$

$$l=f'(\mathrm{d}u_T-\mathrm{d}u_B)+\frac{\tau_{x'z'}}{\beta}(\mathrm{d}v_T-\mathrm{d}v_B) \tag{4.137}$$

节理单元劲度矩阵为 $\boldsymbol{k}=\int_v N^{\mathrm{T}}\,\bar{\boldsymbol{D}}_{ep}\boldsymbol{N}\mathrm{d}x$，再转化为整体坐标下的单元劲度矩阵

$$\boldsymbol{T}^{\mathrm{T}}\boldsymbol{kT}$$

在应用屈服准则和特殊单元时，应注意：

对主要结构面，如断层，或者结构面数量很少时，宜单独模拟，一般剖分为普通单元压扁后的薄层单元，此时常采用 D-P 屈服准则。若结构面厚度与单元尺寸相比很小，可用节理单元模拟，此时，普通单元可采用 D-P 准则，节理单元则同时用 M-C 准则和不抗拉或低抗拉准则。

如果结构面众多，且厚度很小，有两种选择：当结构面间距大于单元尺寸时，结构面仍以节理单元模拟；反之，若结构面间距远小于单元尺寸时，可采用层状单元，此时

应同时用 M-C 准则和不抗拉或低抗拉准则，弹塑性矩阵为横观各向同性矩阵。

习 题

1. 图 4.26 为两根材料和截面积不同的等截面直杆组成的结构，左端固定，右端被刚性块连接，并受轴向荷载 P 的作用，杆的初始长度为 100，采用线性的等向强化模型，两根杆的截面和材料特性为：

杆 1：截面积 $A = 0.75$，初始弹性模量 $E_0 = 10\ 000$，$E_T = 1\ 000$，$\sigma_s^0 = 5$；

杆 2：截面积 $A = 1.25$，初始弹性模量 $E_0 = 5\ 000$，$E_T = 500$，$\sigma_s^0 = 7.5$。

求 $P = 15$ 时的轴向位移，应变和应力。

（提示：两杆的应变相同；左端固定，右端只有一个结点，有限元支配方程只有一个未知量）

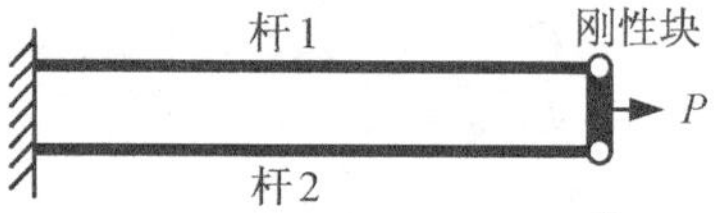

图 4.26　两等截面直杆组合结构

2. 试用增量迭代法和初应力法求解图 4.27 所示一维杆件的应力。其中，杆长为 $2L$，截面积为 A，弹模为 E，两端固定，中点 2 上作用有集中力 $F = 2A\sigma_s$。左半杆 1-2 为理想弹塑性材料，σ_s 是其屈服应力；右半杆 2-3 为线弹性材料。离散为两个一维单元 1-2 和 2-3。

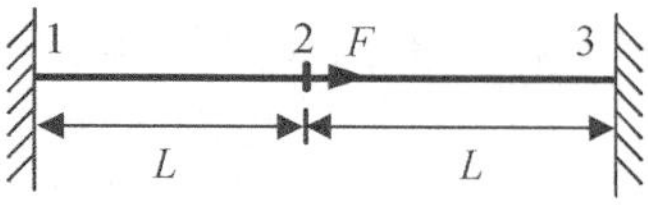

图 4.27　一维杆件受力

3. 一根等截面直杆(图 4.28)，具有单位长度 $L = 1$ m，截面积 $A = 2\times10^{-4}$ m^2，弹性模量 $E = 100$ MPa，沿杆轴线作用在杆端上的拉力 $F = 10$ kN。该力作用下，杆的应变与位移之间具有如下的非线性关系

$$\varepsilon(u) = \frac{\mathrm{d}u}{\mathrm{d}x} + \frac{1}{2}\left(\frac{\mathrm{d}u}{\mathrm{d}x}\right)^2$$

试用一个两结点的杆单元，以 10 个相等增量步的 Euler 法计算杆端位移和杆的应变。

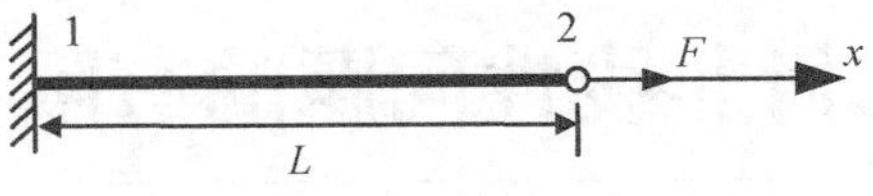

图 4.28 等截面直杆受拉

4. 图 4.28 等截面直杆长度 $L=1$ m，截面积 $A=2\times 10^{-4}$ m^2。材料本构关系如图 4.29 所示，弹性阶段的弹模 $E_0=200$ GPa，塑性阶段开始时的屈服应力 $\sigma_s=400$ MPa，弹模 $E_T=20$ GPa。杆端力 $F=50$ kN。按一个杆单元考虑，采用 Euler 法，以 10 个相等的增量步计算杆端位移和杆单元应力。

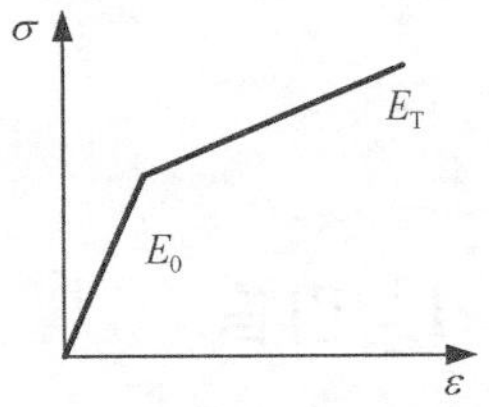

图 4.29 杆材料的本构关系

5. 试给出初应变法求解材料非线性问题的过程。

参考文献

[1] 蒋友谅. 非线性有限元法[M]. 北京:北京工业学院出版社，1988.

[2] 朱伯芳. 有限单元法原理与应用[M]. 北京:中国水利水电出版社，2009.

[3] 殷有泉. 有限单元方法及其在地学中的应用[M]. 北京:地震出版社,1987.

[4] Nam-Ho Kim. Introduction to Nonlinear Finite Element Analysis [M]. New York: Springer，2014.

[5] 任青文. 灾变条件下高拱坝整体失效分析的理论与方法[J]. 工程力学，2011，28(Sup Ⅱ):85-95.

[6] 任青文，钱向东，赵引，等. 高拱坝沿建基面抗滑稳定性的分析方法研究[J]. 水利学报，2002(2):1-7.

[7] 秦四清，王思敬，孙强. 非线性岩土力学基础[M]. 北京：地质出版社，2008：28-34.

第5章 几何非线性问题的有限元法

5.1 引言

前面各章所讨论的问题都是在小变形假设下进行的,即假定物体所发生的位移远小于物体自身的几何尺度,且应变远小于1%。此时,微分体平衡方程的建立可以不考虑物体位置和形状(简称位形)的改变。因此,在分析中不必区分变形前与变形后的位置和形状,而且加载和变形过程中的应变可以用位移一次项的线性应变度量。

如何区分大应变与小应变,不同领域有不同的标准,例如土动力学中一般将0.01%的应变量级作为大应变与小应变的界限,而对土的静力变形问题,有的学者甚至认为0.5%也属小应变。但严格来说,小变形是指相比位移的一阶导数,其二阶导数可以忽略不计,大变形则不可忽略二阶导数。因此,两者的界限应当是位移二阶导数与一阶导数产生的应变比值,而非应变本身。或者说,反映应变和位移关系的几何方程实际上具有线性项和高次项,为了简化分析,进行了线性化处理,如果线性化处理的结果(如位移、应力等)与考虑几何非线性的结果相差不大,误差在5%以下,就可以按几何线性考虑。

对于实际问题,有时不能只考虑应变大小。即使实际应变可能是小的,且应力不超过材料的弹性极限,但如果需要相对精确的结果,也要考虑几何非线性,即平衡方程应该相对于变形后的位形导出,而几何关系应该计及位移的二次项。例如平板大挠度理论中,由于考虑了中面内的薄膜应力,求得的挠度比小挠度理论的结果有显著的减小。再如在结构稳定性问题中,当荷载达到一定数值后,挠度比线性解答有更明显的增加,并且确实存在承载能力随变形降低的现象。对于冷却塔、薄壁结构及其他比较细长的结构,几何非线性分析都显得十分重要。

几何非线性问题可以分为以下几种类型:

大位移、小应变问题薄壁结构、高耸细长构筑物、大跨度网壳等在一定载荷作用下,尽管应变很小,甚至未超过弹性极限,但是位移较大。这时需要考虑结构大位移的影响,应变与位移之间为非线性关系。

大位移、大应变问题对于空间三个方向尺度量级相同的三维结构，包括三维的连续体和退化的二维连续体，如大坝、边坡、地下洞室等，三个方向的刚度相当，若结构由稳定材料制成，则变形随荷载的增加而增大，其大变形由大应变引起。金属成型材料在受载时可能出现很大的应变，它们都属于这类问题，此时，除了采用非线性的平衡方程和几何关系外，还需考虑应力应变之间的非线性。

对于这类几何非线性问题，结构的平衡实际上是在结构发生变形之后达到的，需要考虑变形对平衡的影响，即平衡条件必须建立在变形后的位形上，同时应变表达式应包括位移的二次项，因此，平衡方程和几何方程都是非线性的。

在几何非线性有限元方法中，通常采用增量分析方法。增量方法有两种描述结构变形的格式：

① 完全的拉格朗日格式（Total Lagrange Formulation，简称 T. L 法），单元的局部坐标系始终固定在结构发生变形之前的位置，以结构变形前的原始位形作为基本的参考位形，整个分析过程中参考位形不变；

② 更新的拉格朗日格式（Updated Lagrange Formulation，简称 U. L 法），以每一载荷或时间步长开始时的位形为参考位形，单元的局部坐标系跟随结构一起发生变位，分析过程中参考位形不断被更新。

本章如果没有特别说明，均采用完全的拉格朗日格式。

还有一种类型的几何非线性，结构的变形引起外荷载大小、方向或边界支承条件等的变化。接触非线性可归于这种类型。

5.2　大变形问题的基本方程

5.2.1　大变形物体的变形描述

当物体产生大变形时，代表一个点的微分体可能发生较大的刚体转动和平移，此时如果仍用小变形理论进行分析，则不能排除刚体运动对变形的影响，无法度量大变形物体的变形状态。

物体的变形是指物体变形前后的形状改变，物体的位移则是任一质点位置的变化。物体有变形就一定有位移，而有位移却不一定有变形。物体的变形是通过对其位置的变化来考察的，即通过对物体所有质点位置及其变化来描述。为此，选择两个坐标系，一个是用于某一特定时刻（一般取初始时刻）的参考位形 Ω，另一个是用于 t 时刻的现时位形 ω。为了简便起见，两个坐标系完全重合，但用大写字母 $X_I(I=1, 2, 3)$ 表示用于参考位形 Ω 的坐标系，以小写字母 $x_i(i=1, 2, 3)$ 表示用于现时位形 ω 的坐标系，如图 5.1 所示。

连续介质力学中，物体及其变形和运动都是连续的，因此 Ω 中每个质点 X_I 与 ω 中的质点 x_i 一一对应，质点的运动方程可表示为

$$x_i = x_i(X_I, t)\ (i, I = 1, 2, 3) \tag{5.1}$$

$x_i(X_I, t)$ 为单值、可微的连续函数。式(5.1)的矩阵形式为

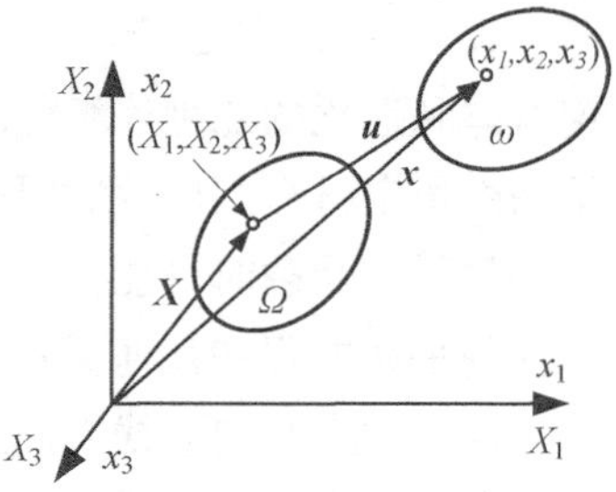

图 5.1　坐标系和位形

$$\boldsymbol{x} = \boldsymbol{x}(\boldsymbol{X}, t)$$

式中，$\boldsymbol{x} = [x_1 \quad x_2 \quad x_3]^{\mathrm{T}}$，$\boldsymbol{X} = [X_1 \quad X_2 \quad X_3]^{\mathrm{T}}$。因此有

$$\mathrm{d}\boldsymbol{x} = \frac{\partial \boldsymbol{x}}{\partial \boldsymbol{X}}\mathrm{d}\boldsymbol{X} = \boldsymbol{A}\mathrm{d}\boldsymbol{X}$$

$$\boldsymbol{A} = \frac{\partial \boldsymbol{x}}{\partial \boldsymbol{X}} = \begin{bmatrix} \dfrac{\partial x_1}{\partial X_1} & \dfrac{\partial x_1}{\partial X_2} & \dfrac{\partial x_1}{\partial X_3} \\ \dfrac{\partial x_2}{\partial X_1} & \dfrac{\partial x_2}{\partial X_2} & \dfrac{\partial x_2}{\partial X_3} \\ \dfrac{\partial x_3}{\partial X_1} & \dfrac{\partial x_3}{\partial X_2} & \dfrac{\partial x_3}{\partial X_3} \end{bmatrix} \tag{5.2}$$

且 $\boldsymbol{A}$ 的 Jacobi 行列式

$$J = \det \boldsymbol{A} \neq 0 \tag{5.3}$$

所以有

$$X_I = X_I(x_i, t)\ (i, I = 1, 2, 3) \tag{5.4}$$

$$j = \det \boldsymbol{a} \neq 0$$

$$\boldsymbol{a} = \begin{bmatrix} \dfrac{\partial X_1}{\partial x_1} & \dfrac{\partial X_1}{\partial x_2} & \dfrac{\partial X_1}{\partial x_3} \\ \dfrac{\partial X_2}{\partial x_1} & \dfrac{\partial X_2}{\partial x_2} & \dfrac{\partial X_2}{\partial x_3} \\ \dfrac{\partial X_3}{\partial x_1} & \dfrac{\partial X_3}{\partial x_2} & \dfrac{\partial X_3}{\partial x_3} \end{bmatrix} = \boldsymbol{A}^{-1} \tag{5.5}$$

$$j = J^{-1}$$

式(5.1)反映了从参考位形 $\Omega(X_I)$ 到现时位形 $\omega(x_i)$ 的变换，表示物体质点 X_I

在 t 时刻所处的空间位置为 x_i。式(5.4)反映现时位形 $\omega(x_i)$ 到参考位形 $\Omega(X_I)$ 的变换，表示 t 时刻占据空间位置 x_i 的质点是 X_I。可见，坐标 $X_I(I=1, 2, 3)$ 是识别质点的标志，一个质点在运动中保持同样的 X_I 值，因此，X_I 称为物质坐标，或 Lagrange 坐标。坐标 $x_i(i=1, 2, 3)$ 是识别空间点的标志，同一空间点在不同时刻被不同质点占据，x_i 称为空间坐标，或 Euler 坐标。连续介质力学中，以物质坐标 X_I 为自变量的描述方法称为物质描述方法，或 Lagrange 描述方法，一般用于固体力学问题。以空间坐标 x_i 为自变量的描述方法称为空间描述方法，或 Euler 描述方法，多用于流体力学问题。

例 5.1　刚体转动的 Lagrange 描述和 Euler 描述。

图 5.2 显示一个平面转动的刚性物体，X_1oX_2 是用于参考位形 Ω 的物质坐标系，x_1ox_2 为用于现时位形 ω 的空间坐标系，两者完全重合。物体在 X_1oX_2 平面内以等角速度 ω_3 绕坐标原点 o 逆时针转动，$t=0$ 时刻 Ω 中的 P 点在 t 时刻转至 ω 中的 P' 点。再建立一个随物体旋转的随体坐标系 $\xi_i(i=1, 2, 3)$，当 $t=0$ 时，它与坐标系 X_1oX_2 重合。同一时刻 t 质点 P' 在 x_1ox_2 和 $\xi_1o\xi_2$ 两个不同坐标系中的变换关系为

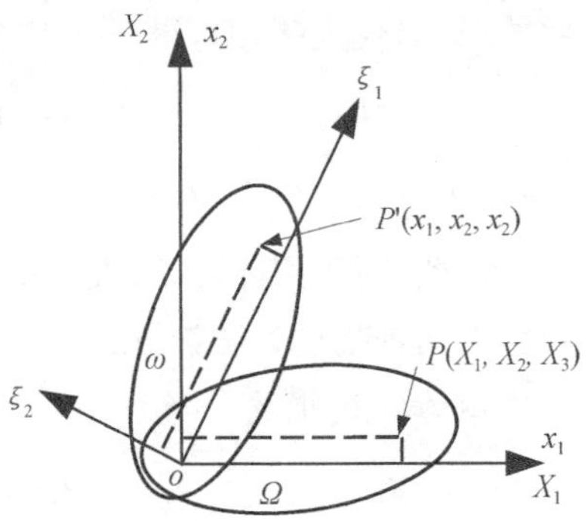

图 5.2　刚体转动

$$\boldsymbol{x}=\boldsymbol{Q}\boldsymbol{\xi} \tag{5.6}$$

$$\boldsymbol{Q}=\begin{bmatrix}\cos\omega_3 t & -\sin\omega_3 t & 0\\ \sin\omega_3 t & \cos\omega_3 t & 0\\ 0 & 0 & 1\end{bmatrix} \tag{5.7}$$

由于刚性物体转动时，任一物质点在物体中的位置不变，所以有

$$\boldsymbol{\xi}=\boldsymbol{X}$$

式中，$\boldsymbol{\xi}=[\xi_1 \quad \xi_2 \quad \xi_3]^{\mathrm{T}}$。将式 $\boldsymbol{\xi}=\boldsymbol{X}$ 代入式(5.6)得

$$\boldsymbol{x}=\boldsymbol{Q}\boldsymbol{X} \tag{5.8}$$

代入式(5.7)得

$$x_1=X_1\cos\omega_3 t-X_2\sin\omega_3 t$$
$$x_2=X_1\sin\omega_3 t+X_2\cos\omega_3 t$$

$$x_3 = X_3$$

可见，对于图 5.2 所示的刚体转动

$$\boldsymbol{A} = \frac{\partial \boldsymbol{x}}{\partial \boldsymbol{X}} = \boldsymbol{Q}$$

任一点 t 时刻的位移 $\boldsymbol{u} = [u_1 \quad u_2 \quad u_3]^{\mathrm{T}}$ 为 t 时刻的坐标与 $t=0$ 时刻的坐标之差，即

$$\boldsymbol{u} = \boldsymbol{x} - \boldsymbol{X} \tag{5.9}$$

将式(5.8)代入(5.9)，得任一点 $\boldsymbol{X}$ 在 t 时刻的位移为

$$\boldsymbol{u} = \boldsymbol{Q}\boldsymbol{X} - \boldsymbol{X} = (\boldsymbol{Q} - \boldsymbol{I})\boldsymbol{X} \tag{5.10}$$

$\boldsymbol{I}$ 为单位矩阵。

因此，对于刚体转动，现时位形中任一点的坐标、Jacobi 矩阵及其行列式，以及位移的两种描述方法如下：

Lagrange 描述

$$\begin{cases} \boldsymbol{x} = \boldsymbol{Q}\boldsymbol{X} \\ \boldsymbol{A} = \boldsymbol{Q},\ J = \det \boldsymbol{A} = 1 \\ \boldsymbol{u} = (\boldsymbol{Q} - \boldsymbol{I})\boldsymbol{X} \end{cases} \tag{5.11}$$

Euler 描述

$$\begin{cases} \boldsymbol{X} = \boldsymbol{Q}^{\mathrm{T}}\boldsymbol{x} \\ \boldsymbol{a} = \boldsymbol{Q}^{\mathrm{T}},\ j = \det \boldsymbol{a} = 1 \\ \boldsymbol{u} = (\boldsymbol{Q} - \boldsymbol{I})\boldsymbol{Q}^{\mathrm{T}}\boldsymbol{x} = (\boldsymbol{I} - \boldsymbol{Q}^{\mathrm{T}})\boldsymbol{x} \end{cases} \tag{5.12}$$

5.2.2 线元、体元和面元的变换

(1) 线元变换

设 $\mathrm{d}X_I$ 是参考位形中的微小线元，$\mathrm{d}x_i$ 为现时位形中相应的线元，由于

$$\mathrm{d}x_i = x_i(X_I + \mathrm{d}X_I,\ t) - x_i(X_I,\ t)$$

对上式右端的第一项在 X_I 处进行 Taylor 级数展开，略去高阶项得

$$\mathrm{d}x_i = \frac{\partial x_i}{\partial X_J}\mathrm{d}X_J \text{ 或 } \mathrm{d}\boldsymbol{x} = \boldsymbol{A}\mathrm{d}\boldsymbol{X} \tag{5.13}$$

式中，$\mathrm{d}\boldsymbol{x} = [\mathrm{d}x_1 \quad \mathrm{d}x_2 \quad \mathrm{d}x_3]^{\mathrm{T}}$，$\mathrm{d}\boldsymbol{X} = [\mathrm{d}X_1 \quad \mathrm{d}X_2 \quad \mathrm{d}X_3]^{\mathrm{T}}$。$\boldsymbol{A}$ 的表达式同式

(5.2)，它反映了微小线元的变形和运动，被称为变形梯度张量，参见式(5.7)可知，这是一个非对称张量。

式(5.13)是 Lagrange 描述。类似地，可得到 Euler 描述的线元变换

$$\mathrm{d}X_I = \frac{\partial X_I}{\partial x_j}\mathrm{d}x_j \text{ 或 } \mathrm{d}\boldsymbol{X} = \boldsymbol{a}\mathrm{d}\boldsymbol{x} \tag{5.14}$$

变形梯度张量 $\boldsymbol{a}$ 的表达式与式(5.5)相同，它也是一个非对称张量。

(2) 体元变换

设 $\mathrm{d}\Omega$ 是参考位形 Ω 中形状为长方体的微小体元，各面垂直于坐标轴。该体元在现时位形 ω 中变为由 $\mathrm{d}\boldsymbol{x}^{(1)}$、$\mathrm{d}\boldsymbol{x}^{(2)}$、$\mathrm{d}\boldsymbol{x}^{(3)}$ 三个方向线元组成的微小平行六面体 $\mathrm{d}\omega$，如图 5.3 所示。并注意式(5.13)，则有

$$\mathrm{d}\Omega = \mathrm{d}X_1\mathrm{d}X_2\mathrm{d}X_3 \tag{5.15}$$

$$\mathrm{d}\omega = \mathrm{d}\boldsymbol{x}^{(1)} \cdot (\mathrm{d}\boldsymbol{x}^{(2)} \times \mathrm{d}\boldsymbol{x}^{(3)}) = \begin{vmatrix} \dfrac{\partial x_1}{\partial X_1}\mathrm{d}X_1 & \dfrac{\partial x_1}{\partial X_2}\mathrm{d}X_2 & \dfrac{\partial x_1}{\partial X_3}\mathrm{d}X_3 \\ \dfrac{\partial x_2}{\partial X_1}\mathrm{d}X_1 & \dfrac{\partial x_2}{\partial X_2}\mathrm{d}X_2 & \dfrac{\partial x_2}{\partial X_3}\mathrm{d}X_3 \\ \dfrac{\partial x_3}{\partial X_1}\mathrm{d}X_1 & \dfrac{\partial x_3}{\partial X_2}\mathrm{d}X_2 & \dfrac{\partial x_3}{\partial X_3}\mathrm{d}X_3 \end{vmatrix} \tag{5.16}$$

$$= J\mathrm{d}X_1\mathrm{d}X_2\mathrm{d}X_3 = J\mathrm{d}\Omega$$

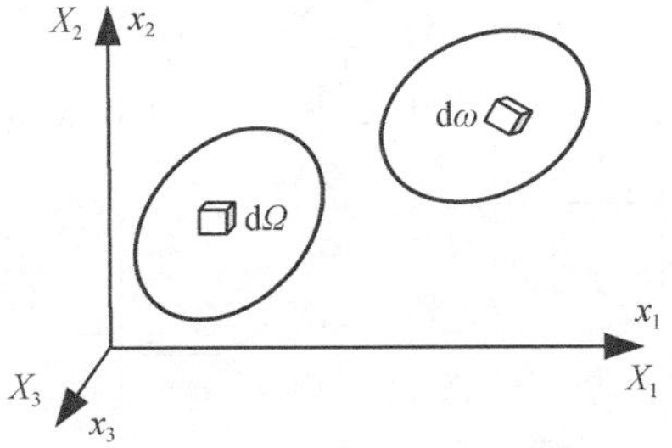

图 5.3 体元变换

J 是变形梯度张量 $\boldsymbol{A}$ 的行列式。若 $J \neq 0$，则有

$$\mathrm{d}\Omega = j\mathrm{d}\omega \tag{5.17}$$

j 是变形梯度张量 $\boldsymbol{a}$ 的行列式。由于 $\mathrm{d}\Omega$ 和 $\mathrm{d}\omega$ 均大于零，J 和 j 必定大于零。

(3) 面元变换

设 $\mathrm{d}S$ 为参考位形 Ω 中的微小面元，$\mathrm{d}s$ 为现时位形 ω 中相应的微小面元，n_i $(i=1, 2, 3)$表示 $\mathrm{d}s$ 的法线方向余弦，则有

$$n_i \mathrm{d}s = e_{ijk}\mathrm{d}x_j\mathrm{d}x_k = e_{ijk}\frac{\partial x_j}{\partial X_M}\frac{\partial x_k}{\partial X_N}\mathrm{d}X_M\mathrm{d}X_N \tag{5.18}$$

式中，排列符号 $e_{ijk}=\begin{cases}0 & i,j,k\ \text{中出现相同的数}\\ 1 & i,j,k\ \text{按 1,2,3 顺序循环排列}\\ -1 & \text{以上两种方式之外的其他排列}\end{cases}$

利用 e_{ijk} 的性质和求和约定，行列式 J 可以表示为

$$J = e_{ijk}\frac{\partial x_i}{\partial X_1}\frac{\partial x_j}{\partial X_2}\frac{\partial x_k}{\partial X_3}$$

由于 $\frac{\partial x_i}{\partial X_L}\frac{\partial x_j}{\partial X_M}\frac{\partial x_k}{\partial X_N}=e_{LMN}\frac{\partial x_i}{\partial X_1}\frac{\partial x_j}{\partial X_2}\frac{\partial x_k}{\partial X_3}$，在式(5.18)两端同乘 $\frac{\partial x_i}{\partial X_L}$，可得

$$\begin{aligned} n_i\frac{\partial x_i}{\partial X_L}\mathrm{d}s &= e_{ijk}\frac{\partial x_i}{\partial X_L}\frac{\partial x_j}{\partial X_M}\frac{\partial x_k}{\partial X_N}\mathrm{d}X_M\mathrm{d}X_N \\ &= e_{ijk}e_{LMN}\frac{\partial x_i}{\partial X_1}\frac{\partial x_j}{\partial X_2}\frac{\partial x_k}{\partial X_3}\mathrm{d}X_M\mathrm{d}X_N = e_{LMN}J\,\mathrm{d}X_M\mathrm{d}X_N \end{aligned}$$

$$n_i\mathrm{d}s = J\frac{\partial X_L}{\partial x_i}e_{LMN}\mathrm{d}X_M\mathrm{d}X_N = J\frac{\partial X_L}{\partial x_i}N_L\mathrm{d}S \tag{5.19}$$

N_L 为 $\mathrm{d}S$ 的法线方向余弦。式(5.19)写成矩阵形式为

$$\begin{Bmatrix} n_1 \\ n_2 \\ n_3 \end{Bmatrix}\mathrm{d}s = J\begin{bmatrix} \frac{\partial X_1}{\partial x_1} & \frac{\partial X_2}{\partial x_1} & \frac{\partial X_3}{\partial x_1} \\ \frac{\partial X_1}{\partial x_2} & \frac{\partial X_2}{\partial x_2} & \frac{\partial X_3}{\partial x_2} \\ \frac{\partial X_1}{\partial x_3} & \frac{\partial X_2}{\partial x_3} & \frac{\partial X_3}{\partial x_3} \end{bmatrix}\begin{Bmatrix} N_1 \\ N_2 \\ N_3 \end{Bmatrix}\mathrm{d}S$$

即

$$\boldsymbol{n}\mathrm{d}s = J\boldsymbol{a}^{\mathrm{T}}\boldsymbol{N}\mathrm{d}S \tag{5.20}$$

式中，$\boldsymbol{n}=[n_1 \quad n_2 \quad n_3]^{\mathrm{T}}$，$\boldsymbol{N}=[N_1 \quad N_2 \quad N_3]^{\mathrm{T}}$。同样可导出

$$\boldsymbol{N}\mathrm{d}S = j\boldsymbol{A}^{\mathrm{T}}\boldsymbol{n}\mathrm{d}s \tag{5.21}$$

5.2.3 变形张量

设参考位形 Ω 中线元 $\mathrm{d}\boldsymbol{X}$ 的长度为 $\mathrm{d}L$，现时位形 ω 中线元 $\mathrm{d}\boldsymbol{x}$ 的长度为 $\mathrm{d}l$，则有

$$(\mathrm{d}L)^2=(\mathrm{d}X_1)^2+(\mathrm{d}X_2)^2+(\mathrm{d}X_3)^2=(\mathrm{d}\boldsymbol{X})^{\mathrm{T}}\mathrm{d}\boldsymbol{X}=(\mathrm{d}\boldsymbol{x})^{\mathrm{T}}\boldsymbol{c}\mathrm{d}\boldsymbol{x} \tag{5.22}$$

式中，

$$\boldsymbol{c}=\boldsymbol{a}^{\mathrm{T}}\boldsymbol{a} \tag{5.23}$$

称为 Cauchy 变形张量。同样可得到

$$(\mathrm{d}l)^2=(\mathrm{d}\boldsymbol{x})^{\mathrm{T}}\mathrm{d}\boldsymbol{x}=(\mathrm{d}\boldsymbol{X})^{\mathrm{T}}\boldsymbol{C}\mathrm{d}\boldsymbol{X} \tag{5.24}$$

$$\boldsymbol{C}=\boldsymbol{A}^{\mathrm{T}}\boldsymbol{A} \tag{5.25}$$

$\boldsymbol{C}$ 为右 Cauchy-Green 变形张量。

在连续介质力学中还定义了 Piola 变形张量 $\boldsymbol{b}$ 和左 Cauchy-Green 变形张量$\boldsymbol{B}$

$$\boldsymbol{b}=\boldsymbol{a}\boldsymbol{a}^{\mathrm{T}},\ \boldsymbol{B}=\boldsymbol{A}\boldsymbol{A}^{\mathrm{T}} \tag{5.26}$$

$\boldsymbol{C}$ 和 $\boldsymbol{c}$、$\boldsymbol{B}$ 和 $\boldsymbol{b}$ 均为对称的正定矩阵。

5.2.4　物体的应变度量

(1) 位移梯度张量

由图 5.1 可知，某个质点在参考位形 Ω 中的位置为 X_I，而在现时位形 ω 中的位置为 x_i，则质点位移

$$u_i=x_i-X_I(i,\ I=1,\ 2,\ 3)$$

因此有

$$x_i=X_I+u_i \tag{5.27}$$

将其代入式(5.13)得

$$\mathrm{d}x_i=\left(\delta_{IJ}+\frac{\partial u_i}{\partial X_J}\right)\mathrm{d}X_J \tag{5.28}$$

记为矩阵形式，则为

$$\mathrm{d}\boldsymbol{x}=(\boldsymbol{I}+\boldsymbol{H})\mathrm{d}\boldsymbol{X} \tag{5.29}$$

式中，

$$\boldsymbol{H}=\begin{bmatrix}\dfrac{\partial u_1}{\partial X_1} & \dfrac{\partial u_1}{\partial X_2} & \dfrac{\partial u_1}{\partial X_3}\\ \dfrac{\partial u_2}{\partial X_1} & \dfrac{\partial u_2}{\partial X_2} & \dfrac{\partial u_2}{\partial X_3}\\ \dfrac{\partial u_3}{\partial X_1} & \dfrac{\partial u_3}{\partial X_2} & \dfrac{\partial u_3}{\partial X_3}\end{bmatrix}\left(\text{即 } H_{iJ}=\frac{\partial u_i}{\partial X_J}\right) \tag{5.30}$$

$\boldsymbol{H}$ 是 Lagrange 描述的位移梯度张量。通过式(5.29)与式(5.13)的比较，有

$$\boldsymbol{A} = \boldsymbol{I} + \boldsymbol{H} \tag{5.31}$$

仿照以上过程，得

$$\mathrm{d}X_I = \left(\delta_{ij} - \frac{\partial u_i}{\partial x_j}\right)\mathrm{d}x_j \tag{5.32}$$

矩阵形式为

$$\mathrm{d}\boldsymbol{X} = (\boldsymbol{I} - \boldsymbol{h})\mathrm{d}\boldsymbol{x} \tag{5.33}$$

$\boldsymbol{h}$ 是 Euler 描述的位移梯度张量，

$$\boldsymbol{h} = \begin{bmatrix} \dfrac{\partial u_1}{\partial x_1} & \dfrac{\partial u_1}{\partial x_2} & \dfrac{\partial u_1}{\partial \boldsymbol{x}_3} \\ \dfrac{\partial u_2}{\partial x_1} & \dfrac{\partial u_2}{\partial x_2} & \dfrac{\partial u_2}{\partial x_3} \\ \dfrac{\partial u_3}{\partial x_1} & \dfrac{\partial u_3}{\partial x_2} & \dfrac{\partial u_3}{\partial x_3} \end{bmatrix} \left(\text{即 } h_{ij} = \frac{\partial u_i}{\partial x_j}\right) \tag{5.34}$$

同样有

$$\boldsymbol{a} = \boldsymbol{I} - \boldsymbol{h} \tag{5.35}$$

(2) Green 应变张量和 Almansi 应变张量

Lagrange 描述：根据式(5.22)和(5.24)，则线元平方的改变量为

$$(\mathrm{d}l)^2 - (\mathrm{d}L)^2 = (\mathrm{d}\boldsymbol{X})^{\mathrm{T}}(\boldsymbol{C} - \boldsymbol{I})\mathrm{d}\boldsymbol{X} \tag{5.36}$$

定义 Green 应变张量为

$$\boldsymbol{E} = \frac{1}{2}(\boldsymbol{C} - \boldsymbol{I}) \tag{5.37}$$

式中 1/2 是为了在小变形情况下，使 $\boldsymbol{E}$ 与工程应变相同。无变形时，$\boldsymbol{C} = \boldsymbol{A}^{\mathrm{T}}\boldsymbol{A} = \boldsymbol{I}$，$\boldsymbol{E} = \boldsymbol{0}$。引入式(5.25)和(5.31)，借助于位移梯度张量 $\boldsymbol{H}$，得

$$\boldsymbol{E} = \frac{1}{2}(\boldsymbol{H} + \boldsymbol{H}^{\mathrm{T}} + \boldsymbol{H}^{\mathrm{T}}\boldsymbol{H}) \tag{5.38}$$

其分量形式为

$$E_{IJ} = \frac{1}{2}(H_{iJ} + H_{jI} + H_{kI}H_{kJ}) = \frac{1}{2}\left(\frac{\partial u_i}{\partial X_J} + \frac{\partial u_j}{\partial X_I} + \frac{\partial u_k}{\partial X_I}\frac{\partial u_k}{\partial X_J}\right) \tag{5.39}$$

这是一个对称矩阵。对于小变形问题，可以忽略上式中的高阶微量，得到小变形问

题的应变

$$\varepsilon_{IJ}=\frac{1}{2}\left(\frac{\partial u_i}{\partial X_J}+\frac{\partial u_j}{\partial X_I}\right)$$

与上面一样可导出 Euler 描述

$$(\mathrm{d}l)^2-(\mathrm{d}L)^2=(\mathrm{d}\boldsymbol{x})^{\mathrm{T}}(\boldsymbol{I}-\boldsymbol{c})\mathrm{d}\boldsymbol{x} \tag{5.40}$$

定义 Almansi 应变张量为

$$\boldsymbol{e}=\frac{1}{2}(\boldsymbol{I}-\boldsymbol{c}) \tag{5.41}$$

考虑式(5.23)和(5.35)后得

$$\boldsymbol{e}=\frac{1}{2}(\boldsymbol{h}+\boldsymbol{h}^{\mathrm{T}}-\boldsymbol{h}^{\mathrm{T}}\boldsymbol{h}) \tag{5.42}$$

$$e_{ij}=\frac{1}{2}(h_{ij}+h_{ji}-h_{ki}h_{kj})=\frac{1}{2}\left(\frac{\partial u_i}{\partial x_j}+\frac{\partial u_j}{\partial x_i}-\frac{\partial u_k}{\partial x_i}\frac{\partial u_k}{\partial x_j}\right) \tag{5.43}$$

Green 应变张量和 Almansi 应变张量之间可以相互转换。在式(5.41)两边左乘 $\boldsymbol{A}^{\mathrm{T}}$ 和右乘 $\boldsymbol{A}$，再引入式(5.5)、(5.23)和(5.25)有

$$\boldsymbol{A}^{\mathrm{T}}\boldsymbol{eA}=\frac{1}{2}[\boldsymbol{A}^{\mathrm{T}}\boldsymbol{A}-\boldsymbol{A}^{\mathrm{T}}(\boldsymbol{A}^{-1})^{\mathrm{T}}\boldsymbol{A}^{-1}\boldsymbol{A}]=\frac{1}{2}(\boldsymbol{C}-\boldsymbol{I}) \tag{5.44}$$

类似地，可得到

$$\boldsymbol{a}^{\mathrm{T}}\boldsymbol{Ea}=\frac{1}{2}[\boldsymbol{a}^{\mathrm{T}}(\boldsymbol{a}^{-1})^{\mathrm{T}}\boldsymbol{a}^{-1}\boldsymbol{a}-\boldsymbol{a}^{\mathrm{T}}\boldsymbol{a}]=\frac{1}{2}(\boldsymbol{I}-\boldsymbol{c}) \tag{5.45}$$

对比式(5.37)与(5.44)，以及式(5.41)与(5.45)，可知

$$\boldsymbol{E}=\boldsymbol{A}^{\mathrm{T}}\boldsymbol{eA} \tag{5.46}$$

$$\boldsymbol{e}=\boldsymbol{a}^{\mathrm{T}}\boldsymbol{Ea} \tag{5.47}$$

式(5.46)和(5.47)给出 Green 应变度量和 Almansi 应变张量之间的转换关系，其分量形式为

$$E_{IJ}=A_{kI}A_{lJ}e_{kl}=\frac{\partial x_k}{\partial X_I}\frac{\partial x_l}{\partial X_J}e_{kl} \tag{5.48}$$

$$e_{ij}=a_{Ki}a_{Lj}E_{KL}=\frac{\partial X_K}{\partial x_i}\frac{\partial X_L}{\partial x_j}E_{KL} \tag{5.49}$$

Green 应变分量和 Almansi 应变分量不受刚体运动的影响，可以度量大变形物体的变形状态，适用于几何非线性结构的分析。

例 5.2 刚体运动 Green 应变 $\boldsymbol{E}$ 与小变形问题的应变 $\boldsymbol{\varepsilon}$。

对于图 5.2 所示的刚体转动，根据式(5.10)和(5.7)，位移可表示为

$$\begin{aligned} u_1 &= X_1\cos\omega_3 t - X_2\sin\omega_3 t - X_1 \\ u_2 &= X_1\sin\omega_3 t + X_2\cos\omega_3 t - X_2 \\ u_3 &= 0 \end{aligned}$$

因此，小变形问题的应变 $\boldsymbol{\varepsilon}$

$$\boldsymbol{\varepsilon} = \frac{1}{2}\left(\frac{\partial u_i}{\partial X_J} + \frac{\partial u_j}{\partial X_I}\right) = \begin{bmatrix} \cos\omega_3 t - 1 & 0 & 0 \\ 0 & \cos\omega_3 t - 1 & 0 \\ 0 & 0 & 0 \end{bmatrix}$$

变形梯度张量 $\boldsymbol{A}$

$$\boldsymbol{A} = \frac{\partial \boldsymbol{x}}{\partial \boldsymbol{X}} = \begin{bmatrix} \cos\omega_3 t & -\sin\omega_3 t & 0 \\ \sin\omega_3 t & \cos\omega_3 t & 0 \\ 0 & 0 & 1 \end{bmatrix}$$

右 Cauchy-Green 变形张量 $\boldsymbol{C}$ 为

$$\boldsymbol{C} = \boldsymbol{A}^{\mathrm{T}}\boldsymbol{A} = \begin{bmatrix} 1 & 0 & 0 \\ 0 & 1 & 0 \\ 0 & 0 & 1 \end{bmatrix}$$

将 $\boldsymbol{C}$ 代入式(5.37)得

$$\boldsymbol{E} = \begin{bmatrix} 0 & 0 & 0 \\ 0 & 0 & 0 \\ 0 & 0 & 0 \end{bmatrix}$$

刚体旋转不会产生应变，但小变形的 $\boldsymbol{\varepsilon}$ 中出现正应变，且与旋转角 $\omega_3 t$ 有关，这不符合实际情况。而 Green 应变张量 $\boldsymbol{E}$ 则没有任何应变产生，不受刚体转动影响，可以用于大变形分析。当旋转角 $\omega_3 t$ 很小时，$\cos\omega_3 t \approx 1$，$\boldsymbol{\varepsilon}$ 中正应变为 0，可认为小变形问题的应变不受刚体转动影响。

5.2.5 物体的应力度量

在大变形问题中，必须重新定义与 Green 应变张量和 Almansi 应变张量对应

的应力张量。

(1) Cauchy 应力张量

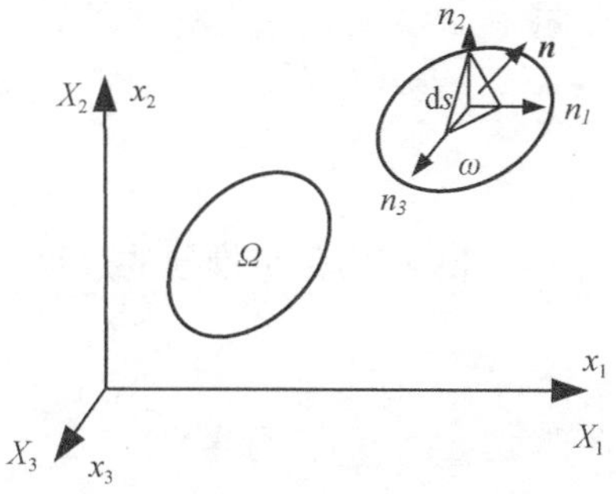

图 5.4　现时位形中的四面体微元

设现时位形 ω 中有一个有向面元 $\boldsymbol{n}\mathrm{d}s$，面元上作用有力 $\mathrm{d}\boldsymbol{t}=[\mathrm{d}t_1\quad \mathrm{d}t_2\quad \mathrm{d}t_3]^{\mathrm{T}}$，以 $\mathrm{d}\boldsymbol{t}$ 作用在现时位形 ω 中的有向面元 $\boldsymbol{n}\mathrm{d}s$ 定义 Cauchy 应力张量

$$t_i^{(n)}=\lim_{\mathrm{d}s\to 0}\frac{\mathrm{d}t_i}{\mathrm{d}s} \tag{5.50}$$

图 5.4 表示由该面元和三个平行于坐标面的微小面元构成的四面体，考虑四面体的平衡条件，给出

$$\mathrm{d}t_i=\sigma_{ji}n_j\mathrm{d}s,\quad \sigma_{ji}=\sigma_{ij} \tag{5.51}$$

将其代入式(5.50)有

$$t_i^{(n)}=\sigma_{ji}n_j \tag{5.52}$$

式(5.51)和(5.52)写成矩阵形式为

$$\mathrm{d}\boldsymbol{t}=\boldsymbol{\sigma}^{\mathrm{T}}\boldsymbol{n}\mathrm{d}s \tag{5.53}$$

$$\boldsymbol{t}^{(n)}=\boldsymbol{\sigma}^{\mathrm{T}}\boldsymbol{n} \tag{5.54}$$

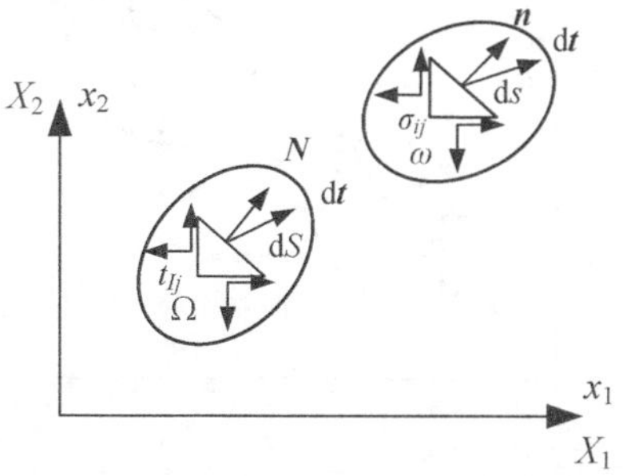

图 5.5　Cauchy 和第一 Piola-Kirchhoff 应力张量

其中，$\boldsymbol{n}=[n_1\quad n_2\quad n_3]^{\mathrm{T}}$ 是面元 ds 的法线方向矢量，

$$\boldsymbol{t}^{(n)}=[t_1^{(n)}\quad t_2^{(n)}\quad t_3^{(n)}]^{\mathrm{T}} \tag{5.55}$$

$$\boldsymbol{\sigma}=\begin{bmatrix}\sigma_{11} & \sigma_{12} & \sigma_{13}\\ \sigma_{21} & \sigma_{22} & \sigma_{23}\\ \sigma_{31} & \sigma_{32} & \sigma_{33}\end{bmatrix} \tag{5.56}$$

$\boldsymbol{\sigma}$ 称为 Cauchy 应力张量或 Euler 应力张量，在现时位形中的 Cauchy 应力张量如图 5.5 所示。

(2) 第一 Piola-Kirchhoff 应力张量

求解固体力学问题需要给出边界条件，而现时位形的边界条件事先并不知道，因此，直接求解现时位形的 Cauchy 应力张量比较困难。为此，以现时位形面元 $\boldsymbol{n}\mathrm{d}s$ 上的力 $\mathrm{d}\boldsymbol{t}$，作用在参考位形中的相应面元 $\boldsymbol{N}\mathrm{d}S$ 来定义第一 Piola-Kirchhoff 应力

张量

$$t_i^{(N)} = \lim_{dS\to 0}\frac{dt_i}{dS} \tag{5.57}$$

与 Cauchy 应力张量推导的过程一样，得到

$$dt_i = t_{Ji}N_J dS \tag{5.58}$$

$$t_i^{(N)} = t_{Ji}N_J \tag{5.59}$$

令 $\boldsymbol{t}^{(N)} = [t_1^{(N)} \quad t_2^{(N)} \quad t_3^{(N)}]^{\mathrm{T}}$，它们的矩阵形式为

$$d\boldsymbol{t} = \boldsymbol{t}^{\mathrm{T}}\boldsymbol{N}dS \tag{5.60}$$

$$\boldsymbol{t}^{(N)} = \boldsymbol{t}^{\mathrm{T}}\boldsymbol{N} \tag{5.61}$$

其中

$$\boldsymbol{t} = \begin{bmatrix} t_{11} & t_{12} & t_{13} \\ t_{21} & t_{22} & t_{23} \\ t_{31} & t_{32} & t_{33} \end{bmatrix} \tag{5.62}$$

称为第一 Piola-Kirchhoff 应力张量或 Lagrange 应力张量(图 5.5)。

(3) 第二 Piola-Kirchhoff 应力张量

第一 Piola-Kirchhoff 应力张量 t_{Ji} 兼有 Lagrange 坐标 J 和 Euler 坐标 i，而且 $\boldsymbol{t}$ 是一个非对称的矩阵，不便于数值求解。为了导出完全是 Lagrange 描述的对称应力张量，可以将现时位形面元上 $\boldsymbol{n}ds$ 的力 $d\boldsymbol{t}$ 如微小线元“伸长和旋转”那样，转换为参考位形面元 $\boldsymbol{N}dS$ 上的力 $d\boldsymbol{T} = [dT_1 \quad dT_2 \quad dT_3]^{\mathrm{T}}$，如图 5.6 所示。则由式(5.14)得

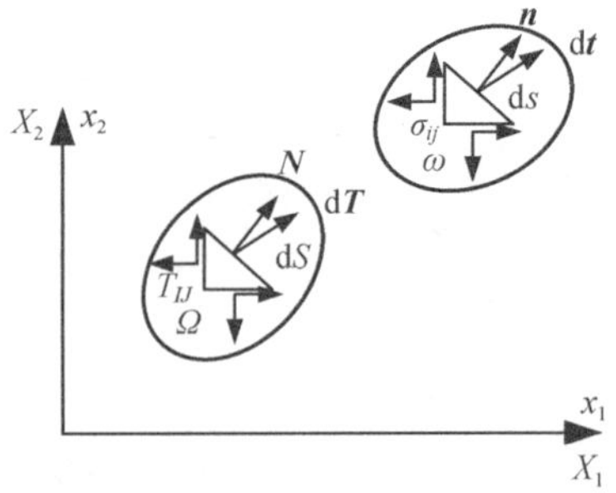

图 5.6 Cauchy 和第二 Piola-Kirchhoff 应力张量

$$dT_I = \frac{\partial X_I}{\partial x_j}dt_j \text{ 或 } d\boldsymbol{T} = \boldsymbol{a}d\boldsymbol{t} \tag{5.63}$$

定义第二 Piola-Kirchhoff 应力张量为

$$T_I^{(N)} = \lim_{dS\to 0}\frac{dT_I}{dS} \tag{5.64}$$

由现时位形中微小四面体的平衡条件，得

$$dT_I = T_{JI}N_J dS \tag{5.65}$$

$$T_I^{(N)} = T_{JI}N_J \tag{5.66}$$

记 $\boldsymbol{T}^{(N)} = [T_1^{(N)} \quad T_2^{(N)} \quad T_3^{(N)}]^{\mathrm{T}}$，它们的矩阵形式为

$$d\boldsymbol{T} = \boldsymbol{T}^{\mathrm{T}}\boldsymbol{N}dS \tag{5.67}$$

$$\boldsymbol{T}^{(N)} = \boldsymbol{T}^{\mathrm{T}}\boldsymbol{N} \tag{5.68}$$

其中

$$\boldsymbol{T} = \begin{bmatrix} T_{11} & T_{12} & T_{13} \\ T_{21} & T_{22} & T_{23} \\ T_{31} & T_{32} & T_{33} \end{bmatrix} \tag{5.69}$$

称为第二 Piola-Kirchhoff 应力张量或 Kirchhoff 应力张量。

(4) 各应力张量之间的关系

① 第一 Piola 应力张量与 Cauchy 应力张量之间的关系

将式(5.20)代入式(5.53)，得

$$d\boldsymbol{t} = J\boldsymbol{\sigma}^{\mathrm{T}}\boldsymbol{a}^{\mathrm{T}}\boldsymbol{N}dS \tag{5.70}$$

比较式(5.70)和式(5.60)，并注意式(5.5)和 $\boldsymbol{N}$ 的任意性，则给出以下第一 Piola 应力张量与 Cauchy 应力张量之间的关系

$$\boldsymbol{t} = J\boldsymbol{a}\boldsymbol{\sigma} \tag{5.71}$$

$$\boldsymbol{\sigma} = j\boldsymbol{A}\boldsymbol{t} \tag{5.72}$$

其分量形式为

$$t_{Il} = J\frac{\partial X_I}{\partial x_k}\sigma_{kl} \tag{5.73}$$

$$\sigma_{il} = j\frac{\partial x_i}{\partial X_K}t_{Kl} \tag{5.74}$$

从式(5.71)可知

$$\boldsymbol{t}^{\mathrm{T}} = J\boldsymbol{\sigma}^{\mathrm{T}}\boldsymbol{a}^{\mathrm{T}} \tag{5.75}$$

由于

$$\boldsymbol{\sigma} = \boldsymbol{\sigma}^{\mathrm{T}},\ \boldsymbol{a} \neq \boldsymbol{a}^{\mathrm{T}}$$

对比式(5.71)和(5.75),可知 $\boldsymbol{t} \neq \boldsymbol{t}^{\mathrm{T}}$,因此,第一 Piola 应力张量不是对称张量。

② 第二 Piola 应力张量与 Cauchy 应力张量之间的关系:

由式(5.63)和(5.67)可得

$$\boldsymbol{a}\mathrm{d}\boldsymbol{t} = \boldsymbol{T}^{\mathrm{T}}\boldsymbol{N}\mathrm{d}S \tag{5.76}$$

以矩阵 $\boldsymbol{a}$ 左乘式(5.70)两边,有

$$\boldsymbol{a}\mathrm{d}\boldsymbol{t} = J\boldsymbol{a}\boldsymbol{\sigma}^{\mathrm{T}}\boldsymbol{a}^{\mathrm{T}}\boldsymbol{N}\mathrm{d}S \tag{5.77}$$

对比式(5.76)和(5.77),并注意式(5.5)以及 $\boldsymbol{N}$ 的任意性,则得到第二 Piola 应力张量与 Cauchy 应力张量之间的关系

$$\boldsymbol{T} = J\boldsymbol{a}\boldsymbol{\sigma}\boldsymbol{a}^{\mathrm{T}} \tag{5.78}$$

$$\boldsymbol{\sigma} = j\boldsymbol{A}\boldsymbol{T}\boldsymbol{A}^{\mathrm{T}} \tag{5.79}$$

其分量为

$$T_{IL} = J\frac{\partial X_I}{\partial x_k}\frac{\partial X_L}{\partial x_l}\sigma_{kl} \tag{5.80}$$

$$\sigma_{il} = j\frac{\partial x_i}{\partial X_K}\frac{\partial x_l}{\partial X_L}T_{KL} \tag{5.81}$$

由式(5.78)可知,

$$\boldsymbol{T}^{\mathrm{T}} = J\boldsymbol{a}\boldsymbol{\sigma}^{\mathrm{T}}\boldsymbol{a}^{\mathrm{T}} \tag{5.82}$$

通过式(5.78)和(5.82)的比较,由于 $\boldsymbol{\sigma} = \boldsymbol{\sigma}^{\mathrm{T}}$,可见 $\boldsymbol{T} = \boldsymbol{T}^{\mathrm{T}}$,因此,第二 Piola 应力张量 $\boldsymbol{T}$ 是一个对称张量。

③ 第一 Piola 应力张量与第二 Piola 应力张量之间的关系

由式(5.72)和(5.79)有

$$\boldsymbol{A}\boldsymbol{t} = \boldsymbol{A}\boldsymbol{T}\boldsymbol{A}^{\mathrm{T}}$$

用 $\boldsymbol{A}^{-1}$ 左乘上式,并考虑式(5.5),得到

$$\boldsymbol{t} = \boldsymbol{T}\boldsymbol{A}^{\mathrm{T}} \tag{5.83}$$

$$\boldsymbol{T} = \boldsymbol{t}\boldsymbol{a}^{\mathrm{T}} \tag{5.84}$$

其分量形式为

$$t_{Ij} = \frac{\partial x_j}{\partial X_K}T_{IK} \tag{5.85}$$

$$T_{IJ} = \frac{\partial X_J}{\partial x_k} t_{Ik} \tag{5.86}$$

例 5.3　单轴拉伸杆的 Cauchy 应力张量和 Piola-Kirchhoff 应力张量[1]。

图 5.7 为一单轴拉伸杆，其初始长度和截面分别为 L_0 和 $A_0 = h_0 \times h_0$。在杆端部力 F 作用下，杆长变为 L，截面积减小为 $A = h \times h$。假定 F 均匀作用于杆端截面，求 Cauchy 应力张量和 Piola-Kirchhoff 应力张量。

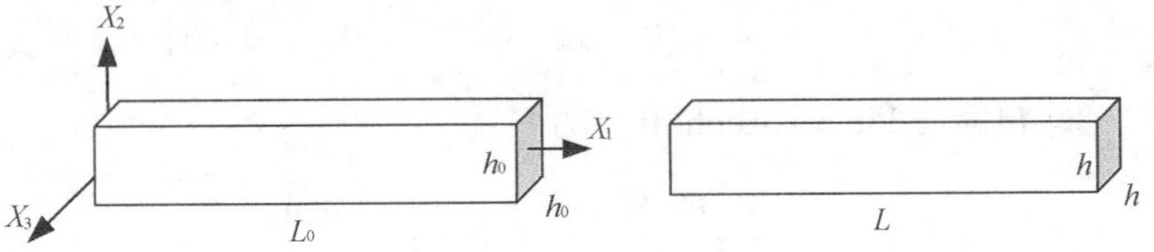

图 5.7　单轴拉伸杆

由于力 F 沿 X_1 方向均匀作用于杆端截面，只有拉伸没有剪切变形，因此，拉杆内的 Cauchy 应力张量为

$$\boldsymbol{\sigma} = \begin{bmatrix} F/A & 0 & 0 \\ 0 & 0 & 0 \\ 0 & 0 & 0 \end{bmatrix}$$

根据其变形特点，现时位形 ω 与参考位形 Ω 之间的关系可表述如下

$$x_1 = \lambda_1 X_1$$
$$x_2 = \lambda_2 X_2$$
$$x_3 = \lambda_3 X_3$$

λ_1、λ_2 和 λ_3 为比例系数，根据变形情况可知

$$\lambda_1 = \frac{L}{L_0}, \quad \lambda_2 = \lambda_3 = \frac{h}{h_0}$$

变形梯度

$$\boldsymbol{A} = \begin{bmatrix} \lambda_1 & 0 & 0 \\ 0 & \lambda_2 & 0 \\ 0 & 0 & \lambda_3 \end{bmatrix}, \quad \boldsymbol{a} = \begin{bmatrix} \dfrac{1}{\lambda_1} & 0 & 0 \\ 0 & \dfrac{1}{\lambda_2} & 0 \\ 0 & 0 & \dfrac{1}{\lambda_3} \end{bmatrix}$$

A 的行列式

$$J = \det \boldsymbol{A} = \lambda_1\lambda_2\lambda_3 = \frac{L}{L_0}\left(\frac{h}{h_0}\right)^2 = \frac{LA}{L_0A_0}$$

由式(5.71)求出第一 Piola-Kirchhoff 应力张量

$$\boldsymbol{t} = J\boldsymbol{a\sigma} = \lambda_2\lambda_3\begin{bmatrix} F/A & 0 & 0 \\ 0 & 0 & 0 \\ 0 & 0 & 0 \end{bmatrix} = \begin{bmatrix} F/A_0 & 0 & 0 \\ 0 & 0 & 0 \\ 0 & 0 & 0 \end{bmatrix}$$

由式(5.78)求出第二 Piola-Kirchhoff 应力张量

$$\boldsymbol{T} = J\boldsymbol{a\sigma a}^{\mathrm{T}} = \frac{1}{\lambda_1}\begin{bmatrix} F/A_0 & 0 & 0 \\ 0 & 0 & 0 \\ 0 & 0 & 0 \end{bmatrix} = \frac{L_0}{L}\begin{bmatrix} F/A_0 & 0 & 0 \\ 0 & 0 & 0 \\ 0 & 0 & 0 \end{bmatrix}$$

5.2.6 平衡方程与能量原理

(1) 平衡微分方程与应力边界条件

Cauchy 应力的平衡：

这是指在静荷载作用下的物体，在现时位形 ω 上达到平衡。在 ω 内取一个微小长方体，其各面与坐标面平行，考虑它的平衡条件，可以得到与小变形问题类似的大变形问题的平衡微分方程

$$\frac{\partial \sigma_{ij}}{\partial x_j} + p_i = 0 \text{（在 } \omega \text{ 内）} \tag{5.87}$$

该式反映了 Cauchy 应力与体力之间的关系，式中，$p_i(i=1,\ 2,\ 3)$是作用在现时位形上的体力分量。设现时位形的边界为 s，它由应力边界 s_σ 和位移边界 s_u 组成，应力边界上的面力为 $\bar{p}_i$。根据现时位形应力边界上面力与 Cauchy 应力的平衡，给出大变形问题的应力边界条件

$$\sigma_{ij}n_j = \bar{p}_i \text{（在 } s_\sigma \text{ 上）} \tag{5.88}$$

以上两式的矩阵形式为

$$\boldsymbol{\sigma l} + \boldsymbol{p} = \boldsymbol{0} \text{（在 } \omega \text{ 内）} \tag{5.89}$$

$$\boldsymbol{\sigma n} = \bar{\boldsymbol{p}} \text{（在 } s_\sigma \text{ 上）} \tag{5.90}$$

式中

$$\boldsymbol{l}=\left[\frac{\partial}{\partial x_1}\quad\frac{\partial}{\partial x_2}\quad\frac{\partial}{\partial x_3}\right]^{\mathrm{T}} \tag{5.91}$$

第一 Piola 应力的平衡：

参考位形 Ω 中的边界 S、应力边界 S_σ、位移边界 S_u 分别与现时位形 ω 中的 s、s_σ 和 s_u 对应，与 p_i、$\bar{p}_i$ 相应的体力和面力分别为 P_I 和 $\bar{P}_I$ ($I=1,2,3$)。对于保守荷载，即受力变形和运动过程中大小与方向不变的荷载，此时满足

$$P_I\mathrm{d}\Omega=p_i\mathrm{d}\omega$$

$$\bar{P}_I\mathrm{d}S=\bar{p}_i\mathrm{d}s$$

利用式(5.16)，并写成矩阵形式得

$$\boldsymbol{P}=J\boldsymbol{p} \tag{5.92}$$

$$\bar{\boldsymbol{P}}=\frac{\mathrm{d}s}{\mathrm{d}S}\bar{\boldsymbol{p}} \tag{5.93}$$

现记

$$\boldsymbol{L}=\left[\frac{\partial}{\partial X_1}\quad\frac{\partial}{\partial X_2}\quad\frac{\partial}{\partial X_3}\right]^{\mathrm{T}} \tag{5.94}$$

由于

$$\frac{\partial}{\partial x_i}=\frac{\partial X_J}{\partial x_i}\frac{\partial}{\partial X_J}$$

则有

$$\boldsymbol{l}=\boldsymbol{a}^{\mathrm{T}}\boldsymbol{L} \tag{5.95}$$

分别在式(5.89)两端乘 J，式(5.90)两端乘 $\mathrm{d}s$，并注意式(5.95)、(5.92)、(5.71)、(5.93)和(5.20)，就能够得出下面的以第一 Piola 应力张量表示的平衡微分方程和应力边界条件

$$\boldsymbol{t}^{\mathrm{T}}\boldsymbol{L}+\boldsymbol{P}=\boldsymbol{0}\ (\text{在}\ \Omega\ \text{内}) \tag{5.96}$$

$$\boldsymbol{t}^{\mathrm{T}}\boldsymbol{N}=\bar{\boldsymbol{P}}\qquad(\text{在}\ S_\sigma\ \text{上}) \tag{5.97}$$

其分量形式为

$$\frac{\partial t_{Ji}}{\partial X_J}+P_I=0\quad(\text{在}\ \Omega\ \text{内}) \tag{5.98}$$

$$t_{Ji}N_J = \bar{P}_I \qquad (\text{在 } S_\sigma \text{ 上}) \tag{5.99}$$

第二 Piola 应力的平衡：

将式(5.31)代入式(5.83)，再将 $\boldsymbol{t}$ 的表达式代入式(5.96)和(5.97)，就得到用第二 Piola 应力张量表示的平衡微分方程和应力边界条件

$$(\boldsymbol{I}+\boldsymbol{H})\boldsymbol{T}^{\mathrm{T}}\boldsymbol{L}+\boldsymbol{P}=\boldsymbol{0} \quad (\text{在 } \Omega \text{ 内}) \tag{5.100}$$

$$(\boldsymbol{I}+\boldsymbol{H})\boldsymbol{T}^{\mathrm{T}}\boldsymbol{N}=\bar{\boldsymbol{P}} \quad (\text{在 } S_\sigma \text{ 上}) \tag{5.101}$$

分量形式为

$$\frac{\partial}{\partial X_J}[(\delta_{IK}+H_{IK})T_{JK}]+P_I=0 \quad (\text{在 } \Omega \text{ 内}) \tag{5.102}$$

$$(\delta_{IK}+H_{IK})T_{JK}N_J=\bar{P}_I \quad (\text{在 } S_\sigma \text{ 上}) \tag{5.103}$$

(2) 虚功方程和最小势能原理

以第二 Piola 应力分量和 Green 应变分量表示的虚功方程为

$$\int_\Omega T_{IJ}\,\delta E_{IJ}\,\mathrm{d}\Omega=\int_\Omega P_I\delta u_i\,\mathrm{d}\Omega+\int_{S_\sigma}\bar{P}_I\delta u_i\,\mathrm{d}S \tag{5.104}$$

将上式右边两项移至左边，并提出变分符号 δ，得最小势能原理表达式

$$\delta\pi=0 \tag{5.105}$$

其中，总势能 π 为

$$\pi=\int_\Omega\frac{1}{2}T_{IJ}E_{IJ}\,\mathrm{d}\Omega-\int_\Omega P_I u_i\,\mathrm{d}\Omega-\int_{S_\sigma}\bar{P}_I u_i\,\mathrm{d}S \tag{5.106}$$

5.2.7 大变形弹性本构方程

本章只考虑几何非线性而不涉及材料非线性，因此，材料的本构方程与小变形线弹性本构方程类似。不同的是方程应在现时位形 ω 中列出，以变形后的 Cauchy 应力张量和 Almansi 应变张量，或第一 Piola 应力张量和 Green 应变张量，或第二 Piola 应力张量和 Green 应变张量表示。由于本书针对固体力学问题，采用 Lagrange 描述方法，且只考虑各向同性材料，所以本节只给出以第二 Piola 应力张量和 Green 应变张量表示的各向同性材料本构方程

$$T_{MN}=\lambda E_{PP}\delta_{MN}+2GE_{MN} \tag{5.107}$$

其中，拉梅系数 λ 和 G 如式(1.17)和(1.18)所示。记

$$\boldsymbol{T}=[T_{11}\quad T_{22}\quad T_{33}\quad T_{12}\quad T_{23}\quad T_{31}]^{\mathrm{T}} \tag{5.108}$$

$$\boldsymbol{E}=[E_{11}\quad E_{22}\quad E_{33}\quad 2E_{12}\quad 2E_{23}\quad 2E_{31}]^{\mathrm{T}} \tag{5.109}$$

将式(5.107)写成矩阵形式，得到大变形线弹性本构方程

$$\boldsymbol{T}=\boldsymbol{DE} \tag{5.110}$$

其中的弹性矩阵 $\boldsymbol{D}$ 与式(1.16)相同。

例 5.4　一个剪切问题的应变和应力[1]。

一个被以下坐标变换定义的剪切问题

$$x_1=X_1+kX_2,\ x_2=X_2,\ x_3=X_3$$

式中 k 为剪切参数。材料的杨氏弹性模量 $E=100$ MPa，泊松比 $\mu=0.25$。假定第二 Piola 应力与 Green 应变之间为式(5.110)所示的线弹性关系。请给出第一和第二 Piola 应力，以及 Cauchy 应力关于 k 的函数表达式。

根据式(5.2)和(5.25)分别计算变形梯度 $\boldsymbol{A}$ 和右 Cauchy-Green 变形张量 $\boldsymbol{C}$

$$\boldsymbol{A}=\frac{\partial \boldsymbol{x}}{\partial \boldsymbol{X}}=\begin{bmatrix}1 & k & 0\\ 0 & 1 & 0\\ 0 & 0 & 1\end{bmatrix},\quad \boldsymbol{C}=\boldsymbol{A}^{\mathrm{T}}\boldsymbol{A}=\begin{bmatrix}1 & k & 0\\ k & 1+k^2 & 0\\ 0 & 0 & 1\end{bmatrix}$$

据此计算 Green 应变张量

$$\boldsymbol{E}=\frac{1}{2}(\boldsymbol{C}-\boldsymbol{I})=\begin{bmatrix}E_{11} & E_{12} & E_{13}\\ E_{21} & E_{22} & E_{23}\\ E_{31} & E_{33} & E_{23}\end{bmatrix}=\frac{1}{2}\begin{bmatrix}0 & k & 0\\ k & k^2 & 0\\ 0 & 0 & 0\end{bmatrix}$$

将 $\boldsymbol{E}$ 记为式(5.109)的向量形式，则为

$$\boldsymbol{E}=\begin{bmatrix}0 & \dfrac{k^2}{2} & 0 & k & 0 & 0\end{bmatrix}^{\mathrm{T}}$$

拉梅系数 λ 和 G 为

$$\lambda=\frac{E\mu}{(1+\mu)(1-2\mu)}=40\ \text{MPa},\ G=\frac{E}{2(1+\mu)}=40\ \text{MPa}$$

根据式(5.110)求出第二 Piola 应力

$$\boldsymbol{T}=\boldsymbol{DE}=[20k^2\quad 60k^2\quad 20k^2\quad 40k\quad 0\quad 0]^{\mathrm{T}}\ \text{MPa}$$

$\boldsymbol{T}$ 的二阶张量形式为

$$\boldsymbol{T}=20\begin{bmatrix}k^2 & 2k & 0\\ 2k & 3k^2 & 0\\ 0 & 0 & k^2\end{bmatrix}\ \text{MPa}$$

由式(5.83)和(5.79)确定第一 Piola 应力张量和 Cauchy 应力张量

$$\boldsymbol{t}=\boldsymbol{T}\boldsymbol{A}^{\mathrm{T}}=20\begin{bmatrix}3k^2 & 2k & 0\\ 2k+3k^3 & 3k^2 & 0\\ 0 & 0 & k^2\end{bmatrix}\ \mathrm{MPa}$$

$$\boldsymbol{\sigma}=j\boldsymbol{A}\boldsymbol{T}\boldsymbol{A}^{\mathrm{T}}=20\begin{bmatrix}5k^2+3k^4 & 2k+3k^3 & 0\\ 2k+3k^3 & 3k^2 & 0\\ 0 & 0 & k^2\end{bmatrix}\ \mathrm{MPa}$$

式中

$$j=\frac{1}{J}=\frac{1}{\det\boldsymbol{A}}=1$$

现在我们来分析一下以上的应力和小变形假定下的线弹性应力。

任一质点的位移为

$$\boldsymbol{u}=\boldsymbol{x}-\boldsymbol{X}=[kX_2\quad 0\quad 0]^{\mathrm{T}}$$

在小变形假设下,根据式(1.10)和(1.15)计算的应变和应力分别为

$$\boldsymbol{\varepsilon}=[0\quad 0\quad 0\quad k\quad 0\quad 0]^{\mathrm{T}}$$

$$\boldsymbol{\sigma}=[0\quad 0\quad 0\quad 40k\quad 0\quad 0]^{\mathrm{T}}$$

可见,小变形假定下的应变 $\boldsymbol{\varepsilon}$ 与 Green 应变 $\boldsymbol{E}$ 不同,应力 $\boldsymbol{\sigma}$ 与 Cauchy 应力张量不同,呈现纯剪状态。因为前者是小变形假设下的线性分析结果,而 Green 应变和 Cauchy 应力是在已经考虑变形后的现时位形分析的结果。当 k 足够小时(即小变形状态),其高次项可以忽略,Green 应变和 Cauchy 应力退化为小变形情况下的应变 $\boldsymbol{\varepsilon}$ 和应力 $\boldsymbol{\sigma}$。

还可以看出,第一 Piola 应力 $\boldsymbol{t}$ 是一个不对称的张量,它与第二 Piola 应力 $\boldsymbol{T}$、Cauchy 应力 $\boldsymbol{\sigma}$ 具有不同的表达式,但当 k 足够小,其高次项可忽略时,它们的切应力都等于 $40k$,均与小变形状态下的应力相同。

5.3 几何非线性问题的几何方程

仿照线弹性力学,将节 5.2 中的位移梯度张量 $\boldsymbol{H}$ 和 $\boldsymbol{h}$ 分解为两部分,一部分表示应变,另一部分表示转角。

Lagrange 描述

$$\boldsymbol{H}=\boldsymbol{\mathcal{E}}-\boldsymbol{\Theta}\tag{5.111}$$

其中

$$\mathscr{E}=\frac{1}{2}(\boldsymbol{H}^{\mathrm{T}}+\boldsymbol{H}),\text{即 }\mathscr{E}_{IJ}=\frac{1}{2}\left(\frac{\partial u_j}{\partial X_I}+\frac{\partial u_i}{\partial X_J}\right)\tag{5.112}$$

$$\boldsymbol{\Theta}=\frac{1}{2}(\boldsymbol{H}^{\mathrm{T}}-\boldsymbol{H}),\text{ 即 }\Theta_{IJ}=\frac{1}{2}\left(\frac{\partial u_j}{\partial X_I}-\frac{\partial u_i}{\partial X_J}\right)\tag{5.113}$$

Euler 描述

$$\boldsymbol{h}=\boldsymbol{\varepsilon}-\boldsymbol{\theta}\tag{5.114}$$

其中

$$\boldsymbol{\varepsilon}=\frac{1}{2}(\boldsymbol{h}^{\mathrm{T}}+\boldsymbol{h}),\text{ 即 }\varepsilon_{IJ}=\frac{1}{2}\left(\frac{\partial u_j}{\partial x_i}+\frac{\partial u_i}{\partial x_J}\right)\tag{5.115}$$

$$\boldsymbol{\theta}=\frac{1}{2}(\boldsymbol{h}^{\mathrm{T}}-\boldsymbol{h}),\text{ 即 }\theta_{ij}=\frac{1}{2}\left(\frac{\partial u_j}{\partial x_i}-\frac{\partial u_i}{\partial x_J}\right)\tag{5.116}$$

在小变形问题中，应变张量表示为

$$\varepsilon_{ij}=\frac{1}{2}\left(\frac{\partial u_j}{\partial x_i}+\frac{\partial u_i}{\partial x_j}\right)$$

由此可见，$\mathscr{E}$和 $\boldsymbol{\varepsilon}$ 相当于对称的微小应变张量，表示伸长度，$\boldsymbol{\Theta}$ 和 $\boldsymbol{\theta}$ 相当于反对称的微小旋转张量，表示旋转角度。

几何非线性问题可以分为三类，它们的几何方程如下：

(1) 大位移、大应变问题

对于变形之后的三维连续体，当伸长度和旋转角度同 1 相比不是很小时，非线性几何方程不能简化，即不能进行线性化处理，此时，Green 应变张量和 Almansi 应变张量的表达式分别如(5.38)和(5.42)所示。

$$\boldsymbol{E}=\frac{1}{2}(\boldsymbol{H}+\boldsymbol{H}^{\mathrm{T}}+\boldsymbol{H}^{\mathrm{T}}\boldsymbol{H})\tag{5.38}$$

$$\boldsymbol{e}=\frac{1}{2}(\boldsymbol{h}+\boldsymbol{h}^{\mathrm{T}}-\boldsymbol{h}^{\mathrm{T}}\boldsymbol{h})\tag{5.42}$$

将式(5.111)代入(5.38)，式(5.114)代入(5.42)，并注意 $\mathscr{E}$、$\boldsymbol{\varepsilon}$、$\boldsymbol{\Theta}$ 和 $\boldsymbol{\theta}$ 的对称性，即

$$\mathscr{E}=\mathscr{E}^{\mathrm{T}},\ \boldsymbol{\Theta}=-\boldsymbol{\Theta}^{\mathrm{T}},\ \boldsymbol{\varepsilon}=\boldsymbol{\varepsilon}^{\mathrm{T}},\ \boldsymbol{\theta}=-\boldsymbol{\theta}^{\mathrm{T}}$$

可得

$$\boldsymbol{E}=\frac{1}{2}(2\boldsymbol{\mathcal{E}}+\boldsymbol{\mathcal{E}}^2-\boldsymbol{\mathcal{E}}\boldsymbol{\Theta}+\boldsymbol{\Theta}\boldsymbol{\mathcal{E}}-\boldsymbol{\Theta}^2) \tag{5.117}$$

$$\boldsymbol{e}=\frac{1}{2}(2\boldsymbol{\varepsilon}-\boldsymbol{\varepsilon}^2+\boldsymbol{\varepsilon}\boldsymbol{\theta}-\boldsymbol{\theta}\boldsymbol{\varepsilon}+\boldsymbol{\theta}^2) \tag{5.118}$$

对于空间三个方向尺寸量级相同的三维结构，若三个方向的刚度相当，且结构由稳定性材料制成，则变形随荷载的增大而增大，大变形的发生是由于大应变所致，因此，三维结构的几何非线性属于大应变问题。达到荷载位移曲线“极值点”之前的每一时刻均处于稳定平衡状态。

(2) 大转动(大位移)、小应变问题

如果变形物体的伸长度与 1 相比很小，而旋转角度同 1 相比不是很小时，则可以略去式(5.117)的 $\boldsymbol{\mathcal{E}}^2$ 项和(5.118)中的 $\boldsymbol{\varepsilon}^2$ 项，得到

$$\boldsymbol{E}=\boldsymbol{\mathcal{E}}+\frac{1}{2}(\boldsymbol{\Theta}\boldsymbol{\mathcal{E}}-\boldsymbol{\mathcal{E}}\boldsymbol{\Theta}-\boldsymbol{\Theta}^2),\ \text{即}\ E_{IJ}=\mathcal{E}_{IJ}+\frac{1}{2}(\Theta_{IK}\mathcal{E}_{KJ}-\mathcal{E}_{IK}\Theta_{KJ}-\Theta_{IK}\Theta_{KJ}) \tag{5.119}$$

$$\boldsymbol{e}=\boldsymbol{\varepsilon}-\frac{1}{2}(\boldsymbol{\theta}\boldsymbol{\varepsilon}-\boldsymbol{\varepsilon}\boldsymbol{\theta}-\boldsymbol{\theta}^2),\text{即}\ e_{ij}=\varepsilon_{ij}-\frac{1}{2}(\theta_{ik}\varepsilon_{kj}-\varepsilon_{ik}\theta_{kj}-\theta_{ik}\theta_{kj}) \tag{5.120}$$

板壳结构一个方向的刚度远小于其他两个方向，当受横向力作用，可能出现由于大转动引起的大挠度或屈曲稳定问题。

(3) 伸长度与转动平方同数量级

对于板壳结构，如果伸长度和转动与 1 相比都很小，但伸长度与转动的平方同一数量级，此时，式(5.119)和(5.120)中的乘积项 $\boldsymbol{\mathcal{E}}\boldsymbol{\Theta}$ 和 $\boldsymbol{\varepsilon}\boldsymbol{\theta}$ 比 $\boldsymbol{\Theta}^2$ 和 $\boldsymbol{\theta}^2$ 要小一个数量级，可以略去，从而进一步简化为

$$\boldsymbol{E}=\boldsymbol{\mathcal{E}}-\frac{1}{2}\boldsymbol{\Theta}^2,\text{即}\ E_{IJ}=\mathcal{E}_{IJ}-\frac{1}{2}\Theta_{IK}\Theta_{KJ} \tag{5.121}$$

$$\boldsymbol{e}=\boldsymbol{\varepsilon}+\frac{1}{2}\boldsymbol{\theta}^2,\text{即}\ e_{ij}=\varepsilon_{ij}+\frac{1}{2}\theta_{ik}\theta_{kj} \tag{5.122}$$

5.4 几何非线性有限元的基本方法

从以上三类几何非线性问题的几何方程可以看出，后两类问题是第一类问题的特例，而且大量工程结构属于空间三个方向尺寸量级相同的三维结构。因此，下面主要介绍三维大变形问题的有限元方法。

三维大变形问题属于大应变问题。由于一般的工程材料，例如混凝土、岩土体等，大应变往往伴随着材料非线性，即此时的几何方程和物理方程均为非线性，属于双重非线性问题。可见，实际工程问题少有单纯的几何非线性问题，之所以研究单一的几何非线性问题，目的是为板壳的几何非线性和三维结构的双重非线性研究打下基础。

几何非线性有限元的求解过程与材料非线性类似，通过离散化，构建单元的位移模式；根据几何方程、本构关系和能量原理，建立以结点位移为基本未知量的非线性有限元支配方程。在几何非线性有限元中，可以采用 Euler 描述，以 Almansi 应变张量和相应的 Cauchy 应力张量表示几何方程、本构关系和虚功方程；也可以采用 Lagrange 描述，以 Green 应变张量和相应的 Piola 应力张量表示这些方程。Euler 描述多用于流体力学问题，Lagrange 描述一般用于固体力学问题。本书只研究固体力学问题的几何非线性，所以采用 Lagrange 描述方法。

Lagrange 描述是以参考位形的物质坐标 X_I为自变量的一种描述方法。物体变形时，只要参考位形已知，就可以采用 Lagrange 描述，以现时位形的基本方程建立几何非线性有限元支配方程。支配方程的求解通常应用增量迭代法，假定求解过程中每一增量步为物体变形过程中的每一增量时间，以第 $i(i=1,\ 2,\ \cdots)$增量步的开始对应于变形过程的 $t(t=0,\ \Delta t,\ \cdots)$时刻，每一时刻对应一个位形，则每个增量步对应两个相邻的位形。由于增量迭代法求解到第 i 增量步时，前面所有的$i-1$个增量步均有已知结果，因此，求解 $t+\Delta t$ 时刻位形时，前面 0，Δt，$2\Delta t$，…，t 时刻的位形已知，这些已知位形均可成为 Lagrange 描述的参考位形。在 Lagrange 几何非线性有限元中，若以未变形的初始位形 Ω_0（0 时刻）作为参考位形（图 5.8），称为全 Lagrange 法（Total Lagrange），简称 T. L 法；若以前一个相邻位形 Ω 为参考位形，则称为修正的 Lagrange 法（Updatd Lagrange），简称 U. L 法。

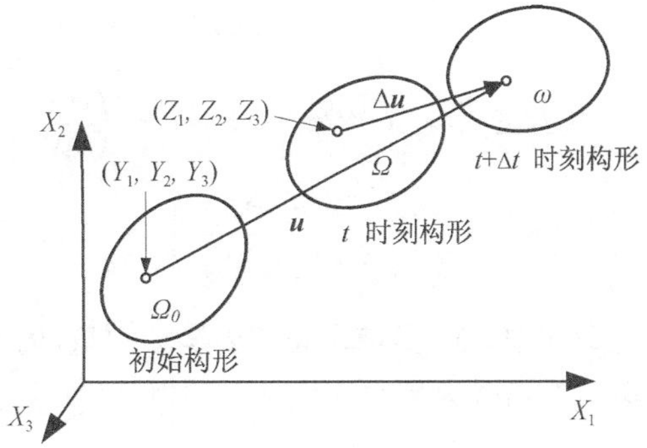

图 5.8　Lagrange 描述的参考位形和现时位形

5.4.1　T. L 法

(1) 应变增量的分解

采用增量迭代法求解几何非线性有限元支配方程时，对于第 i 级增量步，分别以 ${}^{t}\boldsymbol{u}$、${}^{t+\Delta t}\boldsymbol{u}$ 表示 t、$t+\Delta t$ 时刻的位移，$\Delta \boldsymbol{u}$ 表示 Δt 时段的位移增量；以 ${}^{t}\boldsymbol{E}$、${}^{t+\Delta t}\boldsymbol{E}$ 表

示 t、$t+\Delta t$ 时刻的应变，$\Delta \boldsymbol{E}$ 表示 Δt 时段的应变增量。则有

$$^{t+\Delta t}\boldsymbol{u} = {}^{t}\boldsymbol{u} + \Delta \boldsymbol{u} \tag{5.123}$$

$$^{t+\Delta t}\boldsymbol{E} = {}^{t}\boldsymbol{E} + \Delta \boldsymbol{E} \tag{5.124}$$

式中

$$\boldsymbol{E} = [E_{11} \quad E_{22} \quad E_{33} \quad 2E_{12} \quad 2E_{23} \quad 2E_{31}]^{\mathrm{T}}$$

$$\boldsymbol{u} = [u_1 \quad u_2 \quad u_3]^{\mathrm{T}}$$

以 Y_I 表示初始位形内任一点的 Lagrange 坐标，则由式(5.123)、(5.124)和(5.39)得

$$\Delta E_{II} = {}^{t+\Delta t}E_{II} - {}^{t}E_{II} = \left(\frac{\partial \Delta u_i}{\partial Y_I} + \frac{\partial {}^{t}u_k}{\partial Y_I}\frac{\partial \Delta u_k}{\partial Y_I}\right) + \frac{1}{2}\left(\frac{\partial \Delta u_i}{\partial Y_I}\right)^2$$

$$(\text{此处 } I \text{ 不求和}, i \text{ 和 } I = 1,\ 2,\ 3) \tag{5.125}$$

$$2\Delta E_{IJ} = 2({}^{t+\Delta t}E_{IJ} - {}^{t}E_{IJ}) = \left(\frac{\partial \Delta u_i}{\partial Y_J} + \frac{\partial \Delta u_j}{\partial Y_I} + \frac{\partial {}^{t}u_k}{\partial Y_I}\frac{\partial \Delta u_k}{\partial Y_J} + \frac{\partial \Delta u_k}{\partial Y_I}\frac{\partial {}^{t}u_k}{\partial Y_J}\right)$$

$$+ \left(\frac{\partial \Delta u_k}{\partial Y_I}\frac{\partial \Delta u_k}{\partial Y_J}\right) \ (i \neq j,\ I \neq J) \tag{5.126}$$

上两式中，Δu 是待求量，${}^{t}u$ 是已知量，因此，每个式中的第一个括号内为线性项，第二个括号内是非线性项。现以 ΔE_{IJ}^{L} 和 ΔE_{IJ}^{N} 分别表示应变增量的线性和非线性部分，则有

$$\Delta E_{IJ} = \Delta E_{IJ}^{L} + \Delta E_{IJ}^{N} \tag{5.127}$$

根据式(5.125)和(5.126)得

$$\Delta E_{II}^{L} = \frac{\partial \Delta u_i}{\partial Y_I} + \frac{\partial {}^{t}u_k}{\partial Y_I}\frac{\partial \Delta u_k}{\partial Y_I},\ \Delta E_{II}^{N} = \frac{1}{2}\left(\frac{\partial \Delta u_i}{\partial Y_I}\right)^2$$

$$(\text{此处 } I \text{ 不求和}, i \text{ 和 } I = 1,\ 2,\ 3) \tag{5.128}$$

$$2\Delta E_{IJ}^{L} = \frac{\partial \Delta u_i}{\partial Y_J} + \frac{\partial \Delta u_j}{\partial Y_I} + \frac{\partial {}^{t}u_k}{\partial Y_I}\frac{\partial \Delta u_k}{\partial Y_J} + \frac{\partial \Delta u_k}{\partial Y_I}\frac{\partial {}^{t}u_k}{\partial Y_J},$$

$$2\Delta E_{IJ}^{N} = \frac{\partial \Delta u_k}{\partial Y_I}\frac{\partial \Delta u_k}{\partial Y_J} \ (i \neq j,\ I \neq J) \tag{5.129}$$

ΔE_{II}^{L} 和 ΔE_{IJ}^{L} 还可以进一步分解为

$$\Delta E_{II}^{L} = \Delta E_{II}^{L1} + \Delta E_{II}^{L2},\ \Delta E_{IJ}^{L} = \Delta E_{IJ}^{L1} + \Delta E_{IJ}^{L2} \tag{5.130}$$

其中

$$\Delta E_{II}^{L1} = \frac{\partial \Delta u_i}{\partial Y_I},\ \Delta E_{IJ}^{L1} = \frac{1}{2}\left(\frac{\partial \Delta u_i}{\partial Y_J} + \frac{\partial \Delta u_j}{\partial Y_I}\right) \tag{5.131}$$

$$\Delta E_{II}^{L2} = \frac{\partial {}^t u_k}{\partial Y_I}\frac{\partial \Delta u_k}{\partial Y_I},\ \Delta E_{IJ}^{L2} = \frac{1}{2}\left(\frac{\partial {}^t u_k}{\partial Y_I}\frac{\partial \Delta u_k}{\partial Y_J} + \frac{\partial \Delta u_k}{\partial Y_I}\frac{\partial {}^t u_k}{\partial Y_J}\right) \tag{5.132}$$

可以看出，ΔE_{II}^{L1} 和 ΔE_{IJ}^{L1} 是线弹性问题的应变增量。式(5.127)的矩阵形式为

$$\Delta \boldsymbol{E} = \Delta \boldsymbol{E}^L + \Delta \boldsymbol{E}^N = \Delta \boldsymbol{E}^{L1} + \Delta \boldsymbol{E}^{L2} + \Delta \boldsymbol{E}^N \tag{5.133}$$

其中

$$\Delta \boldsymbol{E}^{L1} = \boldsymbol{L}\Delta \boldsymbol{u} \tag{5.134}$$

$$\boldsymbol{L} = \begin{bmatrix} \frac{\partial}{\partial Y_1} & 0 & 0 & \frac{\partial}{\partial Y_2} & 0 & \frac{\partial}{\partial Y_3} \\ 0 & \frac{\partial}{\partial Y_2} & 0 & \frac{\partial}{\partial Y_1} & \frac{\partial}{\partial Y_3} & 0 \\ 0 & 0 & \frac{\partial}{\partial Y_3} & 0 & \frac{\partial}{\partial Y_2} & \frac{\partial}{\partial Y_1} \end{bmatrix}^{\mathrm{T}} \tag{5.135}$$

$\boldsymbol{L}$ 为线弹性问题的微分算子矩阵，与式(3.4)相同。现令

$$\boldsymbol{\beta}_I = \begin{bmatrix} \frac{\partial {}^t u_1}{\partial Y_I} & \frac{\partial {}^t u_2}{\partial Y_I} & \frac{\partial {}^t u_3}{\partial Y_I} \end{bmatrix}^{\mathrm{T}} \quad (I = 1,\ 2,\ 3) \tag{5.136}$$

$$\Delta \boldsymbol{\beta}_I = \begin{bmatrix} \frac{\partial \Delta u_1}{\partial Y_I} & \frac{\partial \Delta u_2}{\partial Y_I} & \frac{\partial \Delta u_3}{\partial Y_I} \end{bmatrix}^{\mathrm{T}} \quad (I = 1,\ 2,\ 3) \tag{5.137}$$

则由式(5.132)得

$$\Delta \boldsymbol{E}^{L2} = \boldsymbol{\beta}\Delta \boldsymbol{\beta} \tag{5.138}$$

式中 $\boldsymbol{\beta}$ 是 6×9 的矩阵，$\Delta \boldsymbol{\beta}$ 是 9×1 的列阵

$$\boldsymbol{\beta} = \begin{bmatrix} \boldsymbol{\beta}_1^{\mathrm{T}} & \boldsymbol{0} & \boldsymbol{0} \\ \boldsymbol{0} & \boldsymbol{\beta}_2^{\mathrm{T}} & \boldsymbol{0} \\ \boldsymbol{0} & \boldsymbol{0} & \boldsymbol{\beta}_3^{\mathrm{T}} \\ \boldsymbol{\beta}_2^{\mathrm{T}} & \boldsymbol{\beta}_1^{\mathrm{T}} & \boldsymbol{0} \\ \boldsymbol{0} & \boldsymbol{\beta}_3^{\mathrm{T}} & \boldsymbol{\beta}_2^{\mathrm{T}} \\ \boldsymbol{\beta}_3^{\mathrm{T}} & \boldsymbol{0} & \boldsymbol{\beta}_1^{\mathrm{T}} \end{bmatrix} \tag{5.139}$$

$$\Delta\boldsymbol{\beta}=\begin{Bmatrix}\Delta\boldsymbol{\beta}_1\\ \Delta\boldsymbol{\beta}_2\\ \Delta\boldsymbol{\beta}_3\end{Bmatrix} \tag{5.140}$$

根据式(5.128)和(5.129)，于是(5.133)中的 $\Delta\boldsymbol{E}^N$ 可表示为

$$\Delta\boldsymbol{E}^N=\frac{1}{2}\Delta\bar{\boldsymbol{\beta}}\Delta\boldsymbol{\beta} \tag{5.141}$$

其中 $\Delta\bar{\boldsymbol{\beta}}$ 为 6 行×9 列阶的矩阵

$$\Delta\bar{\boldsymbol{\beta}}=\begin{bmatrix}\Delta\boldsymbol{\beta}_1^{\mathrm{T}} & \mathbf{0} & \mathbf{0}\\ \mathbf{0} & \Delta\boldsymbol{\beta}_2^{\mathrm{T}} & \mathbf{0}\\ \mathbf{0} & \mathbf{0} & \Delta\boldsymbol{\beta}_3^{\mathrm{T}}\\ \Delta\boldsymbol{\beta}_2^{\mathrm{T}} & \Delta\boldsymbol{\beta}_1^{\mathrm{T}} & \mathbf{0}\\ \mathbf{0} & \Delta\boldsymbol{\beta}_3^{\mathrm{T}} & \Delta\boldsymbol{\beta}_2^{\mathrm{T}}\\ \Delta\boldsymbol{\beta}_3^{\mathrm{T}} & \mathbf{0} & \Delta\boldsymbol{\beta}_1^{\mathrm{T}}\end{bmatrix} \tag{5.142}$$

(2) 单元应变与应变增量

与线弹性有限元类似，三维连续体离散后，根据选择的位移形函数，单元内任一点位移和位移增量即可以结点值表示

$${}^t\boldsymbol{u}=\boldsymbol{N}{}^t\boldsymbol{\delta}^e \tag{5.143}$$

$$\Delta\boldsymbol{u}=\boldsymbol{N}\Delta\boldsymbol{\delta}^e \tag{5.144}$$

$\boldsymbol{N}$ 是单元的形函数矩阵，${}^t\boldsymbol{\delta}^e$ 为 t 时刻单元的结点位移，$\Delta\boldsymbol{\delta}^e$ 是单元的结点位移增量。

$$\boldsymbol{N}=\begin{bmatrix}N^1 & 0 & 0 & N^2 & 0 & 0 & & N^d & 0 & 0\\ 0 & N^1 & 0 & 0 & N^2 & 0 & \cdots & 0 & N^d & 0\\ 0 & 0 & N^1 & 0 & 0 & N^2 & & 0 & 0 & N^d\end{bmatrix} \tag{5.145}$$

$${}^t\boldsymbol{\delta}^e=\begin{bmatrix}{}^t\delta_1^1 & {}^t\delta_2^1 & {}^t\delta_3^1 & {}^t\delta_1^2 & {}^t\delta_2^2 & {}^t\delta_3^2 & \cdots & {}^t\delta_1^d & {}^t\delta_2^d & {}^t\delta_3^d\end{bmatrix}^{\mathrm{T}} \tag{5.146}$$

d 是单元的结点数。将式(5.144)代入(5.134)得

$$\Delta\boldsymbol{E}^{L1}=\boldsymbol{B}_{L1}\Delta\boldsymbol{\delta}^e \tag{5.147}$$

其中的 $\boldsymbol{B}_{L1}$ 为 $6\times 3d$ 的矩阵，与线弹性有限元的应变矩阵 $\boldsymbol{B}$ 相似。

$$\boldsymbol{B}_{L1}=\boldsymbol{L}\boldsymbol{N} \tag{5.148}$$

将式(5.144)代入(5.137),再代入(5.138),则有

$$\Delta \boldsymbol{E}^{L2} = \boldsymbol{B}_{L2} \Delta \boldsymbol{\delta}^e \tag{5.149}$$

$$\boldsymbol{B}_{L2} = \boldsymbol{\beta G} \tag{5.150}$$

式中 $\boldsymbol{B}_{L2}$ 是 $6 \times 3d$ 的矩阵,$\boldsymbol{G}$ 是 $9 \times 3d$ 的矩阵

$$\boldsymbol{G} = \begin{bmatrix} \boldsymbol{G}_1^1 & \boldsymbol{G}_1^2 & \cdots & \boldsymbol{G}_1^d \\ \boldsymbol{G}_2^1 & \boldsymbol{G}_2^2 & \cdots & \boldsymbol{G}_2^d \\ \boldsymbol{G}_3^1 & \boldsymbol{G}_3^2 & \cdots & \boldsymbol{G}_3^d \end{bmatrix} \tag{5.151}$$

$$\boldsymbol{G}_I^k = \begin{bmatrix} \dfrac{\partial N^k}{\partial Y_I} & 0 & 0 \\ 0 & \dfrac{\partial N^k}{\partial Y_I} & 0 \\ 0 & 0 & \dfrac{\partial N^k}{\partial Y_I} \end{bmatrix} \quad (I = 1,\ 2,\ 3 \quad k = 1,\ 2,\ \cdots,\ d) \tag{5.152}$$

比较式(5.138)和(5.149)可知

$$\Delta \boldsymbol{\beta} = \boldsymbol{G} \Delta \boldsymbol{\delta}^e \tag{5.153}$$

因此,由式(5.141)得

$$\Delta \boldsymbol{E}^N = \frac{1}{2} \Delta \bar{\boldsymbol{\beta}} \boldsymbol{G} \Delta \boldsymbol{\delta}^e = \boldsymbol{B}'_N \Delta \boldsymbol{\delta}^e \tag{5.154}$$

式中,$\boldsymbol{B}'_N$ 是 $6 \times 3d$ 的矩阵

$$\boldsymbol{B}'_N = \frac{1}{2} \Delta \bar{\boldsymbol{\beta}} \boldsymbol{G} \tag{5.155}$$

将式(5.147)、(5.149)和(5.154)代入式(5.133)得

$$\Delta \boldsymbol{E} = \Delta \boldsymbol{E}^L + \Delta \boldsymbol{E}^N = (\boldsymbol{B}_L + \boldsymbol{B}'_N) \Delta \boldsymbol{\delta}^e = \boldsymbol{B} \Delta \boldsymbol{\delta}^e \tag{5.156}$$

式中,

$$\boldsymbol{B} = \boldsymbol{B}_L + \boldsymbol{B}'_N \tag{5.157}$$

$$\Delta \boldsymbol{E}^L = \boldsymbol{B}_L \Delta \boldsymbol{\delta}^e,\ \boldsymbol{B}_L = \boldsymbol{B}_{L1} + \boldsymbol{B}_{L2} = \boldsymbol{LN} + \boldsymbol{\beta G} \tag{5.158}$$

由于矩阵 $\boldsymbol{L}$、$\boldsymbol{N}$、$\boldsymbol{\beta}$ 均与结点位移增量 $\Delta \boldsymbol{\delta}^e$ 无关,而 $\Delta \bar{\boldsymbol{\beta}}$ 与 $\Delta \boldsymbol{\delta}^e$ 有关,因此,应变增量 $\Delta \boldsymbol{E}$ 中的线性部分由 $\boldsymbol{B}_L$ 反映,称为线性几何矩阵;非线性部分由 $\boldsymbol{B}'_N$ 反映,称为非线

性几何矩阵。

(3) 单元应力与应力增量

以 ${}^{t}\boldsymbol{T}$、${}^{t+\Delta t}\boldsymbol{T}$ 表示 t、$t+\Delta t$ 时刻的第二 Piola 应力，$\Delta\boldsymbol{T}$ 表示 Δt 时段的第二 Piola 应力增量。则有

$$ {}^{t+\Delta t}\boldsymbol{T} = {}^{t}\boldsymbol{T} + \Delta\boldsymbol{T} \tag{5.159} $$

根据式(5.110)线弹性本构关系，有

$$ {}^{t}\boldsymbol{T} = \boldsymbol{D}\,{}^{t}\boldsymbol{E},\ \Delta\boldsymbol{T} = \boldsymbol{D}\Delta\boldsymbol{E} \tag{5.160} $$

把式(4.156)代入(5.160)的第二式，得到以单元结点位移表示的应力增量

$$ \Delta\boldsymbol{T} = \boldsymbol{D}\boldsymbol{B}\Delta\boldsymbol{\delta}^{e} = \boldsymbol{D}(\boldsymbol{B}_L + \boldsymbol{B}'_N)\Delta\boldsymbol{\delta}^{e} \tag{5.161} $$

(4) 增量形式的单元劲度矩阵

5.2.6 节中的虚功方程(5.104)若用于初始位形中的单元，并考虑作用于结点的集中荷载 $\boldsymbol{P}_c$、体力 $\boldsymbol{P}$ 和面力 $\bar{\boldsymbol{P}}$，则 $t+\Delta t$ 时刻单元虚功方程的矩阵形式为

$$ \int_V (\delta\,{}^{t+\Delta t}\boldsymbol{E})^{\mathrm{T}}\,{}^{t+\Delta t}\boldsymbol{T}\mathrm{d}V = (\delta\,{}^{t+\Delta t}\boldsymbol{u})^{\mathrm{T}}\boldsymbol{P}_c + \int_V (\delta\,{}^{t+\Delta t}\boldsymbol{u})^{\mathrm{T}}\boldsymbol{P}\mathrm{d}V + \int_{S_\sigma} (\delta\,{}^{t+\Delta t}\boldsymbol{u})^{\mathrm{T}}\bar{\boldsymbol{P}}\mathrm{d}S \tag{5.162} $$

式中的 δ 表示变分。由式(5.123)和(5.124)，得

$$ \delta\,{}^{t+\Delta t}\boldsymbol{E} = \delta\Delta\boldsymbol{E},\ \delta\,{}^{t+\Delta t}\boldsymbol{u} = \delta\Delta\boldsymbol{u} $$

因此，单元的虚功方程成为

$$ \int_V (\delta\Delta\boldsymbol{E})^{\mathrm{T}\,t+\Delta t}T\mathrm{d}V = (\delta\Delta\boldsymbol{u})^{\mathrm{T}}\boldsymbol{P}_c + \int_V (\delta\Delta\boldsymbol{u})^{\mathrm{T}}\boldsymbol{P}\mathrm{d}V + \int_{S_\sigma} (\delta\Delta\boldsymbol{u})^{\mathrm{T}}\bar{\boldsymbol{P}}\mathrm{d}S \tag{5.163} $$

将式(5.159)和(5.156)代入上式等号左边，并考虑式(5.161)有

$$ (\delta\Delta\boldsymbol{u})^{\mathrm{T}}\boldsymbol{P}_c + \int_V (\delta\Delta\boldsymbol{u})^{\mathrm{T}}\boldsymbol{P}\mathrm{d}V + \int_{S_\sigma} (\delta\Delta\boldsymbol{u})^{\mathrm{T}}\bar{\boldsymbol{P}}\mathrm{d}S = $$

$$ = \int_V \{[(\delta\Delta\boldsymbol{E}^{L})^{\mathrm{T}} + (\delta\Delta\boldsymbol{E}^{N})^{\mathrm{T}}]\,{}^{t}\boldsymbol{T} + [(\delta\Delta\boldsymbol{E}^{L})^{\mathrm{T}} + (\delta\Delta\boldsymbol{E}^{N})^{\mathrm{T}}]\boldsymbol{D}(\boldsymbol{B}_L + \boldsymbol{B}'_N)\Delta\boldsymbol{\delta}^{e}\}\mathrm{d}V \tag{5.164} $$

上式右端变分运算中，对于应变增量的线性部分，因几何矩阵 $\boldsymbol{B}_L$ 与结点位移增量 $\Delta\boldsymbol{\delta}^{e}$ 无关，所以由(5.158)的第一式得

$$ \delta\Delta\boldsymbol{E}^{L} = \boldsymbol{B}_L\delta\Delta\boldsymbol{\delta}^{e} \tag{5.165} $$

对于应变增量的非线性部分，由于几何矩阵 $\boldsymbol{B}'_N$ 与结点位移增量 $\Delta\boldsymbol{\delta}^{e}$ 有关，计算相对复杂，由式(5.141)得

$$\delta\Delta\boldsymbol{E}^{N}=\frac{1}{2}(\delta\Delta\bar{\boldsymbol{\beta}}\Delta\boldsymbol{\beta}+\Delta\bar{\boldsymbol{\beta}}\delta\Delta\boldsymbol{\beta}) \tag{5.166}$$

由于

$$(\delta\Delta\boldsymbol{\beta}_I)^{\mathrm{T}}\Delta\boldsymbol{\beta}_J=(\Delta\boldsymbol{\beta}_I)^{\mathrm{T}}\delta\Delta\boldsymbol{\beta}_J$$

将式(5.140)和(5.142)代入(5.166)有

$$\delta\Delta E_{II}^{N}=\frac{1}{2}[(\delta\Delta\boldsymbol{\beta}_I)^{\mathrm{T}}\Delta\boldsymbol{\beta}_I+(\Delta\boldsymbol{\beta}_I)^{\mathrm{T}}\delta\Delta\boldsymbol{\beta}_I]=(\Delta\boldsymbol{\beta}_I)^{\mathrm{T}}\delta\Delta\boldsymbol{\beta}_I(I\text{ 不求和},I=1,2,3)$$

$$\begin{aligned}2\delta\Delta E_{IJ}^{N}&=\frac{1}{2}[(\delta\Delta\boldsymbol{\beta}_I)^{\mathrm{T}}\Delta\boldsymbol{\beta}_J+(\Delta\boldsymbol{\beta}_I)^{\mathrm{T}}\delta\Delta\boldsymbol{\beta}_J+(\delta\Delta\boldsymbol{\beta}_J)^{\mathrm{T}}\Delta\boldsymbol{\beta}_I+(\Delta\boldsymbol{\beta}_J)^{\mathrm{T}}\delta\Delta\boldsymbol{\beta}_I]\\&=(\Delta\boldsymbol{\beta}_I)^{\mathrm{T}}\delta\Delta\boldsymbol{\beta}_J+(\Delta\boldsymbol{\beta}_J)^{\mathrm{T}}\delta\Delta\boldsymbol{\beta}_I\quad(I\neq J)\end{aligned}$$

因此,式(5.166)成为

$$\delta\Delta\boldsymbol{E}^{N}=\Delta\bar{\boldsymbol{\beta}}\delta\Delta\boldsymbol{\beta} \tag{5.167}$$

代入(5.153)并注意式(5.155),上式为

$$\delta\Delta\boldsymbol{E}^{N}=\boldsymbol{B}_N\delta\Delta\boldsymbol{\delta}^{e} \tag{5.168}$$

$$\boldsymbol{B}_N=\Delta\bar{\boldsymbol{\beta}}\boldsymbol{G}=2\boldsymbol{B}'_N \tag{5.169}$$

式中,$\delta\Delta\boldsymbol{\delta}^{e}$ 是单元结点位移增量的变分。

因此,根据式(5.165)和(5.168),式(5.164)等号右边积分号内的第一项和第二项分别为

$$(\delta\Delta\boldsymbol{E}^{L})^{\mathrm{T}\,t}\boldsymbol{T}=(\delta\Delta\boldsymbol{\delta}^{e})^{\mathrm{T}}\boldsymbol{B}_L^{\mathrm{T}\,t}\boldsymbol{T} \tag{5.170}$$

$$(\delta\Delta\boldsymbol{E}^{N})^{\mathrm{T}\,t}\boldsymbol{T}=(\delta\Delta\boldsymbol{\delta}^{e})^{\mathrm{T}}\boldsymbol{G}^{\mathrm{T}}(\Delta\bar{\boldsymbol{\beta}})^{\mathrm{T}\,t}\boldsymbol{T} \tag{5.171}$$

由于 $\Delta\bar{\boldsymbol{\beta}}$ 是单元结点位移增量 $\Delta\boldsymbol{\delta}^{e}$ 的函数,为了使其处于式(5.171)等号右边的最右端,t 时刻的第二 Piola 应力

$${}^{t}\boldsymbol{T}=[{}^{t}T_{11}\quad{}^{t}T_{22}\quad{}^{t}T_{33}\quad{}^{t}T_{12}\quad{}^{t}T_{23}\quad{}^{t}T_{31}]^{\mathrm{T}}$$

可用 9×9 阶的对称矩阵 ${}^{t}\bar{\boldsymbol{T}}$ 表示

$${}^{t}\bar{\boldsymbol{T}}=\begin{bmatrix}{}^{t}T_{11}\boldsymbol{I}&{}^{t}T_{12}\boldsymbol{I}&{}^{t}T_{13}\boldsymbol{I}\\{}^{t}T_{12}\boldsymbol{I}&{}^{t}T_{22}\boldsymbol{I}&{}^{t}T_{23}\boldsymbol{I}\\{}^{t}T_{13}\boldsymbol{I}&{}^{t}T_{23}\boldsymbol{I}&{}^{t}T_{33}\boldsymbol{I}\end{bmatrix} \tag{5.172}$$

式中 $\boldsymbol{I}$ 是 3×3 阶的单位矩阵。此时有

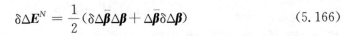

$$(\Delta\bar{\boldsymbol{\beta}})^{\mathrm{T}\,t}\boldsymbol{T} = {}^{t}\bar{\boldsymbol{T}}\Delta\boldsymbol{\beta} \tag{5.173}$$

将(5.153)代入(5.173)，则式(5.171)成为

$$(\delta\Delta\boldsymbol{E}^{N})^{\mathrm{T}\,t}\boldsymbol{T} = (\delta\Delta\boldsymbol{\delta}^{e})^{\mathrm{T}}\boldsymbol{G}^{\mathrm{T}\,t}\,\bar{\boldsymbol{T}}\boldsymbol{G}\Delta\boldsymbol{\delta}^{e} \tag{5.174}$$

式(5.164)等号右边积分号内的第三项至第六项分别为

$$\begin{aligned}
(\delta\Delta\boldsymbol{E}^{L})^{\mathrm{T}}\boldsymbol{D}\boldsymbol{B}_{L}\Delta\boldsymbol{\delta}^{e} &= (\delta\Delta\boldsymbol{\delta}^{e})^{\mathrm{T}}\boldsymbol{B}_{L}^{\mathrm{T}}\boldsymbol{D}\boldsymbol{B}_{L}\Delta\boldsymbol{\delta}^{e}\\
(\delta\Delta\boldsymbol{E}^{L})^{\mathrm{T}}\boldsymbol{D}\boldsymbol{B}'_{N}\Delta\boldsymbol{\delta}^{e} &= (\delta\Delta\boldsymbol{\delta}^{e})^{\mathrm{T}}\boldsymbol{B}_{L}^{\mathrm{T}}\boldsymbol{D}\boldsymbol{B}'_{N}\Delta\boldsymbol{\delta}^{e}\\
(\delta\Delta\boldsymbol{E}^{N})^{\mathrm{T}}\boldsymbol{D}\boldsymbol{B}_{L}\Delta\boldsymbol{\delta}^{e} &= (\delta\Delta\boldsymbol{\delta}^{e})^{\mathrm{T}}\boldsymbol{B}_{N}^{\mathrm{T}}\boldsymbol{D}\boldsymbol{B}_{L}\Delta\boldsymbol{\delta}^{e}\\
(\delta\Delta\boldsymbol{E}^{N})^{\mathrm{T}}\boldsymbol{D}\boldsymbol{B}'_{N}\Delta\boldsymbol{\delta}^{e} &= (\delta\Delta\boldsymbol{\delta}^{e})^{\mathrm{T}}\boldsymbol{B}_{N}^{\mathrm{T}}\boldsymbol{D}\boldsymbol{B}'_{N}\Delta\boldsymbol{\delta}^{e}
\end{aligned} \tag{5.175}$$

将式(5.170)、(5.174)和(5.175)代入式(5.164)等号右边，并注意 $\delta\Delta\boldsymbol{\delta}^{e}$ 的任意性，等号左边代入式(5.144)，则式(5.164)成为

$$\begin{aligned}
(\delta\Delta\boldsymbol{\delta}^{e})^{\mathrm{T}}(\boldsymbol{N}^{\mathrm{T}}\,\boldsymbol{P}_{c} + \int_{V}\boldsymbol{N}^{\mathrm{T}}\boldsymbol{P}\mathrm{d}V + \int_{S_{\sigma}}\boldsymbol{N}^{\mathrm{T}}\,\bar{\boldsymbol{P}}\mathrm{d}S) &= (\delta\Delta\boldsymbol{\delta}^{e})^{\mathrm{T}}\left(\int_{V}\boldsymbol{B}_{L}^{\mathrm{T}\,t}\boldsymbol{T}\mathrm{d}V\right)\\
&+ (\delta\Delta\boldsymbol{\delta}^{e})^{\mathrm{T}}\left(\int_{V}\boldsymbol{G}^{\mathrm{T}\,t}\,\bar{\boldsymbol{T}}\boldsymbol{G}\mathrm{d}V + \int_{V}\boldsymbol{B}_{L}^{\mathrm{T}}\boldsymbol{D}\boldsymbol{B}_{L}\,\mathrm{d}V + \int_{V}\boldsymbol{B}_{L}^{\mathrm{T}}\boldsymbol{D}\boldsymbol{B}'_{N}\mathrm{d}V\right.\\
&\left.+ \int_{V}\boldsymbol{B}_{N}^{\mathrm{T}}\boldsymbol{D}\boldsymbol{B}_{L}\,\mathrm{d}V + \int_{V}\boldsymbol{B}_{N}^{\mathrm{T}}\boldsymbol{D}\boldsymbol{B}'_{N}\mathrm{d}V\right)\Delta\boldsymbol{\delta}^{e}
\end{aligned} \tag{5.176}$$

令

$$\boldsymbol{R}^{e} = \boldsymbol{N}^{\mathrm{T}}\,\boldsymbol{P}_{c} + \int_{V}\boldsymbol{N}^{\mathrm{T}}\boldsymbol{P}\mathrm{d}V + \int_{S_{\sigma}}\boldsymbol{N}^{\mathrm{T}}\,\bar{\boldsymbol{P}}\mathrm{d}S \tag{5.177}$$

$$\boldsymbol{R}_{\sigma}^{e} = -\int_{V}\boldsymbol{B}_{L}^{\mathrm{T}\,t}\boldsymbol{T}\mathrm{d}V \tag{5.178}$$

$$\boldsymbol{k}_{\sigma} = \int_{V}\boldsymbol{G}^{\mathrm{T}\,t}\,\bar{\boldsymbol{T}}\boldsymbol{G}\mathrm{d}V \tag{5.179}$$

$$\boldsymbol{k}_{L} = \int_{V}\boldsymbol{B}_{L}^{\mathrm{T}}\boldsymbol{D}\boldsymbol{B}_{L}\,\mathrm{d}V \tag{5.180}$$

$$\boldsymbol{k}_{N} = \int_{V}\boldsymbol{B}_{L}^{\mathrm{T}}\boldsymbol{D}\boldsymbol{B}'_{N}\mathrm{d}V + \int_{V}\boldsymbol{B}_{N}^{\mathrm{T}}\boldsymbol{D}\boldsymbol{B}_{L}\,\mathrm{d}V + \int_{V}\boldsymbol{B}_{N}^{\mathrm{T}}\boldsymbol{D}\boldsymbol{B}'_{N}\mathrm{d}V \tag{5.181}$$

以上各式中，$\boldsymbol{R}^{e}$ 是作用在单元的外荷载，包括集中力、体力和面力转化的单元结点荷载列阵；$\boldsymbol{R}_{\sigma}^{e}$ 是由已知应力 ${}^{t}\boldsymbol{T}$ 引起的单元等效结点荷载，称为单元初应力结点荷载，${}^{t}\boldsymbol{T}$ 相当于本增量步的初应力；$\boldsymbol{k}_{L}$ 与结点位移增量 $\Delta\boldsymbol{\delta}^{e}$ 无关，称为单元小位移劲度矩阵；$\boldsymbol{k}_{\sigma}$ 与已知应力 ${}^{t}\bar{\boldsymbol{T}}$ 有关，称为单元初应力劲度矩阵或单元几何劲度矩阵；$\boldsymbol{k}_{N}$ 与未知的结点位移增量 $\Delta\boldsymbol{\delta}^{e}$ 有关，称为单元大位移劲度矩阵。则式(5.176)成为

$$(\boldsymbol{k}_L+\boldsymbol{k}_\sigma+\boldsymbol{k}_N)\Delta\boldsymbol{\delta}^e=\boldsymbol{R}^e+\boldsymbol{R}_\sigma^e \tag{5.182}$$

这就是单元的结点平衡方程。

(5) 增量形式的几何非线性有限元支配方程

与线弹性有限元类似，根据虚功方程，应用变分方法，可以得到 T.L 法增量形式的几何非线性有限元支配方程

$$\boldsymbol{K}_{\mathrm{T}}\Delta\boldsymbol{\delta}=\boldsymbol{R}+\boldsymbol{R}_\sigma \tag{5.183}$$

其中，$\Delta\boldsymbol{\delta}$ 是 t 到 $t+\Delta t$ 时段内整体的结点位移增量列阵，切线整体劲度矩阵

$$\boldsymbol{K}_{\mathrm{T}}=\boldsymbol{K}_L+\boldsymbol{K}_\sigma+\boldsymbol{K}_N \tag{5.184}$$

$$\boldsymbol{K}_L=\sum_e(\boldsymbol{c}^e)^{\mathrm{T}}\boldsymbol{k}_L\boldsymbol{c}^e \tag{5.185}$$

$$\boldsymbol{K}_\sigma=\sum_e(\boldsymbol{c}^e)^{\mathrm{T}}\boldsymbol{k}_\sigma\boldsymbol{c}^e \tag{5.186}$$

$$\boldsymbol{K}_N=\sum_e(\boldsymbol{c}^e)^{\mathrm{T}}\boldsymbol{k}_N\boldsymbol{c}^e \tag{5.187}$$

整体的结点荷载列阵为

$$\boldsymbol{R}+\boldsymbol{R}_\sigma=\sum_e\boldsymbol{c}^{e\mathrm{t}}(\boldsymbol{R}^e+\boldsymbol{R}_\sigma^e) \tag{5.188}$$

由于 $\boldsymbol{K}_{\mathrm{T}}$ 与待求的未知量 $\Delta\boldsymbol{\delta}$ 有关，所以支配方程(5.183)为非线性方程组。

5.4.2　U.L 法

(1) 应变增量

与 T.L 法不同，U.L 法的参考位形不是初始位形，而是 t 时刻的位形(见图 5.8)，即求解 $t+\Delta t$ 时刻位形时不考虑 t 时刻位形的变形。因此，t 时刻的位移为零，$t+\Delta t$ 时刻的位移就是 Δt 时段内的位移增量 $\Delta\boldsymbol{u}$。以 Z_i 表示 t 时刻位形任一点的 Lagrange 坐标，与 T.L 法的推导过程一样，Δt 时刻应变增量 ΔE_{IJ} 与式(5.127)类似，由两部分组成：线性部分 ΔE_{IJ}^L 和非线性部分 ΔE_{IJ}^N

$$\Delta E_{IJ}=\Delta E_{IJ}^L+\Delta E_{IJ}^N \tag{5.127}$$

参考式(5.128)和(5.129)，并注意对于 T.L 法，由于不考虑 t 时刻位形的变形，式中的 ${}^tu_k=0$，因此，线性应变增量为

$$\Delta E_{II}^L=\frac{\partial\Delta u_i}{\partial Z_I}\quad(\text{此处 } I \text{ 不求和，} i \text{ 和 } I=1,\ 2,\ 3) \tag{5.189}$$

$$\Delta E_{IJ}^{L}=\frac{1}{2}\left(\frac{\partial \Delta u_i}{\partial Z_J}+\frac{\partial \Delta u_j}{\partial Z_I}\right)\quad (i\neq j,\ I\neq J) \tag{5.190}$$

非线性应变增量为

$$\Delta E_{II}^{N}=\frac{1}{2}\left(\frac{\partial \Delta u_i}{\partial Z_I}\right)^2\quad (\text{此处 } I \text{ 不求和}, i \text{ 和 } I=1,\ 2,\ 3) \tag{5.191}$$

$$\Delta E_{IJ}^{N}=\frac{1}{2}\left(\frac{\partial \Delta u_k}{\partial Z_I}\frac{\partial \Delta u_k}{\partial Z_J}\right)\quad (I\neq J) \tag{5.192}$$

写成矩阵形式为

$$\Delta \boldsymbol{E}=\Delta \boldsymbol{E}^{L}+\Delta \boldsymbol{E}^{N} \tag{5.193}$$

其中

$$\Delta \boldsymbol{E}^{L}=\boldsymbol{L}\Delta \boldsymbol{u} \tag{5.194}$$

$$\Delta \boldsymbol{E}^{N}=\frac{1}{2}\Delta\bar{\boldsymbol{\beta}}\Delta\boldsymbol{\beta} \tag{5.195}$$

$\boldsymbol{L}$、$\Delta\bar{\boldsymbol{\beta}}$ 和 $\Delta\boldsymbol{\beta}$ 的表达式与 T. L 法相同。

(2) 有限元支配方程

对于 U. L 法，t 时刻的应变为零，$t+\Delta t$ 时刻的应变 ${}^{t+\Delta t}\boldsymbol{E}$ 就是 Δt 时段内的应变增量 $\Delta\boldsymbol{E}$，类似于 T. L 方法的推导，得到

$${}^{t+\Delta t}\boldsymbol{E}=\Delta\boldsymbol{E}=\boldsymbol{B}\Delta\boldsymbol{\delta}^{e} \tag{5.196}$$

式中，

$$\boldsymbol{B}=\boldsymbol{B}_{L}+\boldsymbol{B}'_{N} \tag{5.197}$$

$$\boldsymbol{B}_{L}=\boldsymbol{L}\boldsymbol{N} \tag{5.198}$$

$$\boldsymbol{B}'_{N}=\frac{1}{2}\Delta\bar{\boldsymbol{\beta}}\boldsymbol{G} \tag{5.199}$$

$\boldsymbol{B}'_{N}$ 的表达式及其中的 $\Delta\bar{\boldsymbol{\beta}}$ 和 $\boldsymbol{G}$ 均与 T. L 法相同。

由于 U. L 法以 t 时刻的位形为参考位形，此时的第二 Piola 应力 ${}^{t}\boldsymbol{T}$ 就是该位形的 Cauchy 应力 $\boldsymbol{\sigma}$，所以有

$${}^{t+\Delta t}\boldsymbol{T}={}^{t}\boldsymbol{T}+\Delta\boldsymbol{T}=\boldsymbol{\sigma}+\Delta\boldsymbol{T} \tag{5.200}$$

$$\Delta\boldsymbol{T}=\boldsymbol{D}\Delta\boldsymbol{E}=\boldsymbol{D}(\boldsymbol{B}_{L}+\boldsymbol{B}'_{N})\Delta\boldsymbol{\delta}^{e} \tag{5.201}$$

则 $t+\Delta t$ 时刻的单元虚功方程为

$$\int_V (\delta^{t+\Delta t}\boldsymbol{E})^{\mathrm{T}\,t+\Delta t}\boldsymbol{T}\mathrm{d}V = (\delta^{t+\Delta t}\boldsymbol{u})^{\mathrm{T}}\boldsymbol{P}_c + \int_V (\delta^{t+\Delta t}\boldsymbol{u})^{\mathrm{T}}\boldsymbol{P}\mathrm{d}V + \int_{S_\sigma} (\delta^{t+\Delta t}\boldsymbol{u})^{\mathrm{T}}\bar{\boldsymbol{P}}\mathrm{d}S \tag{5.202}$$

代入式(5.196)、(5.200)和(5.201)，与 T.L 方法类似得到式(5.202)左边为

$$\int_V (\delta^{t+\Delta t}\boldsymbol{E})^{\mathrm{T}\,t+\Delta t}\boldsymbol{T}\mathrm{d}V = \int_V (\delta\Delta\boldsymbol{E})^{\mathrm{T}}(\boldsymbol{\sigma}+\Delta\boldsymbol{T})\mathrm{d}V = \int_V (\delta(\boldsymbol{B}\Delta\boldsymbol{\delta}^e))^{\mathrm{T}}(\boldsymbol{\sigma}+\Delta\boldsymbol{T})\mathrm{d}V$$

由于 $(\delta\Delta\boldsymbol{\beta}_I)^{\mathrm{T}}\Delta\boldsymbol{\beta}_J = (\Delta\boldsymbol{\beta}_I)^{\mathrm{T}}\delta\Delta\boldsymbol{\beta}_J$，因此，$(\delta\Delta\bar{\boldsymbol{\beta}})\Delta\boldsymbol{\beta} = \Delta\bar{\boldsymbol{\beta}}\delta\Delta\boldsymbol{\beta}$。注意式(5.153)和(5.155)，则

$$\begin{aligned}\delta(\boldsymbol{B}\Delta\boldsymbol{\delta}^e) &= \delta[(\boldsymbol{B}_L+\boldsymbol{B}'_N)\Delta\boldsymbol{\delta}^e] = \boldsymbol{B}_L\delta\Delta\boldsymbol{\delta}^e + \frac{1}{2}\delta(\Delta\bar{\boldsymbol{\beta}}\Delta\boldsymbol{\beta}) = \boldsymbol{B}_L\delta\Delta\boldsymbol{\delta}^e + \Delta\bar{\boldsymbol{\beta}}\delta\Delta\boldsymbol{\beta}\\ &= \boldsymbol{B}_L\delta\Delta\boldsymbol{\delta}^e + \Delta\bar{\boldsymbol{\beta}}\boldsymbol{G}\delta\Delta\boldsymbol{\delta}^e = (\boldsymbol{B}_L+2\boldsymbol{B}'_N)\delta\Delta\boldsymbol{\delta}^e = (\boldsymbol{B}_L+\boldsymbol{B}_N)\delta\Delta\boldsymbol{\delta}^e\end{aligned}$$

以及

$$\boldsymbol{B}_N^{\mathrm{T}}\boldsymbol{\sigma} = 2(\boldsymbol{B}'_N)^{\mathrm{T}}\boldsymbol{\sigma} = (\Delta\bar{\boldsymbol{\beta}}\boldsymbol{G})^{\mathrm{T}}\boldsymbol{\sigma} = \boldsymbol{G}^{\mathrm{T}}\Delta\bar{\boldsymbol{\beta}}^{\mathrm{T}}\boldsymbol{\sigma} = \boldsymbol{G}^{\mathrm{T}}\bar{\boldsymbol{\sigma}}\Delta\boldsymbol{\beta} = \boldsymbol{G}^{\mathrm{T}}\bar{\boldsymbol{\sigma}}\boldsymbol{G}\Delta\boldsymbol{\delta}^e$$

式中

$$\bar{\boldsymbol{\sigma}} = \begin{bmatrix}\sigma_{11}\boldsymbol{I} & \sigma_{12}\boldsymbol{I} & \sigma_{13}\boldsymbol{I}\\ \sigma_{12}\boldsymbol{I} & \sigma_{22}\boldsymbol{I} & \sigma_{23}\boldsymbol{I}\\ \sigma_{13}\boldsymbol{I} & \sigma_{23}\boldsymbol{I} & \sigma_{33}\boldsymbol{I}\end{bmatrix} \tag{5.203}$$

$\boldsymbol{I}$ 是 3×3 阶的单位矩阵。因此，式(5.202)左边为

$$\begin{aligned}\int_V (\delta^{t+\Delta t}\boldsymbol{E})^{\mathrm{T}\,t+\Delta t}\boldsymbol{T}\mathrm{d}V &= (\delta\Delta\boldsymbol{\delta}^e)^{\mathrm{T}}\int_V \boldsymbol{B}_L^{\mathrm{T}}\boldsymbol{\sigma}\mathrm{d}V + (\delta\Delta\boldsymbol{\delta}^e)^{\mathrm{T}}\\ &\cdot\left[\int_V (\boldsymbol{G}^{\mathrm{T}}\bar{\boldsymbol{\sigma}}\boldsymbol{G} + \boldsymbol{B}_L^{\mathrm{T}}\boldsymbol{D}\boldsymbol{B}_L + \boldsymbol{B}_L^{\mathrm{T}}\boldsymbol{D}\boldsymbol{B}'_N + \boldsymbol{B}_N^{\mathrm{T}}\boldsymbol{D}\boldsymbol{B}_L + \boldsymbol{B}_N^{\mathrm{T}}\boldsymbol{D}\boldsymbol{B}'_N)\mathrm{d}V\right]\Delta\boldsymbol{\delta}^e\end{aligned} \tag{5.204}$$

令

$$\boldsymbol{R}_\sigma^e = -\int_V \boldsymbol{B}_L^{\mathrm{T}}\boldsymbol{\sigma}\mathrm{d}V \tag{5.205}$$

$$\boldsymbol{k}_\sigma = \int_V \boldsymbol{G}^{\mathrm{T}}\bar{\boldsymbol{\sigma}}\boldsymbol{G}\mathrm{d}V \tag{5.206}$$

$$\boldsymbol{k}_L = \int_V \boldsymbol{B}_L^{\mathrm{T}}\boldsymbol{D}\boldsymbol{B}_L\mathrm{d}V \tag{5.207}$$

$$k_N = \int_V B_L^{\mathrm{T}} D B'_N \mathrm{d}V + \int_V B_N^{\mathrm{T}} D B_L \mathrm{d}V + \int_V B_N^{\mathrm{T}} D B'_N \mathrm{d}V \tag{5.208}$$

则式(5.204)成为

$$\int_V (\delta^{t+\Delta t}\boldsymbol{E})^{\mathrm{T}\,t+\Delta t}\boldsymbol{T}\mathrm{d}V = (\delta\Delta\boldsymbol{\delta}^e)^{\mathrm{T}}[-\boldsymbol{R}_\sigma^e + (\boldsymbol{k}_\sigma + \boldsymbol{k}_L + \boldsymbol{k}_N)\Delta\boldsymbol{\delta}^e] \tag{5.209}$$

式(5.202)右边为

$$\begin{aligned}&(\delta^{t+\Delta t}\boldsymbol{u})^T\boldsymbol{P}_c + \int_V (\delta^{t+\Delta t}\boldsymbol{u})^{\mathrm{T}}\boldsymbol{P}\mathrm{d}V + \int_{S_\sigma}(\delta^{t+\Delta t}\boldsymbol{u})^{\mathrm{T}}\bar{\boldsymbol{P}}\mathrm{d}S \\ &= (\delta\Delta\boldsymbol{\delta}^e)^{\mathrm{T}}(\boldsymbol{N}^{\mathrm{T}}\boldsymbol{P}_c + \int_V \boldsymbol{N}^{\mathrm{T}}\boldsymbol{P}\mathrm{d}V + \int_{S_\sigma}\boldsymbol{N}^{\mathrm{T}}\bar{\boldsymbol{P}}\mathrm{d}S) = (\delta\Delta\boldsymbol{\delta}^e)^{\mathrm{T}}\boldsymbol{R}^e\end{aligned} \tag{5.210}$$

单元结点荷载 $\boldsymbol{R}^e$ 的表达式与式(5.177)相同。将式(5.209)和(5.210)代入式(5.202),注意 $\delta\Delta\boldsymbol{\delta}^e$ 的任意性,得到

$$(\boldsymbol{k}_\sigma + \boldsymbol{k}_L + \boldsymbol{k}_N)\Delta\boldsymbol{\delta}^e = \boldsymbol{R}^e + \boldsymbol{R}_\sigma^e \tag{5.211}$$

与 T. L 法类似,根据虚功方程,应用变分方法,可以得到 U. L 法增量形式的几何非线性有限元支配方程

$$\boldsymbol{K}_{\mathrm{T}}\Delta\boldsymbol{\delta} = \boldsymbol{R} + \boldsymbol{R}_\sigma \tag{5.212}$$

整体劲度矩阵 $\boldsymbol{K}_{\mathrm{T}}$、整体结点荷载列阵 $\boldsymbol{R}$ 以及由已知应力 $\boldsymbol{\sigma}$ 引起的整体等效结点荷载 $\boldsymbol{R}_\sigma$ 的表达式与式(5.184)～(5.188)类似。

5.4.3 非线性方程组求解

(1) 非线性方程组的线性化

非线性方程组的求解一般都采用线性化的方法,对于几何非线性有限元支配方程(5.183)和(5.212),线性化就是令

$$\boldsymbol{B}_N = \boldsymbol{B}'_N = \boldsymbol{0}$$

这就表示舍去大位移劲度矩阵 $\boldsymbol{K}_N$,此时有

$$\boldsymbol{K}_N = \boldsymbol{0},\ \boldsymbol{B} = \boldsymbol{B}_L,\ \boldsymbol{K}_{\mathrm{T}} = \boldsymbol{K}_L + \boldsymbol{K}_\sigma$$

不同的非线性方程组求解方法在处理几何非线性时略有不同。

对于 Euler-Newton 法和 Euler-拟 Newton 法,由于 $\boldsymbol{K}_L$ 中的 $\boldsymbol{B}_{L2}$ 与 t 时刻的结点位移 ${}^t\boldsymbol{\delta}^e$ 有关(T. L 法),$\boldsymbol{K}_\sigma$、$\boldsymbol{R}_\sigma$ 与 t 时刻的单元应力,即第二 Piola 应力 ${}^t\boldsymbol{T}$ (T. L 法)或 Cauchy 应力 $\boldsymbol{\sigma}$ (U. L 法)有关。因此,每一次迭代都要根据前一次迭代得到的,即 t 时刻的结点位移 ${}^t\boldsymbol{\delta}^e$、单元应力 ${}^t\boldsymbol{T}$ 或 $\boldsymbol{\sigma}$,修改劲度矩阵 $\boldsymbol{K}_L$ 、$\boldsymbol{K}_\sigma$ 和 结点荷载

矩阵 $\boldsymbol{R}_\sigma$。可见，对于每一次迭代，有限元方程是线性的；但即使对同一个增量步，$\boldsymbol{K}_L$ 和 $\boldsymbol{K}_\sigma$ 也是变化的。所以，整个加载过程是非线性的。

对于 Euler-修正 Newton 法，在同一增量步内，不同的迭代步 $\boldsymbol{K}_\mathrm{T}$ 保持不变，但每一次迭代仍要根据前一次迭代得到的单元应力 ${}^t\boldsymbol{T}$ 或 $\boldsymbol{\sigma}$，修改结点荷载矩阵 $\boldsymbol{R}_\sigma$。对于不同的增量步，也要根据前一增量步得到的结点位移 ${}^t\boldsymbol{\delta}^e$ 和单元应力 ${}^t\boldsymbol{T}$ 或 $\boldsymbol{\sigma}$ 修改劲度矩阵 $\boldsymbol{K}_L$ 和 $\boldsymbol{K}_\sigma$。可见，同一增量步内，方程左端的 $\boldsymbol{K}_\mathrm{T}$ 不变，但方程右端的荷载 $\boldsymbol{R}_\sigma$ 变化；而不同增量步的方程左右端 $\boldsymbol{K}_\mathrm{T}$ 和 $\boldsymbol{R}_\sigma$ 均有变化。所以，整个加载过程也是非线性的。

(2) 单元矩阵计算公式

非线性方程组各种解法的迭代过程在第二章已有介绍，这里只列出相关单元矩阵的计算公式，对于 T. L 描述的 Euler-Newton 法，第 m 增量步(对应于 $t\sim t+\Delta t$ 时段)第 $i-1$ 次迭代

$$\begin{cases}(\boldsymbol{B}_L)_m^{i-1}=\boldsymbol{B}_{L1}+(\boldsymbol{B}_{L2})_m^{i-1}=\boldsymbol{L}\boldsymbol{N}+\boldsymbol{\beta}_m^{i-1}\boldsymbol{G}\\(\boldsymbol{k}_L)_m^{i-1}=\int_V((\boldsymbol{B}_L)_m^{i-1})^\mathrm{T}\boldsymbol{D}(\boldsymbol{B}_L)_m^{i-1}\mathrm{d}V\\(\boldsymbol{k}_\sigma)_m^{i-1}=\int_V\boldsymbol{G}^\mathrm{T}({}^t\,\bar{\boldsymbol{T}})_m^{i-1}\boldsymbol{G}\mathrm{d}V\\(\boldsymbol{R}_\sigma^e)_m^{i-1}=-\int_V((\boldsymbol{B}_L)_m^{i-1})^\mathrm{T}({}^t\boldsymbol{T})_m^{i-1}\mathrm{d}V\end{cases}\tag{5.213}$$

对于 T. L 描述的 Euler-修正 Newton 法，第 m 增量步的每一次迭代

$$\begin{cases}(\boldsymbol{B}_L)_m=\boldsymbol{B}_{L1}+(\boldsymbol{B}_{L2})_m=\boldsymbol{L}\boldsymbol{N}+\boldsymbol{\beta}_m\boldsymbol{G}\\(\boldsymbol{k}_L)_m=\int_V(\boldsymbol{B}_L)_m^\mathrm{T}\boldsymbol{D}(\boldsymbol{B}_L)_m\mathrm{d}V\\(\boldsymbol{k}_\sigma)_m=\int_V\boldsymbol{G}^\mathrm{T}({}^t\,\bar{\boldsymbol{T}})_m\boldsymbol{G}\mathrm{d}V\\(\boldsymbol{R}_\sigma^e)_m=-\int_V(\boldsymbol{B}_L)_m^\mathrm{T}({}^t\boldsymbol{T})_m^{i-1}\mathrm{d}V\end{cases}\tag{5.214}$$

对于 U. L 描述的 Euler-Newton 法，第 m 增量步第 $i-1$ 次迭代

$$\begin{cases}\boldsymbol{B}_L=\boldsymbol{L}\boldsymbol{N}\\\boldsymbol{k}_L=\int_V\boldsymbol{B}_L^\mathrm{T}\boldsymbol{D}\boldsymbol{B}_L\mathrm{d}V\\(\boldsymbol{k}_\sigma)_m^{i-1}=\int_V\boldsymbol{G}^\mathrm{T}(\bar{\boldsymbol{\sigma}})_m^{i-1}\boldsymbol{G}\mathrm{d}V\\(\boldsymbol{R}_\sigma^e)_m^{i-1}=-\int_V\boldsymbol{B}_L^\mathrm{T}(\boldsymbol{\sigma})_m^{i-1}\mathrm{d}V\end{cases}\tag{5.215}$$

对于 U. L 描述的 Euler-修正 Newton 法，第 m 增量步的每一次迭代

$$\begin{cases} \boldsymbol{B}_L = \boldsymbol{LN} \\ \boldsymbol{k}_L = \int_V \boldsymbol{B}_L^{\mathrm{T}} \boldsymbol{D} \boldsymbol{B}_L \mathrm{d}V \\ (\boldsymbol{k}_\sigma)_m = \int_V \boldsymbol{G}^{\mathrm{T}} (\bar{\boldsymbol{\sigma}})_m \boldsymbol{G} \mathrm{d}V \\ (\boldsymbol{R}_\sigma^e)_m = -\int_V \boldsymbol{B}_L^{\mathrm{T}} (\boldsymbol{\sigma})_m^{i-1} \mathrm{d}V \end{cases} \tag{5.216}$$

(3) T. L 方法与 U. L 方法的比较

T. L 法与 U. L 法均是以已知位形为参考位形的 Lagrange 描述方法，有限元基本方程均由第二 Piola 应力和 Green 应变表示，因此，它们在本质上没有区别。但 T. L 法以初始位形为参考位形，而 U. L 法以前一个相邻位形为参考位形。有限元求解过程中，初始位形始终不变，而相邻位形不断变化，所以两者之间存在以下一些差别：

① 矩阵的稀疏程度不同。

T. L 法中，线性几何矩阵 $\boldsymbol{B}_L = \boldsymbol{B}_{L1} + \boldsymbol{B}_{L2}$ 和单元劲度矩阵 $\boldsymbol{k}$ 均为满矩阵。而在 U. L 法中，$\boldsymbol{B}_L = \boldsymbol{LN}$ 和单元劲度矩阵 $\boldsymbol{k}$ 均为稀疏矩阵。

② 应力的计算不同。

在 T. L 法中，计算初应力单元劲度矩阵 $\boldsymbol{k}_\sigma$ 和单元初应力结点荷载 $\boldsymbol{R}_\sigma^e$ 时，分别需要 t 时刻的第二 Piola 应力 $\bar{\boldsymbol{T}}$ 和 ${}^t\boldsymbol{T}$，迭代求解过程中，该应力可以直接叠加。而在 U. L 法中，计算 $\boldsymbol{k}_\sigma$ 和 $\boldsymbol{R}_\sigma^e$ 时，分别需要 t 时刻的 Cauchy 应力 $\bar{\boldsymbol{\sigma}}$ 和 $\boldsymbol{\sigma}$。因此，在求解过程中，应根据 t 时刻的应力 ${}^t\boldsymbol{T}$，采用式(5.79)转换为 $\boldsymbol{\sigma} = j\boldsymbol{ATA}^{\mathrm{T}}$ 才能计算 $\boldsymbol{k}_\sigma$ 和 $\boldsymbol{R}_\sigma^e$，并进行应力叠加。

③ 计算单元劲度矩阵 $\boldsymbol{k}$ 和 $\boldsymbol{R}_\sigma^e$ 的区域不同。

T. L 法中，单元劲度矩阵 $\boldsymbol{k}$ 和单元初应力结点荷载 $\boldsymbol{R}_\sigma^e$ 的积分计算在初始位形的单元体积内进行，结点坐标为初始值，迭代过程中不变。而在 U. L 法中，$\boldsymbol{k}$ 和 $\boldsymbol{R}_\sigma^e$ 的积分计算在前一个相邻位形的单元体积内进行，因此，结点坐标在不断改变。

5.4.4 二维几何非线性问题的相关公式

上述的三维几何非线性单元矩阵可以退化为二维几何非线性问题的表达式。由于求解过程的线性化，不再出现大位移劲度矩阵 $\boldsymbol{K}_N$，所以这里只给出与 $\boldsymbol{k}_L$、$\boldsymbol{k}_\sigma$ 和 $\boldsymbol{R}_\sigma^e$ 相关的表达式。

二维问题包括平面问题和轴对称问题，对于平面问题，下标1和2分别代表x、y方向；对于轴对称问题，下标1、2代表径向r和轴向z；下标3，对于平面问题为z方向，对于轴对称问题为环向。

微小线元$\mathrm{d}X_I$在参考位形中的长度为$\mathrm{d}L$，在现时位形中相应线元$\mathrm{d}x_i$的长度为$\mathrm{d}l$。设$\mathrm{d}\boldsymbol{X}$的分量$\mathrm{d}X_2=\mathrm{d}X_3=0$，则$\mathrm{d}L=\mathrm{d}X_1$，伸长度定义为

$$E_1=\frac{\mathrm{d}l-\mathrm{d}L}{\mathrm{d}L}=\frac{\mathrm{d}l-\mathrm{d}X_1}{\mathrm{d}X_1} \tag{5.217}$$

因此有

$$\mathrm{d}l=(1+E_1)\mathrm{d}X_1 \tag{5.218}$$

根据Green应变张量的定义有

$$(\mathrm{d}l)^2-(\mathrm{d}L)^2=2E_{11}(\mathrm{d}X_1)^2$$

则得

$$\mathrm{d}l=\sqrt{1+2E_{11}}\mathrm{d}X_1 \tag{5.219}$$

比较式(5.218)和(5.219)，得到Green应变分量E_{11}与伸长度E_1之间的关系，即

$$E_1=\sqrt{1+2E_{11}}-1$$

同样，可得其他方向应变分量与伸长度之间的关系，综合如下

$$\begin{cases} E_1=\sqrt{1+2E_{11}}-1 \\ E_2=\sqrt{1+2E_{22}}-1 \\ E_3=\sqrt{1+2E_{33}}-1 \end{cases} \tag{5.220}$$

轴对称问题需要考虑环向应变，环向伸长度E_3与径向位移之间有如下关系

$$E_3=u_1/X_1$$

引入式(5.220)可得

$$E_{33}=\frac{u_1}{X_1}+\frac{1}{2}\left(\frac{u_1}{X_1}\right)^2 \tag{5.221}$$

(1) T.L法

$$\Delta \boldsymbol{u} = [\Delta u_1 \quad \Delta u_2]^{\mathrm{T}}$$

$$\Delta \boldsymbol{\delta}^e = [\Delta\delta_1^1 \quad \Delta\delta_2^1 \quad \Delta\delta_1^2 \quad \Delta\delta_2^2 \quad \cdots \quad \Delta\delta_1^d \quad \Delta\delta_2^d]^{\mathrm{T}}$$

$$\Delta \boldsymbol{E} = [\Delta E_{11} \quad \Delta E_{22} \quad 2\Delta E_{12} \quad \Delta E_{33}]^{\mathrm{T}}$$

由式(5.221)可知,对于轴对称问题

$$\Delta E_{33} = \frac{\Delta u_1}{Y_1} + \frac{{}^t u_1 \Delta u_1}{Y_1^2} + \frac{1}{2}\left(\frac{\Delta u_1}{Y_1}\right)^2 \tag{5.222}$$

因此根据式(5.148)和(5.221)有

$$\boldsymbol{B}_{L1} = \begin{bmatrix} \frac{\partial N^1}{\partial Y_1} & 0 & \frac{\partial N^2}{\partial Y_1} & 0 & \cdots & \frac{\partial N^d}{\partial Y_1} & 0 \\ 0 & \frac{\partial N^1}{\partial Y_2} & 0 & \frac{\partial N^2}{\partial Y_2} & \cdots & 0 & \frac{\partial N^d}{\partial Y_2} \\ \frac{\partial N^1}{\partial Y_2} & \frac{\partial N^1}{\partial Y_1} & \frac{\partial N^2}{\partial Y_2} & \frac{\partial N^2}{\partial Y_1} & \cdots & \frac{\partial N^d}{\partial Y_2} & \frac{\partial N^d}{\partial Y_1} \\ \frac{N^1}{Y_1} & 0 & \frac{N^2}{Y_1} & 0 & \cdots & \frac{N^d}{Y_1} & 0 \end{bmatrix} \tag{5.223}$$

其中第 4 行是针对轴对称问题设置的。根据式(5.139)、(5.151)和(5.222)有

$$\boldsymbol{\beta} = \begin{bmatrix} L_{11} & L_{21} & 0 & 0 & 0 \\ 0 & 0 & L_{12} & L_{22} & 0 \\ L_{12} & L_{22} & L_{11} & L_{21} & 0 \\ 0 & 0 & 0 & 0 & L_{33} \end{bmatrix} \tag{5.224}$$

$$\boldsymbol{G} = \begin{bmatrix} \frac{\partial N^1}{\partial Y_1} & 0 & \cdots & \frac{\partial N^d}{\partial Y_1} & 0 \\ 0 & \frac{\partial N^1}{\partial Y_1} & \cdots & 0 & \frac{\partial N^d}{\partial Y_1} \\ \frac{\partial N^1}{\partial Y_2} & 0 & \cdots & \frac{\partial N^d}{\partial Y_2} & 0 \\ 0 & \frac{\partial N^1}{\partial Y_2} & \cdots & 0 & \frac{\partial N^d}{\partial Y_2} \\ \frac{N^1}{Y_1} & 0 & \cdots & \frac{N^d}{Y_1} & 0 \end{bmatrix} \tag{5.225}$$

式中

$$
\begin{cases}
L_{11}=\dfrac{\partial^{t}u_{1}}{\partial Y_{1}}=\sum\limits_{k=1}^{d}\dfrac{\partial N^{k}}{\partial Y_{1}}{}^{t}\delta_{1}^{k}\\
L_{12}=\dfrac{\partial^{t}u_{1}}{\partial Y_{2}}=\sum\limits_{k=1}^{d}\dfrac{\partial N^{k}}{\partial Y_{2}}{}^{t}\delta_{1}^{k}\\
L_{21}=\dfrac{\partial^{t}u_{2}}{\partial Y_{1}}=\sum\limits_{k=1}^{d}\dfrac{\partial N^{k}}{\partial Y_{1}}{}^{t}\delta_{2}^{k}\\
L_{22}=\dfrac{\partial^{t}u_{2}}{\partial Y_{2}}=\sum\limits_{k=1}^{d}\dfrac{\partial N^{k}}{\partial Y_{2}}{}^{t}\delta_{2}^{k}\\
L_{33}=\dfrac{{}^{t}u_{1}}{Y_{1}}=\dfrac{1}{Y_{1}}\sum\limits_{k=1}^{d}N^{k}{}^{t}\delta_{1}^{k}
\end{cases}
\tag{5.226}
$$

式中的 δ_1 和 δ_2 为结点 x 向和 y 向的位移(对于轴对称问题,则是 r 向和 z 向位移)。因此,根据式(5.149)有

$$
\boldsymbol{B}_{L2}=\boldsymbol{\beta G}
$$

$$
=\begin{bmatrix}
L_{11}\dfrac{\partial N^{1}}{\partial Y_{1}} & L_{21}\dfrac{\partial N^{1}}{\partial Y_{1}} & \cdots & L_{11}\dfrac{\partial N^{d}}{\partial Y_{1}} & L_{21}\dfrac{\partial N^{d}}{\partial Y_{1}}\\
L_{12}\dfrac{\partial N^{1}}{\partial Y_{2}} & L_{22}\dfrac{\partial N^{1}}{\partial Y_{2}} & \cdots & L_{12}\dfrac{\partial N^{d}}{\partial Y_{2}} & L_{22}\dfrac{\partial N^{d}}{\partial Y_{2}}\\
L_{11}\dfrac{\partial N^{1}}{\partial Y_{2}}+L_{12}\dfrac{\partial N^{1}}{\partial Y_{1}} & L_{21}\dfrac{\partial N^{1}}{\partial Y_{2}}+L_{22}\dfrac{\partial N^{1}}{\partial Y_{1}} & \cdots & L_{11}\dfrac{\partial N^{d}}{\partial Y_{2}}+L_{12}\dfrac{\partial N^{d}}{\partial Y_{1}} & L_{21}\dfrac{\partial N^{d}}{\partial Y_{2}}+L_{22}\dfrac{\partial N^{d}}{\partial Y_{1}}\\
L_{33}\dfrac{N^{1}}{Y_{1}} & 0 & \cdots & L_{33}\dfrac{N^{d}}{Y_{1}} & 0
\end{bmatrix}
\tag{5.227}
$$

t 时刻的第二 Piola 应力为

$$
{}^{t}\boldsymbol{T}=\left[{}^{t}T_{11}\quad {}^{t}T_{22}\quad {}^{t}T_{12}\quad {}^{t}T_{33}\right]^{\mathrm{T}}
\tag{5.228}
$$

$$
{}^{t}\bar{\boldsymbol{T}}=\begin{bmatrix}
{}^{t}T_{11}\boldsymbol{I} & {}^{t}T_{12}\boldsymbol{I} & 0\\
{}^{t}T_{12}\boldsymbol{I} & {}^{t}T_{23}\boldsymbol{I} & 0\\
0 & 0 & {}^{t}T_{33}
\end{bmatrix}
\tag{5.229}
$$

式中 $\boldsymbol{I}$ 为 2×2 的单位矩阵。

根据以上公式,即可计算式(5.178)~(5.180)的由已知应力 ${}^{t}\boldsymbol{T}$ 引起的单元初

应力结点荷载$\boldsymbol{R}_{\sigma}^{e}$、单元小位移劲度矩阵$\boldsymbol{k}_L$和单元几何劲度矩阵$\boldsymbol{k}_{\sigma}$，从而组成单元劲度矩阵和结构整体劲度矩阵，求解得到结点位移增量$\Delta\boldsymbol{\delta}$。

(2) U. L 法

位移增量$\Delta\boldsymbol{u}$、结点位移增量$\Delta\boldsymbol{\delta}^{e}$和应变增量$\Delta\boldsymbol{E}$的表达式与 T. L 法相同，但其中的

$$\Delta E_{33}=\frac{\Delta u_1}{Z_1}+\frac{1}{2}\left(\frac{\Delta u_1}{Z_1}\right)^2 \tag{5.230}$$

根据式(5.198)和(5.230)得

$$\boldsymbol{B}_L=\begin{bmatrix} \frac{\partial N^1}{\partial Z_1} & 0 & \frac{\partial N^2}{\partial Z_1} & 0 & \cdots & \frac{\partial N^d}{\partial Z_1} & 0 \\ 0 & \frac{\partial N^1}{\partial Z_2} & 0 & \frac{\partial N^2}{\partial Z_2} & \cdots & 0 & \frac{\partial N^d}{\partial Z_2} \\ \frac{\partial N^1}{\partial Z_2} & \frac{\partial N^1}{\partial Z_1} & \frac{\partial N^2}{\partial Z_2} & \frac{\partial N^2}{\partial Z_1} & \cdots & \frac{\partial N^d}{\partial Z_2} & \frac{\partial N^d}{\partial Z_1} \\ \frac{N^1}{Z_1} & 0 & \frac{N^2}{Z_1} & 0 & \cdots & \frac{N^d}{Z_1} & 0 \end{bmatrix} \tag{5.231}$$

t 时刻参考位形的 Cauchy 应力$\boldsymbol{\sigma}$为

$$\boldsymbol{\sigma}=[\sigma_{11}\quad\sigma_{22}\quad\sigma_{12}\quad\sigma_{33}]^{\mathrm{T}} \tag{5.232}$$

$$\bar{\boldsymbol{\sigma}}=\begin{bmatrix} \sigma_{11}\boldsymbol{I} & \sigma_{12}\boldsymbol{I} & 0 \\ \sigma_{12}\boldsymbol{I} & \sigma_{23}\boldsymbol{I} & 0 \\ 0 & 0 & \sigma_{33} \end{bmatrix} \tag{5.233}$$

$$\boldsymbol{G}=\begin{bmatrix} \frac{\partial N^1}{\partial Y_1} & 0 & \cdots & \frac{\partial N^d}{\partial Y_1} & 0 \\ 0 & \frac{\partial N^1}{\partial Y_1} & \cdots & 0 & \frac{\partial N^d}{\partial Y_1} \\ \frac{\partial N^1}{\partial Y_2} & 0 & \cdots & \frac{\partial N^d}{\partial Y_2} & 0 \\ 0 & \frac{\partial N^1}{\partial Y_2} & \cdots & 0 & \frac{\partial N^d}{\partial Y_2} \\ \frac{N^1}{Y_1} & 0 & \cdots & \frac{N^d}{Y_1} & 0 \end{bmatrix} \tag{5.234}$$

根据以上公式，即可计算式(5.205)～(5.207)的由已知应力$\boldsymbol{\sigma}$引起的单元初

应力结点荷载$\boldsymbol{R}_\sigma^e$、单元几何劲度矩阵$\boldsymbol{k}_\sigma$和单元小位移劲度矩阵$\boldsymbol{k}_L$，从而组成单元劲度矩阵和结构整体劲度矩阵，求解得到结点位移增量$\Delta\boldsymbol{\delta}$。

5.5　临界荷载

5.5.1　临界荷载的确定方法

工程结构的荷载-位移曲线一般都会有荷载的峰值点。峰值点之前，随着荷载的增加，位移也增大，曲线斜率为正，此时结构处于稳定状态。峰值点之后，曲线斜率为负，结构能够承担的荷载减小，而位移会快速增大，结构处于不稳定状态。峰值点相应的荷载即为临界荷载。临界荷载的确定是工程师和研究人员关心的问题。

4.4节已经指出，一个弹性系统的平衡稳定性与其控制微分方程解的唯一性是一致的。即系统平衡的控制微分方程解唯一，则系统的平衡状态稳定；反之亦是。因此，线弹性结构的平衡状态肯定是稳定的。微分方程解的不唯一，只能是非线性引起的。线弹性问题的弹性力学基本方程和边界条件为

$$\begin{cases}\varepsilon_{ij}=\dfrac{1}{2}\left(\dfrac{\partial u_i}{\partial x_j}+\dfrac{\partial u_j}{\partial x_i}\right)\\ \sigma_{ij}=2\mu\varepsilon_{ij}+\lambda\delta_{ij}\varepsilon_{kk}\\ \dfrac{\partial\sigma_{ij}}{\partial x_j}+f_i=0\quad(\text{在}\,V\,\text{上})\\ t_i-n_j\sigma_{ij}=0\quad(\text{在}\,S_\sigma\,\text{上})\\ u_i=0\quad\quad(\text{在}\,S_u\,\text{上})\end{cases}\quad(i,\ j,\ k=1,\ 2,\ 3)\tag{5.235}$$

现研究单纯几何非线性问题的临界荷载。假定弹性体承受的外荷载按比例施加，即

$$\begin{cases}f_i=\eta p_i\\ t_i=\eta q_i\end{cases}\quad(i=1,\ 2,\ 3)\tag{5.236}$$

式中，p_i和q_i分别是给定的已知体力和面力。我们要研究加载倍数η多大时，弹性体处于临界平衡状态。

由于式(5.235)中的非齐次项均依赖于η，因此，它的线弹性解也线性依赖于加载倍数η。现令满足方程的解为

$$\begin{cases}u_i=\eta u_i^0\\ \sigma_{ij}=\eta\sigma_{ij}^0\\ \varepsilon_{ij}=\eta\varepsilon_{ij}^0\end{cases}\quad(i=1,\ 2,\ 3)\tag{5.237}$$

考察弹性体在式(5.237)给出的状态邻近的另一个状态,它是在式(5.237)基础上增加一个小的扰动得到的状态

$$\begin{cases} u_i = \eta u_i^0 + v_i \\ \sigma_{ij} = \eta \sigma_{ij}^0 + \tau_{ij} \quad (i=1,\ 2,\ 3) \\ \varepsilon_{ij} = \eta \varepsilon_{ij}^0 + \gamma_{ij} \end{cases} \tag{5.238}$$

式中,v_i、τ_{ij} 和 γ_{ij} 为相应物理量的微小改变量。这个状态仍是原弹性体的一个平衡状态,而且满足以下的几何非线性基本方程

$$\begin{cases} \varepsilon_{ij} = \dfrac{1}{2}\left(\dfrac{\partial u_i}{\partial x_j} + \dfrac{\partial u_j}{\partial x_i} + \dfrac{\partial u_k}{\partial x_i}\dfrac{\partial u_k}{\partial x_j}\right) \\ \sigma_{ij} = 2\mu\varepsilon_{ij} + \lambda\delta_{ij}\varepsilon_{kk} \\ \dfrac{\partial}{\partial x_j}\left[\sigma_{ij}\left(\delta_{ik} + \dfrac{\partial u_k}{\partial x_i}\right)\right] + f_k = 0 \quad (\text{在 } V \text{ 上}) \\ t_k - n_j\left[\sigma_{ij}\left(\delta_{ik} + \dfrac{\partial u_k}{\partial x_i}\right)\right] = 0 \quad (\text{在 } S_\sigma \text{ 上}) \quad (i,\ j,\ k=1,\ 2,\ 3) \\ u_k = 0 \quad (\text{在 } S_u \text{ 上}) \end{cases} \tag{5.239}$$

应注意,这两个状态下弹性体所受的荷载相同,式(5.239)与式(5.235)相减得到增量方程,略去二阶小量,得到线性化后的扰动方程

$$\begin{cases} \gamma_{ij} = \dfrac{1}{2}\left(\dfrac{\partial v_i}{\partial x_j} + \dfrac{\partial v_j}{\partial x_i}\right) \\ \tau_{ij} = 2\mu\gamma_{ij} + \lambda\delta_{ij}\gamma_{kk} \\ \dfrac{\partial \tau_{kj}}{\partial x_j} + \eta\dfrac{\partial}{\partial x_j}[\tau_{ij}\dfrac{\partial u_k^0}{\partial x_i} + \sigma_{ij}^0\dfrac{\partial v_k}{\partial x_i}] = 0 \quad (\text{在 } V \text{ 上}) \\ n_j\tau_{kj} + \eta n_j[\tau_{ij}\dfrac{\partial u_k^0}{\partial x_i} + \sigma_{ij}^0\dfrac{\partial v_k}{\partial x_i}] = 0 \quad (\text{在 } S_\sigma \text{ 上}) \quad (i,\ j,\ k=1,\ 2,\ 3) \\ u_k = 0 \quad (\text{在 } S_u \text{ 上}) \end{cases} \tag{5.240}$$

将式(5.240)的第一式代入第二式,再代入第三和第四式,得到关于 v_k 的一组方程,这是一个含 η 的齐次边值问题。因此,问题就转化为求使 v_k 具有非零解的 η 值,η 就是临界荷载倍数。

以上的分析,将一个非线性问题近似为一个线性特征值问题求解,虽然比直接求解几何非线性方程组更容易,但对复杂的实际问题,直接求解式(5.240)仍然比

较困难。为此，通常采用数值方法求解，例如，采用弧长法求解 T. L 法增量形式的几何非线性有限元支配方程(5.183)或 U. L 法的有限元支配方程(5.212)，获得结构的临界荷载。

对于一维的荷载-位移曲线，临界荷载处的曲线斜率为零；而对于多自由度系统，临界荷载处的整体劲度矩阵 $\boldsymbol{K}_T$ 成为奇异矩阵。因此，还可以采用 4.4 节的方法确定临界荷载，并判别几何非线性系统的稳定性。

5.5.2　非线性对混凝土坝临界(极限)荷载的影响

应用弧长法求解 T. L 法的几何非线性有限元支配方程(5.183)，并考虑材料的非线性，研究非线性对三峡重力坝左 3 坝段和锦屏拱坝临界(极限)荷载的影响[2]，图 5.9(a)和(b)显示了有限元分析的网格。

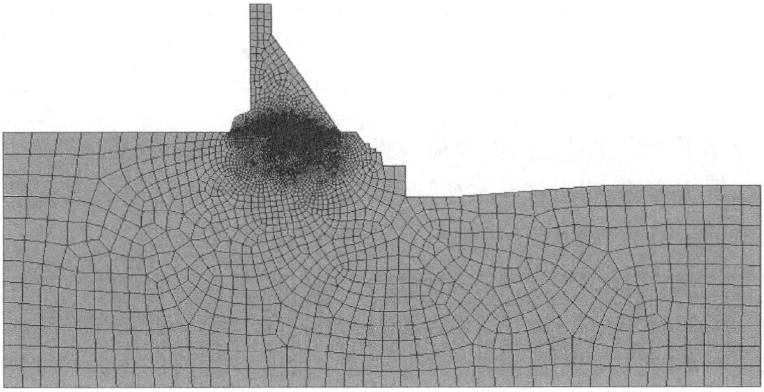

(a) 三峡重力坝左 3 坝段

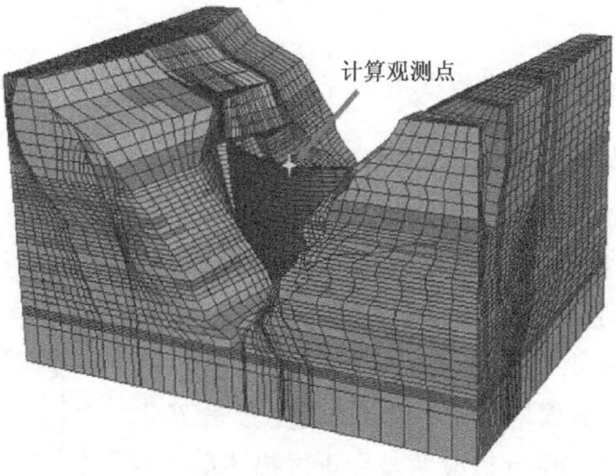

(b) 锦屏拱坝

图 5.9　大坝极限荷载分析的有限元网格

表 5.1 给出四种不同非线性计算工况对大坝极限荷载的影响。材料采用 Lubliner J[3]和 Lee J[4]提出的损伤应变软化模型，极限应变 $\varepsilon_u=0.8\times10^{-3}$ 的取值依据是 Evans 的实验资料[5]。

表 5.1 非线性对大坝极限荷载的影响

工况	几何方程	本构关系	几何非线性和应变软化对极限荷载的影响			
			几何非线性		应变软化	
			重力坝	拱坝	重力坝	拱坝
1	线性	理想弹塑性				
2	非线性	理想弹塑性	+0.62% (2−1)	−1.02% (2−1)		
3	线性	应变软化 $\varepsilon_u=0.8\times10^{-3}$			−24.07% (3−1)	−2.83% (3−1)
4	非线性	应变软化 $\varepsilon_u=0.8\times10^{-3}$	+11.29% (4−3)	−1.49% (4−3)	−15.95% (4−2)	−3.30% (4−2)

表中显示了非线性对大坝极限荷载影响的百分值，如+0.62%（2−1），表示工况 2 与工况 1 相比，即当材料本构均为理想弹塑性时，由于几何非线性的影响，可使重力坝的极限荷载增加 0.62%。其他百分值的意义类同。

可以看出，在本例中如果考虑几何非线性，可使重力坝的临界荷载提高，但拱坝的临界荷载会减小。若考虑应变软化，均会减小大坝的临界荷载。可见，为了确定大坝失稳破坏的真实临界(极限)荷载，应当正确考虑结构的几何与材料非线性。

习题

1. 一个正方形单元发生周期性的剪切变形，变形前后的坐标关系如下：

$$x_1 = X_1 + aX_2\sin\omega t,\quad x_2 = X_2,\quad x_3 = X_3$$

计算变形梯度 $\boldsymbol{A}$ 和单元体积变化。

2. 图 5.10 为一个四结点单元在 XY 平面内发生大位移和逆时针转动，转动角度为 90°，单元长度从 1.5 增至 2.0，宽度从 1.0 减小至 0.7。试计算变形梯度张量 $\boldsymbol{A}$，小变形工程应变 $\boldsymbol{\varepsilon}$、Green 应变张量 $\boldsymbol{E}$ 和 Almansi 应变张量 $\boldsymbol{e}$，分析应变是否正确描述单元变形情况。

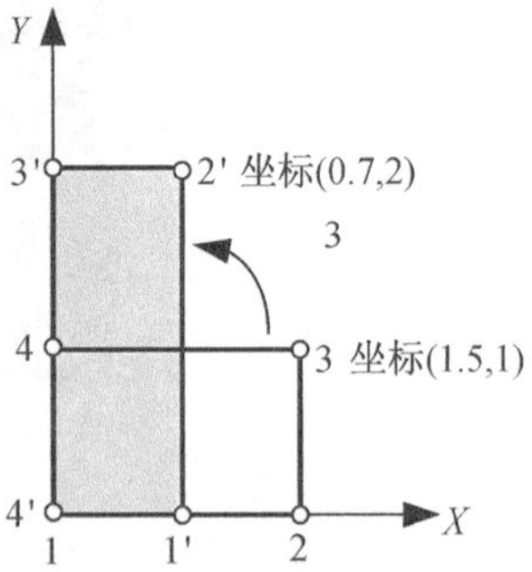

图 5.10 四结点单元的大变形和大旋转

3. 一个平面应变单元发生纯弯曲，变形前后的坐标关

系为

$$x_1 = X_1 - aX_1X_2,\quad x_2 = X_2 + \frac{1}{2}aX_1^2,\quad x_3 = X_3$$

计算 Green 应变 E 和工程应变 ε，并显示 a 趋于 0 时，两者的变形相同。

4. 等截面直杆一端受力 $F = 10$ kN 作 用(图 5.11)，杆的初始截面和长度分别为 $A_0 = 1.0\times10^{-4}$ m^2，$L_0 = 1.0$ m，材料的弹性模量 $E = 700$ MPa。分别采用 T.L方法和线弹性小变形模型计算杆端 2 的位移，并进行比较。

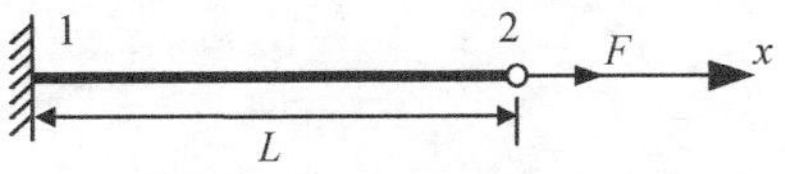

图 5.11 等截面直杆受力

5. 一个矩形单元的变形如下：

$$x_1 = \alpha X_1,\quad x_2 = \beta X_2,\quad x_3 = \beta X_3$$

假定其材料为不可压缩，弹模 $E = 600$ MPa，泊松比 $\mu = 0.49$。试写出第二 Piola 应力 T_{11} 和 Cauchy 应力 σ_{11} 关于 α 的函数表达式，并绘出 $\alpha = [0.7\ 1.5]$ 时的 T_{11} 和 σ_{11}。

6. 若图 5.11 中的 $F = 100$ N，$A_0 = 1.0$ m^2，$L_0 = 1.0$ m，$E = 200$ Pa。变形体的本构关系为 $\sigma_{11} = E\varepsilon_{11}$，$\sigma_{11}$ 为 Cauchy 应力，ε_{11} 为工程应变。采用 U.L 法，求解杆端位移和单轴杆的应力应变。

参考文献

[1] Kim N-H. Introduction to Nonlinear Finite Element Analysis [M]. New York: Springer, 2014.

[2] REN Q, JIANG Y. Ultimate bearing capacity of concrete dam involved in geometric and material nonlinearity [J]. Sci. China Ser. E: Tech. Sci. 2011, 54(3):509-515.

[3] Lubliner J, Oliver J, Oller S, et al. A Plastic-damage model for concrete [J]. Int. J. Solids Struct. 1989, 25(3):229-326.

[4] Lee J, Fenves G. Plastic-damage model for cyclic loading of concrete structures [J]. J. Eng. Mech. 1998, 124(8):892-900.

[5] Evans R H, Marathe M S. Microcracking and stress-strain curves for concrete in tension [J]. Mater. Struct. 1968(1):61-64.

第 6 章　接触非线性有限元

6.1 引言

在工程实践中，经常会遇到大量的接触问题。火车车轮在钢轨上行走、齿轮的啮合等都是典型的接触问题。在水利和土木工程中，建筑物基础与地基，混凝土坝分缝两侧，地下洞室衬砌与围岩之间，岩体结构面两侧都存在接触问题。对于具有接触面的结构，在承受荷载的过程中，接触面的状态通常是变化的，这将影响接触体的应力场。而应力场的改变反过来又影响接触状态，因此，接触是一个非线性的过程。

1781 年，法国工程师 C. A. Coulomb 提出了著名的 Coulomb 摩擦定律，开始了人们对接触力学的研究。100 年后，H. Herz 应用经典弹性理论较系统地研究了弹性体的接触问题，他在 1882 年发表的《弹性接触问题》一书中，提出经典的 Hertz 弹性接触理论。后来 Boussinesg 等其他学者又进一步发展了这个理论。但他们都是采用一些简单的数学公式来研究接触问题，因而只能解决形状简单（如半无限大体）、接触状态不复杂的接触问题。

目前，关于接触问题的分析方法主要有解析法和数值法。20 世纪 60 年代以后，随着计算机和计算技术的发展，使应用数值方法解决复杂接触问题成为可能。分析接触问题的数值方法大致可分为三类：数学规划法、边界元法和有限元法。

数学规划法是一种优化方法，求解接触问题时，根据接触准则或变分不等式建立数学模型，然后采用二次规划或罚函数方法给出解答。边界元方法也被用来求解接触问题，1980 年和 1981 年，Anderson[1][2] 先后发表两篇文章，用于求解无摩擦弹性接触和有摩擦弹性接触问题。近年来虽有所发展，但仍主要用于解决弹性接触问题。就目前的发展水平来看，数学规划法和边界元法只适合于解决比较简单的弹性接触问题。对于相对复杂的接触非线性问题，如大变形、弹塑性接触问题，还是有限元方法比较成熟和有效。

早在 1970 年，Wilson 和 Parsons[3] 提出一种位移有限元方法求解接触问题。Chan 和 Tuba，Ohte[4][5] 等进一步发展了这类方法。其基本思想是迭代求解，即假定接触状态，求出接触力，检验接触条件，若与假定的接触状态不符，则重新假定接触状态，直至迭代计算得到的接触状态与假定状态一致为止。但他们的研究没有考虑接触面的摩擦力。不考虑摩擦力的接触过程是一种可逆的过程，即最终结果与加载途径无关。此时，只需要进行一次加载，就能得到最终稳定的解。如果考虑接触面的摩擦力，接触过程就是不可逆的，必须采用增量加载的方法进行接触分析。1973 年，Tusta 和 Yamaji[6] 的文章详细讨论了接触过程的可逆性和不可逆性。

Wilson 和 Parsons 的方法在求解接触问题时，每一次接触状态的改变，都要重新形成整体劲度矩阵，求解全部的支配方程，既占内存，又费机时。实际上，接触状态的改变是局部的，只有与接触区域有关的一小部分需要变动，为此，又提出一些改进的方法。1975 年，Francavilla 和 Zienkiewicz[7] 提出相对简单的柔度法，可节约计算时间，提高了求解接触问题的效率。

另外一种提高接触问题计算效率的方法是把接触点对作为“单元”考虑。1979 年，Okamoto 和 Nakazawa[8] 提出“接触单元”，它是根据接触点对位移与力之间的关系建立接触条件。接触单元和普通单元一样，可以直接组装到整体劲度矩阵中去。然后对支配方程进行“静力凝聚”，保留接触面各点的自由度，得到在接触点凝聚的支配方程。由于接触点数远小于结点数，凝聚后的方程阶数比未凝聚时方程阶数低得多。当接触状态改变时，只需对凝聚的支配方程进行修正和求解，因而可节约计算时间。

1975 年，Schafer[9] 根据虚功原理推导了“连接单元(bond element)”，也可以像普通单元一样地形成并组装到整体劲度矩阵中。连接单元包含有接触面的接触特性，通过改变形成单元的某些参数，来反映不同的接触状态。

1979 年，J. T. Stadter 和 R. O. Weiss[10] 提出间隙元方法(finite element gap)。这是一种虚设的具有一定物理性质的特殊接触单元，其内部的应力应变反映了接触状态，并利用塑性力学中的“应力不变”准则来模拟接触过程。

实际接触问题往往伴随材料非线性和(或)几何非线性。目前，关于弹塑性接触问题的研究也有了相当的进展，但有关大变形弹塑性接触的研究成果还很少。为简化问题，便于读者掌握接触非线性问题的本质和求解方法，本章主要讨论小变形弹性接触问题，首先导出弹性接触问题的有限元解法的基本方程，再介绍一些典型的接触单元，然后给出接触问题常用的有限元解法。

6.2　接触问题的有限元基本方程

一般来说，求解固体力学问题必须给定边界条件。但是，接触问题中，由于接触体的变形以及接触边界的摩擦作用使得部分边界条件随加载过程而变化，且不可恢复。这种因边界条件的可变性和不可逆性产生的非线性问题，称为接触非线性或边界非线性。接触非线性主要表现在两个方面：一是接触表面的改变，即接触面积的变化，导致自由表面边界与接触面边界间的相互转换；二是接触面的变形、摩擦和滑移所表现出来的强非线性。随着荷载和位移的改变，接触表面的接触状态会发生相互转变，所以一般说来，接触问题的求解是一个反复迭代的过程。

当接触内力只与受力状态有关而与加载路径无关时，即使荷载和接触压力之间的关系是非线性的，仍然属于简单加载过程或可逆加载过程。无摩擦的接触问题就属于可逆加载问题。当接触面间存在摩擦时，在一定条件下就可能出现不可逆加载过程(或称复杂加载过程)，这时通常要用增量方法求解。

在分析弹性接触问题时，有如下的基本假定：

① 接触物体的材料是线弹性的，位移和变形是微小的；

② 作用在接触面上的摩擦力服从 Mohr-Coulomb 准则；

③ 接触面连续平滑。

工程实践表明，很多接触问题在上述假定下可以得到符合实际的解答。

6.2.1 接触结点对坐标系

采用有限元方法分析接触问题时，结构的离散化与非接触问题的离散化没有原则上的区别。需注意的是，加载前已经接触的边界和加载后可能接触的边界都是接触边界；接触边界上的任何一个结点被视为分属两接触体的接触结点对。即把已接触边界上的任一点当成属于两接触体的一对结点，而可能接触边界上的结点也相应配成接触结点对。为方便分析，需建立接触结点对的局部坐标系，对于加载前已接触的情况，连接相邻两对接触结点对在同一接触体上的结点作为切线，将该线的垂线作为法线；若加载前未接触，此时由于无公切线，所以只能针对某一接触体建立接触结点对的局部坐标系，并使其坐标轴大致符合结点对的法线和切线方向。

图 6.1 为两个接触体 A、B 组成的接触问题，根据以上方法建立局部坐标系 (x, y, z)。由于一般情况下，A、B 两个物体在接触点处无公共切面和公共法线，因此，局部坐标系的 z 轴只能尽可能地接近公法线方向，xy 平面尽可能地接近公切面。

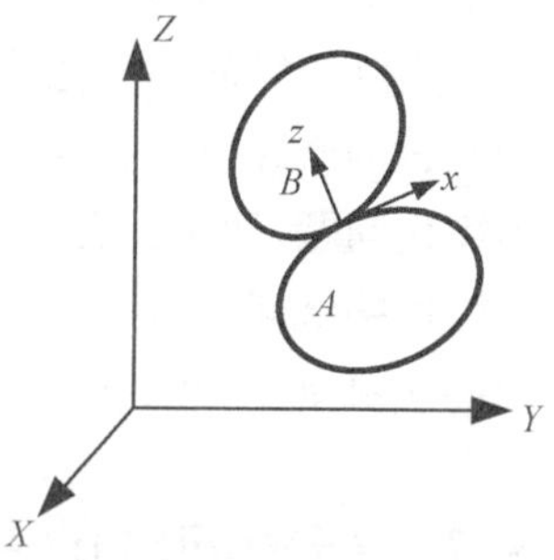

图 6.1 两接触体示意图

表 6.1 给出整体和局部坐标系下任一点的位移和

接触力，以及结点位移和接触力符号。其中 $j=A, B$。表中，j 为上标时代表任一点的位移和接触力，j 为下标时表示结点的位移和接触力。

表 6.1　位移和接触力符号

	整体坐标系	局部坐标系
任一点位移	$\boldsymbol{U}^j=[U^j \quad V^j \quad W^j]^{\mathrm{T}}$	$\boldsymbol{u}^j=[u^j \quad v^j \quad w^j]^{\mathrm{T}}$
任一点接触力	$\boldsymbol{Q}^j=[Q_X^j \quad Q_Y^j \quad Q_Z^j]^{\mathrm{T}}$	$\boldsymbol{q}^j=[q_x^j \quad q_y^j \quad q_z^j]^{\mathrm{T}}$
结点位移	$\boldsymbol{U}_j=[U_j \quad V_j \quad W_j]^{\mathrm{T}}$	$\boldsymbol{u}_j=[u_j \quad v_j \quad w_j]^{\mathrm{T}}$
结点接触力	$\boldsymbol{P}_j=[P_{Xj} \quad P_{Yj} \quad P_{Zj}]^{\mathrm{T}}$	$\boldsymbol{p}_j=[p_{xj} \quad p_{yj} \quad p_{zj}]^{\mathrm{T}}$

离散结构的结点力和结点位移需要在局部坐标系($x\ y\ z$)与整体坐标系($X\ Y\ Z$)之间转换，注意结点对的两个结点共用局部坐标系，因此有

$$\boldsymbol{u}^j=\boldsymbol{T}\boldsymbol{U}^j\text{；}\boldsymbol{u}_j=\boldsymbol{T}\boldsymbol{U}_j \tag{6.1}$$

$$\boldsymbol{q}^j=\boldsymbol{T}\boldsymbol{Q}^j\text{；}\boldsymbol{p}_j=\boldsymbol{T}\boldsymbol{P}_j \tag{6.2}$$

式中

$$\boldsymbol{T}=\begin{bmatrix}\cos(x, X) & \cos(x, Y) & \cos(x, Z)\\ \cos(y, X) & \cos(y, Y) & \cos(y, Z)\\ \cos(z, X) & \cos(z, Y) & \cos(z, Z)\end{bmatrix} \tag{6.3}$$

接触体之间的间隙表示为

$$\boldsymbol{g}=(\boldsymbol{u}_B-\boldsymbol{u}_A)+\boldsymbol{g}^0 \tag{6.4}$$

式中

$$\boldsymbol{g}=[g_x \quad g_y \quad g_z]^{\mathrm{T}},\ \boldsymbol{g}^0=[g_x^0 \quad g_y^0 \quad g_z^0]^{\mathrm{T}} \tag{6.5}$$

$\boldsymbol{g}^0$ 为初始间隙，通常为 $\boldsymbol{g}^0=[0 \quad 0 \quad g_z^0]^{\mathrm{T}}$。

6.2.2　接触问题的基本方程与有限元列式

对于图 6.1 中 A、B 两个接触体，局部坐标下 A 和 B 在接触边界上的接触力为 $\boldsymbol{q}^A$ 和 $\boldsymbol{q}^B$，位移矢量为 $\boldsymbol{u}^A$ 和 $\boldsymbol{u}^B$，它们在整体坐标系下以相应的大写字母表示。为便于计算，通常取接触面切向力的合力方向为局部坐标 x。假设接触物体满足以上弹性接触问题的三个基本假定，则根据 3.1 节小变形问题的基本方程，描述空间系统摩擦接触问题的基本方程可表示如下，对接触体 A 有

平衡微分方程　　　　$\boldsymbol{L}^{\mathrm{T}}\boldsymbol{\sigma}^A+\boldsymbol{p}=\boldsymbol{0}$

几何方程 $\boldsymbol{\varepsilon}^A = \boldsymbol{L}\boldsymbol{U}^A$

物理方程 $\boldsymbol{\sigma}^A = \boldsymbol{D}\boldsymbol{\varepsilon}^A$

位移边界条件 $\boldsymbol{U}^A \mid_{S=S_u^A} = \bar{\boldsymbol{U}}^A$

应力边界条件 $\boldsymbol{n}(\boldsymbol{\sigma}^A)_{S=S_\sigma^A} = \bar{\boldsymbol{p}}^A$

式中，S_u^A、S_σ^A 为接触体 A 上的位移边界和应力边界。$\boldsymbol{U}^A = [U^A \quad V^A \quad W^A]^{\mathrm{T}}$ 为接触体 A 任一点的位移，$\bar{\boldsymbol{U}}^A$、$\bar{\boldsymbol{p}}^A$ 分别是接触体 A 在边界上的已知位移和已知面力。

与上述平衡微分方程和应力边界条件等价的虚功方程为

$$\int_V (\delta\boldsymbol{\varepsilon}^A)^{\mathrm{T}}\boldsymbol{\sigma}^A \mathrm{d}V = \int_V (\delta\boldsymbol{U}^A)^{\mathrm{T}}\boldsymbol{p}^A \mathrm{d}V + \int_{S_\sigma^A} (\delta\boldsymbol{U}^A)^{\mathrm{T}}\ \bar{\boldsymbol{p}}^A \mathrm{d}S + \int_{S_c} (\delta\boldsymbol{U}^A)^{\mathrm{T}}\boldsymbol{Q}^A \mathrm{d}S \tag{6.6}$$

式中，$\delta\boldsymbol{U}$ 为虚位移，$\delta\boldsymbol{\varepsilon}$ 为与虚位移相应的虚应变。右边第三项为接触力产生的虚功，s_c 表示接触边界，$\boldsymbol{Q}^A$ 是接触边界任一点的接触力。

对于不发生相对滑移的连续接触

$$\boldsymbol{Q}^A = [Q_X^A \quad Q_Y^A \quad Q_Z^A]^{\mathrm{T}}$$

对于发生滑移的接触边界

$$\boldsymbol{Q}^A = \boldsymbol{T}^{-1}\,[\mid q_z^A \mid f \quad 0 \quad q_z^A]^{\mathrm{T}}$$

将求解区域 A 离散，设单元结点位移为 $\boldsymbol{U}_A^e$，单元的形函数矩阵为 $\boldsymbol{N}$，应变矩阵为 $\boldsymbol{B}$，单元材料的弹性矩阵为 $\boldsymbol{D}$，则有

$$\boldsymbol{U}^A = \boldsymbol{N}\boldsymbol{U}_A^e$$

$$\boldsymbol{\varepsilon} = \boldsymbol{B}\boldsymbol{U}_A^e$$

$$\boldsymbol{\sigma} = \boldsymbol{D}\boldsymbol{\varepsilon} = \boldsymbol{D}\boldsymbol{B}\boldsymbol{U}_A^e$$

代入式(6.6)，整理后得

$$\boldsymbol{k}_A\boldsymbol{U}_A^e = \boldsymbol{R}_A^e + \boldsymbol{P}_A^e \tag{6.7}$$

式中

$$\boldsymbol{k}_A = \int_{V_A} \boldsymbol{B}^{\mathrm{T}}\boldsymbol{D}\boldsymbol{B}\,\mathrm{d}V \tag{6.8}$$

$$\boldsymbol{R}_A^e = \int_{V_A} \boldsymbol{N}^{\mathrm{T}}\boldsymbol{p}^A \mathrm{d}V + \int_{S_\sigma^A} \boldsymbol{N}^{\mathrm{T}}\ \bar{\boldsymbol{p}}^A \mathrm{d}S \tag{6.9}$$

$$\boldsymbol{P}_A^e = \int_{S_c} \boldsymbol{N}^{\mathrm{T}} \boldsymbol{Q}^A \mathrm{d}S \tag{6.10}$$

式(6.10)中，$\boldsymbol{P}_A^e = [P_{XA}^1 \quad P_{YA}^1 \quad P_{ZA}^1 \quad P_{XA}^2 \quad P_{YA}^2 \quad P_{ZA}^2 \quad \cdots \quad P_{XA}^d \quad P_{YA}^d \quad P_{ZA}^d]^{\mathrm{T}}$ 为整体坐标系下接触单元的接触结点力，d 为接触单元的结点数。

式(6.7)是接触体 A 的单元平衡方程，引入单元选择矩阵 $\boldsymbol{c}_A^e$，得到

$$\boldsymbol{U}_A^e = \boldsymbol{c}_A^e \boldsymbol{U}_A \tag{6.11}$$

$\boldsymbol{U}_A$ 是接触体 A 的整体结点位移列阵。根据式(6.7)集合全部单元，并利用式(6.11)得

$$\sum_e (\boldsymbol{c}_A^e)^{\mathrm{T}} \boldsymbol{k}_A \boldsymbol{c}_A^e \boldsymbol{U}_A = \sum_e (\boldsymbol{c}_A^e)^{\mathrm{T}} \boldsymbol{R}_A^e + \sum_e (\boldsymbol{c}_A^e)^{\mathrm{T}} \boldsymbol{P}_A^e$$

即

$$\boldsymbol{K}_A \boldsymbol{U}_A = \boldsymbol{R}_A + \boldsymbol{P}_A \tag{6.12}$$

式中

$$\boldsymbol{K}_A = \sum_e (\boldsymbol{c}_A^e)^{\mathrm{T}} \boldsymbol{k}_A \boldsymbol{c}_A^e \tag{6.13}$$

$$\boldsymbol{R}_A = \sum_e (\boldsymbol{c}_A^e)^{\mathrm{T}} \boldsymbol{R}_A^e \tag{6.14}$$

$$\boldsymbol{P}_A = \sum_e (\boldsymbol{c}_A^e)^{\mathrm{T}} \boldsymbol{P}_A^e \tag{6.15}$$

$\boldsymbol{K}_A$、$\boldsymbol{R}_A$、$\boldsymbol{P}_A$ 分别为接触体 A 的整体劲度矩阵、整体结点荷载矩阵和整体接触结点力矩阵。式(6.12)为接触体 A 的整体平衡方程。

同样可得接触体 B 的整体平衡方程

$$\boldsymbol{K}_B \boldsymbol{U}_B = \boldsymbol{R}_B + \boldsymbol{P}_B \tag{6.16}$$

合并式(6.12)和(6.16)两个方程，得到整体结构的有限元方程，即

$$\boldsymbol{K}\boldsymbol{U} = \boldsymbol{R} + \boldsymbol{P} \tag{6.17}$$

式中，$\boldsymbol{U}$、$\boldsymbol{R}$、$\boldsymbol{P}$ 分别为结构的整体结点位移列阵、整体结点荷载列阵和整体接触结点力列阵。

$$\boldsymbol{K} = \begin{bmatrix} \boldsymbol{K}_A & \boldsymbol{0} \\ \boldsymbol{0} & \boldsymbol{K}_B \end{bmatrix} \tag{6.18}$$

$$\boldsymbol{U} = \begin{Bmatrix} \boldsymbol{U}_A \\ \boldsymbol{U}_B \end{Bmatrix} \quad \boldsymbol{R} = \begin{Bmatrix} \boldsymbol{R}_A \\ \boldsymbol{R}_B \end{Bmatrix} \quad \boldsymbol{P} = \begin{Bmatrix} \boldsymbol{P}_A \\ \boldsymbol{P}_B \end{Bmatrix} \tag{6.19}$$

与非接触问题的有限元支配方程相比，式(6.17)右边多了未知接触结点力 $\boldsymbol{P}$。非接触问题有限元方程数与未知量数相等，接触问题有限元方程数少于未知量数。若有 m 个接触结点对，则有 $6m$ 个结点接触力(对于平面问题，则为 $4m$ 个结点接触力)，因而方程数比未知量数少 $6m$ 个。为此，需要补充方程。

对于接触问题，除了满足上述固体力学基本方程和相应的边界条件外，还必须满足接触面上的接触条件。接触条件主要包括两个方面，一是接触体之间在接触面上的变形协调性，不可相互嵌入；二是摩擦条件。考虑 m 个接触结点对的接触条件就可以形成 $6m$ 个补充方程。接触条件将在 6.2.3 节中阐述。

由于接触问题是非线性问题，所以需要迭代求解。在荷载施加过程中，接触边界不断变化，导致自由度变化，从而引起 $\boldsymbol{K}$ 的不断变化，因此，方程(6.17)的求解应采用变刚度迭代法。

6.2.3 接触条件

接触问题的场变量除满足固体力学基本方程、给定的边界条件以及动力问题的初始条件外，还需要满足接触面上的接触条件。所谓接触条件，是指接触面上接触点处的位移和力的条件。利用接触条件，可以判断接触物体之间的接触状态。接触状态可分为三类:连续接触、滑动接触和开式接触。局部坐标系内三类接触条件可表示为:

(1) 连续接触条件

位移条件
$$\boldsymbol{g} = (\boldsymbol{u}_B - \boldsymbol{u}_A) + \boldsymbol{g}^0 = \boldsymbol{0} \tag{6.20}$$

面力条件
$$p_{iA} = -p_{iB}(i = x,\ y,\ z) \tag{6.21}$$

同时要满足沿接触面的切平面方向不滑动的条件

$$p_{zB} < 0 \text{ 和 } \sqrt{p_{xB}^2 + p_{yB}^2} < f \mid p_{zB} \mid \tag{6.22}$$

式中，f 是接触面之间的滑动摩擦系数。

(2) 滑移接触条件

位移条件
$$g_z = (w_B - w_A) + g_z^0 = 0 \tag{6.23}$$

面力条件
$$p_{iA} = -p_{iB}(i = x,\ y,\ z) \text{ 和 } p_{xB} = f \mid p_{zB} \mid \cos\alpha,\ p_{yB} = f \mid p_{zB} \mid \sin\alpha \tag{6.24}$$

其中

$$\cos\alpha = \frac{p_{xB}}{\sqrt{p_{xB}^2 + p_{yB}^2}},\ \sin\alpha = \frac{p_{yB}}{\sqrt{p_{xB}^2 + p_{yB}^2}} \tag{6.25}$$

同时要满足沿接触面的切平面方向发生滑动的条件

$$p_{zB} \leqslant 0 \text{ 和 } \sqrt{p_{xB}^2 + p_{yB}^2} \geqslant f \mid p_{zB} \mid \tag{6.26}$$

(3) 开式接触条件

位移条件 $$g_z = (w_B - w_A) + g_z^0 > 0 \tag{6.27}$$

面力条件 $$p_{iA} = -p_{iB} = 0 \ (i = x, y, z) \tag{6.28}$$

以上接触条件中出现的位移和接触力通常都是未知量,因此,需要采用迭代算法,即首先假定接触状态,根据假定的接触状态建立有限元求解的支配方程,求解方程得到接触面的位移和接触力,并校核接触条件是否与原来假定的接触状态相符。若不同,就要修正接触状态,这样不断地循环迭代,直到接触状态稳定为止。

表 6.2 列出三种接触类型的接触条件。接触条件的不可逆性决定了其求解时必须用增量方法,表 6.3 给出增量形式的接触条件。实际的接触状态在这三种接触类型之间转化,表 6.4 列出接触类型的判别准则。

表 6.2　接触条件

	开式接触	连续接触	滑移接触
位移条件	$g_z = (w_B - w_A) + g_z^0 > 0$	$g_z = (w_B - w_A) + g_z^0 = 0$ $g_x == u_B - u_A = 0$ $g_y == v_B - v_A = 0$	$g_z = (w_B - w_A) + g_z^0 = 0$
面力条件	$\boldsymbol{p}_A = \boldsymbol{0}$ $\boldsymbol{p}_B = \boldsymbol{0}$	$\boldsymbol{p}_A + \boldsymbol{p}_B = \boldsymbol{0}$ $p_z = p_{zA} = -p_{zB} < 0$ $\sqrt{p_x^2 + p_y^2} \leqslant -fp_z$	$\boldsymbol{p}_A + \boldsymbol{p}_B = \boldsymbol{0}$ $p_{zB} < 0$, $\sqrt{p_x^2 + p_y^2} > -fp_z$ $p_{xB} = f \mid p_{zB} \mid \cos\alpha$, $p_{yB} =$ $f \mid p_{zB} \mid \sin\alpha$

表 6.3　结点对的位移增量和结点力增量

	开式接触	连续接触	滑移接触
位移增量	$\Delta u_B - \Delta u_A = \Delta g_x$ $\Delta v_B - \Delta v_A = \Delta g_y$ $\Delta w_B - \Delta w_A = \Delta g_z$	$\Delta u_B - \Delta u_A = 0$ $\Delta v_B - \Delta v_A = 0$ $\Delta w_B - \Delta w_A = 0$	$\Delta u_B - \Delta u_A = \Delta g_x$ $\Delta v_B - \Delta v_A = \Delta g_y$ $\Delta w_B - \Delta w_A = 0$
结点力增量	$\Delta p_{iA} = \Delta p_{iB} = 0$ $(i = x, y, z)$	$\Delta p_i = \Delta p_{iA} = -\Delta p_{iB}$ $(i = x, y, z)$	$\Delta p_x = \Delta p_{xA} = -\Delta p_{xB} = \pm f\Delta p_z \cos\alpha$ $\Delta p_y = \Delta p_{yA} = -\Delta p_{yB} = \pm f\Delta p_z \sin\alpha$ $\Delta p_z = \Delta p_{zA} = -\Delta p_{zB}$

表 6.4　接触类型判断准则

类型		接触类型的判别准则
t_n（现时刻）	t_{n+1}（下一时刻）	
分离	分离	$g_z > 0$
	接触	$g_z \leqslant 0$
连续	连续	$p_z < 0$；$\vert p_x \vert < fp_z\cos\alpha$；$\vert p_y \vert < fp_z\sin\alpha$
	分离	$p_z \geqslant 0$
	滑移	$p_z < 0$；$\vert p_x \vert \geqslant fp_z\cos\alpha$；$\vert p_y \vert \geqslant fp_z\sin\alpha$
滑移	连续	$p_z < 0$；$\Delta p_x \Delta g_x > 0$；$\Delta p_y \Delta g_y > 0$
	分离	$p_z \geqslant 0$
	滑移	$p_z < 0$；$\Delta p_x \Delta g_x \leqslant 0$；$\Delta p_y \Delta g_y \leqslant 0$

表中，g_i 分别为接触结点三个局部坐标方向的间隙量。α 为滑动方向与 x 轴的夹角，$\boldsymbol{p}_A = [p_{xA} \quad p_{yA} \quad p_{zA}]^{\mathrm{T}}$ 和 $\boldsymbol{p}_B = [p_{xB} \quad p_{yB} \quad p_{zB}]^{\mathrm{T}}$ 分别代表局部坐标下 A 和 B 在接触边界上的接触结点力，$\Delta\boldsymbol{p}_A$、$\Delta\boldsymbol{p}_B$、$\Delta\boldsymbol{u}_A$ 和 $\Delta\boldsymbol{u}_B$ 分别表示局部坐标系下的接触结点力增量及接触结点的位移增量，$\Delta\boldsymbol{g}_i$ 表示结点对 i 的间隙增量。

对于滑移接触情况，若摩擦系数 $f=0$，则问题从有摩擦情况变为无摩擦情况。有摩擦时，摩擦力的正负号取决于滑动方向。当接触体 B 上结点相对于接触体 A 上的对应结点的滑移方向与坐标正方向一致时，作用在 B 上的摩擦力为正，反之为负。在增量求解过程中，摩擦力增量的正负号由接触结点对的相对位移来判定(相对位移增大时，摩擦力增量取正号)，或用前一个增量步的摩擦力方向来判断。

6.3　接触单元

应用有限单元法分析接触问题，一般是在接触面上设置一种特殊形式的单元——接触单元。通过这些单元与接触物体的连接，建立接触系统的整体平衡方程。由于接触面位移的不连续，接触单元计算模型的核心问题是单元位移模式的构造。接触单元有两种形式：有厚度和无厚度模型。两种模型分别代表了接触力学数值模型的两种不同发展方向。无厚度接触单元充分考虑了接触面位移的不连续。而有厚度薄层单元则相反，与常规单元类似，通过结点位移的插值构造单元内部位移场，认为相邻接触体的接触面位移具有某种连续性。正确的接触面本构模型应当能真实地模拟接触面上的应力与位移关系。目前已发展了众多类型的接触单元，下面介绍部分典型的接触单元。

6.3.1 两结点连杆接触单元

Ngo 和 Scordelis[11]在 1967 年提出两结点连杆单元来模拟两物体间的接触问题，如图 6.2 所示。在接触面上定义 m 组接触点对，其中每组接触点对均以一个两结点接触单元模拟。

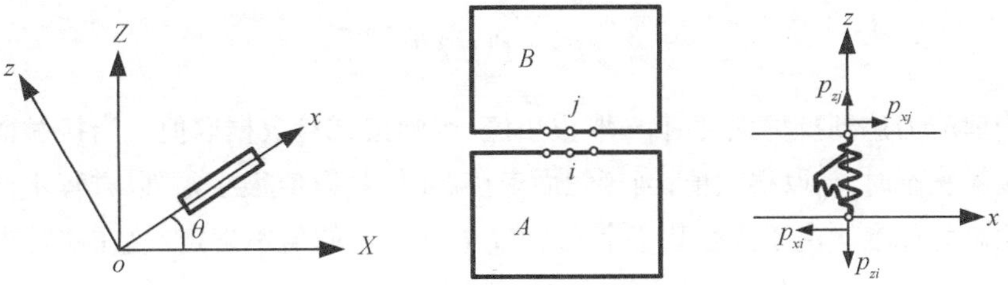

图 6.2 两结点接触单元

以平面问题为例，从 m 个两结点接触单元中，任取一个进行分析。此时，两结点之间用两个相互正交的弹簧连接，分别位于切向和法向两个方向，并定义切向和法向劲度系数分别为 k_s 和 k_n。假设其他接触结点对的位移为零，可建立力和相对位移之间的关系。两结点在局部坐标 xoy 中的相对位移可用矩阵表示为

$$\Delta\boldsymbol{\delta}=\begin{bmatrix}\Delta u\\ \Delta w\end{bmatrix}=\begin{bmatrix}u_j-u_i\\ w_j-w_i\end{bmatrix} \tag{6.29}$$

其中，Δu、Δw 分别为沿 x、z 方向的相对位移。若用 $\boldsymbol{k}'$ 表示局部坐标系下的单元劲度矩阵，则弹簧内力与相对位移之间的关系可写为

$$\boldsymbol{p}=\boldsymbol{k}'\Delta\boldsymbol{\delta} \tag{6.30}$$

$$\boldsymbol{k}'=\begin{bmatrix}k_s & 0\\ 0 & k_n\end{bmatrix}$$

可得

$$\begin{Bmatrix}p_{xj}\\ p_{zj}\\ p_{xi}\\ p_{zi}\end{Bmatrix}=\begin{bmatrix}k_s & & & \\ 0 & k_n & & \\ -k_s & 0 & k_s & \\ 0 & -k_n & 0 & k_n\end{bmatrix}\begin{Bmatrix}u_j\\ w_j\\ u_i\\ w_i\end{Bmatrix} \tag{6.31}$$

设整体坐标系 X 轴与局部坐标系 x 轴之间的夹角为 θ，令

$$\boldsymbol{\theta}=\begin{bmatrix}\cos\theta & \sin\theta\\ -\sin\theta & \cos\theta\end{bmatrix} \tag{6.32}$$

$$\boldsymbol{T}=\begin{bmatrix}\boldsymbol{\theta} & \\ & \boldsymbol{\theta}\end{bmatrix} \tag{6.33}$$

则整体坐标系下的单元劲度矩阵为

$$\boldsymbol{k}=\boldsymbol{T}^{\mathrm{T}}\boldsymbol{k}'\boldsymbol{T} \tag{6.34}$$

当剪应力达到抗剪强度时，k_s取很小值，否则按试验数据取值。当接触面处于连续接触状态时，k_n取很大值；当接触面未接触时，其取值很小，并以方程不产生奇异或病态为标准。由于接触状态事先未知，即 k_s、k_n的值不确定，故在实际求解过程中往往需作增量迭代。首先，假设接触类型并给出 k_s、k_n的初始值，求解出位移及接触单元结点力，然后，检验和修正接触类型。如此反复迭代计算，直至假设的接触类型与计算所得的接触类型一致为止，结束迭代。

两结点单元是一种比较简单的处理方式，适用于简单且精度要求不高的工程问题。Duncan 于 1984 年在二维固结有限元程序 Con2d 中使用该单元模拟土石坝防渗体与坝体之间的接触面。Sakajo 于 1985 年在模拟盾构施工的三维有限元程序 Shield 中，采用推广的三维连杆单元来模拟盾构衬砌与周围土体的相互作用。

6.3.2 无厚度接触单元——Goodman 单元

1968 年，Goodman[12]提出了一种无厚度的接触单元模型，最初用于模拟岩体内部的节理裂隙，故又称为岩石节理单元。其主要特点为：一是单元无厚度；二是特殊的单元应变形式及与之相应的单元应力——应变本构假设，即在接触界面中设置一定数量的法向和切向弹簧，当法向弹簧受拉时，两侧单元分离；切向应力超过界面的抗剪强度时，两侧单元发生相对滑移变形。Goodman 单元在第四章 4.3.3 节中已有介绍，这里不再赘述。

Goodman 单元能够较好地模拟接触面的滑移和拉裂，能考虑接触面变形的非线性特性，应用方便，可以推广为高阶节理单元和三维接触单元。但存在两个明显的不足：一、由于单元无厚度，在受压情况下，可能会出现相邻单元的相互嵌入；二、为了防止过量嵌入的发生，法向刚度需要取较大的值，这种人为设置的大法向刚度往往会使法向应力误差较大，且沿接触面方向还会出现波动。Goodman 单元只适用于小变形，对于大变形特别是桩土相对滑移量较大时，不宜选用此类单元。

Clough 和 Duncan 于 1971 年用四节点 Goodman 单元进行了挡土墙力学性能的有限元分析，取得了与经典土力学理论较为一致的解答。1985 年 Beer[13]提出的无厚度等参接触面单元，可模拟壳元与实体元、壳元与壳元、实体元与实体元之间的接触，用二维和三维有限元程序计算分析了均布力作用下的平板接触问题，集中力作用下的平板与半无限体的接触和开挖问题。1988 年 Gens[14] 建立的无厚度等参接触面单元，用于土与加筋材料间相互作用的二维和三维分析。1989 年 Plesha[15] 采用六结点无厚度等参单元，分析了约束剪胀和不约束剪的试验成果。1995 年 Kaliakin[16] 提出一种修正的零厚度接触面单元，将 Goodman 单元劲度矩阵中的一些系数作了修改，消除了 Goodman 单元计算中应力振荡等不合理现象，并应用于基础与地基的相互作用分析。1995 年 Justo 用三维节理单元分析了混凝土面板堆石坝。1997 年胡孔国等[17] 推导了带转动自由度的 Goodman 单元劲度矩阵，并将其用于土钉墙的有限元分析。

6.3.3　有厚度薄层单元

1984 年，Desai 对以往的各种接触单元进行了深入研究，认为 Goodman 单元虽能较好地模拟接触面的切向力学特征，但法向应力变形关系的处理则带有一定随意性，加卸载时法向刚度是人为选取的，不能反映接触面法向、切向相互耦合的特征，且接触面两侧可能会发生嵌入问题。为此，发展了一种有厚度的薄层单元[18]，布置在接触面上，其力学性质与周围实体单元不同，而剪应力的传递和剪切带的形成均发生在这一薄层中，薄层单元的本构关系对接触面力学性质有很大影响。Deasi 薄层单元的主要思想是，假定单元之间的接触面是由特殊材料组成的厚度极薄的实体单元，薄层单元的几何形状通常需要满足：$0.01 < t/b < 0.1$（t 为单元厚度，b 为单元长度），单元本构模型中的参数取决于土、结构以及接触面三者的性质，可以通过特定的试验测定。

薄层单元本构关系的增量形式为：

$$\mathrm{d}\boldsymbol{\sigma} = \begin{Bmatrix} \mathrm{d}\sigma_n \\ \mathrm{d}\tau_t \end{Bmatrix} = \boldsymbol{D}\mathrm{d}\boldsymbol{\varepsilon} = \begin{bmatrix} k_{nn} & k_{ns} \\ k_{sn} & k_{ss} \end{bmatrix} \begin{Bmatrix} \mathrm{d}\varepsilon_n \\ \mathrm{d}\varepsilon_s \end{Bmatrix} \tag{6.35}$$

$$\boldsymbol{\varepsilon} = [\varepsilon_n \quad \varepsilon_s]^{\mathrm{T}} = \frac{1}{t}[\Delta w \quad \Delta u]^{\mathrm{T}} \tag{6.36}$$

式中，ε_n、ε_s 分别为接触单元内部法向和切向应变，$\mathrm{d}\varepsilon_n$、$\mathrm{d}\varepsilon_s$ 为相应的应变增量；Δw、Δu 分别为单元内部相对位移的法向和切向分量；$\mathrm{d}\sigma_n$、$\mathrm{d}\tau_t$ 为接触单元内部法向应力增量和切向应力增量；k_{nn}、k_{ss} 为法向和切向刚度系数，其值可以参照4.3.3 节确定；k_{ns} 和 k_{sn} 为考虑相互耦合效应分量，目前，难以由试验直接测定，为了简化计算，可取值为零。

Desai 在 1984 年和 1986 年用薄层单元计算了埋管土压力和挡土墙土压力，分析了循环荷载作用下的动力相互作用问题，并采用八结点等参接触面单元进行了群桩基础的三维有限元分析。1988年Desai对法向刚度的确定进行了改进，分为不滑动、滑动、开裂、重新闭合四种情况，提出了k_{nn}的确定方法；切向劲度系数k_{ss}则与接触面剪切模量有关，$G = k_{ss}t$，k_{ss}的确定同Goodman单元，故单元厚度t的选择对G的数值有直接影响。

有厚度的Desai单元存在以下问题：① 实际应用中的厚度选择没有明确规范，只有一个大概范围，而实验表明t/b的值对位移影响很大；② 法向刚度不易确定，由此计算出的法向应力和法向位移不够准确；③ Desai引入独立的剪切模量、弹性模量、泊松比，将三者视为独立参数，并无确定的理论依据，是否合理有待进一步研究确定。

6.3.4 接触摩擦单元

接触摩擦单元有很多形式，下面简单介绍其中的两结点摩擦接触单元和十六结点等参摩擦接触单元。

(1) 两结点摩擦接触单元

1983年Katona[19]提出一种简单的摩擦单元来模拟两物体间的滑动摩擦、张开和闭合的过程，适用于不计厚度影响的不连续面。该单元选用结点接触力为基本未知量，根据虚功原理导出包括约束的虚功方程

$$\delta\begin{Bmatrix}\boldsymbol{U}\\\boldsymbol{P}\end{Bmatrix}^{\mathrm{T}}\left\{\begin{bmatrix}\boldsymbol{K} & \boldsymbol{C}^{\mathrm{T}}\\\boldsymbol{C} & \boldsymbol{0}\end{bmatrix}\begin{Bmatrix}\boldsymbol{U}\\\boldsymbol{P}\end{Bmatrix}-\begin{Bmatrix}\boldsymbol{R}\\\boldsymbol{g}^0\end{Bmatrix}\right\}=\boldsymbol{0} \tag{6.37}$$

其中，$\boldsymbol{C}$为约束系数矩阵；$\boldsymbol{P}$为未知的约束结点接触力；$\boldsymbol{g}^0$为给定的相对位移；$\boldsymbol{U}$为位移增量；$\boldsymbol{K}$为整体劲度矩阵；$\boldsymbol{R}$为荷载增量向量。

求解上述方程，就可以获得位移增量$\boldsymbol{U}$和约束结点力$\boldsymbol{P}$。约束矩阵和荷载向量根据单元所处的接触状态确定：

连续状态，结点间的相对法向和切向位移均为零，假设接触单元的各结点对均处于接触状态；

滑移状态，结点对之间在法线方向保持固定接触，切线方向产生滑动，总切应力等于容许应力；

分离状态，结点对沿切线和法线的接触应力为零。

(2) 十六结点等参摩擦接触元

1996年，雷晓燕[20]在Katona单元的基础上提出一种新的摩擦接触单元(图6.3)，直接取结点接触力作为基本未知量，模拟两物体间不同的接触状态。

整体坐标中单元的结点位移增量$\mathrm{d}\boldsymbol{U}^e$和等效结点力增量$\mathrm{d}\boldsymbol{F}^e$写成矩阵形式为

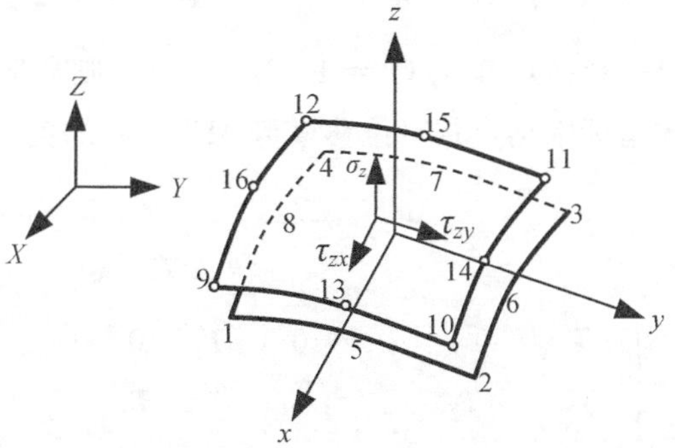

图 6.3 十六结点摩擦接触单元

$$\mathrm{d}\boldsymbol{U}^e = [\mathrm{d}U_1 \quad \mathrm{d}V_1 \quad \mathrm{d}W_1 \quad \cdots \quad \mathrm{d}U_{16} \quad \mathrm{d}V_{16} \quad \mathrm{d}W_{16}]^{\mathrm{T}} \tag{6.38}$$

$$\mathrm{d}\boldsymbol{F}^e = [\mathrm{d}F_{X1} \quad \mathrm{d}F_{Y1} \quad \mathrm{d}F_{Z1} \quad \cdots \mathrm{d}F_{X16} \quad \mathrm{d}F_{Y16} \quad \mathrm{d}F_{Z16}]^{\mathrm{T}} \tag{6.39}$$

局部坐标系中接触单元任一点两侧的相对位移增量 $\Delta\boldsymbol{u}$ 和接触应力增量 $\Delta\boldsymbol{\sigma}$ 分别为

$$\begin{cases} \Delta\boldsymbol{u} = [\Delta u \quad \Delta v \quad \Delta w]^{\mathrm{T}} \\ \mathrm{d}\boldsymbol{\sigma} = [\mathrm{d}\tau_{zx} \quad \mathrm{d}\tau_{zy} \quad \mathrm{d}\sigma_z]^{\mathrm{T}} \end{cases} \tag{6.40}$$

根据虚功原理有

$$\delta(\mathrm{d}\boldsymbol{U}^e)^{\mathrm{T}}\mathrm{d}\boldsymbol{F}^e = \int_\omega \delta(\Delta\boldsymbol{u})^{\mathrm{T}}\mathrm{d}\boldsymbol{\sigma}\mathrm{d}\omega \tag{6.41}$$

引入插值矩阵

$$\mathbf{N} = \begin{bmatrix} N_1 & 0 & 0 & \cdots & N_8 & 0 & 0 \\ 0 & N_1 & 0 & \cdots & 0 & N_8 & 0 \\ 0 & 0 & N_1 & \cdots & 0 & 0 & N_8 \end{bmatrix} \tag{6.42}$$

则单元内任一点的相对位移增量和接触应力增量均可用结点的相对位移增量 $\Delta\boldsymbol{u}^e$ 和结点的应力增量 $\mathrm{d}\boldsymbol{\sigma}^e$ 来表示，即

$$\Delta\boldsymbol{u} = \mathbf{N}\Delta\boldsymbol{u}^e \quad \mathrm{d}\boldsymbol{\sigma} = \mathbf{N}\mathrm{d}\boldsymbol{\sigma}^e \tag{6.43}$$

式中

$$\Delta\boldsymbol{u}^e = [\mathrm{d}u_9 - \mathrm{d}u_1 \;\; \mathrm{d}v_9 - \mathrm{d}v_1 \;\; \mathrm{d}w_9 - \mathrm{d}w_1 \;\; \cdots \;\; \mathrm{d}u_{16} - \mathrm{d}u_8 \;\; \mathrm{d}v_{16} - \mathrm{d}v_8 \;\; \mathrm{d}w_{16} - \mathrm{d}w_8]^{\mathrm{T}}$$

$$\mathrm{d}\boldsymbol{\sigma}^e = \begin{bmatrix} \mathrm{d}\tau_{zx1} & \mathrm{d}\tau_{zy1} & \mathrm{d}\sigma_{z1} & \cdots & \mathrm{d}\tau_{zx8} & \mathrm{d}\tau_{zy8} & \mathrm{d}\sigma_{z8} \end{bmatrix}^{\mathrm{T}}$$

引入各结点的坐标转换矩阵 $\boldsymbol{T}_i$（$i=1, 2, \cdots, 8$），则局部坐标系中结点相对位移增量 $\Delta\boldsymbol{u}^e$ 与整体坐标中结点相对位移增量 $\Delta\boldsymbol{U}^e$ 之间的关系为

$$\Delta\boldsymbol{u}^e = \boldsymbol{C}\Delta\boldsymbol{U}^e \tag{6.44}$$

式中

$$\boldsymbol{C} = \begin{bmatrix} -\boldsymbol{T}_1 & 0 & \cdots & 0 & \boldsymbol{T}_1 & 0 & \cdots & 0 \\ 0 & -\boldsymbol{T}_2 & & \vdots & 0 & \boldsymbol{T}_2 & & \vdots \\ \vdots & & \ddots & 0 & \vdots & & \ddots & 0 \\ 0 & \cdots & 0 & -\boldsymbol{T}_8 & 0 & \cdots & 0 & \boldsymbol{T}_8 \end{bmatrix}$$

$$\boldsymbol{T}_i = \begin{bmatrix} \cos(x, X) & \cos(x, Y) & \cos(x, Z) \\ \cos(y, X) & \cos(y, Y) & \cos(y, Z) \\ \cos(z, X) & \cos(z, Y) & \cos(z, Z) \end{bmatrix}_i$$

将式(6.43)和(6.44)代入(6.41)得

$$\boldsymbol{C}^{\mathrm{T}}\int_\omega \boldsymbol{N}^{\mathrm{T}}\boldsymbol{N}\mathrm{d}\omega\mathrm{d}\sigma^e = \mathrm{d}\boldsymbol{F}^e \text{ 或 } \boldsymbol{C}^{\mathrm{T}}\bar{\boldsymbol{N}}\mathrm{d}\boldsymbol{\sigma}^e = \mathrm{d}\boldsymbol{F}^e \tag{6.45}$$

$$\bar{\boldsymbol{N}} = \int_\omega \boldsymbol{N}^{\mathrm{T}}\boldsymbol{N}\mathrm{d}\omega$$

根据接触状态，接触面的位移和应力需满足不同的约束方程，即不同的连续条件和平衡方程。对于连续、滑移与分离三类接触状态，约束方程可以表示为以下的统一形式

$$\boldsymbol{R}\boldsymbol{C}\Delta\boldsymbol{U}^e - (\boldsymbol{I}-\boldsymbol{R})\mathrm{d}\boldsymbol{\sigma}^e = \boldsymbol{Q} \tag{6.46}$$

$$\boldsymbol{R} = \begin{bmatrix} \boldsymbol{R}_1 & 0 & \cdots & 0 \\ 0 & \boldsymbol{R}_2 & & \vdots \\ \vdots & & \ddots & 0 \\ 0 & \cdots & 0 & \boldsymbol{R}_8 \end{bmatrix}$$

式中，$\boldsymbol{R}_i$（$i=1, 2, \cdots, 8$）为对角矩阵，与当前计算步结点的接触状态有关，$\boldsymbol{I}$ 是由 8 个三阶单位矩阵组成的对角矩阵，$\boldsymbol{Q}$ 为与给定的结点相对位移和接触应力相当的等效荷载，与上一荷载步和当前计算步结点的接触状态有关。

将式(6.45)和(6.46)合并一起，得

$$\begin{bmatrix} \boldsymbol{0} & \boldsymbol{C}^{\mathrm{T}}\bar{\boldsymbol{N}} \\ \boldsymbol{R}\boldsymbol{C} & \boldsymbol{I}-\boldsymbol{R} \end{bmatrix} \begin{Bmatrix} \Delta\boldsymbol{U}^e \\ \mathrm{d}\boldsymbol{\sigma}^e \end{Bmatrix} = \begin{Bmatrix} \mathrm{d}\boldsymbol{F}^e \\ \boldsymbol{Q} \end{Bmatrix} \tag{6.47}$$

令

$$\boldsymbol{k}_c = \begin{bmatrix} \boldsymbol{0} & \boldsymbol{C}^{\mathrm{T}}\bar{\boldsymbol{N}} \\ \boldsymbol{RC} & \boldsymbol{I}-\boldsymbol{R} \end{bmatrix} \tag{6.48}$$

$$\boldsymbol{f}_c = \begin{Bmatrix} \mathrm{d}\boldsymbol{F}^e \\ \boldsymbol{Q} \end{Bmatrix} \tag{6.49}$$

$\boldsymbol{k}_c$ 和 $\boldsymbol{f}_c$ 分别称为该接触单元的等效单元劲度-约束矩阵和等效单元荷载向量。将它们按标准的有限元方法迭加到整体劲度矩阵和整体荷载列阵中即可。

6.3.5 非线性薄层单元

邵炜和金峰等[21]通过分析 Goodman 单元与 Desai 提出的薄层单元，综合两者优点，在有厚度 Goodman 单元基础上，借鉴 Desai 接触面单元的思想，提出一种用于接触面模拟的非线性薄层单元。该单元模型仍采用切向和法向劲度系数 k_s、k_n，引入控制嵌入的方法，而不是 Goodman 单元那样采用人为假设的大法向劲度，既便于工程实际应用，又提高了接触面的模拟精度。在本构关系上，该模型同时考虑了接触面法向和切向的非线性特性，引入了非线性弹性本构关系，还考虑了接触面的粘结、滑移、张开变形模式。根据 Desai 对接触面嵌入控制的思想，建立了接触面超余应力及嵌入调整的混合迭代模式。

设接触面单元沿厚度方向应变均匀分布，其增量形式的本构关系可表示为

$$\begin{Bmatrix} \mathrm{d}\sigma \\ \mathrm{d}\tau \end{Bmatrix} = \begin{bmatrix} k_n & 0 \\ 0 & k_s \end{bmatrix} \begin{Bmatrix} \mathrm{d}v \\ \mathrm{d}u \end{Bmatrix} \tag{6.50}$$

式中，σ 为法向应力，τ 为切应力，v 为法向相对位移，u 为切向相对位移。式(6.50)忽略了劲度耦合项。采用 Bandis S C 的双曲线模型表示接触面法向应力变形关系

$$k_n = k_{n0} \Big/ \left(1 + \frac{v}{t}\right)^2 \tag{6.51}$$

式中，k_{n0} 为接触面初始法向劲度，t 为接触面厚度。$v=0$ 时，$k_n = k_{n0}$；$v=-t$ 时，$k_n \to \infty$。规定压应力为负，接触面闭合位移为负，张开位移为正。对于接触面切向应力变形关系，采用应变硬化的双曲线模型，切向劲度 k_s 的表达式为二次抛物线形式

$$k_s = k_{s0}\left(1 - \frac{R\tau}{c - f\sigma}\right)^2 \tag{6.52}$$

式中，k_{s0} 为初始切向刚度，c 为凝聚力，f 为摩擦系数。R 为小于 1 的因子，计算中可取接近 1 的值，如 0.98。

强度判别准则为：①当法向应力大于零或大于抗拉强度时，接触面张开；②当法向应力小于零或小于抗拉强度时，依据摩尔-库伦准则判别接触面滑移。接触面张开时所不能承担的应力和接触面发生滑移时超过抗剪强度的那部分应力将转移至周围单元。

当接触面法向关系采用线性关系时，在进行应力转移时，还应同时进行位移分析，以确定接触面单元是否发生嵌入，并采取适当的方法防止嵌入发生。但若采用非线性的双曲线模型，则只要加载步长足够小，就不会发生嵌入。若为了缩短计算时间，提高计算效率，采用较大加载步长进行计算，则可引入 Desai 的嵌入控制方法，以较好地解决嵌入问题。

6.4 接触问题的有限元解法

有限单元法本质上是解决连续介质问题的一种数值方法，而在接触问题中，经常会出现滑移和脱开等不连续现象，给有限元方法求解带来困难。目前，对于这类问题的分析思路是：将相邻接触物体作为一个连续整体，但它们分别采用不同的材料性质和本构模型，并对接触面进行某些处理。目前，以有限元为基础的接触问题数值解法一般有三种：直接迭代法、接触约束算法、接触单元法。

6.4.1 直接迭代法

迭代法由于可以较好反映接触问题的物理实际，且容易实现，因此在工程问题分析中得到较多应用。在采用位移有限元求解接触问题时，首先假设初始接触状态，形成系统劲度矩阵，求得位移和接触状态后，根据接触条件修改接触状态，重新形成劲度矩阵进行求解，反复迭代直至收敛。但由于迭代涉及整个系统，使得求解的计算工作量很大。实际上，接触问题的非线性主要反映在接触边界上，为了尽量减少计算量，1975 年 Francavilla 和 Zienkiewicz[7] 提出了将系统柔度矩阵凝聚到可能边界上，再根据接触点协调条件迭代求解的方法，这种方法被称为柔度法。

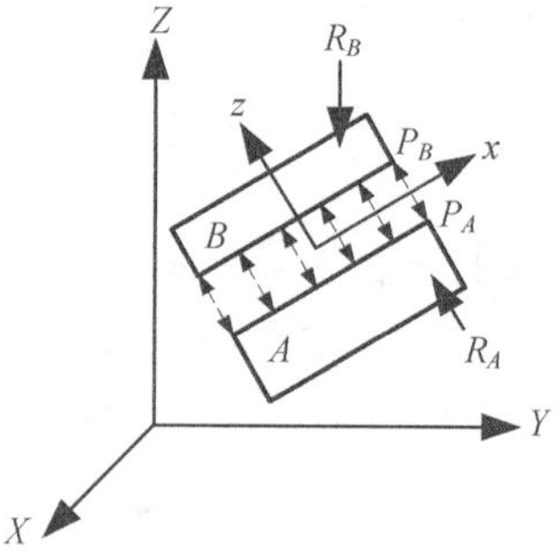

图 6.4　接触体 A、B

(1) 无摩擦的柔度法

假设 A、B 是相互接触的两个物体，分别作用有外荷载 $\boldsymbol{R}_A$ 和 $\boldsymbol{R}_B$，接触面上接触点对的接触力为 $\boldsymbol{P}_A$ 和 $\boldsymbol{P}_B$。为了方便分析，将它们分离为两个独立的物体，如图 6.4 所示。

根据 6.2.2 节，分别对 A、B 建立有限元支配方程(6.12)和(6.16)

$$\boldsymbol{K}_A\boldsymbol{U}_A=\boldsymbol{R}_A+\boldsymbol{P}_A \tag{6.12}$$

$$\boldsymbol{K}_B\boldsymbol{U}_B=\boldsymbol{R}_B+\boldsymbol{P}_B \tag{6.16}$$

式中，$\boldsymbol{K}_A$、$\boldsymbol{K}_B$ 分别是物体 A 和 B 的整体劲度矩阵，$\boldsymbol{U}_A$、$\boldsymbol{U}_B$ 分别为物体 A 和 B 的整体结点位移列阵，$\boldsymbol{R}_A$、$\boldsymbol{R}_B$ 分别是物体 A 和 B 的整体结点荷载列阵(外荷载)。显然，接触力向量 $\boldsymbol{P}_A$ 和 $\boldsymbol{P}_B$ 都是增加的未知量，无法由式(6.12)和(6.16)求出，必须根据接触面上接触点对的相容条件确定。

设 A、B 上的接触点对为 i_A 和 $i_B(i=1,\ 2,\ \cdots,\ m)$，假定劲度矩阵 $\boldsymbol{K}_A$ 和 $\boldsymbol{K}_B$ 非奇异，可求逆，则由上式得到接触点的柔度方程

$$\begin{cases}\boldsymbol{U}_{Ai}=\sum\limits_{j=1}^{m}\boldsymbol{C}_{ij}^{A}\boldsymbol{P}_{Aj}+\sum\limits_{k=1}^{n_A}\boldsymbol{C}_{ik}^{A}\boldsymbol{R}_{Ak}\\ \boldsymbol{U}_{Bi}=\sum\limits_{j=1}^{m}\boldsymbol{C}_{ij}^{B}\boldsymbol{P}_{Bj}+\sum\limits_{k=1}^{n_B}\boldsymbol{C}_{ik}^{B}\boldsymbol{R}_{Bk}\end{cases} \tag{6.53}$$

式中，i、$j=1,\ 2,\ \cdots,\ m$ 表示结点号，m 是接触点对数目；n_{A}、n_{B} 分别为作用在物体 A 和 B 上外荷载的作用点数；$\boldsymbol{U}_{Ai}$ 和 $\boldsymbol{U}_{Bi}$ 表示物体 A 和 B 上接触点 i 整体坐标系下的位移

$$\boldsymbol{U}_{Ai}=[U_A\quad V_A\quad W_A]_i^{\mathrm{T}}$$

$$\boldsymbol{U}_{Bi}=[U_B\quad V_B\quad W_B]_i^{\mathrm{T}}$$

$\boldsymbol{P}_{Aj}$、$\boldsymbol{P}_{Bj}$ 是 A 和 B 上接触点 j 的接触力

$$\boldsymbol{P}_{Aj}=[P_{XA}\quad P_{YA}\quad P_{ZA}]_j^{\mathrm{T}}$$

$$\boldsymbol{P}_{Bj}=[P_{XB}\quad P_{YB}\quad P_{ZB}]_j^{\mathrm{T}}$$

$\boldsymbol{R}_{Ak}$、$\boldsymbol{R}_{Bk}$ 为 A 和 B 上结点 k 的外荷载

$$\boldsymbol{R}_{Ak}=[R_{XA}\quad R_{YA}\quad R_{ZA}]_k^{\mathrm{T}}$$

$$\boldsymbol{R}_{Bk}=[R_{XB}\quad R_{YB}\quad R_{ZB}]_k^{\mathrm{T}}$$

$\boldsymbol{C}_{ij}^{A}$、$\boldsymbol{C}_{ij}^{B}$ 表示物体 A 和 B 上，由 j 点的单位力引起的 i 点在 X、Y、Z 三个方向的位移，是一个 3×3 阶的柔度矩阵。式(6.53)右边第二项分别表示物体 A 和 B 上，由外荷载引起接触点 i 的位移。

在列出相容条件，求解接触问题之前，有两个问题需要解决：

第一个问题是消除刚体位移。因为得到方程(6.53)的前提是 $\boldsymbol{K}_A$ 和 $\boldsymbol{K}_B$ 为非奇异可求逆，也就是说物体 A 和 B 要有足够的约束，不会发生刚体位移。但是有些

接触问题中，可能会有某个物体由于约束不够而产生刚体位移，此时需对刚体位移进行处理。

以图 6.4 中的物体 A 为例，假定它的约束不够，则 $\boldsymbol{K}_A$ 为奇异矩阵，记为 $\boldsymbol{K}'_A$。此时由式(6.12)可知，物体 A 的有限元支配方程为

$$\boldsymbol{K}'_A\boldsymbol{U}_A=\boldsymbol{R}_A+\boldsymbol{P}_A$$

由于 $\boldsymbol{K}'_A$ 的奇异性，无法由该式求出接触点的柔度方程。

为了消除 $\boldsymbol{K}'_A$ 的奇异性，在物体 A 上引入虚拟的约束(即固定位移条件)。所引入的虚拟约束个数应能消除 A 的刚体位移，则上式可改写为

$$\begin{bmatrix}\boldsymbol{I} & \boldsymbol{0}\\ \boldsymbol{K}^c_A & \boldsymbol{K}_A\end{bmatrix}\begin{bmatrix}\boldsymbol{U}^c\\ \boldsymbol{U}_A\end{bmatrix}=\begin{bmatrix}\boldsymbol{0}\\ \boldsymbol{R}_A\end{bmatrix}+\begin{bmatrix}\boldsymbol{0}\\ \boldsymbol{P}_A\end{bmatrix}+\begin{bmatrix}\boldsymbol{U}^c\\ \boldsymbol{0}\end{bmatrix} \tag{6.54}$$

其中，$\boldsymbol{I}$ 是单位矩阵；$\boldsymbol{U}^c$ 是与虚拟约束相应的位移向量；$\boldsymbol{K}_A$ 是物体 A 非奇异的整体劲度矩阵，由 $\boldsymbol{K}'_A$ 中去掉与虚拟约束相关的元素组成；$\boldsymbol{K}^c_A$ 由 $\boldsymbol{K}'_A$ 中与虚拟约束相关的元素组成，其中的元素表示虚拟约束处发生单位位移在非约束自由度方向产生的结点力。假定物体 A 离散后自由度总数为 n，虚拟约束的自由度数为 n_1，则 $\boldsymbol{U}^c$ 为 $n_1\times1$ 列阵，$\boldsymbol{U}_A$ 为 $(n-n_1)\times1$ 列阵，$\boldsymbol{K}_A$ 为 $(n-n_1)\times(n-n_1)$ 对称方阵，$\boldsymbol{K}^c_A$ 为 $(n-n_1)\times n_1$ 矩阵。由式(6.54)得到

$$\boldsymbol{K}_A\boldsymbol{U}_A=\boldsymbol{R}_A+\boldsymbol{P}_A-\boldsymbol{K}^c_A\boldsymbol{U}^c \tag{6.55}$$

从式(6.55)导出物体 A 上接触点 i 的柔度方程为

$$\boldsymbol{U}_{Ai}=\sum_{j=1}^{m}\boldsymbol{C}^A_{ij}\boldsymbol{P}_{Aj}+\sum_{k=1}^{n_A}\boldsymbol{C}^A_{ik}\boldsymbol{R}_{Ak}+\boldsymbol{F}_i\boldsymbol{U}^c\,(i=1,\ 2,\ \cdots,\ m) \tag{6.56}$$

$\boldsymbol{F}_i$ 是与刚体位移相应的柔度矩阵。

第二个问题是要将上述整体坐标系($X\ Y\ Z$)下的量转化到接触面的局部坐标系($x\ y\ z$)。接触点位移和接触力在不同坐标系下的表达式见式(6.1)和(6.2)。将其代入式(6.56)，得到结点 i 在局部坐标系下的位移

$$\boldsymbol{u}_{Ai}=\sum_{j=1}^{m}\bar{\boldsymbol{C}}^A_{ij}\boldsymbol{p}_{Aj}+\sum_{k=1}^{n_A}\bar{\boldsymbol{C}}^A_{ik}\boldsymbol{R}_{Ak}+\bar{\boldsymbol{F}}_i\boldsymbol{U}^c \tag{6.57}$$

式中，$\bar{\boldsymbol{C}}^A_{ij}=\boldsymbol{T}_i\boldsymbol{C}^A_{ij}\boldsymbol{T}^{\mathrm{T}}_j$，$\bar{\boldsymbol{C}}^A_{ik}=\boldsymbol{T}_i\boldsymbol{C}^A_{ik}$，$\bar{\boldsymbol{F}}_i=\boldsymbol{T}_i\boldsymbol{F}_i$，$\boldsymbol{T}_i$ 是结点 i 的坐标转换矩阵。

同样，由式(6.16)，可得

$$\boldsymbol{u}_{Bi}=\sum_{j=1}^{m}\bar{\boldsymbol{C}}^B_{ij}\boldsymbol{p}_{Bj}+\sum_{k=1}^{n_B}\bar{\boldsymbol{C}}^B_{ik}\boldsymbol{R}_{Bk} \tag{6.58}$$

然后针对三类接触条件建立相应的相容方程。

连续接触

根据前面的连续边界条件(6.20),可以建立接触点的位移相容方程

$$\boldsymbol{u}_{Ai}=\boldsymbol{u}_{Bi}+\boldsymbol{g}_i^0\,(i=1,\ 2,\ \cdots,\ m) \tag{6.59}$$

$\boldsymbol{g}_i^0$ 是第 i 个接触点对在局部坐标系下的初始间隙。将(6.57)和(6.58)代入(6.59),并注意有 $\boldsymbol{p}_{Aj}=-\boldsymbol{p}_{Bj}=\boldsymbol{p}_j$,可得第 i 个接触结点对的相容方程

$$\sum_{j=1}^{m}\bar{\boldsymbol{C}}_{ij}\boldsymbol{p}_j+\bar{\boldsymbol{F}}_i\boldsymbol{U}^c=\Delta\bar{\boldsymbol{U}}_i+\boldsymbol{g}_i^0\,(i=1,\ 2,\ \cdots,\ m) \tag{6.60}$$

式中

$$\bar{\boldsymbol{C}}_{ij}=\bar{\boldsymbol{C}}_{ij}^A+\bar{\boldsymbol{C}}_{ij}^B \tag{6.61}$$

$$\Delta\bar{\boldsymbol{U}}_i=\sum_{k=1}^{n_B}\bar{\boldsymbol{C}}_{ik}^B\boldsymbol{R}_{Bk}-\sum_{k=1}^{n_A}\bar{\boldsymbol{C}}_{ik}^A\boldsymbol{R}_{Ak} \tag{6.62}$$

式(6.60)共有 $3m$ 个补充方程。

滑移接触

沿接触面局部坐标系($x\ y\ z$)方向的接触力仍然满足式 $p_i=p_{Ai}=-p_{Bi}\,(i=x,\ y,\ z)$,且在法向 z 可以建立方程(6.60),但在切平面的 x 和 y 方向,接触力的合力已经达到摩擦极限,按照 Mohr-Coulomb 定律,则有

$$\begin{cases}p_{xj}=f\mid p_{zj}\mid\cos\alpha\\ p_{yj}=f\mid p_{zj}\mid\sin\alpha\end{cases}\quad(j=1,\ 2,\ \cdots,\ m) \tag{6.63}$$

式(6.63)和 z 方向的式(6.60)组成 $3m$ 个补充方程。

开式接触

$$\boldsymbol{p}_{Aj}=-\boldsymbol{p}_{Bj}=\boldsymbol{0}\ (j=1,\ 2,\ \cdots,\ m) \tag{6.64}$$

以上建立的相容方程,对于连续接触和滑移接触,由于 $p_{Ai}=-p_{Bi}$ 使未知接触力的数目由 $6m$ 减为 $3m$ 个,$3m$ 个补充方程可以求解 $3m$ 个增加的未知接触力 $\boldsymbol{p}_j$。需注意的是,因刚体位移的存在,未知量个数仍多于方程个数,为此,必须再补充整体的平衡方程。

建立相容方程时,必须知道接触状态,但接触状态事先也是未知的,因此这是一个迭代求解的过程。一般先假定为连续接触状态,按式(6.60)建立全部接触点的相容方程,求出接触力后,验证接触条件是否满足连续接触,若是则不作修改;若为滑动状态,就用式(6.63)来代替这个接触点在 x 和 y 两个方向相应的方程;若是

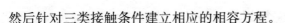

开式状态，则用式(6.64)替换这个接触点的所有相应方程。这样通过反复迭代，即可求得真正的接触力和相应的相容方程。

(2) 有摩擦的柔度法

对于具有滑动摩擦的接触问题，由于接触过程的不可逆，需要采用增量方式加载，此时需要建立增量形式的相容方程。假定分级加载的次数为 n_p，在进行第 l 级加载前已经施加的荷载为 $\boldsymbol{R}_{Ak,\,l-1}$ 和 $\boldsymbol{R}_{Bk,\,l-1}$，本级荷载增量为 $\mathrm{d}\boldsymbol{R}_{Ak,\,l}$ 和 $\mathrm{d}\boldsymbol{R}_{Bk,\,l}$。

因此，对于连续接触，式(6.60)就变成

$$\sum_{j=1}^{m}\bar{\boldsymbol{C}}_{ij}\boldsymbol{p}_{j,\,l}+\bar{\boldsymbol{F}}_{i}\boldsymbol{U}_{l}^{c}=\Delta\bar{\boldsymbol{U}}_{i,\,l}+\boldsymbol{g}_{i}^{0}\;(i=1,\,2,\,\cdots,\,m) \tag{6.65}$$

其中

$$\boldsymbol{p}_{j,\,l}=\boldsymbol{p}_{j,\,l-1}+\Delta\boldsymbol{p}_{j,\,l},\;\boldsymbol{U}_{l}^{c}=\boldsymbol{U}_{l-1}^{c}+\Delta\boldsymbol{U}_{l}^{c}$$

$$\begin{aligned}\Delta\bar{\boldsymbol{U}}_{i,\,l}&=\sum_{k=1}^{n_B}\bar{\boldsymbol{C}}_{ik}^{B}\boldsymbol{R}_{Bk,\,l}-\sum_{k=1}^{n_A}\bar{\boldsymbol{C}}_{ik}^{A}\boldsymbol{R}_{Ak,\,l}\\&=\sum_{k=1}^{n_B}\bar{\boldsymbol{C}}_{ik}^{B}\boldsymbol{R}_{Bk,\,l-1}-\sum_{k=1}^{n_A}\bar{\boldsymbol{C}}_{ik}^{A}\boldsymbol{R}_{Ak,\,l-1}+\sum_{k=1}^{n_B}\bar{\boldsymbol{C}}_{ik}^{B}\,\mathrm{d}\boldsymbol{R}_{Bk,\,l}-\sum_{k=1}^{n_A}\bar{\boldsymbol{C}}_{ik}^{A}\,\mathrm{d}\boldsymbol{R}_{Ak,\,l}\\&=\Delta\bar{\boldsymbol{U}}_{i,\,l-1}+\Delta\mathrm{d}\bar{\boldsymbol{U}}_{i,\,l}\end{aligned}$$

$\Delta\mathrm{d}\bar{\boldsymbol{U}}_{i,\,l}=\sum_{k=1}^{n_B}\bar{\boldsymbol{C}}_{ik}^{B}\,\mathrm{d}\boldsymbol{R}_{Bk,\,l}-\sum_{k=1}^{n_A}\bar{\boldsymbol{C}}_{ik}^{A}\,\mathrm{d}\boldsymbol{R}_{Ak,\,l}$ 为本级荷载增量引起的结点对相对位移。

将以上各式代入式(6.65)得

$$\sum_{j=1}^{m}\bar{\boldsymbol{C}}_{ij}\Delta\boldsymbol{p}_{j,\,l}+\bar{\boldsymbol{F}}_{i}\Delta\boldsymbol{U}_{l}^{c}=\Delta\mathrm{d}\bar{\boldsymbol{U}}_{i,\,l}+\Delta\bar{\boldsymbol{U}}_{i,\,l-1}+\boldsymbol{g}_{i}^{0}-\sum_{j=1}^{m}\bar{\boldsymbol{C}}_{ij}\boldsymbol{p}_{j,\,l-1}-\bar{\boldsymbol{F}}_{i}\boldsymbol{U}_{l-1}^{c} \tag{6.66}$$

令

$$\Delta\boldsymbol{U}_{i,\,l-1}^{*}=\Delta\bar{\boldsymbol{U}}_{i,\,l-1}+\boldsymbol{g}_{i}^{0}-\sum_{j=1}^{m}\bar{\boldsymbol{C}}_{ij}\boldsymbol{p}_{j,\,l-1}-\bar{\boldsymbol{F}}_{i}\boldsymbol{U}_{l-1}^{c} \tag{6.67}$$

则式(6.66)成为

$$\sum_{j=1}^{m}\bar{\boldsymbol{C}}_{ij}\Delta\boldsymbol{p}_{j,\,l}+\bar{\boldsymbol{F}}_{i}\Delta\boldsymbol{U}_{l}^{c}=\Delta\mathrm{d}\bar{\boldsymbol{U}}_{i,\,l}+\Delta\boldsymbol{U}_{i,\,l-1}^{*} \tag{6.68}$$

式(6.68)为连续接触条件相容方程的增量形式。由式(6.67)和(6.65)可知，$\Delta\boldsymbol{U}_{i,\,l-1}^{*}$ 为上一级(第 $l-1$ 级)加载时，第 i 个结点对未能满足相容条件部分的相对位移。

对于滑动接触条件，z 方向的相容方程与式(6.68)类似，x 和 y 方向上相容方

程的增量形式可表示为

$$\begin{cases}\Delta p_{xj,\,l}=f\mid\Delta p_{zj,\,l}\mid\cos\alpha\\ \Delta p_{yj,\,l}=f\mid\Delta p_{zj,\,l}\mid\sin\alpha\end{cases}(j=1,\ 2,\ \cdots,\ m)\tag{6.69}$$

对于开式接触条件，相容方程的增量形式则为

$$\Delta \boldsymbol{p}_{j,\,l}=0\ (j=1,\ 2,\ \cdots,\ m)\tag{6.70}$$

以上得到的 $3m$ 个接触点相容方程可以求解 $3m$ 个增加的未知接触力 $\boldsymbol{p}_j(j=1,\ 2,\ \cdots,\ m)$。但同无摩擦接触问题一样，由于刚体位移的存在，未知量个数仍多于方程个数，为此，必须再补充整体的平衡方程。

在 Francavilla 和 Zienkiewicz 柔度法的基础上，Fredriksson[22] 提出了基于刚度阵和子结构求凝聚的刚度法。陈万吉[23] 提出用力法求凝聚矩阵，混合使用接触力和刚体位移为变量的混合法，以位移和接触力为未知量，并采用有限元形函数插值，构成有限元混合法控制方程

$$\begin{bmatrix}\boldsymbol{K} & \boldsymbol{J}\\ \boldsymbol{L} & \boldsymbol{0}\end{bmatrix}\begin{Bmatrix}\boldsymbol{U}\\ \boldsymbol{P}\end{Bmatrix}=\begin{Bmatrix}\boldsymbol{R}\\ \boldsymbol{0}\end{Bmatrix}\tag{6.71}$$

其中，$\boldsymbol{K}$、$\boldsymbol{U}$、$\boldsymbol{R}$ 分别为一般有限元位移法中的劲度矩阵、未知结点位移向量和结点荷载向量；$\boldsymbol{J}$、$\boldsymbol{L}$、$\boldsymbol{P}$ 分别为接触力矩阵、位移约束矩阵和接触力向量。

Pascoe 和 Mottershead[24] 为了解决柔度法求解方程中非对称方程组多耗机时，多占内存的问题，提出了两种对称化算法——切向力法和法向间隙法。前者采用正确的位移约束，用迭代法计算接触力；后者采用正确的接触力约束，迭代计算出接触位移。

柔度法对大面积的接触问题不合适，因为接触面积大，就需要布置比较多的接触点对，从而引起柔度矩阵求逆的困难。另外，对于多个物体的接触问题，柔度法还不够成熟。因此，对于大面积接触和多体接触问题，常常采用 6.4.3 节介绍的间隙元方法。

迭代法的优点是无需引入额外的人工变量，存储量小。缺点是缺乏收敛的数学基础，无法保证收敛。提高计算收敛性的两种常用方法是：一种是采用充分小的增量步长；另一种是研究有效可靠的迭代步骤，以适应较大的增量步长。为了保证计算收敛到正确的结果，需要严格限制荷载增量，尤其是对摩擦接触问题。

6.4.2 接触约束算法

接触问题可描述为求解区域内位移场 $\boldsymbol{U}$，使得系统的势能 $\pi(\boldsymbol{U})$ 在接触边界条

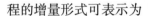

件约束下达到最小，即

$$\begin{cases}\min\pi(\boldsymbol{U})=\dfrac{1}{2}\boldsymbol{U}^{\mathrm{T}}\boldsymbol{K}\boldsymbol{U}-\boldsymbol{U}^{\mathrm{T}}\boldsymbol{R}\\ \text{st.}\quad g\geqslant 0\end{cases}\tag{6.72}$$

有约束优化问题可转化为无约束优化问题求解。根据无约束优化方法的不同，主要可分为罚函数方法和 Lagrange 乘子法。以下介绍这两个方法，为简明起见，假定接触面无摩擦。

(1) 罚函数法

罚函数法是解决接触问题的主要方法之一。在罚函数法中，将互不嵌入条件的约束作为系统的惩罚项引入系统的总势能。根据互不嵌入条件，假设在两个可能的接触点之间设置一个压缩刚度非常大而拉伸刚度为零的弹簧，当两点接近时，弹簧会阻止它们相互嵌入，我们可以将弹簧力理解为罚因子，而将弹簧力所做的功引入接触系统的能量泛函中。这样我们就构造了一个罚函数，使原来的条件约束变分问题转化为罚优化问题。

接触系统的最终状态可由系统的基本方程、边界条件，以及可能接触边界上的非嵌入条件唯一确定。关于非嵌入条件的处理，可以先假定接触区域，根据接触条件迭代求解，得到接触点 i 的约束条件为

$$g_{zi}=(w_B-w_A+g_z^0)_i\geqslant 0,\ p_{zi}\leqslant 0,\ g_{zi}\cdot p_{zi}=0\tag{6.73}$$

接触问题的最小势能原理可表示为，在所有满足初始位移约束的可能位移中，真实位移满足非嵌入条件(6.73)，并使系统的总势能最小。

显然这是一个约束变分问题，罚函数法是处理约束变分问题的方法之一，它将约束条件引入能量泛函，从而消除约束条件。为此，构造如下的势能泛函

$$\pi^*=\pi+\pi_p\tag{6.74}$$

式中，π 为系统自由状态(无约束)下的总势能。

$$\pi_p=\begin{cases}\dfrac{1}{2}\alpha\sum\limits_{i=1}^{m}g_{zi}^2 & g_{zi}<0\\ 0 & g_{zi}\geqslant 0\end{cases}$$

式中，m 是接触边界上的结点对数目；α 为罚因子，它是一个递增的正常序数列，可理解为结点对之间的弹簧刚度。变分泛函(6.74)中含有惩罚项 π_p，π_p 为接触边界上当不满足非嵌入约束条件(6.73)时所产生的附加势能(罚势能函数)。其物理意义可解释为在两个可能接触的点对之间加入一压缩刚度非常大而拉伸刚度为零的

弹簧，而将弹簧力所做的功作为罚项引入系统的总势能泛函。

根据式(6.1)和(6.3)有

$$\boldsymbol{u}_{Ai}=\boldsymbol{T}_i\boldsymbol{U}_{Ai}\quad \boldsymbol{u}_{Bi}=\boldsymbol{T}_i\boldsymbol{U}_{Bi}$$

$$\boldsymbol{T}_i=\begin{bmatrix}\cos(x,X) & \cos(x,Y) & \cos(x,Z)\\ \cos(y,X) & \cos(y,Y) & \cos(y,Z)\\ \cos(z,X) & \cos(z,Y) & \cos(z,Z)\end{bmatrix}_i=\begin{bmatrix}l_1 & m_1 & n_1\\ l_2 & m_2 & n_2\\ l_3 & m_3 & n_3\end{bmatrix}_i$$

下标 i 表示第 i 个接触点对。

设第 i 个接触结点对的法向间隙量为 g_{zi}，则有

$$\boldsymbol{p}_z=[p_{z1}\quad p_{z2}\quad \cdots\quad p_{zm}]^{\mathrm{T}}=\boldsymbol{\alpha g}_z \tag{6.75}$$

$$\pi_p=\frac{1}{2}\boldsymbol{g}_z^{\mathrm{T}}\boldsymbol{\alpha g}_z \tag{6.76}$$

式中，$\boldsymbol{p}_z$ 为接触力，$\boldsymbol{g}_z=[g_{z1}\quad g_{z2}\quad \cdots\quad g_{zm}]^{\mathrm{T}}$ 为法向间隙(嵌入深度)列阵，是结点位移 $\boldsymbol{U}$ 的函数；$\boldsymbol{\alpha}$ 是 $m\times m$ 阶的罚因子矩阵。根据式(6.73)有

$$\boldsymbol{g}_z=\boldsymbol{T}_c\boldsymbol{U}_B-\boldsymbol{T}_c\boldsymbol{U}_A+\boldsymbol{g}_0=\boldsymbol{T}_c\boldsymbol{c}_B\boldsymbol{U}-\boldsymbol{T}_c\boldsymbol{c}_A\boldsymbol{U}+\boldsymbol{g}_0=\boldsymbol{GU}+\boldsymbol{g}_0 \tag{6.77}$$

其中

$$\boldsymbol{U}_B=\begin{Bmatrix}\boldsymbol{U}_{B1}\\ \boldsymbol{U}_{B2}\\ \vdots\\ \boldsymbol{U}_{Bm}\end{Bmatrix}=\boldsymbol{c}_B\boldsymbol{U}\quad \boldsymbol{U}_A=\begin{Bmatrix}\boldsymbol{U}_{A1}\\ \boldsymbol{U}_{A2}\\ \vdots\\ \boldsymbol{U}_{Am}\end{Bmatrix}=\boldsymbol{c}_A\boldsymbol{U}$$

$$\boldsymbol{G}=\boldsymbol{T}_c(\boldsymbol{c}_B-\boldsymbol{c}_A) \tag{6.78}$$

$$\boldsymbol{T}_c=\begin{bmatrix}[l_3\quad m_3\quad n_3]_1 & & & \\ & [l_3\quad m_3\quad n_3]_2 & & 0\\ 0 & & \cdots & \\ & & & [l_3\quad m_3\quad n_3]_m\end{bmatrix} \tag{6.79}$$

$$\boldsymbol{g}_0=\begin{Bmatrix}g_{z1}^0\\ g_{z2}^0\\ \cdots\\ g_{zm}^0\end{Bmatrix}$$

以上式中，$\boldsymbol{U}_A$、$\boldsymbol{U}_B$ 分别是接触体 A 和 B 上 m 个接触结点三个整体坐标方向位移

组成的 $3m\times1$ 列向量；$\boldsymbol{U}$ 是 $n\times1$ 的整体结点位移列阵（n 为自由度总数）；$\boldsymbol{g}_0$ 是各接触点对法向初始间隙列阵；$\boldsymbol{c}_A$、$\boldsymbol{c}_B$ 是相应的类似于单元选择矩阵的转换矩阵，其阶数为 $3m\times n$；转换矩阵 $\boldsymbol{T}_c$ 的阶数为 $m\times3m$。

$$\boldsymbol{\alpha}=\alpha\mathrm{diag}(\delta_1\quad\delta_2\quad\cdots\quad\delta_m)\tag{6.80}$$

α 是罚因子。

$$\delta_i=\begin{cases}1 & g_{zi}\leqslant0\\0 & g_{zi}>0\end{cases}\ (i=1,\ 2,\ \cdots,\ m)\tag{6.81}$$

将式(6.77)代入(6.76)得到

$$\pi_p=\frac{1}{2}(\boldsymbol{G}\boldsymbol{U}+\boldsymbol{g}_0)^{\mathrm{T}}\boldsymbol{\alpha}(\boldsymbol{G}\boldsymbol{U}+\boldsymbol{g}_0)$$

由最小势能原理 $\delta\pi_p=0$ 得

$$\frac{\partial\pi_p}{\partial\boldsymbol{U}}=\boldsymbol{G}^{\mathrm{T}}\boldsymbol{\alpha}\boldsymbol{G}\boldsymbol{U}+\boldsymbol{G}^{\mathrm{T}}\boldsymbol{\alpha}\boldsymbol{g}_0=0\tag{6.82}$$

这样，接触问题就等价于无约束优化问题

$$\min\pi^*(\boldsymbol{U})=\pi(\boldsymbol{U})+\pi_p(\boldsymbol{U})\tag{6.83}$$

以位移 $\boldsymbol{U}$ 为未知量，由式(6.82)和(6.83)，得系统的有限元支配方程

$$(\boldsymbol{K}+\boldsymbol{K}_p)\boldsymbol{U}=\boldsymbol{R}-\boldsymbol{R}_p\tag{6.84}$$

其中，

$$\boldsymbol{K}_p=\boldsymbol{G}^{\mathrm{T}}\boldsymbol{\alpha}\boldsymbol{G},\ \boldsymbol{R}_p=\boldsymbol{G}^{\mathrm{T}}\boldsymbol{\alpha}\boldsymbol{g}_0\tag{6.85}$$

罚函数法的最大优点在于引入接触条件时并不增加系统的自由度，不增加计算机的存储量和计算量，而且物理意义清晰。缺点是此方法可能引起方程的病态，当罚值增加时，病态更严重，而约束条件只有在罚值很大时才可能精确满足。

例 6.1 应用罚函数法求解无摩擦接触问题

长度为 $L=1$ m 的悬臂梁受均布荷载 $q=1000$ N/m 作用，梁的弯曲刚度 $EI=105$ N·m^2，梁的自由端（简称梁端）垂直向下的位移受到刚性块的限制，它们之间存在初始间隙 $g_0=1$ mm，如图 6.5 所示。假定梁端与刚性块之间的接触只有一个点，应用罚函数法确定接触点的接触力 P。

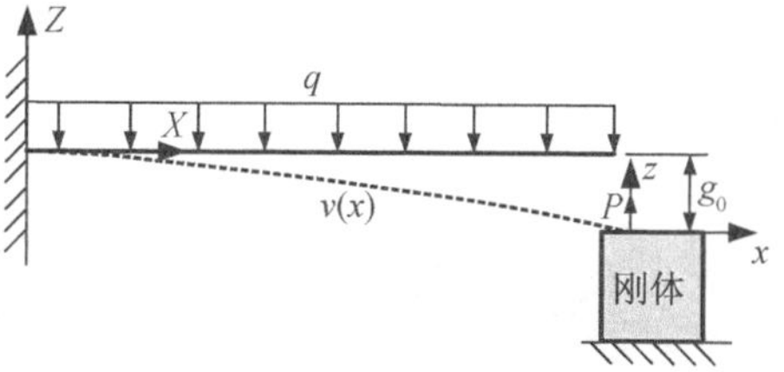

图 6.5 悬臂梁与刚体的接触

由于只有一个接触点，且不考虑摩擦，为了简化求解过程，利用悬臂梁的解析解，将上述问题转化为只有一个自由度，即梁端 $Z(z)$ 方向的位移，进行求解。梁端与刚性块的接触有两种可能：一是梁端扰度小于初始间隙，不发生接触；二是梁端扰度大于间隙，发生接触。梁端无接触时，根据 Euler 梁理论，悬臂梁的扰度曲线方程和 Z 方向梁端位移为

$$W_1(X)=-\frac{qX^2}{24EI}(X^2+6L^2-4LX),\quad W_1(L)=-\frac{qL^4}{8EI}$$

悬臂梁在接触力 P 作用下的扰度曲线方程和 Z 方向梁端位移为

$$W_2(X)=\frac{PX^2}{6EI}(3L-X),\quad W_2(L)=\frac{PL^3}{3EI}$$

暂不考虑间隙的存在，梁在一端固支、一端铰支情况下，荷载 qL 在固支端和铰支端的分配为 $0.625qL$ 和 $0.375qL$。据此和 $W_2(L)$，式(6.84)中的 $\boldsymbol{K}$ 和 $\boldsymbol{R}$ 分别为

$$K=\frac{3EI}{L^3},\quad R=-0.375qL$$

式(6.85)中的 $\boldsymbol{K}_p$ 和 $\boldsymbol{R}_p$ 为

$$K_p=\alpha,\ R_p=\alpha g_0$$

因此，式(6.84)成为

$$\left(\frac{3EI}{L^3}+\alpha\right)W=-0.375qL-\alpha g_0$$

假定不同的罚因子 α，由上式求出梁端位移 W，再根据式(6.75)计算接触力。表6.5列出计算结果：梁端与刚性块接触，接触力为 75 N。

表 6.5　接触分析计算结果

罚因子 α	W/m	嵌入 g_z /m	接触力 p_z /N
10^8	$-1.000747757\times10^{-3}$	$-0.000747757\times10^{-3}$	74.78
10^9	-1.00007498×10^{-3}	-0.00007498×10^{-3}	74.98
10^{10}	-1.00000750×10^{-3}	-0.00000750×10^{-3}	75.0

(2) Lagrange 乘子法与增广 Lagrange 乘子法

接触边界条件与 Lagrange 乘子相乘，并与总势能一起构成修正的势能，再求极值以得到求解的控制方程，这种方法称为 Lagrange 法。即通过引入 Lagrange 乘子 $\boldsymbol{\lambda}=[\lambda_1\quad\lambda_2\quad\cdots\quad\lambda_m]^{\mathrm{T}}$（其物理意义是接触面上的法向压力），构造总势能。

$$\pi^* = \pi + \pi_c \tag{6.86}$$

式中，π 为系统无约束下的总势能，π_c 为接触势能。

$$\pi_c = \boldsymbol{g}_z^{\mathrm{T}}\boldsymbol{\lambda} \tag{6.87}$$

$$\pi^*(\boldsymbol{U},\ \boldsymbol{\lambda}) = \frac{1}{2}\boldsymbol{U}^{\mathrm{T}}\boldsymbol{K}\boldsymbol{U} - \boldsymbol{U}^{\mathrm{T}}\boldsymbol{R} + \boldsymbol{g}_z^{\mathrm{T}}\boldsymbol{\lambda} \tag{6.88}$$

式(6.72)的约束最小化问题就转化为无约束的最小化问题 $\min\pi^*(\boldsymbol{U},\ \boldsymbol{\lambda})$。将 $\boldsymbol{g}_z(\boldsymbol{U})$ 对位移场 $\boldsymbol{U}$ 作 Taylor 级数展开，取其一次项，并利用式(6.77)得

$$\boldsymbol{g}_z(\boldsymbol{U}) \approx \boldsymbol{g}_z(\boldsymbol{U}_0) + \frac{\partial \boldsymbol{g}_z}{\partial \boldsymbol{U}}\boldsymbol{U} = \boldsymbol{g}_z^0 + \boldsymbol{G}\boldsymbol{U} \tag{6.89}$$

将式(6.89)代入(6.88)，由 $\delta\pi^* = 0$ 得到以位移场 $\boldsymbol{U}$ 和 Lagrange 乘子 $\boldsymbol{\lambda}$ 为基本未知量的有限元支配方程

$$\begin{bmatrix} \boldsymbol{K} & \boldsymbol{G}^{\mathrm{T}} \\ \boldsymbol{G} & \boldsymbol{0} \end{bmatrix} \begin{Bmatrix} \boldsymbol{U} \\ \boldsymbol{\lambda} \end{Bmatrix} = \begin{Bmatrix} \boldsymbol{R} \\ -\boldsymbol{g}_z^0 \end{Bmatrix} \tag{6.90}$$

Lagrange 乘子法中接触约束条件可以精确满足，但由于 Lagrange 乘子的引入，方程求解的规模增大，而且在矩阵(6.90)中出现了零主元，给数值计算带来了麻烦。因此，需要采取适当的措施来保证方程的收敛和稳定性。在罚函数方法中，罚因子出现在劲度矩阵中与接触面结点有关的子矩阵的对角线元素上，克服了 Lagrange 乘子法中出现零对角线子矩阵的缺点。但如果罚因子选择不当，将对系统的数值求解带来困难。为此，将罚函数法和 Lagrange 乘子法两者结合起来，形成增广 Lagrange 乘子法。该方法汇集了两者的优点，克服它们的不足，已成功应用于不可压缩弹性有限变形、无摩擦接触问题、弹塑粘性问题。最直接的增广 Lagrange 乘子法就是将罚函数方法中的罚项加入到 Lagrange 乘子法中的泛函，形成一个修正的势能泛函

$$\pi^* = \pi + \pi_c + \pi_p \tag{6.91}$$

相应的支配方程为

$$\begin{bmatrix} \boldsymbol{K}+\boldsymbol{K}_p & \boldsymbol{G}^{\mathrm{T}} \\ \boldsymbol{G} & \boldsymbol{0} \end{bmatrix} \begin{Bmatrix} \boldsymbol{U} \\ \boldsymbol{\lambda} \end{Bmatrix} = \begin{Bmatrix} \boldsymbol{R}-\boldsymbol{R}_p \\ -\boldsymbol{g}_z^0 \end{Bmatrix} \tag{6.92}$$

考虑到 Lagrange 乘子的物理意义，以接触点对的接触力代替 Lagrange 乘子，通过迭代计算得到问题的正确解。在迭代过程中，接触力作为已知量出现，这样既吸收了罚函数方法和 Lagrange 乘子法的优点，又不增加系统的求解规模，而且收

敛速度也比较快。

6.4.3 接触单元法

接触单元法是把接触点对作为"单元"考虑，接触单元一般为有厚度的薄层单元，它与普通单元一样，可以直接组装到整体劲度矩阵。比较有代表性的是1979年，J. T. Stadter 和 R. O. Weiss[10] 提出的间隙元方法，适用于大面积接触和多体接触问题。

"间隙元"是一种虚拟的具有一定物理性质的特殊接触单元，单元的应力和应变反映了它所连接物体之间的接触状态，并根据人为构造的物理特性来模拟接触过程。J. T. Stadter 和 R. O. Weiss 提出的间隙单元具有普通单元的形状，且可以用与普通单元相同的方法进行数学插值。采用这一方法引入接触区域的是单元而非接触点对，因此，它很容易与一般有限元模型连接，能够反映大面积接触的区域性特点。当然，在接触状态变化比较剧烈的区域，特别是不同接触状态之间的过渡区域，需要细化间隙单元。

(1) 间隙元的几何形状

如图6.6所示，未接触区域的间隙元与普通单元的形状相同。已接触区域的间隙元则为扁长的四边形(二维)，或薄膜形状(三维)。可以看出，间隙元起着连接两接触体的作用，因此，它的形状必须满足接触体 A 和 B 不能相互嵌入的客观条件。

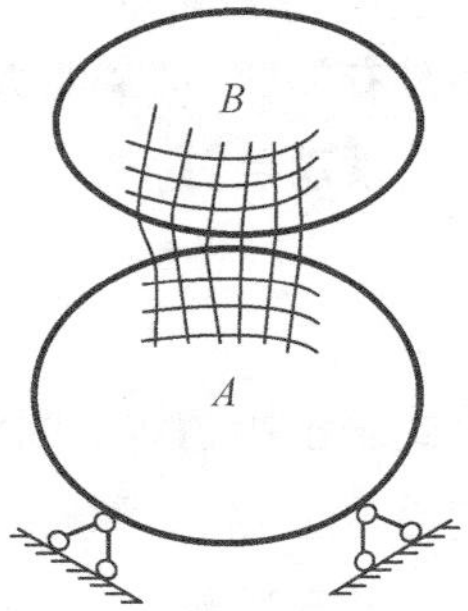

图6.6 间隙单元形状

(2) 接触过程模拟

由于接触是局部几何非线性问题，为此，可以通过局部坐标系下间隙元特性变量的变化来模拟接触过程。间隙元的物理特性表现为，物体未接触时，它的刚度趋近于零，不影响物体的自由运动；在已经接触的区域，间隙元的刚度变得足够大，以防止物体的相互嵌入。

考察某个间隙单元 i(图6.7)，其局部坐标系的 z 轴正向为接触面的外法线方向，x 和 y 为接触面的切向。间隙元沿 z 方向的拉压取决于接触体的特性与荷载情况。当荷载使间隙拉开时，间隙元的法向拉伸应变 ε_z 增大，此时间隙元不能阻止接触体的自由运动，其拉压模量 E 很小。而当荷载使间隙受压时，法向应变 ε_z 变为负值，拉压模量 E 增大，当物体 A 和 B 完全进入接触状态时，$\varepsilon_z=-1$。可见，间隙元拉压模量的变化反映了不同的接触状态。为了进一步描述接触体的滑动接触状态，可引

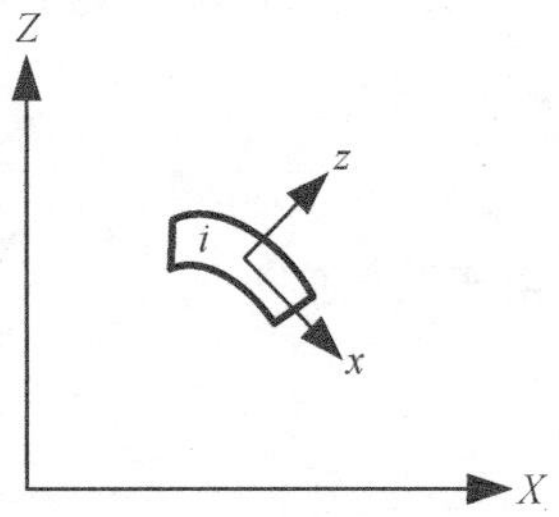

图6.7 间隙单元 i

入剪切模量 G。因此,间隙元是一种具有变化模量 E 和 G 的非线性单元,通过模量 E 和 G 的变化改变其刚度,以模拟接触过程。

(3) 接触状态的判别

引入间隙单元之后,原来非连续的接触问题就转化为连续问题。相应于 6.2.3 节的接触状态判别条件,间隙元的具体表达形式如下。

设局部坐标系(图 6.7)下间隙元的法向应变为 ε_z,法向应力为 σ_z。除此之外,还有切向的剪应力 τ_{xz} 和 τ_{yz},总剪应力为

$$\tau = \sqrt{\tau_{xz}^2 + \tau_{yz}^2}$$

假定此时的法向间隙为 g_z,据此以间隙单元的内力建立接触状态的判别条件:

连续接触

$$g_z \leqslant 0, \text{且} \ \tau - f\,|\,\sigma_z\,| < 0 \quad (x, y) \in s \tag{6.93}$$

式中,f 为接触物体之间的滑动摩擦系数,s 为接触区域。式(6.93)表示接触体之间没有间隙,且摩擦力足以阻止摩擦体之间的相互滑动。

滑动接触

$$g_z \leqslant 0, \text{且} \ \tau - f\,|\,\sigma_z\,| \geqslant 0 \quad (x, y) \in s \tag{6.94}$$

上式表示接触体之间没有间隙,但摩擦力不能阻止摩擦体之间的相互滑动,滑动方向沿剪应力 τ_{xz} 和 τ_{yz} 的合力方向。

开式接触

$$g_z > 0 \quad (x, y) \in s \tag{6.95}$$

为了利用间隙元本身的物理特性描述接触条件,可将法向间隙转换为间隙元的法向应变。设局部坐标系下,原法向间隙为 $\bar{g}_z$,相邻接触体的相对位移为 $\Delta g_z = w_B - w_A$,则发生相对位移后的法向间隙为

$$g_z = \bar{g}_z + \Delta g_z$$

由于法向应变为 $\varepsilon_z = \dfrac{\Delta g_z}{\bar{g}_z}$,代入上式得

$$g_z = \bar{g}_z(1 + \varepsilon_z) \tag{6.96}$$

由于 $\bar{g}_z \geqslant 0$,将式(6.96)代入式(6.93)~(6.95),就可以得到以法向应变 ε_z 表示的接触状态判别条件:

连续接触

$$\varepsilon_z \leqslant -1.0，且\ \tau - f \mid \sigma_z \mid < 0 \quad (x, y) \in s \tag{6.97}$$

滑动接触

$$\varepsilon_z \leqslant -1.0，且\ \tau - f \mid \sigma_z \mid \geqslant 0 \quad (x, y) \in s \tag{6.98}$$

开式接触

$$\varepsilon_z > -1.0，(x, y) \in s \tag{6.99}$$

$\varepsilon_z = -1.0$ 表示间隙单元完全压缩，厚度为零，相邻两个物体刚好接触。

（4）接触迭代过程间隙元模量的修正

间隙元方法的接触分析是一个迭代运算过程，为了使下一次迭代计算的结果更接近实际情况，间隙单元的模量需要调整。假定本次接触迭代分别是连续、滑动和开式接触状态，间隙元模量的调整如下：

本次迭代为连续接触时

当间隙元部分或全部侵入时，$\varepsilon_z < -1.0$，表示该处太“软”，需要加大该处的模量。为此，利用应力不变准则，即假定第 k 次接触迭代和第 $k+1$ 次接触迭代的法向应力变化不大，因此有

$$E_k \varepsilon_{z,k} = E_{k+1} \varepsilon_{z,k+1} \tag{6.100}$$

第 $k+1$ 次接触的理想状态是两个物体刚好接触，即 $\varepsilon_{z,k+1} = -1.0$，此时从上式得到

$$E_{k+1} = -E_k \varepsilon_{z,k} \tag{6.101}$$

然而，一个间隙单元的接触状态还要受到其它间隙单元的影响，因此，这个过程需要反复迭代，才能使物体刚好接触，以满足法向应变 $\varepsilon_{z,k+1} = -1.0$ 的接触条件。迭代过程如图 6.8 所示。

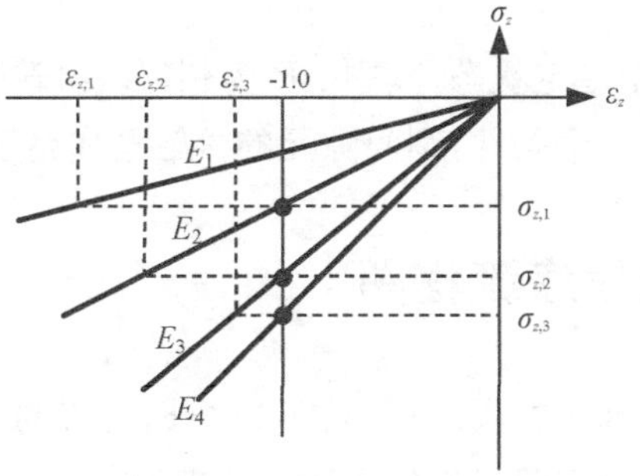

图 6.8 间隙元接触迭代过程

本次迭代为滑动接触时

此时,除了按式(6.101)调整拉压模量 E 之外,还要调整剪切模量 G。注意滑动状态下 $\tau \geqslant f|\sigma_z|$,可认为剪应力 τ 大是由于剪切模量 G 大的原因,为此,需要减小该处的 G,最终能使 $\tau = f|\sigma_z|$。据此,G 按以下公式调整

$$G_{k+1} = G_k f|\sigma_z|/\tau \tag{6.102}$$

本次迭代为开式接触时

此时,间隙单元的模量很小,取 $E=(10^{-8}\sim10^{-4})E_0$($E_0$ 为初始模量),$G=E/2$。为了使间隙元的接触迭代过程收敛,模量的减小应尽可能平缓,一般在两次迭代之间,拉压模量 E 的减小在 0.5～0.75 之间变化。

(5) 接触迭代分析的收敛标准

通过迭代过程间隙元模量的多次调整,当相邻两次迭代的法向应变 ε_z 和间隙单元的模量变化不大,且接触物体没有发生相互嵌入或滑动达到稳定状态时,可认为迭代分析收敛。因此,接触迭代分析的收敛标准如下:

① $\varepsilon_z \geqslant -1.0$,表明接触体没有发生相互嵌入情况。在具体计算中,容许有5%的误差,即 $\varepsilon_z \geqslant -1.05$,便可认为没有相互嵌入,满足要求。

② 前后两次迭代接触单元模量的变化 ΔE 和 ΔG 满足下式

$$\begin{cases} |\Delta E| = |(E_{k+1}-E_k)/E_k| \leqslant \delta_E \\ |\Delta G| = |(G_{k+1}-G_k)/G_k| \leqslant \delta_G \end{cases} \tag{6.103}$$

式中,δ_E 和 δ_G 分别是拉压模量 E 和剪切模量 G 相对变化的容许值。

③ 对于处于滑动接触状态的间隙单元,当

$$|\tau - f|\sigma_z|| \leqslant \Delta R \tag{6.104}$$

时,即认为滑动接触处于稳定状态,其中 ΔR 为相邻两次迭代的荷载增量。

如果同时满足以上三个条件,则间隙元的接触迭代趋于收敛。

6.5 接触有限元程序流程图

有了接触有限元的基本方程之后,就可以根据已有的公式编写接触有限元的程序。图 6.9 给出了接触有限元程序设计的流程图[10][11]:

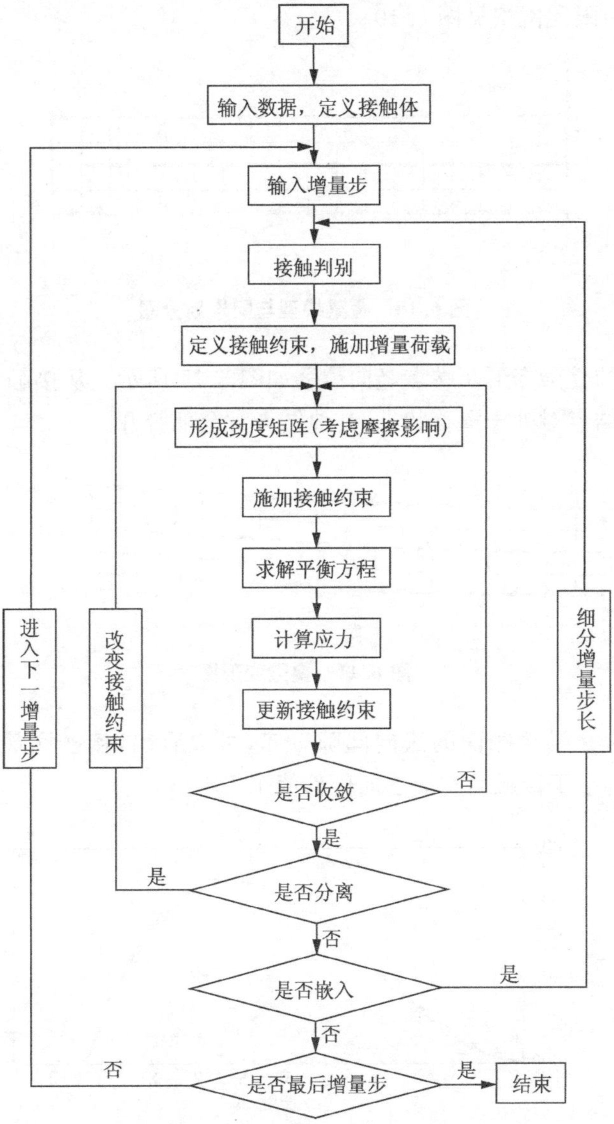

图 6.9　接触有限元程序流程图

6.6　接触问题算例

例 6.2　叠梁问题

如图 6.10 所示，两根完全相同的悬臂梁，规格为 $10\times1\times1\ \mathrm{mm}^3$，假定两梁之间无界面摩擦，$E=1.5\times10^6$ MPa，泊松比 $\mu=0.25$，在端点 A 向上作用集中力

$P = 1500\text{N}$。有限元网格见图 6.10。

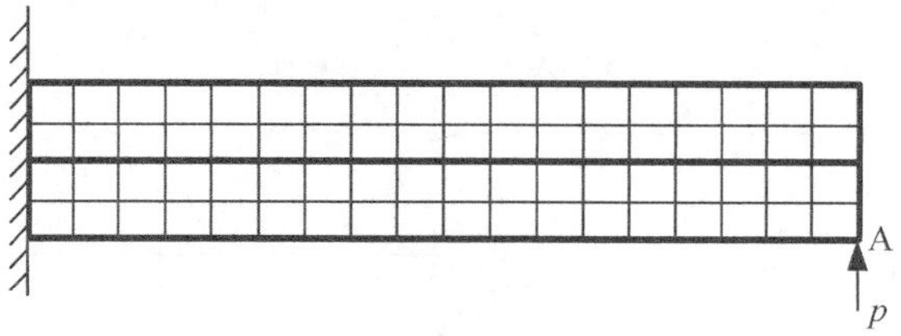

图 6.10 叠梁模型与网格划分图

接触分析的叠梁变形及端点竖向位移如图 6.11 所示。从接触力数据可知，除了最右边两个结点对处于滑移状态，其他结点对全部脱开。

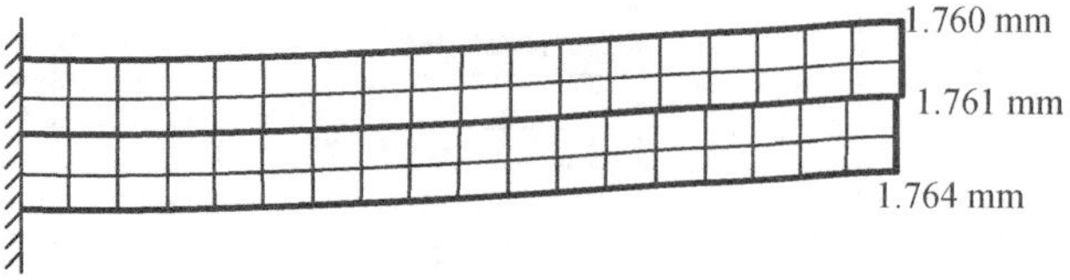

图 6.11 叠梁变形图

图 6.12 为叠梁接触面的法向间隙分布，可以看出，接触面最大法向间隙为 0.0043 mm，远小于接触面右端法向位移值 1.761 mm。

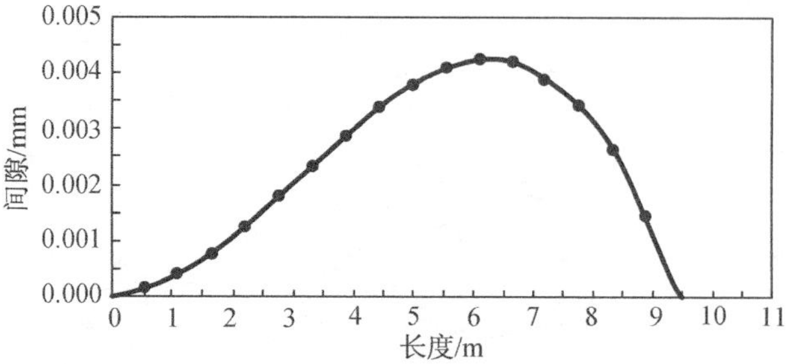

图 6.12 叠梁接触面法向间隙分布图

例 6.3 滑块稳定分析

图 6.13 为一接触摩擦块问题的计算简图。滑块弹性模量为 240 GPa，泊松比 $\mu=0.163$，垫层材料弹性模量为 300 MPa，泊松比 $\mu=0.25$，凝聚力 $c=0$，摩擦角 $\varphi=45^\circ$，基座弹模为 24 GPa，泊松比 $\mu=0.163$，滑块顶面受均布压力为 0.25 kN/m^2，不计滑块体力。

由刚体极限平衡公式

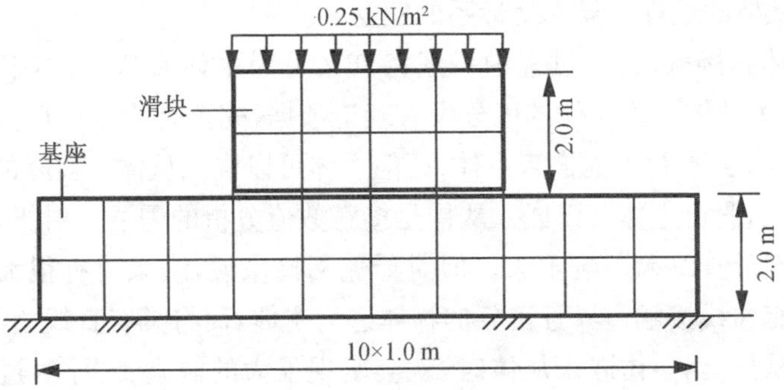

图 6.13　滑块稳定分析

$$K=\frac{f\sum N+cA}{\sum Q} \tag{6.105}$$

式中，A 为接触面积；N 为接触面法向压力；f 为摩擦系数；Q 为作用在滑块上的水平推力。当 $\sum Q=\tan\varphi\times 100=100$ kN 时，抗滑稳定安全系数 $K=1.0$，可知该滑块处于临界滑移状态，全部推力施加于滑块时，将开始滑移。用本章参考文献[4]提出的接触单元考虑非线性时，分 20 步加载，计算结果见图 6.14 (a)和(b)。

由图 6.14 可见，滑块左下角点的位移 u 在第 15 步前变化平缓，之后位移快速增加。当荷载加到第 20 步时，位移猛增，不再收敛。当荷载步数为 19 时，平均切应力 $\tau\sim u$ 曲线已经很平，趋向剪切强度线。

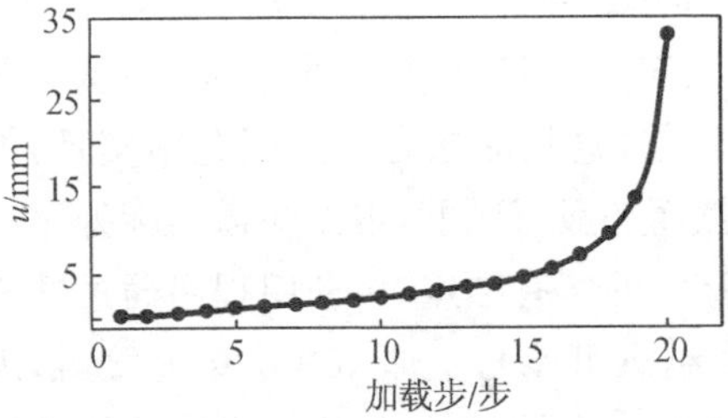

(a) 滑块水平位移随加载步的变化曲线

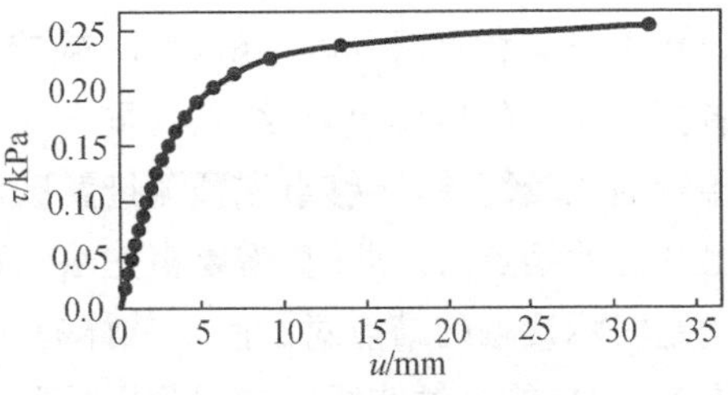

(b) 加载过程接触面 $\tau\sim u$ 曲线

图 6.14　滑块稳定计算曲线

6.7　接触问题有限元分析中的一些问题

在实际问题的接触分析中，经常存在一些由于接触建模不当引起的困难，主要表现在计算的收敛性和计算误差或错误。因此，有必要进一步了解建模特点。

(1) 主从体的选择和局部坐标系的建立

两个物体相接触，分析过程中一般将其区分为主体和从体，本书以接触体 A 表示主体，B 为从体。主从体的区分没有理论依据，完全是为了计算方便。接触边界条件的施加，从体 B 不能嵌入主体 A，但主体可以嵌入从体。实际的接触条件为不能相互嵌入，假定主体可以嵌入从体是接触数值分析的需要。对于密分网格，有无这一假定对计算结果影响不大。但对稀疏网格来说，结果就有很大的不同。如果将一个具有曲线接触边界且密分的物体选为主体，而将具有直线边界、稀疏网格的物体作为从体，当主体嵌入从体时，就会出现很大的嵌入量，导致过大的计算误差。为此，需要正确选择主从体。为了减小接触分析中的嵌入量，通常将具有平直接触边界和相对坚硬的物体选取为主体，具有曲线边界和较软的物体为从体。并建议从体的网格尽量密一些，主体的网格可以稀疏一点。应注意，在实际分析过程中，为了防止接触物体的相互嵌入，主从体有可能通过二次定义转换角色。

本书在建立接触边界局部坐标系时，公法线方向的 z 轴正向从主体 A 指向从体 B。

(2) 接触搜索与接触力

一般来说，接触分析过程包括：① 确定接触类型和接触点对；② 接触搜索；③ 计算接触力。

我们事先并不知道接触边界的位置，因此，有必要确定已经接触和可能接触的结点对。很多商业软件提供了能够自动生成所有结点对的工具。此外，还需要确定接触边界的类型：连续接触、滑移接触或开式接触。

接触点的搜索就是要找出将与从体结点接触的主体单元。对于小变形和接触边界上没有相对滑移的接触物体，确定接触点对比较容易，因为可以使主、从体两者接触面上的单元重合，结点在同一位置。当然，这只能在有限的问题中实现，如接触面比较简单，能够事先预测接触区域。然而一般情况下，难以知道实际处于接触状态的结点对。此时，需要事先给出可能接触的所有结点对，利用程序通过搜索确定实际接触的结点对。假定从体有 100 个结点可能与主体 100 个单元接触，理论上，一次的接触非线性迭代分析需要校核 10000 个结点对，而为了完成非线性接触分析，必须重复很多次迭代计算。可见，计算工作量相当庞大。因此，非常有必要研究接触结点对的有效搜索方法。例如，为给定的从体结点存储当前接触的主体单元信息是十分有用的，因为在接下来的迭代中，只须对前一个接触单元相邻的主体单元进行接触搜索即可。

接触搜索通常分为两类：点面接触和面面接触。前者经常用于主体为刚体的情况。后者适用于两个弹性体的接触，且相互之间有较大滑移的情况，此时主、从体的区分不是很清楚。虽然后者更准确地表示了不可嵌入条件，但由于双向接触的存在，需要更多的计算时间。

接触搜索的另一个问题是，接触容差的确定。严格来说，两个物体第 i 结点对接触时，间隙 $g_{zi}=0$，但在数值计算中，难以精确做到，这将导致接触搜索十分耗时。为此，商业程序通常给出一个容许的偏差，即接触容差，这是偏离 $g_{zi}=0$ 的最小距离。接触容差的默认值一般是接触单元长度的1%。只要两个物体接触面之间的距离不大于接触容差，就认为两个物体处于接触状态，就可以建立结点对，计算接触力。例如，图6.15给出两个接触容差，一个是表示两物体分离的容差 d_1，另一个是反映两物体相互嵌入的容差 d_2。其中图6.15(b)和图6.15(c)显示两个物体的分离量和嵌入量在容差内，因此，形成了结点对，通过合适的接触力计算完成迭代分析。图6.15(a)的分离量大于 d_1，两物体处于分开（开式接触）状态。图6.15(d)的嵌入量大于 d_2，并未处于接触状态。因此，图6.15(a)和图6.15(d)的接触搜索并未找到接触点对。

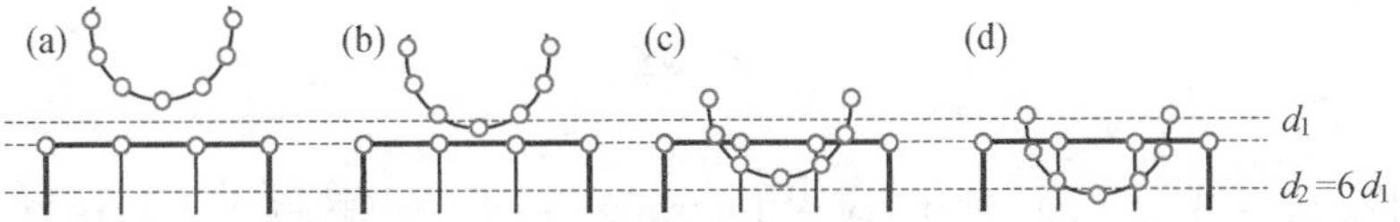

图6.15　接触容差

可以通过荷载增量的调整实现接触点对的搜索。如果荷载增量太大，接触面间隙的变化可能大于接触容差，导致过大的嵌入量出现。此时，可以通过荷载增量减半的方法减小嵌入量，以满足不能嵌入的接触条件。

一旦接触点对处于接触状态，就可以应用有限元方法获得满足约束条件的接触力。如果采用接触约束算法，如罚函数法或Lagrange乘子法，求解有限元基本方程，则须确定劲度矩阵 $\boldsymbol{K}_p=\boldsymbol{G}^{\mathrm{T}}\boldsymbol{\alpha}\boldsymbol{G}$，关键在于罚因子 α 的选择。α 取大值可以减小嵌入量，容易满足约束条件，但会使劲度矩阵病态，产生收敛性的问题。因此，应当根据接触容差确定 α 值，这需要计算经验。在实际应用中，也可以由材料弹性模量、单元尺寸和单元垂直于接触界面的高度来选择 α。许多程序通常以接触物体的弹性模量乘以一个比例因子来确定 α。当接触物体的弹性模量不同时，则根据较小的弹性模量确定 α。具体计算时，可以从一个小的比例因子开始，逐渐增加，直到一个合理的嵌入量出现为止。

(3) 接触建模

为了解决接触问题有限元分析的收敛性和计算结果的准确性，需要注意以下问题。

接触类型的处理：根据接触物体的变形特性，接触可分为两类，变形体之间的接触和变形体与刚性体之间的接触。

几乎所有的物体在荷载作用下都会发生变形，因此，理论上所有的接触都是变形体与变形体之间的接触。由于变形体之间的接触分析耗时大，特别当两个物体的刚度相差较大时，有限元劲度矩阵成为病态，收敛性变差，精确计算更为困难。如果能将其中一个物体处理为刚体，变形体与刚性体之间的接触分析就比较容易了。

虽然实际情况是任何物体都是可变形的，但由于建模是对物理现象的一种抽象，所以在某些情况下还是可以将其视为刚体。一般来说，当接触的两个物体的结构刚度相差很大时，刚度大的物体可视为刚体。例如，钢和橡皮的接触，通常钢可近似为刚体，因为与橡皮的变形相比，钢的变形可忽略。但如果是一个橡皮球撞击一块薄钢板，由于板的变形会很大，板就不能作为刚体，而是一个变形体。

习 题

1. 以间隙 g_z 为 Lagrange 乘子，应用 Lagrange 乘子法求解例 6.1 的接触问题，给出接触力和悬臂梁自由端的位移。

2. 设例 6.1 中悬臂梁的梁高 $h=0.2$ m，厚度 $t=0.1$ m，材料的弹性模量 $E=1.5\times10^9$ N/m^2（抗弯刚度 $EI=10^5$ N·m^2），泊松比 $\mu=0.2$。分别以边长为 0.1 m 和 0.05 m 的正方形单元剖分（厚度方向不剖分），采用罚函数法，按平面应力问题分析例 6.1 悬臂梁的接触问题，给出接触力和梁端位移，并同例 6.1 的结果进行比较，说明差别的原因。

3. 如图 6.16 所示，以边长为单位长度的正方形弹性块体，顶部受均布荷载 q，底部与刚体光滑平面接触，两侧无约束。材料泊松比为 0，弹性模量为 E，截面积为 A，接触罚因子为 α。

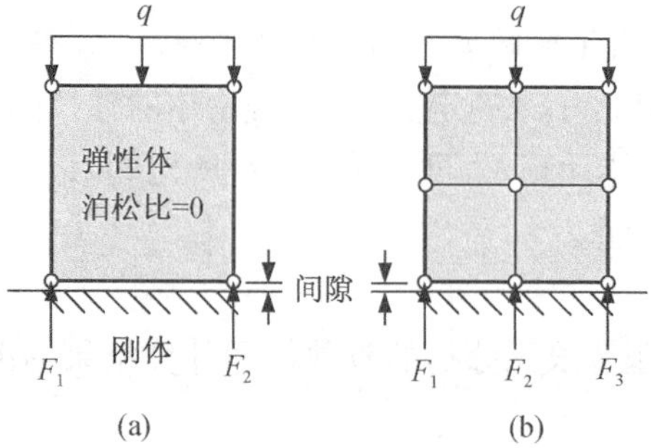

图 6.16　正方形弹性块体的接触问题

使用罚函数法，计算位移场分布 w、接触力 F 和间隙 g_z；
块体划分为1个单元，如图6.16(a)，试计算接触力和间隙；
块体划分为2个单元，如图6.16(b)，试计算接触力和间隙。

参考文献

[1] T. Anderson, B. Fredriksson, B. G. A. Person. The boundary element method applied to two-dimensional contact problems[M]//C. A. Brebbia. New Developments In Boundary Element Methods. Sowthampton: CML Publications, 1980:247-763.

[2] Andersson T. The boundary element method applied to two-dimensional contact problems with friction[M]. Boundary element methods. Springer, Berlin, Heidelberg, 1981: 239-258.

[3] Wilson E A, Parsons B. Finite element analysis of elastic contact problems using differential displacements[J]. Int. J. Num. Meth. Eng., 1970, 2(3): 387-395.

[4] Chan S K, Tuba I S. A finite element method for contact problems of solid bodies—Part I. Theory and validation[J]. Int. J Mech. Sci. 1971, 13(7): 615-625.

[5] Ohte S. Finite element analysis of elastic contact problems[J]. Bulletin of JSME, 1973, 16(95): 797-804.

[6] Tsuta T, Yamaji S. Finite element analysis of contact problem (stiffness equations solution by iterative method)[J]. Theory Pract. FE Struct. Anal, 1973: 177-194.

[7] Francavilla A, Zienkiewicz O C. A note on numerical computation of elastic contact problems[J]. Int. J. Num. Meth. Eng., 1975, 9(4): 913-924.

[8] Okamoto N, Nakazawa M. Finite element incremental contact analysis with various frictional conditions[J]. Comp. Meth. Appl. Mech. Eng. 1979, 14(3): 337-357.

[9] Schäfer H. A contribution to the solution of contact problems with the aid of bond elements [J]. Comp. Meth. Appl. Mech. Eng. 1975, 6(3): 335-353.

[10] Stadter J T, Weiss R O. Analysis of contact through finite element gaps[J]. Comput. Struct. 1979, 10(6): 867-873.

[11] Ngo D, Scordelis A C. Finite element analysis of reinforced concrete beam[J]. ACI Journal, 1967, 64(3):152-163

[12] Goodman R E, Taylor R L, Brekke T L. A model for the mechanics of jointed rock[J]. J. Soil Mech. Found. Div, 1968.

[13] Beer G. An isoparametric joint/interface element for the analysis of fractured rock[J]. Int. J. Num. Meth. Eng, 1985, 21: 585-600.

[14] Gens A, Hutchinson J N, Cavounidis S. Three-dimensional analysis of slides in cohesive soils[J]. Geotechnique, 1988, 38(1): 1-23.

[15] Plesha M E, Ballarini R, Parulekar A. Constitutive model and finite element procedure for dilatant contact problems[J]. J. Eng. Mech. 1989, 115(12): 2649-2668.

[16] Kaliakin V N, Li J. Insight into deficiencies associated with commonly used zero-thickness interface elements[J]. Comput. Geotech. 1995, 17(2): 225-252.

[17] 胡孔国，周奎，宋启根，等. 土钉墙作用机理的非线性分析[J]. 煤矿支护，1997 (3): 17-19.

[18] Desai C S, Zaman M M, Lightner J G, et al. Thin-layer element for interfaces and joints [J]. Int. J. Numer. Anal. Met. 1984, 8(1): 19-43.

[19] Katona M G. A simple contact-friction interface element with applications to buried culverts[J]. Int. J. Numer. Anal. Met. 1983, 7(3): 371-384.

[20] 雷晓燕. 三维接触问题新模型研究[J]. 土木工程学报，1996，29(3): 24-33.

[21] 邵炜，金峰，王光纶. 用于接触面模拟的非线性薄层单元[J]. 清华大学学报（自然科学版），1999，39(2):34-38

[22] Fredriksson B. Finite element solution of surface nonlinearities in structural mechanics with special emphasis to contact and fracture mechanics problems [J]. Comput. Struct. 1976, 6 (4-5):281-290.

[23] 陈万吉. 用有限元混合法分析弹性接触问题[J]. 大连工学院学报，1979，2: 16-28.

[24] Pascoe S K, Mottershead J E. Two new finite element contact algorithms[J]. Comput. Struct. 1989, 32(1): 137-144.

第 7 章　弹塑性有限元程序设计

本章将给出一个二维的弹塑性有限元程序 NFA2D，该程序在本章参考文献[1]的基础上，在材料屈服准则的选用和有限元支配方程的求解方面进行了修改和补充。它可以解决平面应力、平面应变和轴对称问题。鉴于不同类型的材料呈现不同的弹塑性性质，程序中有四种屈服准则可供选择，其中 Tresca 和 Von Mises 准则适用于金属材料，Mohr-Coulomb 和 Drucker-Prager 准则可用于混凝土、岩石和土体。

7.1　程序中的弹塑性模型

7.1.1　屈服准则

屈服准则用来确定塑性变形发生时的应力水平，第三章已经给出其一般形式及 Mises 模型和 Drucker-Prager 模型屈服准则的具体表达式。本程序共有四类屈服准则可供使用。

(1) Tresca 准则

该准则认为最大剪应力达到一定数值时材料产生塑性屈服。设某点的主应力为 σ_1、σ_2 和 σ_3，且 $\sigma_1 \geqslant \sigma_2 \geqslant \sigma_3$，则准则表达式为

$$f=(\sigma_1-\sigma_3)-\sigma_s=0 \qquad (7.1)$$

如果不知道 σ_1、σ_2 和 σ_3 的大小，则上式可改写为

$$f=[(\sigma_1-\sigma_2)^2-\sigma_s^2]\cdot[(\sigma_2-\sigma_3)^2-\sigma_s^2]\cdot[(\sigma_3-\sigma_1)^2-\sigma_s^2]=0 \qquad (7.2)$$

式中，σ_s 为单向应力状态下材料的屈服应力，它是硬化参数 κ 的函数。式(7.2)表示屈服面为应力空间内的正六棱柱(图 7.1)，它的六个面分别平

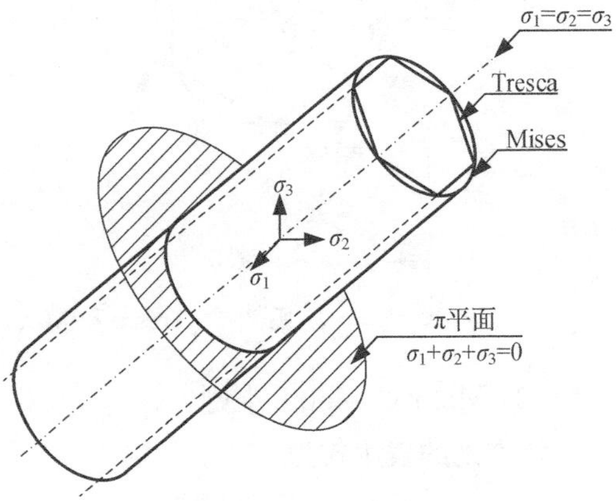

图 7.1　Tresca 和 Mises 屈服面

行于三个主应力。它在π平面上的投影是一个正六边形[图 7.2(a)]。由于这种模型与静水压力无关，屈服函数只与应力偏量的第二不变量J_2和第三不变量J_3有关，因而可表示为$f(\sigma_1-\sigma_3, \sigma_2-\sigma_3)$，其二维的图像如图 7.2(b)所示。

(2) Mises 准则

Tresca 准则不考虑中间主应力的影响，此外，当应力处于两个屈服面的交线时，存在导数不连续的奇点，数学处理有些困难。为此，Von Mises 建议采用另一类屈服条件：当与物体中一点应力状态相对应的畸变能(由于形状变化储存在单位体积材料中的应变能)达到某一极限时，该点进入屈服状态，屈服函数可表示为

$$f=J_2-\frac{1}{3}\sigma_s^2 \tag{7.3}$$

由应力强度(或等效应力)$\bar{\sigma}$的表达式(3.32)，上式可改写为

$$f=\bar{\sigma}-\sigma_s=0 \tag{7.4}$$

此时，屈服面为应力空间中的圆柱面，并与 Tresca 棱柱屈服面的棱边外接(图 7.1)。它在π平面上的投影是一个半径为$\sqrt{2/3}\sigma_s$的圆，见图 7.2(a)。其惯用的工程表示则为一个椭圆[图 7.2(b)]。

Tresca 和 Mises 屈服准则适用于金属类材料，它们都认为材料的屈服由偏应力引起，而忽略了体积应力的影响。对大多数金属来说，Mises 准则比 Tresca 准则更接近于实验结果。

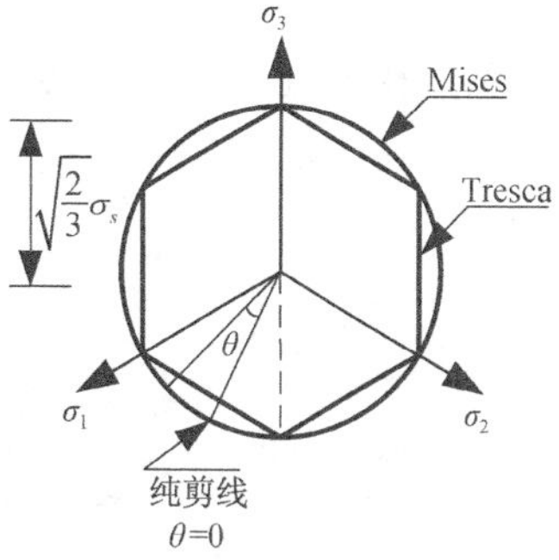

(a) 平面投影

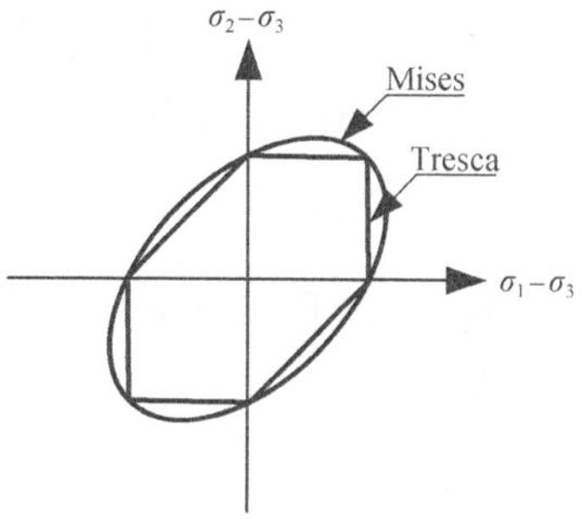

(b) 惯用的工程表示

图 7.2 Tresca 和 Mises 屈服面的二维表示

(3) Mohr-Coulomb 准则

该准则的表达式为

$$f=\tau-(c-\sigma_n \mathrm{tg}\,\varphi)=0 \tag{7.5}$$

式中，τ 为剪应力，σ_n 为法向应力（以拉为正），c 是粘结力，φ 为内摩擦角。在几何上，式(7.5)是图 7.3 中最大应力圆的一根切线 PQ，对于 $\sigma_1 \geqslant \sigma_2 \geqslant \sigma_3$ 的情况，式(7.5)可改写成

$$f = (\sigma_1 - \sigma_3) - 2c\cos\varphi + (\sigma_1 + \sigma_3)\sin\varphi = 0 \qquad (7.6)$$

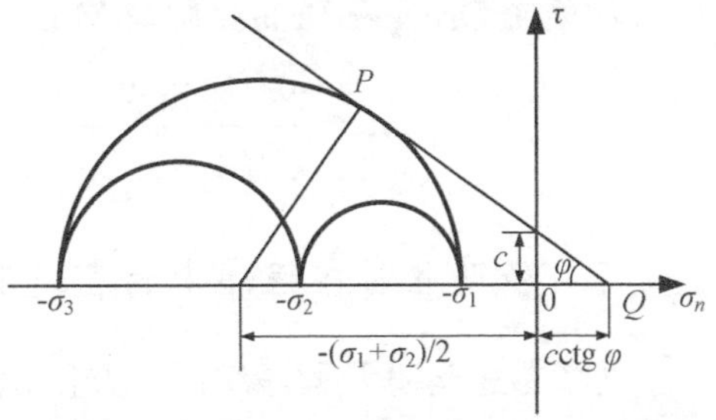

图 7.3　Mohr-Coulomb 准则的 Mohr 圆

在主应力空间内，式(7.6)表示的屈服面是一个六棱锥面，锥的顶点位于 $\sigma_1 = \sigma_2 = \sigma_3$ 的主应力空间对角线上，它与原点的距离为 $c\text{ctg}\,\varphi$[图 7.4(a)]。图 7.4(b)显示了屈服面与 π 平面的交线，它是一个不等边的六边形。从式(7.6)可知，当 $\sigma_1 = \sigma_2 = \sigma_3$ 时，平均静水压力 $\sigma_m = c\text{ctg}\,\varphi$，可见，Mohr-Coulomb 屈服准则考虑了静水压力 σ_m 对屈服的影响。

(4) Drucker-Prager 准则

为了消除 Mohr-Coulomb 屈服面的棱线，Drucker 和 Prager 于 1952 年在 Mises 准则的基础上进行修正，即考虑平均静水压力对屈服的影响，其屈服函数为

$$f = aI_1 + \sqrt{J_2} - k = 0 \qquad (7.7)$$

式中 a、k 为材料常数，通过与 Mohr-Coulomb 屈服模型的比较，可确定其值。

Drucker-Prager 屈服面为圆锥面，它在 π 平面上的投影是一个圆(图 7.4)。若使任一截面的 Drucker-Prager 圆与 Mohr-Coulomb 六边形的三个外顶点一致，可得

$$a = \frac{2\sin\phi}{\sqrt{3}(3-\sin\phi)} \qquad k = \frac{6c\cos\varphi}{\sqrt{3}(3-\sin\varphi)} \qquad (7.8)$$

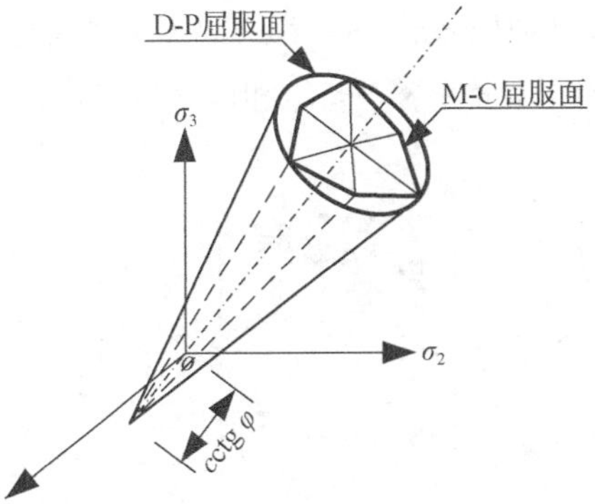

(a) 主应力空间中的屈服面

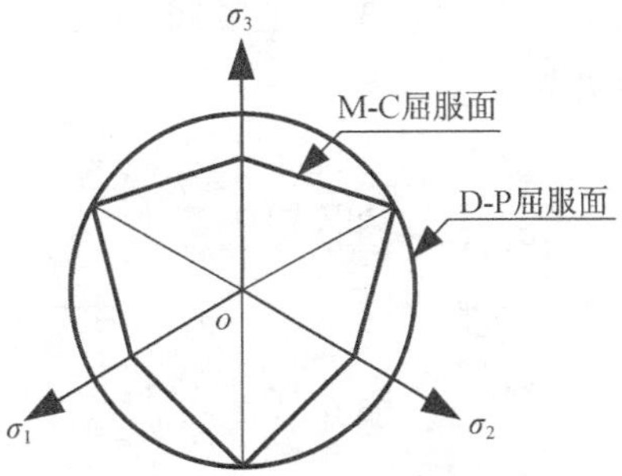

(b) π 平面上的屈服面

图 7.4　Mohr-Coulomb 和 Drucker-Prager 屈服面

如果使 Drucker-Prager 圆与 Mohr-Coulomb 六边形的三个内顶点重合，则得

$$a=\frac{2\sin\phi}{\sqrt{3}(3+\sin\phi)}\qquad k=\frac{6c\cos\varphi}{\sqrt{3}(3+\sin\varphi)}\tag{7.9}$$

7.1.2 屈服准则在程序中的表现形式

为了数值运算及程序编制的方便，本程序将借助于应力不变量以统一的形式来表达上节的四个屈服准则。这是 G. C. Nayak 和 O. C. Zienkiewicz 于 1972 年所做的工作。

与主应力的确定类似，三个主应力偏量 s_1、s_2 和 s_3 可由以下三次方程求出

$$s^3-J_2s-J_3=0\tag{7.10}$$

注意三角函数有恒等式

$$\sin^3\theta-\frac{3}{4}\sin\theta+\frac{1}{4}\sin 3\theta=0\tag{7.11}$$

若令 $s=r\sin\theta$ 并代入(7.10)式得

$$\sin^3\theta-\frac{J_2}{r^2}\sin\theta-\frac{J_3}{r^3}=0\tag{7.12}$$

比较式(7.11)和(7.12)可得

$$r=2\sqrt{\frac{J_2}{3}}\tag{7.13}$$

$$\sin 3\theta=-\frac{4J_3}{r^3}=-\frac{3\sqrt{3}}{2}\frac{J_3}{(J_2)^{3/2}}\tag{7.14}$$

求解(7.14)式可得 $\sin\theta$，它有 3 个值，可利用 $\sin(3\theta+2n\pi)$ 的周期性给出，分别为 $\sin(\theta+2\pi/3)$、$\sin\theta$ 和 $\sin(\theta+4\pi/3)$。由 $\boldsymbol{\sigma}=\boldsymbol{s}+\sigma_m\boldsymbol{I}'$ 和以上各式求出三个主应力为

$$\begin{Bmatrix}\sigma_1\\\sigma_2\\\sigma_3\end{Bmatrix}=r\begin{Bmatrix}\sin\left(\theta+\frac{2\pi}{3}\right)\\\sin\theta\\\sin\left(\theta+\frac{4\pi}{3}\right)\end{Bmatrix}+\frac{I_1}{3}\begin{Bmatrix}1\\1\\1\end{Bmatrix}=2\sqrt{\frac{J_2}{3}}\begin{Bmatrix}\sin\left(\theta+\frac{2\pi}{3}\right)\\\sin\theta\\\sin\left(\theta+\frac{4\pi}{3}\right)\end{Bmatrix}+\frac{I_1}{3}\begin{Bmatrix}1\\1\\1\end{Bmatrix}\tag{7.15}$$

式中，I_1 为应力张量的第一不变量，J_2、J_3 分别为应力偏量的第二和第三不变量；$\sigma_1\geqslant\sigma_2\geqslant\sigma_3$，$-\pi/6\leqslant\theta\leqslant\pi/6$，$\theta$ 为 Lode 角，见图 7.2。

根据主应力的表达式(7.15)，四类屈服准则就可以用 I_1、J_2 和 θ 写出。

(1) Tresca 屈服函数

将式(7.15)中的 σ_1 和 σ_3 代入式(7.1)得

$$f = \frac{2}{\sqrt{3}}\sqrt{J_2}\left[\sin\left(\theta + \frac{2\pi}{3}\right) - \sin\left(\theta + \frac{4\pi}{3}\right)\right] - \sigma_s(\kappa) = 0$$

简化后为

$$f = 2\sqrt{J_2}\cos\theta - \sigma_s(\kappa) = 0 \tag{7.16}$$

(2) Mises 屈服函数

由式(7.3)直接得到

$$f = \sqrt{3J_2} - \sigma_s(\kappa) = 0 \tag{7.17}$$

(3) Mohr-Coulomb 屈服函数

将式(7.15)中的 σ_1 和 σ_3 代入式(7.6)，则有

$$f = \frac{1}{3}I_1\sin\varphi + \sqrt{J_2}\left(\cos\theta - \frac{1}{\sqrt{3}}\sin\theta\sin\varphi\right) - c\cos\varphi = 0 \tag{7.18}$$

(4) Drucker-Prager 屈服函数

由式(7.7)直接得到

$$f = aI_1 + \sqrt{J_2} - k = 0 \tag{7.19}$$

7.1.3 程序中弹塑性矩阵的计算

我们已经在第三章详细给出塑性矩阵 $\boldsymbol{D}_p$ 的表达式(3.97)～(3.99)。本程序采用等向强化模型，并取塑性功 w^p 为强化参数 κ，令 $\boldsymbol{a} = \partial f/\partial\boldsymbol{\sigma}$，因而式(3.97)～(3.99)分别成为

$$\boldsymbol{D}_p = \frac{1}{A}\boldsymbol{D}\boldsymbol{a}\boldsymbol{a}^{\mathrm{T}}\boldsymbol{D} \tag{7.20}$$

$$A = \boldsymbol{a}^{\mathrm{T}}\boldsymbol{D}\boldsymbol{a} - B \tag{7.21}$$

$$B = \frac{\partial f}{\partial w^p}\boldsymbol{\sigma}^{\mathrm{T}}\boldsymbol{a} \tag{7.22}$$

式中，$\boldsymbol{\sigma} = [\sigma_x \quad \sigma_y \quad \sigma_z \quad \tau_{xy} \quad \tau_{yz} \quad \tau_{zx}]^{\mathrm{T}}$。

由 3.4 节可知，对 Mises 模型，当 $\kappa = w^p$ 时，可导出

$$B = -H' = -\frac{EE_T}{E - E_T} \tag{3.121}$$

其中，H' 是材料单向拉伸试验曲线 $\sigma \sim \varepsilon^p (\sigma > \sigma_s)$ 的切线斜率。本程序对所有屈服模型均采用式(3.121)。

为了计算式(7.20)的塑性矩阵 $\boldsymbol{D}_p$，需要用一种适合于数值运算的形式来表示矢量 $\boldsymbol{a} = \partial f / \partial \boldsymbol{\sigma}$。由式(7.15)可知，$\boldsymbol{\sigma}$ 是 I_1、$J_2^{\frac{1}{2}}$ 和 θ 的函数，因而有

$$\boldsymbol{a} = \frac{\partial f}{\partial I_1}\frac{\partial I_1}{\partial \boldsymbol{\sigma}} + \frac{\partial f}{\partial (J_2^{\frac{1}{2}})}\frac{\partial (J_2^{\frac{1}{2}})}{\partial \boldsymbol{\sigma}} + \frac{\partial f}{\partial \theta}\frac{\partial \theta}{\partial \boldsymbol{\sigma}} \tag{7.23}$$

对式(7.14)微分得

$$\frac{\partial \theta}{\partial \boldsymbol{\sigma}} = \frac{-\sqrt{3}}{2\cos 3\theta}\left[\frac{1}{J_2^{\frac{3}{2}}}\frac{\partial J_3}{\partial \boldsymbol{\sigma}} - \frac{3J_3}{J_2^2}\frac{\partial(\sqrt{J_2})}{\partial \boldsymbol{\sigma}}\right]$$

将上式代入(7.23)，并利用式(7.14)就能将 $\boldsymbol{a}$ 表示为

$$\boldsymbol{a} = c_1\boldsymbol{a}_1 + c_2\boldsymbol{a}_2 + c_3\boldsymbol{a}_3 \tag{7.24}$$

式中

$$\begin{cases} \boldsymbol{a}_1 = \dfrac{\partial I_1}{\partial \boldsymbol{\sigma}} = [1 \quad 1 \quad 1 \quad 0 \quad 0 \quad 0]^T \\ \boldsymbol{a}_2 = \dfrac{\partial(\sqrt{J_2})}{\partial \boldsymbol{\sigma}} = \dfrac{1}{2\sqrt{J_2}}[S_x \quad S_y \quad S_z \quad 2S_{xy} \quad 2S_{yz} \quad 2S_{zx}]^T = \dfrac{\boldsymbol{S}'}{2\sqrt{J_2}} \\ \boldsymbol{a}_3 = \dfrac{\partial J_3}{\partial \boldsymbol{\sigma}} = \Big[\left(S_yS_z - S_{yz}^2 + \dfrac{J_2}{3}\right) \quad \left(S_xS_z - S_{xz}^2 + \dfrac{J_2}{3}\right) \quad \left(S_xS_y - S_{xy}^2 + \dfrac{J_2}{3}\right) \\ \qquad 2(S_{yz}S_{xz} - S_zS_{xy}) \quad 2(S_{xz}S_{xy} - S_xS_{yz}) \quad 2(S_{xy}S_{yz} - S_yS_{xz})\Big]^T \end{cases} \tag{7.25}$$

$$\begin{cases} c_1 = \dfrac{\partial f}{\partial I_1} \\ c_2 = \dfrac{\partial f}{\partial \sqrt{J_2}} - \dfrac{\text{tg } 3\theta}{\sqrt{J_2}}\dfrac{\partial f}{\partial \theta} \\ c_3 = \dfrac{-\sqrt{3}}{2\cos 3\theta}\dfrac{1}{(\sqrt{J_2})^3}\dfrac{\partial f}{\partial \theta} \end{cases} \tag{7.26}$$

从式(7.26)可以看出，对于不同的屈服函数，c_1、c_2 和 c_3 具有不同的值，表 7.1 列出

四类屈服函数对应的 $c_i(i=1, 2, 3)$值。

表 7.1 不同屈服函数时的 c_i 值

屈服函数	c_1	c_2	c_3
Tresca	0	$2\cos\theta(1+\mathrm{tg}\,\theta\mathrm{tg}\,3\theta)$	$J_2\cos 3\theta$
Mises	0	$\sqrt{3}$	0
Mohr-Coulomb	$\sin\varphi/3$	$\cos\theta[(1+\mathrm{tg}\,\theta\,\mathrm{tg}\,3\theta)+\sin\varphi(\mathrm{tg}\,3\theta-\mathrm{tg}\,\theta)/\sqrt{3}]$	$\dfrac{(\sqrt{3}\sin\theta+\cos\theta\sin\varphi)}{2J_2\cos 3\theta}$
Drucker-Prager	a	1.0	0

7.1.4 两维问题的表达式

对于两维问题，上节的一般表达式可以得到简化，取 z 轴为平面问题中垂直于平面的方向，在轴对称问题中为对称轴方向，则应力 $\boldsymbol{\sigma}$ 成为

$$\begin{cases}\boldsymbol{\sigma}=[\sigma_x \quad \sigma_y \quad \tau_{xy} \quad \sigma_z]^{\mathrm{T}} \quad \sigma_z=0 & \text{对于平面应力问题}\\ \boldsymbol{\sigma}=[\sigma_x \quad \sigma_y \quad \tau_{xy} \quad \sigma_z]^{\mathrm{T}} \quad \varepsilon_z=0 & \text{对于平面应变问题}\\ \boldsymbol{\sigma}=[\sigma_r \quad \sigma_z \quad \tau_{rz} \quad \sigma_\theta]^{\mathrm{T}} & \text{对于轴对称问题}\end{cases} \tag{7.27}$$

此时，对于平面应力问题，弹性矩阵 $\boldsymbol{D}$ 的表达式为

$$\boldsymbol{D}=\frac{E}{1-\mu^2}\begin{bmatrix}0 & \mu & 0 & 0\\ \mu & 0 & 0 & 0\\ 0 & 0 & \dfrac{1-\mu}{2} & 0\\ 0 & 0 & 0 & 1\end{bmatrix} \tag{7.28}$$

对于平面应变和轴对称问题，$\boldsymbol{D}$ 的表达式为

$$\boldsymbol{D}=\frac{E(1-\mu)}{(1+\mu)(1-2\mu)}\begin{bmatrix}1 & \dfrac{\mu}{1-\mu} & 0 & \dfrac{\mu}{1-\mu}\\ \dfrac{\mu}{1-\mu} & 1 & 0 & \dfrac{\mu}{1-\mu}\\ 0 & 0 & \dfrac{1-2\mu}{2(1-\mu)} & 0\\ \dfrac{\mu}{1-\mu} & \dfrac{\mu}{1-\mu} & 0 & 1\end{bmatrix} \tag{7.29}$$

如果是平面问题，只需应用式(7.28)和(7.29)中左上角的 3×3 矩阵。

矢量 $\boldsymbol{a}$ 成为

$$\boldsymbol{a}=\left[\frac{\partial f}{\partial \sigma_x}\quad \frac{\partial f}{\partial \sigma_y}\quad \frac{\partial f}{\partial \tau_{xy}}\quad \frac{\partial f}{\partial \sigma_z}\right]^{\mathrm{T}} \tag{7.30}$$

$\boldsymbol{a}$ 的计算仍根据式(7.24)，但式(7.25)则成为

$$\begin{cases}\boldsymbol{a}_1=[1\quad 1\quad 0\quad 1]^{\mathrm{T}}\\ \boldsymbol{a}_2=\dfrac{1}{2\sqrt{J_2}}[S_x\quad S_y\quad 2S_{xy}\quad S_z]^{\mathrm{T}}\\ \boldsymbol{a}_3=\left[\left(S_yS_z+\dfrac{J_2}{3}\right)\quad \left(S_xS_z+\dfrac{J_2}{3}\right)\quad -2S_zS_{xy}\quad \left(S_xS_y-S_{xy}^2+\dfrac{J_2}{3}\right)\right]^{\mathrm{T}}\end{cases} \tag{7.31}$$

式中的应力偏量 J_1 和 J_2 计算如下

$$\begin{cases}J_2=\dfrac{1}{2}(S_x^2+S_y^2+S_z^2)+S_{xy}^2\\ J_3=S_x(S_z^2-J_2)\end{cases} \tag{7.32}$$

这样求出的 $\boldsymbol{a}$ 有 4 个分量，即 $\boldsymbol{a}=[a_1\quad a_2\quad a_3\quad a_4]^{\mathrm{T}}$，则式(7.20)和(7.21)中的 $\boldsymbol{Da}$ 为

$$\begin{cases}\boldsymbol{Da}=\begin{Bmatrix}d_1\\ d_2\\ d_3\\ d_4\end{Bmatrix}=\begin{Bmatrix}\dfrac{E}{1+\mu}a_1+M_1\\ \dfrac{E}{1+\mu}a_2+M_1\\ Ga_3\\ \dfrac{E}{1+\mu}a_4+M_1\end{Bmatrix}\quad \text{对平面应变及轴对称问题}\\ \boldsymbol{Da}=\begin{Bmatrix}d_1\\ d_2\\ d_3\\ d_4\end{Bmatrix}=\begin{Bmatrix}\dfrac{E}{1+\mu}a_1+M_2\\ \dfrac{E}{1+\mu}a_2+M_2\\ Ga_3\\ \dfrac{E}{1+\mu}a_4+M_2\end{Bmatrix}\quad \text{对平面应力问题}\end{cases} \tag{7.33}$$

$$G=\frac{E}{2(1+\mu)} \tag{7.34}$$

$$M_1=\frac{E\mu(a_1+a_2+a_4)}{(1+\mu)(1-2\mu)} \tag{7.35}$$

$$M_2 = \frac{E\mu(a_1 + a_2)}{1-\mu^2} \tag{7.36}$$

对于轴对称问题，上式中的 x、y、z 代之以 r、z 和 θ。

7.1.5　屈服面上的奇点

对某些屈服面，矢量 $\boldsymbol{a}$ 不能根据应力情况唯一确定。例如，Tresca 和 Mohr-Coulomb 准则在 $\theta = \pm 30^\circ$ 处就出现这种情况，塑性应变的方向无法确定。从表 7.1 可以看出，当 θ 接近 $\pm 30^\circ$ 时，对于 Tresca 和 Mohr-Coulomb 准则，计算 c_2 和 c_3 就会产生数值计算上的困难。此时，可以直接采用(7.16)和(7.18)来克服这一困难。于是，对于 Tresca 准则，将 $\theta = \pm 30^\circ$ 代入式(7.16)得

$$f = \sqrt{3}J_2^{\frac{1}{2}} - \sigma_s(\kappa) = 0 \tag{7.37}$$

将式(7.37)代入(7.26)，给出当 $\theta = \pm 30^\circ$ 时

$$c_1 = 0,\ c_2 = \sqrt{3},\ c_3 = 0 \tag{7.38}$$

可以看出，上式与 Mises 准则的 $c_1 \sim c_3$ 相同，也就是说，Tresca 屈服面交点处的塑性应变方向由通过该点的 Mises 准则确定(见图 7.2)。类似地，由式(7.18)可以给出 $\theta = \pm 30^\circ$ 时的 Mohr-Coulomb 屈服函数

$$\begin{cases} f = \dfrac{1}{3}I_1\sin\varphi + \dfrac{J_2^{\frac{1}{2}}}{2}\left(\sqrt{3} - \dfrac{\sin\varphi}{\sqrt{3}}\right) - c\cos\varphi = 0 & 对\ \theta = +30^\circ \\ f = \dfrac{1}{3}I_1\sin\varphi + \dfrac{J_2^{\frac{1}{2}}}{2}\left(\sqrt{3} + \dfrac{\sin\varphi}{\sqrt{3}}\right) - c\cos\varphi = 0 & 对\ \theta = -30^\circ \end{cases} \tag{7.39}$$

将式(7.39)代入式(7.26)，求出

$$\begin{cases} c_1 = \dfrac{1}{3}\sin\varphi, \quad c_2 = \dfrac{1}{2}\left(\sqrt{3} - \dfrac{\sin\varphi}{\sqrt{3}}\right), \quad c_3 = 0 & 对\ \theta = +30^\circ \\ c_1 = \dfrac{1}{3}\sin\varphi, \quad c_2 = \dfrac{1}{2}\left(\sqrt{3} + \dfrac{\sin\varphi}{\sqrt{3}}\right), \quad c_3 = 0 & 对\ \theta = -30^\circ \end{cases} \tag{7.40}$$

本程序采用的方法是对于所有 $|\theta| \leqslant 29^\circ$ 的情况，均采用表 7.1 列出的公式确定 c_1、c_2 和 c_3，否则，Tresca 准则采用式(7.38)、Mohr-Coulomb 准则采用式(7.40)来确定 $c_i(i=1\sim3)$。这样，就使应变的方向变得唯一，在物理上相当于将屈服面的交点“圆化”了。

7.2 程序框图及流程图

7.2.1 程序框图

本程序 NFA2D 的框图见图 7.5。由图可知，与线弹性有限元方法不同，需要

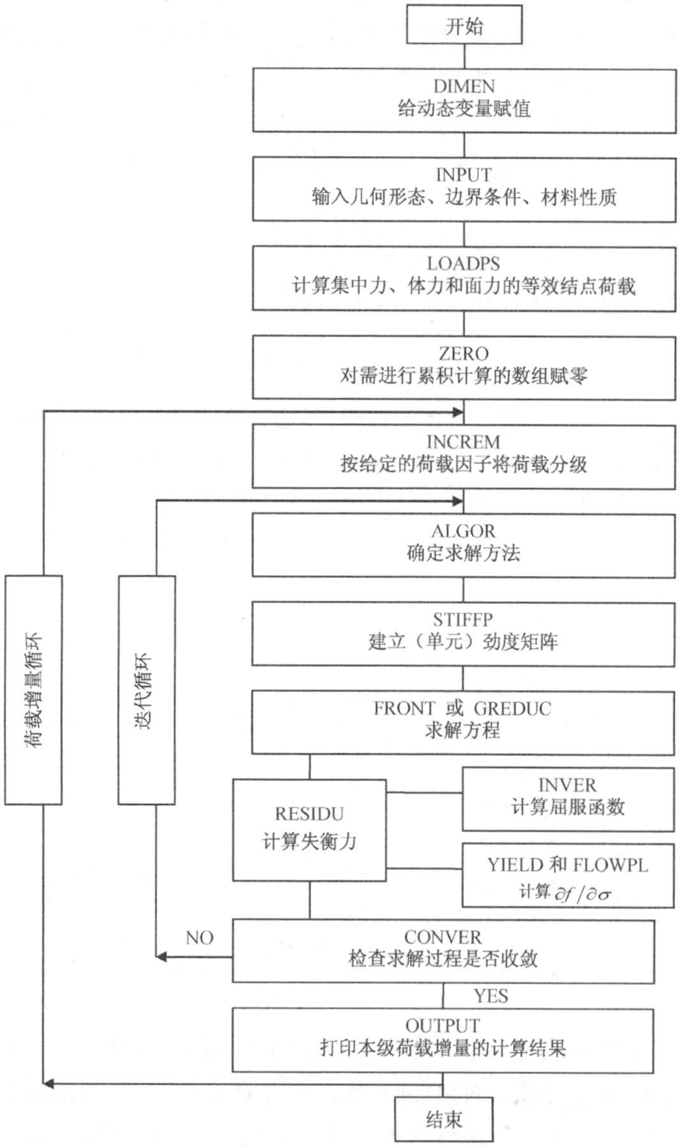

图 7.5 NFA2D 程序框图

对荷载分级;对每级荷载增量,都要进行迭代运算,以使失衡力变小,并渐趋于零,框图列出了主要的子程序。

7.2.2 流程图

图7.6列出程序的流程图,从图上可以看出:共有26个程序段,其中有1个主程序,25个子程序。为了便于阅读,现将各子程序的主要功能简述如下。

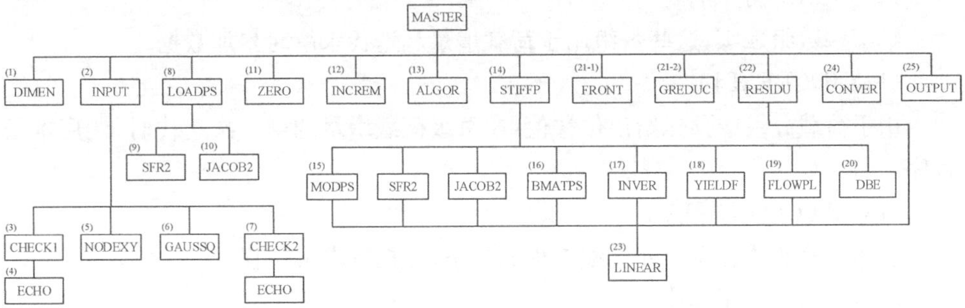

图7.6 子程序流程图

(1) DIMEN子程序

本子程序的功能是给动态数组赋值。

(2) INPUT子程序

输入程序运行的控制参数、单元信息、结点坐标、约束信息、材料信息。

(3) CHECK1子程序

检查输入数据,给出可能发生的错误信息。

(4) ECHO子程序

当子程序CHECK1或CHECK2至少检查出一个错误时,本子程序将输出余下的数据。

(5) NODEXY子程序

对于8结点或9结点的平面等参单元(见附录B),其中间结点的坐标值可以赋零,利用本子程序可自动确定中结点的坐标。

(6) GAUSSQ子程序

确定等参单元积分点的位置和加权系数(见附录C)。

(7) CHECK2子程序

用于检查几何数据、边界条件和材料信息。

(8) LOADPS子程序

根据作用于结构的集中力、面力和体力的值和作用点(面)位置,计算单元的等

效结点荷载 $\boldsymbol{R}^e$。

(9) SFR2 子程序

计算积分点的形函数 N_i 及 N_i 关于局部坐标 ξ、η 的导数。

(10) JACOB2 子程序

计算积分点的相关值:积分点的坐标、雅可比矩阵、雅可比行列式、雅可比矩阵的逆矩阵、N_i 对整体坐标 x, y 或(r, z)的导数。

(11) ZERO 子程序

给某些数组赋零,这些数组用于荷载增量和迭代求解时累加数据。

(12) INCREM 程序

用于荷载分级或预先给出位移值,在每级荷载增量的第一次迭代时,调用本子程序。

(13) ALGOR 子程序

选择求解非线性有限元支配方程的方法,并控制求解过程。

(14) STIFFP 子程序

计算单元劲度矩阵 $\boldsymbol{k}$。

(15) MODPS 子程序

计算弹性矩阵 $\boldsymbol{D}$。

(16) BMATPS 子程序

计算应变矩阵 $\boldsymbol{B}$。

(17) INVER 子程序

计算对应于四个屈服准则的初始和后继屈服函数。

(18) YIELDF 子程序

计算屈服函数 f 对应力的导数 $\boldsymbol{a} = \partial f / \partial \boldsymbol{\sigma}$。

(19) FLOWPL 子程序

计算 $\boldsymbol{Da}$。

(20) DBE 子程序

确定应力矩阵 $\boldsymbol{S} = \boldsymbol{DB}$。

(21) FRONT 或 GREDUC 子程序

将单元劲度矩阵 $\boldsymbol{k}$ 集合成整体劲度矩阵 $\boldsymbol{K}$。单元结点荷载列阵 $\boldsymbol{R}^e$ 集合成整体结点荷载列阵 $\boldsymbol{R}$。采用波前法或直接求解法求解支配方程 $\boldsymbol{K\delta} = \boldsymbol{R}$,得结点位移 $\boldsymbol{\delta}$。

(22) RESIDU 子程序

计算失衡力。

(23) LINEAR 子程序

按线弹性问题,由结点位移 $\boldsymbol{\delta}^e$ 求应力 $\boldsymbol{\sigma}$。

(24) CONVER 子程序

检查非线性方程求解过程的收敛性。

(25) OUTPUT 子程序

输出计算结果。

7.3　主程序段 MASTER

主程序的主要功能是调用子程序,其次是控制计算的迭代过程和对荷载分级,程序中已经加入注释语句,可以清楚地了解各条语句的作用。

```
      PROGRAM MASTER
C ***********************************************************************
C       平面应力、平面应变和轴对称结构的弹塑性分析程序。
C ***********************************************************************
       DIMENSION ASDIS(3000),COORD(1500,2),ELOAD(400,18),ESTIF(18,18),
     .          FIXED(3000),GLOAD(200),GSTIF(35000),
     .          EQRHS(2000),EQUAT(2000,2000),
     .          IFFIX(3000),LNODS(400,9),LOCEL(18),MATNO(400),
     .          NACVA(200),NAMEV(30),NDEST(18),NDFRO(400),NOFIX(200),
     .          NOUTP(2),NPIVO(30),
     .          POSGP(4),PRESC(200,2),PROPS(10,7),RLOAD(400,18),
     .          STFOR(3000),TREAC(200,2),VECRV(200),WEIGP(4),
     .          STRSG(4,3600),TDISP(3000),TLOAD(400,18),
     .          TOFOR(3000),EPSTN(3600),EFFST(3600),
     .          ASLOD(3000),ASTIF(3000,3000),
     .          REACT(3000),XDISP(3000),TTDISP(3000,2),FRESV(300000),
     .          NEYELD(3000)
       CHARACTER * 14 INNAME,OUTNAME
       INTEGER KSOLUT
       WRITE(*, *) 'INPUT FILE NAME (INNAME & OUTNAME):'
       READ(*,2) INNAME,OUTNAME
2      FORMAT(A14)
```

```
C ***  选择求解算法,KSOLUT＝1 为波前法,KSOLUT＝2 为高斯消元法。
      WRITE(*, *) 'Solution: 1-FRONT 2-GAUSS REDUC'
      READ(*,3) KSOLUT
3     FORMAT(I1)
      OPEN(5,FILE=INNAME,STATUS='OLD')
      OPEN(6,FILE=OUTNAME,STATUS='unknown')
      OPEN(1,STATUS='unknown',FORM='UNFORMATTED')
      OPEN(2,STATUS='unknown',FORM='UNFORMATTED')
      OPEN(4,STATUS='unknown',FORM='UNFORMATTED')
      OPEN(8,STATUS='unknown',FORM='UNFORMATTED')
C
C *** 预置与动态数组相关的变量。
C
      CALL DIMEN(MBUFA,MELEM,MEVAB,MFRON,MMATS,MPOIN,MSTIF,MTOTG,MTOTV,
     .           MVFIX,NDOFN,NPROP,NSTRE)
C
C *** 调用读取大部分输入数据的子程序。
C
      CALL INPUT(COORD,IFFIX,LNODS,MATNO,MELEM,MEVAB,MFRON,MMATS,
     .           MPOIN,MTOTV,MVFIX,NALGO,
     .           NCRIT,NDFRO,NDOFN,NELEM,NEVAB,NGAUS,NGAU2,
     .           NINCS,NMATS,NNODE,NOFIX,NPOIN,NPROP,NSTRE,
     .           NSTR1,NTOTG,NTOTV,
     .           NTYPE,NVFIX,POSGP,PRESC,PROPS,WEIGP,NEYELD)
C
C *** 调用子程序 LOADPS,计算每个单元在读入相关输入数据后的结点荷载。
C
      CALL LOADPS(COORD,LNODS,MATNO,MELEM,MMATS,MPOIN,NELEM,
     .            NEVAB,NGAUS,NNODE,NPOIN,NSTRE,NTYPE,POSGP,
     .            PROPS,RLOAD,WEIGP,NDOFN)
C
C *** 初始化某些数组。
C
      CALL ZERO(ELOAD,MELEM,MEVAB,MPOIN,MTOTG,MTOTV,NDOFN,NELEM,
```

```
     .        NEVAB,NGAUS,NSTR1,NTOTG,EPSTN,EFFST,
     .        NTOTV,NVFIX,STRSG,TDISP,TFACT,
     .        TLOAD,TREAC,MVFIX)
C
C *** 对荷载增量循环。
C
      DO 100 IINCS=1,NINCS
C
C *** 读取当前荷载增量的一些数据。
C
      CALL INCREM(ELOAD,FIXED,IINCS,MELEM,MEVAB,MITER,MTOTV,
     .        MVFIX,NDOFN,NELEM,NEVAB,NOUTP,NOFIX,NTOTV,
     .        NVFIX,PRESC,RLOAD,TFACT,TLOAD,TOLER)
C
C *** 对迭代次数循环。
C
      DO 50 IITER=1,MITER
C
C *** 调用子程序 ALGOR,选择求解次数 KRESL。
C
      CALL ALGOR(FIXED,IINCS,IITER,KRESL,MTOTV,NALGO,
     .        NTOTV)
C
C *** 检查是否需要形成新的劲度矩阵。
C
      IF(KRESL.EQ.1) CALL STIFFP(COORD,EPSTN,IINCS,LNODS,MATNO,
     .        MEVAB,MMATS,MPOIN,MTOTV,NELEM,NEVAB,NGAUS,NNODE,
     .        NSTRE,NSTR1,POSGP,PROPS,WEIGP,MELEM,MTOTG,
     .        STRSG,NTYPE,NCRIT,NEYELD)
C
C *** 采用波前法或直接求解法解方程。
C
C       KSOLUT=2
```

```
      IF(KSOLUT.LE.1.5) CALL FRONT(ASDIS,ELOAD,EQRHS,EQUAT,ESTIF,
     .           FIXED,IFFIX,IINCS,IITER,
     .           GLOAD,GSTIF,LOCEL,LNODS,KRESL,MBUFA,MELEM,MEVAB,MFRON,
     .           MSTIF,MTOTV,MVFIX,NACVA,NAMEV,NDEST,NDOFN,NELEM,NEVAB,
     .           NNODE,NOFIX,NPIVO,NPOIN,NTOTV,TDISP,TLOAD,TREAC,
     .           VECRV)
      IF(KSOLUT.GT.1.5) CALL GREDUC(ASDIS,ELOAD,EQRHS,EQUAT,ESTIF,
     .           FIXED,IFFIX,IINCS,IITER,
     .           GLOAD,GSTIF,LOCEL,LNODS,KRESL,MBUFA,MELEM,MEVAB,MFRON,
     .           MSTIF,MTOTV,MVFIX,NACVA,NAMEV,NDEST,NDOFN,NELEM,NEVAB,
     .           NNODE,NOFIX,NPIVO,NPOIN,NTOTV,TDISP,TLOAD,TREAC,
     .           VECRV,ASLOD,ASTIF,REACT,XDISP,TTDISP,FRESV)
C
C *** 计算失衡力。
C
      CALL RESIDU(ASDIS,COORD,EFFST,ELOAD,FACTO,IITER,LNODS,
     .            LPROP,MATNO,MELEM,MMATS,MPOIN,MTOTG,MTOTV,NDOFN,
     .            NELEM,NEVAB,NGAUS,NNODE,NSTR1,NTYPE,POSGP,PROPS,
     .            NSTRE,NCRIT,STRSG,WEIGP,TDISP,EPSTN,NEYELD)
C
C *** 检查收敛性。
C
      CALL CONVER(ELOAD,IITER,LNODS,MELEM,MEVAB,MTOTV,NCHEK,NDOFN,
     .            NELEM,NEVAB,NNODE,NTOTV,PVALU,STFOR,TLOAD,TOFOR,TOLER)
C
C *** 如需要,输出结果。
C
      WRITE(*, *) 'IITER:',IITER
      IF(IITER.EQ.1.AND.NOUTP(1).GT.0)
     .CALL OUTPUT(IITER,MTOTG,MTOTV,MVFIX,NELEM,NGAUS,NOFIX,NOUTP,
     .            NPOIN,NVFIX,STRSG,TDISP,TREAC,EPSTN,NTYPE,NCHEK)
```

```
C
C *** 如果求解收敛,则停止迭代,输出结果。
C
      IF(NCHEK.EQ.0) GO TO 75
   50 CONTINUE
C
      IF(NALGO.EQ.2) GO TO 75
      STOP
   75 WRITE(6,102)  IINCS
      CALL OUTPUT(IITER,MTOTG,MTOTV,MVFIX,NELEM,NGAUS,NOFIX,NOUTP,
     .            NPOIN,NVFIX,STRSG,TDISP,TREAC,EPSTN,NTYPE,NCHEK)
  100 CONTINUE
  101 FORMAT(2X,42HTHE FIRST ITERATION OF THE FIRST INCREMRNT)
  102 FORMAT(2X,'THE LAST ITERATION OF THE', I2,'TH INCREMRNT')
      CLOSE(5)
      CLOSE(6)
      CLOSE(1)
      CLOSE(2)
      CLOSE(4)
      CLOSE(8)
      STOP
      END
```

7.4　子程序 DIMEN

本子程序为动态数组赋值。在按波前法求解方程时,设置缓冲区长度。

```
SUBROUTINE DIMEN(MBUFA,MELEM,MEVAB,MFRON,MMATS,MPOIN,MSTIF,MTOTG,
     .                  MTOTV,MVFIX,NDOFN,NPROP,NSTRE)
      MBUFA=30                                  ——按波前法求解方程时,缓冲区长度
      MELEM=3000                                ——最大单元数
      MFRON=200                                 ——波前法求解时,最大自由度
      MMATS=10                                  ——最大材料数
      MPOIN=3000                                ——最大结点数
      MSTIF=(MFRON * MFRON - MFRON)/2.0+MFRON   ——劲度矩阵容量的最大数
      MTOTG=MELEM * 9                           ——最大 GAUSS 点总数
```

```
NDOFN=2                                   ——每个结点的自由度数
MTOTV=MPOIN * NDOFN                       ——最大自由度数
MVFIX=200                                 ——最大约束结点数
NPROP=7                                   ——材料特性总数
MEVAB=NDOFN * 9                           ——单元自由度的最大数
RETURN
END
```

7.5 主要输入数据 INPUT 及其调用的子程序

7.5.1 子程序 INPUT

本子程序的功能是输入求解弹塑性的问题所需要的大部分数据。首先输入 11 个控制参数，它们是

NPOIN	结点总数
NELEM	单元总数
NVFIX	边界约束结点总数
NTYPE	反映问题类型的参数 1——平面应力 2——平面应变 3——轴对称问题
NNODE	单元结点数 4——四边形线性等参单元 8——八结点二次等参单元(Serendipity 族) 9——九结点二次等参单元(Langrangian 族)
NMATS	材料类型数
NGAUS	采用数值积分方法计算单元劲度矩阵时，每个方向的积分点个数，其值为 2 或 3
NALGO	控制非线性计算方法的参数 1——修正 Newton 法。单元劲度矩阵在计算开始时形成，以后保持不变 2——Newton 法，对每级荷载增量的每一次迭代计算，都要重新形成单元劲度矩阵 3——混合法。只在每级荷载增量的第一次迭代时重新计算单

元劲度矩阵

4——混合法。在每级荷载增量的第二次迭代时重新计算单元劲度矩阵。当然，对每一级荷载增量的第一次迭代也必须计算单元劲度矩阵

NCRIT　　选择屈服准则的参数

1——Tresca 准则

2——Von Mises 准则

3——Mohr-Coulomb 准则

4——Drucker-Prager 准则

NINCS　　荷载增量级数

NSTRE　　独立的应力分量个数

3——平面应力或平面应变(σ_x，σ_y，τ_{xy})

4——轴对称问题(σ_r，σ_θ，$\tau_{r\theta}$，σ_z)

单元信息由以下变量和数组组成：

NUMEL　　单元号

MATNO(NUMEL)　　单元材料号

NEYELD(NUMEL)　　单元屈服函数类型，与 NCRIT 一致

LNODS(NUMEL，INODE)　单元结点号。INODE=1，NNODE。按图 7.7 所示结点局部编码的顺序依次输入结点号。

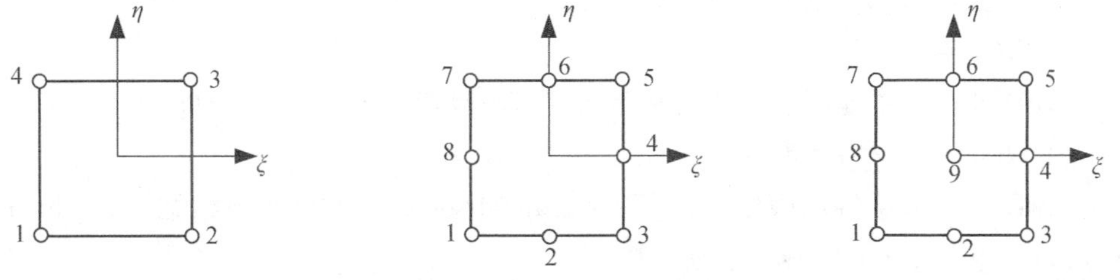

图 7.7　单元结点局部编码

每个结点有两个坐标，对于平面应力和平面应变问题，它们是 x 和 y。对于轴对称问题则是 r 和 z。坐标放在数组

COORD(IPOIN，IDIME)

内，其中 IPOIN 表示结点号，IDIME 为该结点相应的两个坐标。对于图 7.7 中的八结点和九结点单元，如果单元的边是直线，就不必输入中间结点的坐标，在子程序 NODEXY 中采用线性插值的方法自动求出。

约束信息在子程序 907 语句后输入，它反映了那些位移给定结点的约束情况。

一维数组

NOFIX (IVFIX)

表示第 IVFIX 个约束结点的结点号,变量 IFPRE 表示约束结点中具有给定位移的自由度:

10 x(或 r)方向位移给定

01 y(或 θ)方向位移给定

11 x 和 y(或 r 和 θ)两个方向的位移给定

这一信息将放入数组

IFFIX(ITOTV)

内,其中 ITOTV 为结构自由度的整体编码。与约束自由度有关的给定位移在数组

PRESC(IVFlX, IDOFN)

内反映,它表示第 IVFIX 个约束结点各个自由度方向的给定位移值。

材料信息在子程序语句标号为 910 后输入,对于平面和轴对称的弹塑性问题,其材料参数放在数组

PROPS(NUMAT, IPROP)

内,其中 NUMAT 为材料号

IPROP=1,弹性模量 E

IPROP=2,泊松比 μ

IPROP=3,单元厚度 t(仅对平面问题),当厚度输入为零时,则自动为 $t=1$

IPROP=4,材料密度 ρ

IPROP=5,单轴屈服应力 σ_s(Tresca 和 Mises 屈服准则),或粘结力 c(Morh-Coulomb 和 Ducker-Prager 准则)

IPROP=6,线性应变硬化材料的硬化参数 H'

IPROP=7, Mohr-Coulomb 和 Drucker-Prager 准则中的内摩擦角

本子程序还将调用子程序 CHECKl、CHECK2 和 GAUSSQ,其中前两个用来校核输入数据,后一个用来确定数值积分时的积分点个数和权系数。

以下列出子程序 INPUT。

```
SUBROUTINE INPUT(COORD,IFFIX,LNODS,MATNO,MELEM,MEVAB,MFRON,MMATS,
.                  MPOIN,MTOTV,MVFIX,NALGO,
.                  NCRIT,NDFRO,NDOFN,NELEM,NEVAB,NGAUS,NGAU2,
```

```
     .              NINCS,NMATS,NNODE,NOFIX,NPOIN,NPROP,NSTRE,
     .              NSTR1,NTOTG,NTOTV,
     .              NTYPE,NVFIX,POSGP,PRESC,PROPS,WEIGP,NEYELD)
C ***************************************************************
C
C *** 本子程序用于输入大部分数据。
C
C ***************************************************************
      DIMENSION COORD(MPOIN,2),IFFIX(MTOTV),LNODS(MELEM,9),
     .         MATNO(MELEM),NDFRO(MELEM),NEYELD(MELEM),
     .         NOFIX(MVFIX),POSGP(4),PRESC(MVFIX,NDOFN),
     .         PROPS(MMATS,NPROP),TITLE(12),WEIGP(4)
C
C *** 输入 11 个控制参数。
C
      READ(5,*) NPOIN,NELEM,NVFIX,NTYPE,NNODE,NMATS,NGAUS,
     . NALGO,NCRIT,NINCS,NSTRE
      NEVAB=NDOFN*NNODE                                 ——单元自由度数
      NSTR1=NSTRE+1
      IF(NTYPE.EQ.3) NSTR1=NSTRE
      NTOTV=NPOIN*NDOFN                                 ——自由度总数
      NGAU2=NGAUS*NGAUS                                 ——单元的 GAUSS 点数
      NTOTG=NELEM*NGAU2                                 ——GAUSS 点总数
      WRITE(6,901) NPOIN,NELEM,NVFIX,NTYPE,NNODE,NMATS,NGAUS,NEVAB,
     . NALGO,NCRIT,NINCS,NSTRE
901   FORMAT(//8H NPOIN =,I4,4X,8H NELEM =,I4,4X,8H NVFIX =,I4,4X,
     . 8H NTYPE =,I4,4X,8H NNODE =,I4,//
     . 8H NMATS =,I4,4X,8H NGAUS =,I4,
     .                4X,8H NEVAB =,I4,4X,8H NALGO =,I4//
     . 8H NCRIT =,I4,4X,8H NINCS =,I4,4X,8H NSTRE =,I4)
      CALL    CHECK1(NDOFN,NELEM,NGAUS,NMATS,NNODE,NPOIN,
     .              NSTRE,NTYPE,NVFIX,NCRIT,NALGO,NINCS)    ——检查输入数据
```

```
C
C *** 输入单元号,单元材料号及单元结点号。
C
      WRITE(6,902)
902   FORMAT(//8H ELEMENT,3X,8HPROPERTY,6X,12HNODE NUMBERS,30X,5HYIELD)
      DO 2 IELEM=1,NELEM
      READ(5,*) NUMEL,MATNO(NUMEL),(LNODS(NUMEL,INODE),INODE=1,NNODE),
     . NEYELD(NUMEL)
  2   WRITE(6,903) NUMEL,MATNO(NUMEL),
     .(LNODS(NUMEL,INODE),INODE=1,NNODE),NEYELD(NUMEL)
903   FORMAT(1X,I5,I9,6X,8I5,6X,I3)
C
C *** 输入结点坐标之前,结点坐标数组归零。
C
      DO 4 IPOIN=1,NPOIN
      DO 4 IDIME=1,2
  4   COORD(IPOIN,IDIME)=0.0
C
C *** 输入结点号和结点坐标。
C
      WRITE(6,904)
904   FORMAT(//5H NODE,10X,1HX,10X,1HY)
  6   READ(5,*) IPOIN,(COORD(IPOIN,IDIME),IDIME=1,2)
      IF(IPOIN.NE.NPOIN) GO TO 6
C
C *** 计算中结点的坐标。
C
      CALL NODEXY(COORD,LNODS,MELEM,MPOIN,NELEM,NNODE)
      DO 10 IPOIN=1,NPOIN
 10   WRITE(6,906)IPOIN,(COORD(IPOIN,IDIME),IDIME=1,2)
906   FORMAT(1X,I5,3F10.3)
C
C *** 输入约束结点号、约束情况及给定的位移值。
C
      WRITE(6,907)
907   FORMAT(//5H NODE,6X,4HCODE,6X,12HFIXED VALUES)
```

```
      DO 8 IVFIX=1,NVFIX
      READ(5,*) NOFIX(IVFIX),IFPRE,(PRESC(IVFIX,IDOFN),IDOFN=1,NDOFN)
      WRITE(6,908) NOFIX(IVFIX),IFPRE,(PRESC(IVFIX,IDOFN),IDOFN=1,NDOFN)
      NLOCA=(NOFIX(IVFIX)-1)*NDOFN
      IFDOF=10**(NDOFN-1)
      DO 8 IDOFN=1,NDOFN
      NGASH=NLOCA+IDOFN
      IF(IFPRE.LT.IFDOF) GO TO 8
      IFFIX(NGASH)=1
      IFPRE=IFPRE-IFDOF
  8   IFDOF=IFDOF/10
908   FORMAT(1X,I4,5X,I5,5X,5F10.6)
C
C *** 输入材料号及相应的材料性质。
C
 16   WRITE(6,910)
910   FORMAT(//7H NUMBER,6X,18HELEMENT PROPERTIES)
      DO 18 IMATS=1,NMATS
      READ(5,*) NUMAT
      READ(5,*) (PROPS(NUMAT,IPROP),IPROP=1,NPROP)
 18   WRITE(6,911) NUMAT,(PROPS(NUMAT,IPROP),IPROP=1,NPROP)
911   FORMAT(1X,I4,3X,8E14.6)
C
C *** 设置高斯积分常数。
C
      CALL      GAUSSQ(NGAUS,POSGP,WEIGP)
      CALL      CHECK2(COORD,IFFIX,LNODS,MATNO,MELEM,MFRON,MPOIN,MTOTV,
     .                 MVFIX,NDFRO,NDOFN,NELEM,NMATS,NNODE,NOFIX,NPOIN,
     .                 NVFIX)
      RETURN
      END
```

7.5.2 子程序 CHECK1

本子程序的作用是检查子程序 INPUT 中输入的控制参数。变量 KEROR 用来表示是否有错误产生,如果发现了错误(此时 KEROR=1),就调用子程序 ECHO。

表 7.2 列出各种代码给出的错误信息。

表 7.2　错误信息

代　码	错　误　信　息
1	结点总数 NPOIN 小于或等于零
2	结构中可能最大的结点总数小于 NPOIN
3	约束结点数小于 2 或大于 NPOIN
4	荷载增量数小于 1
5	问题类型参数 NYPE 不是 1、2 或 3
6	单元结点数 NNODE 小于 4 或大于 9
7	每个结点的自由度数不等于 2 或 3
8	材料数 NMATS 小于或等于零或者大于单元总数
9	屈服准则参数 NCRIT 不在容许值内
10	每个方向的积分点数不等于 2 或 3
11	非线性求解方法的参数不在给定值内
12	应力列阵元素个数小于 3 或大于 5

以下为子程序 CHECK1

```
      SUBROUTINE CHECK1(NDOFN,NELEM,NGAUS,NMATS,NNODE,NPOIN,
     .                  NSTRE,NTYPE,NVFIX,NCRIT,NALGO,NINCS)
C ************************************************************************
C **** 本子程序用于校核主要控制参数。
C ************************************************************************
DIMENSION NEROR(24)
      DO 10 IEROR=1,12
 10   NEROR(IEROR)=0
C
C *** 创建诊断信息。
C
      IF(NPOIN.LE.0) NEROR(1)=1
      IF(NELEM*NNODE.LT.NPOIN) NEROR(2)=1
      IF(NVFIX.LT.2.OR.NVFIX.GT.NPOIN) NEROR(3)=1
      IF(NINCS.LT.1) NEROR(4)=1
      IF(NTYPE.LT.1.OR.NTYPE.GT.3) NEROR(5)=1
      IF(NNODE.LT.4.OR.NNODE.GT.9) NEROR(6)=1
      IF(NDOFN.LT.2.OR.NDOFN.GT.3) NEROR(7)=1
      IF(NMATS.LT.1.OR.NMATS.GT.NELEM) NEROR(8)=1
```

```
      IF(NCRIT.LT.1.OR.NCRIT.GT.4) NEROR(9)=1
      IF(NGAUS.LT.2.OR.NGAUS.GT.3) NEROR(10)=1
      IF(NALGO.LT.1.OR.NALGO.GT.4) NEROR(11)=1
      IF(NSTRE.LT.3.OR.NSTRE.GT.5) NEROR(12)=1
C
C *** 或者返回,或者输出诊断的错误。
C
      KEROR=0
      DO 20 IEROR=1,12
      IF(NEROR(IEROR).EQ.0) GO TO 20
      KEROR=1
      WRITE(6,900) IEROR
900   FORMAT(//31H *** DIAGNOSIS BY CHECK1, ERROR,I3)
 20   CONTINUE
      IF(KEROR.EQ.0) RETURN
      CALL ECHO
      END
```

7.5.3 子程序 CHECK2

在 INPUT 子程序中输入几何信息、边界约束情况及材料性质后,其中可能存在的错误将由子程序 CHECK2 检查出来。表 7.3 列出错误的编码和性质,其中最有用的校核是保证波前宽度不超过 FRONT 给出的值。

表 7.3 错误编码与信息

编 码	错 误 信 息
13	不同结点具有相同的坐标
14	单元的材料号小于、等于零或大于材料类型数
15	单元结点号为零
16	单元结点号为负或大于结点数 NPOIN
17	同一单元内有重复的结点号
18	发现在单元结点号中未出现过的结点
19	确定未用结点具有非零坐标
20	未用结点被确定为约束结点
21	最大波前宽度超过 FRONT 子程序给出的最大值
22	约束结点号小于、等于零或大于结点总数 NPOINT
23	表示约束自由度的代码小于或等于零(应当为 1)
24	约束结点号重复

本子程序的源程序如下：

```
      SUBROUTINE CHECK2(COORD,IFFIX,LNODS,MATNO,MELEM,MFRON,MPOIN,MTOTV,
     .                  MVFIX,NDFRO,NDOFN,NELEM,NMATS,NNODE,NOFIX,NPOIN,
     .                  NVFIX)
C ***********************************************************************
C **** 本子程序用于校核其他输入数据。
C ***********************************************************************
      DIMENSION COORD(MPOIN,2),IFFIX(MTOTV),LNODS(MELEM,9),
     .          MATNO(MELEM),NDFRO(MELEM),NEROR(24),NOFIX(MVFIX)
C
C *** 检查两个相同的非零结点坐标。
C
      DO 5 IEROR=13,24
    5 NEROR(IEROR)=0
      DO 10 IELEM=1,NELEM
   10 NDFRO(IELEM)=0
      DO 50 IPOIN=2,NPOIN
      KPOIN=IPOIN-1
      DO 30 JPOIN=1,KPOIN
      DO 20 IDIME=1,2
      IF(COORD(IPOIN,IDIME).NE.COORD(JPOIN,IDIME)) GO TO 30
   20 CONTINUE
      NEROR(13)=NEROR(13)+1
   30 CONTINUE
   40 CONTINUE
C
C *** 检查单元材料号。
C
      DO 50 IELEM=1,NELEM
   50 IF(MATNO(IELEM).LE.0.OR.MATNO(IELEM).GT.NMATS) NEROR(14)=NEROR(14)
     . +1
C
C *** 检查不可能的结点号。
C
```

```
      DO 70 IELEM=1,NELEM
      DO 60 INODE=1,NNODE
      IF(LNODS(IELEM,INODE).EQ.0) NEROR(15)=NEROR(15)+1
 60   IF(LNODS(IELEM,INODE).LT.0.OR.LNODS(IELEM,INODE).GT.NPOIN) NEROR(
     . 16)=NEROR(16)+1
 70   CONTINUE
C
C *** 检查单元中的结点号是否重复。
C
      DO 140 IPOIN=1,NPOIN
      KSTAR=0
      DO 100 IELEM=1,NELEM
      KZERO=0
      DO 90 INODE=1,NNODE
      IF(LNODS(IELEM,INODE).NE.IPOIN) GO TO 90
      KZERO=KZERO+1
      IF(KZERO.GT.1) NEROR(17)=NEROR(17)+1
      IF(KSTAR.NE.0) GO TO 80
      KSTAR=IELEM
      NDFRO(IELEM)=NDFRO(IELEM)+NDOFN
 80   CONTINUE
C
C *** 更改每个结点最后一次出现的符号。
C
      KLAST=IELEM
      NLAST=INODE
 90   CONTINUE
100   CONTINUE
      IF(KSTAR.EQ.0) GO TO 110
      IF(KLAST.LT.NELEM) NDFRO(KLAST+1)=NDFRO(KLAST+1)-NDOFN
      LNODS(KLAST,NLAST)=-IPOIN
      GO TO 140
C
C *** 检查并输出未被定义的结点及其坐标。
C
110   WRITE(6,900) IPOIN
```

```
900   FORMAT(/15H CHECK WHY NODE,I4,14H NEVER APPEARS)
      NEROR(18)=NEROR(18)+1
      SIGMA=0.0
      DO 120 IDIME=1,2
120   SIGMA=SIGMA+ABS(COORD(IPOIN,IDIME))
      IF(SIGMA.NE.0.0) NEROR(19)=NEROR(19)+1
C
C *** 检查未使用的结点号是否为约束结点。
C
      DO 130 IVFIX=1,NVFIX
130   IF(NOFIX(IVFIX).EQ.IPOIN) NEROR(20)=NEROR(20)+1
140   CONTINUE
C
C *** 计算最大的波前宽度。
C
      NFRON=0
      KFRON=0
      DO 150 IELEM=1,NELEM
      NFRON=NFRON+NDFRO(IELEM)
150   IF(NFRON.GT.KFRON) KFRON=NFRON
      WRITE(6,905) KFRON
905   FORMAT(//33H MAXIMUM FRONTWIDTH ENCOUNTERED =,I5)
      IF(KFRON.GT.MFRON) NEROR(21)=1
C
C *** 检查给定的约束数据。
C
      DO 170 IVFIX=1,NVFIX
      IF(NOFIX(IVFIX).LE.0.OR.NOFIX(IVFIX).GT.NPOIN) NEROR(22)=NEROR(22)
     . +1
      KOUNT=0
      NLOCA=(NOFIX(IVFIX)-1)* NDOFN
      DO 160 IDOFN=1,NDOFN
      NLOCA=NLOCA+1
160   IF(IFFIX(NLOCA).GT.0) KOUNT=1
      IF(KOUNT.EQ.0) NEROR(23)=NEROR(23)+1
      KVFIX=IVFIX-1
```

```
      DO 170 JVFIX=1,KVFIX
170   IF(IVFIX.NE.1.AND.NOFIX(IVFIX).EQ.NOFIX(JVFIX)) NEROR(24)=NEROR(24
     . )+1
      KEROR=0
      DO 180 IEROR=13,24
      IF(NEROR(IEROR).EQ.0) GO TO 180
      KEROR=1
      WRITE(6,910) IEROR,NEROR(IEROR)
910   FORMAT(//31H *** DIAGNOSIS BY CHECK2, ERROR,I3,6X,18H ASSOCIATED N
     . UMBER,I5)
180   CONTINUE
      IF(KEROR.NE.0) GO TO 200
      DO 190 IELEM=1,NELEM
      DO 190 INODE=1,NNODE
190   LNODS(IELEM,INODE)=IABS(LNODS(IELEM,INODE))
      RETURN
200   CALL ECHO
      END
```

7.5.4 子程序 ECHO

当子程序 CHECK1 或 CHECK2 查出错误时，子程序 ECHO 读写含有错误信息的输入数据，并写入输出文件。

```
      SUBROUTINE ECHO
      CHARACTER * 1 NTITL(80)
      WRITE(6,900)
900   FORMAT(//50H NOW FOLLOWS A LISTING OF POST-DISASTER DATA CARDS/)
 10   READ(5,905) NTITL
905   FORMAT(80A1)
      WRITE(6,910) NTITL
910   FORMAT(1X,80A1)
      GO TO 10
      END
```

7.5.5 子程序 NODEXY

本子程序用来检查 8 结点和 9 结点二次单元的每一条边的中点，如果中点的两个坐标均为零，则根据相邻两个角点的坐标采用线性插值的方法自动确定中点的坐标值。此外，还用来确定9结点单元中心点的坐标。

```
      SUBROUTINE NODEXY(COORD,LNODS,MELEM,MPOIN,NELEM,NNODE)
C ************************************************************************
C **** 本子程序用于内插单元直线边中结点和9结点单元中心点的坐标。
C ************************************************************************
      DIMENSION COORD(MPOIN,2),LNODS(MELEM,9)
      IF(NNODE.EQ.4) RETURN
C
C *** 对单元循环。
C
      DO 30 IELEM=1,NELEM
C
C *** 对单元的每条边循环。
C
      NNOD1=9
      IF(NNODE.EQ.8) NNOD1=7
      DO 20 INODE=1,NNOD1,2
      IF(INODE.EQ.9) GO TO 50
C
C *** 计算第一个结点的结点号。
C
      NODST=LNODS(IELEM,INODE)
      IGASH=INODE+2
      IF(IGASH.GT.8) IGASH=1
C
C *** 计算最后一个结点的结点号。
C
      NODFN=LNODS(IELEM,IGASH)
      MIDPT=INODE+1
C
C *** 计算中结点的结点号。
C
      NODMD=LNODS(IELEM,MIDPT)
      TOTAL=ABS(COORD(NODMD,1))+ABS(COORD(NODMD,2))
C
```

```
C *** 如果中结点的坐标均为0,则采用线性插值。
C
      IF(TOTAL.GT.0.0) GO TO 20
      KOUNT=1
 10   COORD(NODMD,KOUNT)=(COORD(NODST,KOUNT)+COORD(NODFN,KOUNT))/2.0
      KOUNT=KOUNT+1
      IF(KOUNT.EQ.2) GO TO 10
 20   CONTINUE
      GO TO 30
 50   LNODE=LNODS(IELEM,INODE)
      TOTAL=ABS(COORD(LNODE,1))+ABS(COORD(LNODE,2))
      IF(TOTAL.GT.0.0) GO TO 30
      LNOD1=LNODS(IELEM,1)
      LNOD3=LNODS(IELEM,3)
      LNOD5=LNODS(IELEM,5)
      LNOD7=LNODS(IELEM,7)
      KOUNT=1
 40   COORD(LNODE,KOUNT)=(COORD(LNOD1,KOUNT)+COORD(LNOD3,KOUNT)
     .  +COORD(LNOD5,KOUNT)+COORD(LNOD7,KOUNT))/4.0
      KOUNT=KOUNT+1
      IF(KOUNT.EQ.2) GO TO 40
 30   CONTINUE
      RETURN
      END
```

7.5.6 子程序 GAUSSQ

本子程序的功能是找出积分点的位置及权函数,以便进行数值积分。本程序所用的积分点个数为每个方向2或3个,由输入控制参数NGAUS确定。积分点位置存于数组POSGP(*)内,权函数放在数组WEIGP(*)内。

```
      SUBROUTINE GAUSSQ(NGAUS,POSGP,WEIGP)
C ********************************************************************
C **** 本子程序用于计算高斯积分常数。
C ********************************************************************
      DIMENSION POSGP(4),WEIGP(4)
```

```
      IF(NGAUS.GT.2) GO TO 4
    2 POSGP(1)=-0.577350269189626
      WEIGP(1)=1.0
      GO TO 6
    4 POSGP(1)=-0.774596669241483
      POSGP(2)=0.0
      WEIGP(1)=0.555555555555556
      WEIGP(2)=0.888888888888889
    6 KGAUS=NGAUS/2
      DO 8 IGASH=1,KGAUS
      JGASH=NGAUS+1-IGASH
      POSGP(JGASH)=-POSGP(IGASH)
      WEIGP(JGASH)=WEIGP(IGASH)
    8 CONTINUE
      RETURN
      END
```

7.6 结点荷载的形成 LOADPS 及其调用的子程序

7.6.1 子程序 LOADPS

本子程序用来计算由集中荷载、重力及面荷载引起的每个单元的结点荷载。外荷载的类型由输入参数 IPLOD、IGRAV 和 IEDGE 给出。求出的单元结点荷载存在数组 RLOAD(IELEM, IEVAB)内,其中 IELEM 表示该单元的单元号,IEVAB 为单元的自由度。如果采用波前法求解方程,则没有必要求出每个结点的总结点荷载,而代之以方程形成和求解过程中,将每个单元的贡献放入整体结点荷载列阵。以下将分别叙述由各类外荷载引起的结点荷载。

(1) 集中荷载

如果参数 IPLOD 非零,表明存在有作用在结点处的集中荷载。参数 NNLOD 读入集中力作用的结点数目,对每个作用有集中荷载结点周围的所有单元进行搜索,直到该结点号出现,并将结点荷载置于该单元相应的自由度上。

(2) 自重荷载

参数 IGRAV 非零时,表示有自重荷载作用。对于平面应力和平面应变问题,自重的方向不一定与坐标轴一致,在输入数据中给出它与 y 轴正向之间的夹角 θ 以确定其方向,如图 7.8 所示。荷载强度为重力加速度 g。对轴对称问题,取

$\theta=0$ 。

作用在单元第 i 个结点上的结点荷载为

$$\boldsymbol{R}_i=\begin{Bmatrix}X_i\\Y_i\end{Bmatrix}=\int_V N_i\rho g\begin{Bmatrix}\sin\theta\\-\cos\theta\end{Bmatrix}\mathrm{d}V \tag{7.41}$$

式中，ρ 为材料的密度。采用数值积分时，上式成为

$$\boldsymbol{R}_i=\sum_{g=1}^{m}H_g\left(\rho g t\begin{Bmatrix}\sin\theta\\-\cos\theta\end{Bmatrix}N_i(\xi,\eta)\mid J\mid\right)_g \tag{7.42}$$

其中，m 是单元积分点个数，$m=\text{NGAUS}\times\text{NGAUS}$。$t$ 是平面问题的单元厚度，对轴对称问题，t 代之以 $2\pi r_g$，r_g 是积分点处的半径。

(3) 面荷载

若 IEDGE 非零，则存在面荷载。图 7.9 表示作用在单元某一边上的法向和切向面力，这些面力沿边长方向可能是变化的。对于二次单元，面荷载最多为二次变化，此时，需要给出该边三个结点上的法向和切向强度。为了同单元结点局部编码的顺序一致，面力作用边上三个结点面力强度也应当按逆时针方向依次列出。对于线性的四边形单元，面荷载只能为线性分布，每边只须两个结点的法向和切向强度。法向与切向力的正方向见图 7.9。

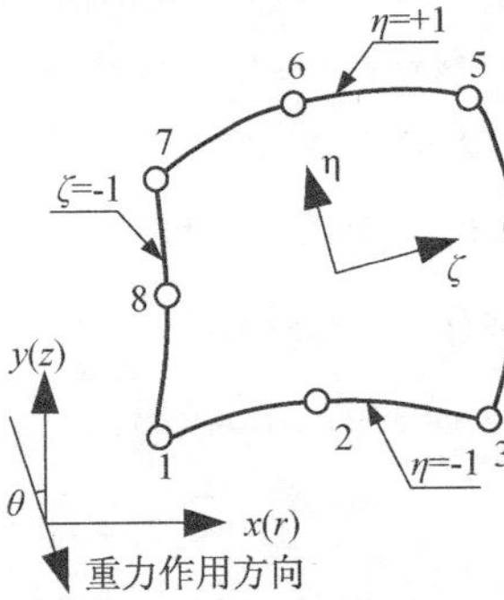

图 7.8 自重荷载作用

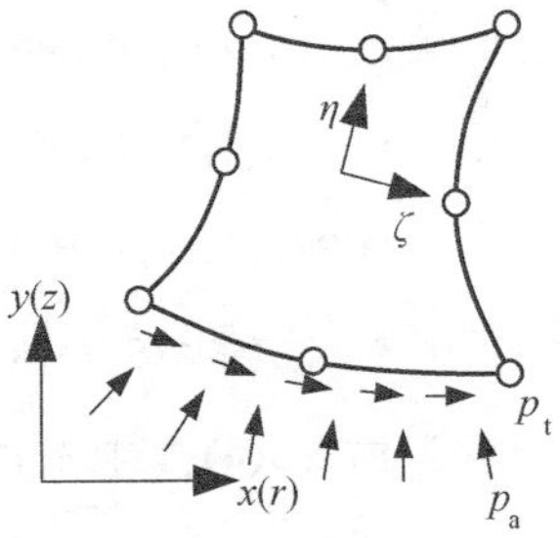

图 7.9 面力荷载作用

图 7.9 中 $\eta=-1$ 边上结点 i 的等效结点荷载为

$$X_i=\int_l N_i\left(p_t\frac{\partial x}{\partial\xi}-p_n\frac{\partial y}{\partial\xi}\right)_{\eta=-1}\mathrm{d}\xi\quad Y_i=\int_l N_i\left(p_n\frac{\partial x}{\partial\xi}+p_t\frac{\partial y}{\partial\xi}\right)_{\eta=-1}\mathrm{d}\xi \tag{7.43}$$

以上积分是假定荷载作用边为 $\eta=-1$ 时进行的。

对于轴对称问题，面力实际上是沿圆周分布的单位面积上的力，因而应沿整个圆周积分。

如果有多种荷载作用、等效结点荷应进行迭加并存在数组 RLOAD 内。在弹塑性求解时，总结点荷载将按增量的形式施加。

```
      SUBROUTINE LOADPS(COORD,LNODS,MATNO,MELEM,MMATS,MPOIN,NELEM,
     .                  NEVAB,NGAUS,NNODE,NPOIN,NSTRE,NTYPE,POSGP,
     .                  PROPS,RLOAD,WEIGP,NDOFN)
C ***********************************************************************
C **** 本子程序用于计算单元的结点荷载。
C **** 程序中，一些主要变量和数组的意义如下：
C      NNLOD                    集中力作用的结点数目
C      LODPT                    集中力作用的结点号
C      POINT(IDOFN)             集中荷载两个分量的值
C      THETA                    重力与 y 轴正向的夹角 θ
C      GEAVY                    重力加速度 g
C      NEDGE                    面力作用面的数目
C      NEASS                    面力作用的单元号
C      NOPRS(IODEG)             面力作用面上的结点号
C      NODEG                    面力作用面上的结点数
C      PRESS(IOEGE,IDOFN)       面力作用面上结点处的法向和切向荷载强度
C ***********************************************************************
      DIMENSION CARTD(2,9),COORD(MPOIN,2),DERIV(2,9),DGASH(2),
     .          DMATX(4,4),ELCOD(2,9),LNODS(MELEM,9),MATNO(MELEM),
     .          NOPRS(4),PGASH(2),POINT(2),POSGP(4),PRESS(4,2),
     .          PROPS(MMATS,7),RLOAD(MELEM,18),SHAPE(9),STRAN(4),
     .          STRES(4),TITLE(12),
     .          WEIGP(4),GPCOD(2,9)
      TWOPI=6.283185308
      DO 10 IELEM=1,NELEM
      DO 10 IEVAB=1,NEVAB
   10 RLOAD(IELEM,IEVAB)=0.0                ——结点荷载数组赋零
C
C *** 输入表示荷载类型的参数。
C
      READ(5,*) IPLOD,IGRAV,IEDGE
```

```
      WRITE(6,919) IPLOD,IGRAV,IEDGE
919   FORMAT(3I5)
C
C **** 输入结点集中荷载。
C
      IF(IPLOD.EQ.0) GO TO 500
      READ(5,* ) NNLOD
      WRITE(6,920) NNLOD
920   FORMAT(1H ,5X,21H NO. OF LOADED NODE = ,I5)
      WRITE(6,921)
921   FORMAT(1H ,5X,38HLIST OF LOADED NODES AND APPLIED LOADS)
      DO 20 KNLOD= 1,NNLOD
      READ(5, * ) LODPT,(POINT(IDOFN),IDOFN= 1,2)
      WRITE(6,931) LODPT,(POINT(IDOFN),IDOFN= 1,2)
931   FORMAT(I5,2e10.3)
C
C **** 建立集中荷载作用结点号与单元自由度之间的关系。
C
      DO 30 IELEM= 1,NELEM
      DO 30 INODE= 1,NNODE
      NLOCA= IABS(LNODS(IELEM,INODE)) ——单元中某个结点的结点号
 30   IF(LODPT.EQ.NLOCA) GO TO 40
 40   IDOFN= 1
      NGASH= (INODE- 1)* 2+ IDOFN
      RLOAD(IELEM,NGASH)= POINT(IDOFN)
      IDOFN= 2
      NGASH= (INODE- 1)* 2+ IDOFN
 20   RLOAD(IELEM,NGASH)= POINT(IDOFN)
500   CONTINUE
      IF(IGRAV.EQ.0) GO TO 600
C
C ***重力荷载。
C
C *** 输入重力作用的方向和重力加速度。
C
      READ(5,*) THETA,GRAVY
```

```
      WRITE(6,911) THETA,GRAVY
911   FORMAT(1H ,16H GRAVITY ANGLE =,F10.3,19H GRAVITY CONSTANT =,F10.3)
      THETA=THETA/57.295779514
C
C *** 对每个单元循环。
C
      DO 90 IELEM=1,NELEM
C
C *** 计算重力的两个分量。
C
      LPROP=MATNO(IELEM)
      THICK=PROPS(LPROP,3)
      DENSE=PROPS(LPROP,4)
      IF(DENSE.EQ.0.0) GO TO 90
      GXCOM=DENSE * GRAVY * SIN(THETA)
      GYCOM=-DENSE * GRAVY * COS(THETA)
C
C *** 计算单元结点的坐标。
C
      DO 60 INODE=1,NNODE
      LNODE=IABS(LNODS(IELEM,INODE))                    ——单元结点号
      DO 60 IDIME=1,2
 60   ELCOD(IDIME,INODE)=COORD(LNODE,IDIME)
C
C *** 开始数值积分循环。
C
      KGASP=0
      DO 80 IGAUS=1,NGAUS
      DO 80 JGAUS=1,NGAUS
      EXISP=POSGP(IGAUS)
      ETASP=POSGP(JGAUS)
C
C *** 计算积分点的形函数和单元体积。
C
      CALL    SFR2(DERIV,ETASP,EXISP,NNODE,SHAPE)
      KGASP=KGASP+1
```

```
      CALL    JACOB2(CARTD,DERIV,DJACB,ELCOD,GPCOD,IELEM,KGASP,
     .              NNODE,SHAPE)
      DVOLU=DJACB * WEIGP(IGAUS)* WEIGP(JGAUS)
      IF(THICK.NE.0.0) DVOLU=DVOLU * THICK
      IF(NTYPE.EQ.3) DVOLU=DVOLU * TWOPI * GPCOD(1,KGASP)
C
C *** 计算重力的等效结点荷载。
C
      DO 70 INODE=1,NNODE
      NGASH=(INODE-1)* 2+1
      MGASH=(INODE-1)* 2+2
      RLOAD(IELEM,NGASH)=RLOAD(IELEM,NGASH)+GXCOM * SHAPE(INODE)* DVOLU
 70   RLOAD(IELEM,MGASH)=RLOAD(IELEM,MGASH)+GYCOM * SHAPE(INODE)* DVOLU
 80   CONTINUE
 90   CONTINUE
600   CONTINUE
      IF(IEDGE.EQ.0) GO TO 700
C
C *** 面力荷载计算。
C
      READ(5,*) NEDGE                                  ——面力荷载作用的面数
      WRITE(6,912) NEDGE
912   FORMAT(1H ,5X,21HNO. OF LOADED EDGES =,I5)
      WRITE(6,915)
915   FORMAT(1H ,5X,38HLIST OF LOADED EDGES AND APPLIED LOADS)
      NODEG=3
      NCODE=NNODE
      IF(NNODE.EQ.4) NODEG=2
      IF(NNODE.EQ.9) NCODE=8
C
C *** 对每个面力作用的边进行循环。
C
      DO 160 IEDGE=1,NEDGE
C
C *** 输入面力作用的单元号及作用面结点号。
C
```

```
      READ(5,*) NEASS,(NOPRS(IODEG),IODEG=1,NODEG)
      WRITE(6,913) NEASS,(NOPRS(IODEG),IODEG=1,NODEG)
913   FORMAT(I10,5X,3I5)
      READ(5,*) ((PRESS(IODEG,IDOFN),IDOFN=1,2),IODEG=1,NODEG)
      WRITE(6,914) ((PRESS(IODEG,IDOFN),IDOFN=1,2),IODEG=1,NODEG)
914   FORMAT(6e10.3)
      ETASP=-1.0
C
C *** 输入面荷载作用面结点的法向及切向荷载强度。
C
      DO 100 IODEG=1,NODEG
      LNODE=NOPRS(IODEG)
      DO 100 IDIME=1,2
100   ELCOD(IDIME,IODEG)=COORD(LNODE,IDIME)
C
C *** 计算单元面力作用边上各结点的坐标。
C
      K=0
      DO 150 IGAUS=1,NGAUS
      EXISP=POSGP(IGAUS)
C
C *** 计算积分点的形函数。
C
      CALL          SFR2(DERIV,ETASP,EXISP,NNODE,SHAPE)
C
C *** 计算等效结点荷载的分量。
C
      DO 110 IDOFN=1,2
      PGASH(IDOFN)=0.0
      DGASH(IDOFN)=0.0
      DO 110 IODEG=1,NODEG
      PGASH(IDOFN)=PGASH(IDOFN)+PRESS(IODEG,IDOFN)* SHAPE(IODEG)
110   DGASH(IDOFN)=DGASH(IDOFN)+ELCOD(IDOFN,IODEG)* DERIV(1,IODEG)
      DVOLU=WEIGP(IGAUS)
      PXCOM=DGASH(1)* PGASH(2)-DGASH(2)* PGASH(1)
      PYCOM=DGASH(1)* PGASH(1)+DGASH(2)* PGASH(2)
```

```
      IF(NTYPE.NE.3) GO TO 115
      RADUS=0.0
      DO 125 IODEG=1,NODEG
125   RADUS=RADUS+SHAPE(IODEG)*ELCOD(1,IODEG)
      DVOLU=DVOLU*TWOPI*RADUS
115   CONTINUE
C
C *** 计算面力等效结点荷载。
C
      DO 120 INODE=1,NNODE
      NLOCA=IABS(LNODS(NEASS,INODE))
120   IF(NLOCA.EQ.NOPRS(1)) GO TO 130
130   JNODE=INODE+NODEG-1
      KOUNT=0
      DO 140 KNODE=INODE,JNODE
      KOUNT=KOUNT+1
      NGASH=(KNODE-1)*NDOFN+1
      MGASH=(KNODE-1)*NDOFN+2
      IF(KNODE.GT.NCODE) NGASH=1
      IF(KNODE.GT.NCODE) MGASH=2
      RLOAD(NEASS,NGASH)=RLOAD(NEASS,NGASH)+SHAPE(KOUNT)*PXCOM*DVOLU
140   RLOAD(NEASS,MGASH)=RLOAD(NEASS,MGASH)+SHAPE(KOUNT)*PYCOM*DVOLU
150   CONTINUE
160   CONTINUE
700   CONTINUE
      WRITE(6,907)
907   FORMAT(1H ,5X,36H TOTAL NODAL FORCES FOR EACH ELEMENT)
      DO 290 IELEM=1,NELEM
290   WRITE(6,905) IELEM,(RLOAD(IELEM,IEVAB),IEVAB=1,NEVAB)
905   FORMAT(1X,I4,5X,8E12.4/(10X,8E12.4))
      RETURN
      END
```

7.6.2　子程序 SFR2

本子程序的作用是计算各类单元(4 结点、8 结点或 9 结点)积分点处的形函数

$N_i(\xi,\ \eta)$ 及其导数 $\frac{\partial N_i}{\partial \xi}$，$\frac{\partial N_i}{\partial \eta}$

对 4 结点单元

$$N_i(\xi,\ \eta) = \frac{1}{4}(1+\xi_i\xi)(1+\eta_i\eta) \tag{7.44}$$

对 8 结点单元

$$N_i(\xi,\ \eta) = \begin{cases} \frac{1}{4}(1+\xi_i\xi)(1+\eta_i\eta)(\xi_i\xi+\eta_i\eta-1) & i=1,\ 3,\ 5,\ 7\quad 角点 \\ \frac{\xi_i^2}{2}(1+\xi_i\xi)(1-\eta^2)+\frac{\eta_i^2}{2}(1+\eta_i\eta)(1-\xi^2) & i=2,\ 4,\ 6,\ 8\quad 中点 \end{cases} \tag{7.45}$$

对 9 结点单元

$$N_i = \begin{cases} \frac{1}{4}(\xi^2+\xi_i\xi)(\eta^2+\eta_i\eta) & i=1,\ 3,\ 5,\ 7\quad 角点 \\ \frac{\eta_i^2}{2}(\eta^2-\eta_i\eta)(1-\xi^2)+\frac{\xi_i^2}{2}(\xi^2-\xi_i\xi)(1-\eta^2) & i=2,\ 4,\ 6,\ 8\quad 中点 \\ (1-\xi^2)(1-\eta^2)\quad i=9\quad 中心点 \end{cases} \tag{7.46}$$

程序中变量 EXISP 和 ETASP 分别表示积分点的坐标 ξ_g、η_g，相应于各结点的形函数放入数组 SHAPE(INODE)内，其导数放在数组 DERIV(INODE, IDIME)内，INODE 的上界为单元的结点数，IDIME 的上界为坐标的维数，对平面和轴对称问题该值为 2。

```
      SUBROUTINE SFR2(DERIV,ETASP,EXISP,NNODE,SHAPE)
C ********************************************************************
C **** 本子程序用于计算线性、二次 Lagrangian 和 Serendipity 二维等参单元的形函数及
C      其导数。
C ********************************************************************
      DIMENSION DERIV(2,9),SHAPE(9)
      S=EXISP                                          ——GAUSS 点的坐标 ξ
      T=ETASP                                          ——GAUSS 点的坐标 η
      IF(NNODE.GT.4) GO TO 10
      ST=S * T
```

```
C
C *** 4 结点单元的形函数。
C
      SHAPE(1)=(1-T-S+ST)*0.25
      SHAPE(2)=(1-T+S-ST)*0.25
      SHAPE(3)=(1+T+S+ST)*0.25
      SHAPE(4)=(1+T-S-ST)*0.25
C
C *** 计算 4 结点单元形函数的导数。
C
      DERIV(1,1)=(-1+T)*0.25
      DERIV(1,2)=(+1-T)*0.25
      DERIV(1,3)=(+1+T)*0.25
      DERIV(1,4)=(-1-T)*0.25
      DERIV(2,1)=(-1+S)*0.25
      DERIV(2,2)=(-1-S)*0.25
      DERIV(2,3)=(+1+S)*0.25
      DERIV(2,4)=(+1-S)*0.25
      RETURN
 10   IF(NNODE.GT.8) GO TO 30
      S2=S*2.0
      T2=T*2.0
      SS=S*S
      TT=T*T
      ST=S*T
      SST=S*S*T
      STT=S*T*T
      ST2=S*T*2.0
C
C *** 8 结点单元的形函数。
C
      SHAPE(1)=(-1.0+ST+SS+TT-SST-STT)/4.0
      SHAPE(2)=(1.0-T-SS+SST)/2.0
      SHAPE(3)=(-1.0-ST+SS+TT-SST+STT)/4.0
      SHAPE(4)=(1.0+S-TT-STT)/2.0
      SHAPE(5)=(-1.0+ST+SS+TT+SST+STT)/4.0
```

```
      SHAPE(6)=(1.0+T-SS-SST)/2.0
      SHAPE(7)=(-1.0-ST+SS+TT+SST-STT)/4.0
      SHAPE(8)=(1.0-S-TT+STT)/2.0
C
C *** 计算 8 结点单元形函数的导数。
C
      DERIV(1,1)=(T+S2-ST2-TT)/4.0
      DERIV(1,2)=-S+ST
      DERIV(1,3)=(-T+S2-ST2+TT)/4.0
      DERIV(1,4)=(1.0-TT)/2.0
      DERIV(1,5)=(T+S2+ST2+TT)/4.0
      DERIV(1,6)=-S-ST
      DERIV(1,7)=(-T+S2+ST2-TT)/4.0
      DERIV(1,8)=(-1.0+TT)/2.0
      DERIV(2,1)=(S+T2-SS-ST2)/4.0
      DERIV(2,2)=(-1.0+SS)/2.0
      DERIV(2,3)=(-S+T2-SS+ST2)/4.0
      DERIV(2,4)=-T-ST
      DERIV(2,5)=(S+T2+SS+ST2)/4.0
      DERIV(2,6)=(1.0-SS)/2.0
      DERIV(2,7)=(-S+T2+SS-ST2)/4.0
      DERIV(2,8)=-T+ST
      RETURN
 30   CONTINUE
      SS=S*S
      ST=S*T
      TT=T*T
      S1=S+1.0
      T1=T+1.0
      S2=S*2.0
      T2=T*2.0
      S9=S-1.0
      T9=T-1.0
C
C *** 9 结点单元的形函数。
C
```

```
      SHAPE(1)=0.25 * S9 * ST * T9
      SHAPE(2)=0.5 *(1.0-SS)* T * T9
      SHAPE(3)=0.25 * S1 * ST * T9
      SHAPE(4)=0.5 * S * S1 *(1.0-TT)
      SHAPE(5)=0.25 * S1 * ST * T1
      SHAPE(6)=0.5 *(1.0-SS)* T * T1
      SHAPE(7)=0.25 * S9 * ST * T1
      SHAPE(8)=0.5 * S * S9 *(1.0-TT)
      SHAPE(9)=(1.0-SS)*(1.0-TT)
C
C *** 计算 9 结点单元形函数的导数。
C
      DERIV(1,1)=0.25 * T * T9 *(-1.0+S2)
      DERIV(1,2)=-ST * T9
      DERIV(1,3)=0.25 *(1.0+S2)* T * T9
      DERIV(1,4)=0.5 *(1.0+S2)*(1.0-TT)
      DERIV(1,5)=0.25 *(1.0+S2)* T * T1
      DERIV(1,6)=-ST * T1
      DERIV(1,7)=0.25 *(-1.0+S2)* T * T1
      DERIV(1,8)=0.5 *(-1.0+S2)*(1.0-TT)
      DERIV(1,9)=-S2 *(1.0-TT)
      DERIV(2,1)=0.25 *(-1.0+T2)* S * S9
      DERIV(2,2)=0.5 *(1.0-SS)*(-1.0+T2)
      DERIV(2,3)=0.25 * S * S1 *(-1.0+T2)
      DERIV(2,4)=-ST * S1
      DERIV(2,5)=0.25 * S * S1 *(1.0+T2)
      DERIV(2,6)=0.5 *(1.0-SS)*(1.0+T2)
      DERIV(2,7)=0.25 * S * S9 *(1.0+T2)
      DERIV(2,8)=-ST * S9
      DERIV(2,9)=-T2 *(1.0-SS)
   20 CONTINUE
      RETURN
      END
```

7.6.3　子程序 JACOB2

本子程序用来计算积分点(ξ_g，η_g)处的以下各量：

- 积分点的整体坐标，放入数组 GPCOD(* ， *)内
- Jacobian 矩阵，存于数组 XJACM(* ， *)
- Jacobian 行列式，以 DJACB 表示
- Jacobian 矩阵的逆矩阵，XJACI(* ， *)
- 形函数的导数 $\frac{\partial N_i}{\partial x}$、$\frac{\partial N_i}{\partial y}$ $\left(或\frac{\partial N_i}{\partial r}、\frac{\partial N_i}{\partial z}\right)$，存于数组 CARTD(* ， *)内

```
      SUBROUTINE JACOB2(CARTD,DERIV,DJACB,ELCOD,GPCOD,IELEM,KGASP,
     .                  NNODE,SHAPE)
C ********************************************************************
C **** 计算积分点的 Jacobian 矩阵及其逆矩阵、行列式，以及形函数对整体坐标的导数。
C ********************************************************************
      DIMENSION CARTD(2,9),DERIV(2,9),ELCOD(2,9),GPCOD(2,9),SHAPE(9),
     .          XJACI(2,2),XJACM(2,2)
C
C *** 计算积分点的坐标。
C
      DO 2 IDIME=1,2
      GPCOD(IDIME,KGASP)=0.0
      DO 2 INODE=1,NNODE
      GPCOD(IDIME,KGASP)=GPCOD(IDIME,KGASP)+ELCOD(IDIME,INODE)
     .* SHAPE(INODE)
    2 CONTINUE
C
C *** 计算 Jacobian 矩阵。
C
      DO 4 IDIME=1,2
      DO 4 JDIME=1,2
      XJACM(IDIME,JDIME)=0.0
      DO 4 INODE=1,NNODE
      XJACM(IDIME,JDIME)=XJACM(IDIME,JDIME)+DERIV(IDIME,INODE)*
     . ELCOD(JDIME,INODE)
    4 CONTINUE
C
C *** 计算 Jacobian 矩阵的行列式和逆矩阵。
```

```
C
      DJACB=XJACM(1,1)*XJACM(2,2)-XJACM(1,2)*XJACM(2,1)
      IF(DJACB) 6,6,8
  6   WRITE(6,600) IELEM
      STOP
  8   CONTINUE
      XJACI(1,1)=XJACM(2,2)/DJACB
      XJACI(2,2)=XJACM(1,1)/DJACB
      XJACI(1,2)=-XJACM(1,2)/DJACB
      XJACI(2,1)=-XJACM(2,1)/DJACB
C
C *** 计算形函数对整体坐标的导数。
C
      DO 10 IDIME=1,2
      DO 10 INODE=1,NNODE
      CARTD(IDIME,INODE)=0.0
      DO 10 JDIME=1,2
      CARTD(IDIME,INODE)=CARTD(IDIME,INODE)+XJACI(IDIME,JDIME)*
     . DERIV(JDIME,INODE)
 10   CONTINUE
600   FORMAT(//,36H PROGRAM HALTED IN SUBROUTINE JACOB2,/,11X,
     . 22H ZERO OR NEGATIVE AREA,/,10X,16H ELEMENT NUMBER ,I5)
      RETURN
      END
```

7.7　子程序 ZERO

仅用来让程序中的某些数组赋零，这些数组在施加荷载增量和迭代过程中需要累加时采用。

```
      SUBROUTINE ZERO(ELOAD,MELEM,MEVAB,MPOIN,MTOTG,MTOTV,NDOFN,NELEM,
     .               NEVAB,NGAUS,NSTR1,NTOTG,EPSTN,EFFST,
     .               NTOTV,NVFIX,STRSG,TDISP,TFACT,
     .               TLOAD,TREAC,MVFIX)
```

```
C ********************************************************************
C **** 本子程序使一些数组初始化为零。
C ********************************************************************
      DIMENSION ELOAD(MELEM,MEVAB),STRSG(4,MTOTG),TDISP(MTOTV),
     .          TLOAD(MELEM,MEVAB),TREAC(MVFIX,2),EPSTN(MTOTG),
     .          EFFST(MTOTG)
      TFACT=0.0
      DO 30 IELEM=1,NELEM
      DO 30 IEVAB=1,NEVAB
      ELOAD(IELEM,IEVAB)=0.0
30    TLOAD(IELEM,IEVAB)=0.0
      DO 40 ITOTV=1,NTOTV
40    TDISP(ITOTV)=0.0
      DO 50 IVFIX=1,NVFIX
      DO 50 IDOFN=1,NDOFN
50    TREAC(IVFIX,IDOFN)=0.0
      DO 60 ITOTG=1,NTOTG
      EPSTN(ITOTG)=0.0
      EFFST(ITOTG)=0.0
      DO 60 ISTR1=1,NSTR1
60    STRSG(ISTR1,ITOTG)=0.0
      RETURN
      END
```

7.8 子程序 INCREM

本子程序的作用是根据输入的荷载因子对荷载或给定的位移分级。当每一级荷载增量施加后进行首次迭代时，就要调用它。对于每级荷载增量，将输入以下信息：

FACTO 荷载因子，用于控制荷载增量的大小。作用在每个单元上的等效结点荷载在子程序 LOADPS 内确定，并存储于数组 RLOAD(IELEM, IEVAB)。则本级荷载增量施加在单元上的力为 RLOAD(IELEM, IEVAB) * FACTO，按此累加得到总荷载。例如对前 3 级增量，FACTO 分别为 0.8，0.2 和 0.1，则第 3 级加载作用在结构上总的荷载为子程序 LOADPS 计算得到的等效结点荷载的 1.1

倍。这种根据荷载因子加荷的方法可以得到不相等的荷载增量。如果按给定位移加荷,可采取同样的方法。

TOLER 迭代收敛过程的容许误差,一般可取 1.0(即 1%)。

MITER 容许的最大迭代次数,以对求解不收敛的情况进行控制,即经过 MITER 次迭代后,程序停止迭代运算。

NOUTP(1) 用以控制第一次迭代后未收敛成果的输出。为检查收敛过程,可以针对每一级荷载增量,选用不同输出类型:

1——第一次迭代后打印位移成果

2——第一次迭代后打印位移和结点力

3——第一次迭代后打印位移、结点力和应力

NOUTP(2) 用以控制已收敛结果的输出:

1——只打印最后的位移

2——打印最终的位移和结点力

3——打印最终的位移、结点力和应力

数组 TLOAD(IELEM, IEVAB)存放分析过程中作用在结构上的总荷载,数组 ELOAD (IELEM, IEVAB)则存放求解过程中每一次迭代作用于结构上的荷载。因而对第一级加载的第一次迭代,ELOAD 内为第一级荷载增量,而对第二次及以后的迭代,则存放失衡力。迭代收敛后,下一级荷载增量放入其中,因而 ELOAD 内含有新的荷载增量及上级增量作用下迭代收敛后余下的失衡力。如能正确地选择收敛容许误差 TOLER,失衡力应当很小。

对于给定的位移,也须乘上荷载因子 FACTO,作为荷载施加在每一级荷载增量的第一次迭代过程中,其他迭代计算则赋予零,给定位移放在数组 FIXED (ITOTV)中。

```
      SUBROUTINE INCREM(ELOAD,FIXED,IINCS,MELEM,MEVAB,MITER,MTOTV,
     .                  MVFIX,NDOFN,NELEM,NEVAB,NOUTP,NOFIX,NTOTV,
     .                  NVFIX,PRESC,RLOAD,TFACT,TLOAD,TOLER)
C ********************************************************************
C **** 本子程序用于荷载分级。
C ********************************************************************
      DIMENSION ELOAD(MELEM,MEVAB),FIXED(MTOTV),
     .          NOUTP(2),NOFIX(MVFIX),
     .          PRESC(MVFIX,NDOFN),RLOAD(MELEM,MEVAB),TLOAD(MELEM,MEVAB)
      WRITE(6,900) IINCS                          ——写出当前求解的荷载增量级数
```

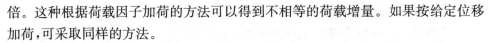

```
900   FORMAT(1H ,5X,17HINCREMENT NUMBER ,I5)
      READ(5,*) FACTO,TOLER,MITER,NOUTP(1),NOUTP(2)    ——输入荷载因子、收敛容许
                                                          误差、最大迭代次数及成
                                                          果输出形式的控制参数
      TFACT=TFACT+FACTO                                   ——总荷载因子
      WRITE(6,960) TFACT,TOLER,MITER,NOUTP(1),NOUTP(2)
960   FORMAT(1H ,5X,13HLOAD FACTOR =,F10.5,5X,
     . 24H CONVERGENCE TOLERANCE =,F10.5,5X,24HMAX. NO. OF ITERATIONS =,
     . I5,//27H INITIAL OUTPUT PARAMETER =,I5,5X,24HFINAL OUTPUT PARAMET
     . ER =,I5)
      DO 80 IELEM=1,NELEM                        ——计算本级荷载增量及总荷载
      DO 80 IEVAB=1,NEVAB
      ELOAD(IELEM,IEVAB)=ELOAD(IELEM,IEVAB)+RLOAD(IELEM,IEVAB)* FACTO
 80   TLOAD(IELEM,IEVAB)=TLOAD(IELEM,IEVAB)+RLOAD(IELEM,IEVAB)* FACTO
C
C *** 对给定位移分级。
C
      DO 100 ITOTV=1,NTOTV
100   FIXED(ITOTV)=0.0                           ——存放给定总位移的数值置零
      DO 110 IVFIX=1,NVFIX
      NLOCA=(NOFIX(IVFIX)-1)* NDOFN
      DO 110 IDOFN=1,NDOFN
      NGASH=NLOCA+IDOFN
      FIXED(NGASH)=PRESC(IVFIX,IDOFN)* FACTO       ——给定的总位移乘以荷载因
                                                     子,存入相应数组
110   CONTINUE
      RETURN
      END
```

7.9 子程序 ALGOR

本子程序的功能是根据 INPUT 子程序输入的参数 NALGO,控制方程组的求解过程。按照 NALGO 的值和迭代次数 IITER 及增量级数 IINCS 确定变量 KPESL 是 1 或 2, KRESL=1 表示单元劲度矩阵需要重新形成,KRESL=2 表示

单元劲度矩阵无需修正。

```
      SUBROUTINE ALGOR(FIXED,IINCS,IITER,KRESL,MTOTV,NALGO,
     .                  NTOTV)
C ******************************************************************
C **** 本子程序确定方程求解指标 KRESL 的值。
C ******************************************************************
      DIMENSION FIXED(MTOTV)
      KRESL=2
      IF(NALGO.EQ.1.AND.IINCS.EQ.1.AND.IITER.EQ.1) KRESL=1
      IF(NALGO.EQ.2) KRESL=1
      IF(NALGO.EQ.3.AND.IITER.EQ.1) KRESL=1
      IF(NALGO.EQ.4.AND.IINCS.EQ.1.AND.IITER.EQ.1) KRESL=1
      IF(NALGO.EQ.4.AND.IITER.EQ.2) KRESL=1
      IF(IITER.EQ.1) RETURN
      DO 100 ITOTV=1,NTOTV
      FIXED(ITOTV)=0.0
100   CONTINUE
      RETURN
      END
```

7.10 单元劲度矩阵的形成

7.10.1 子程序 STIFFP

本程序用来计算单元的劲度矩阵 $\boldsymbol{k}$，与线弹性求解不同，在计算 $\boldsymbol{k}$ 时，以弹塑性矩阵 $\boldsymbol{D}_{ep}$ 代替弹性矩阵 $\boldsymbol{D}$。当 ALGOR 子程序中的变量 KRESL=1 时，$\boldsymbol{k}$ 要重新形成，此时须调用本子程序。显然，对于第一级荷载增量的第一次迭代，必须计算单元劲度矩阵 $\boldsymbol{k}$，此时假定材料是弹性的。以后再执行这一程序时，$\boldsymbol{k}$ 要重新计算，以考虑材料的塑性，因而必须要用到弹塑性矩阵 $\boldsymbol{D}_{ep}$。

```
      SUBROUTINE STIFFP(COORD,EPSTN,IINCS,LNODS,MATNO,
     .                  MEVAB,MMATS,MPOIN,MTOTV,NELEM,NEVAB,NGAUS,NNODE,
     .                  NSTRE,NSTR1,POSGP,PROPS,WEIGP,MELEM,MTOTG,
     .                  STRSG,NTYPE,NCRIT,NEYELD)
```

```
C ************************************************************************
C **** 用于计算各单元的劲度矩阵 k。
C ************************************************************************
      DIMENSION BMATX(4,18),CARTD(2,9),COORD(MPOIN,2),DBMAT(4,18),
     .          DERIV(2,9),DEVIA(4),DMATX(4,4),
     .          ELCOD(2,9),EPSTN(MTOTG),ESTIF(18,18),LNODS(MELEM,9),
     .          MATNO(MELEM),POSGP(4),PROPS(MMATS,7),SHAPE(9),
     .          WEIGP(4),STRES(4),STRSG(4,MTOTG),
     .          DVECT(4),AVECT(4),GPCOD(2,9),NEYELD(MELEM)
      TWOPI=6.283185308
      REWIND 1                 ——导入磁盘文件 1,文件中依次存储单元精度矩阵。
      KGAUS=0                  ——KGAUS 是所有积分点编号整体的计数变量,变化范围
                                 为1～NGAUS *NGAUS *NELEM。
C
C *** 对单元循环。
C
      DO 70 IELEM=1,NELEM
C *** 读入单元的屈服准则序号。
      NCRIT=NEYELD(IELEM)
C
      LPROP=MATNO(IELEM)                     ——当前单元的材料类型
C
C *** 计算单元结点的坐标。
C
      DO 10 INODE=1,NNODE      ——在数组 ELCOD 中存储单元结点坐标,以备后用。
      LNODE=IABS(LNODS(IELEM,INODE))
      IPOSN=(LNODE-1)*2
      DO 10 IDIME=1,2
      IPOSN=IPOSN+1
   10 ELCOD(IDIME,INODE)=COORD(LNODE,IDIME)
      THICK=PROPS(LPROP,3)
C
C *** 单元劲度矩阵初始化为零。
C
      DO 20 IEVAB=1,NEVAB
```

```
      DO 20 JEVAB=1,NEVAB
   20 ESTIF(IEVAB,JEVAB)=0.0
      KGASP=0 ——KGASP是单元积分点局部的计数变量,范围为1~NGAUS *NGAUS
C
C *** 对积分点循环,进行数值积分,并确定当前积分点位置(ζ, η)。
C
      DO 50 IGAUS=1,NGAUS
      EXISP=POSGP(IGAUS)                              ——积分点坐标ζ
      DO 50 JGAUS=1,NGAUS
      ETASP=POSGP(JGAUS)                              ——积分点坐标η
      KGASP=KGASP+1
      KGAUS=KGAUS+1
C
C *** 计算弹性矩阵D。
C
      CALL MODPS(DMATX,LPROP,MMATS,NTYPE,PROPS)
C
C *** 计算当前积分点的形函数、形函数导数、单元体积等。
C
      CALL    SFR2(DERIV,ETASP,EXISP,NNODE,SHAPE)
      CALL    JACOB2(CARTD,DERIV,DJACB,ELCOD,GPCOD,IELEM,KGASP,
     .                NNODE,SHAPE)
      DVOLU=DJACB * WEIGP(IGAUS)* WEIGP(JGAUS)       ——单元体积的数值积分
      IF(NTYPE.EQ.3) DVOLU=DVOLU * TWOPI * GPCOD(1,KGASP)
      IF(THICK.NE.0.0) DVOLU=DVOLU * THICK
C
C *** 计算矩阵B和DB。
C
      CALL BMATPS(BMATX,CARTD,NNODE,SHAPE,GPCOD,NTYPE,KGASP)
      IF(IINCS.EQ.1) GO TO 80                 ——对于第一级荷载,不必计算Dep
      IF(EPSTN(KGAUS).EQ.0.0) GO TO 80   ——对于表现为弹性的积分点,不必计算Dep
      DO 90 ISTR1=1,NSTR1
   90 STRES(ISTR1)=STRSG(ISTR1,KGAUS)    ——将积分点当前的总应力存储于数组STRES
      CALL INVAR(DEVIA,LPROP,MMATS,NCRIT,PROPS,SINT3,STEFF,STRES,
     .           THETA,VARJ2,YIELD)
      CALL YIELDF(AVECT,DEVIA,LPROP,MMATS,NCRIT,NSTR1,
```

```
     .              PROPS,SINT3,STEFF,THETA,VARJ2)
      CALL FLOWPL(AVECT,ABETA,DVECT,NTYPE,PROPS,LPROP,NSTR1,MMATS)
      DO 100 ISTRE=1,NSTRE
      DO 100 JSTRE=1,NSTRE
100   DMATX(ISTRE,JSTRE)=DMATX(ISTRE,JSTRE)-ABETA*DVECT(ISTRE)*
     . DVECT(JSTRE)                                    ——计算弹塑性矩阵 D_ep
 80   CONTINUE
      CALL    DBE(BMATX,DBMAT,DMATX,MEVAB,NEVAB,NSTRE,NSTR1)
C
C *** 计算单元劲度矩阵。
C
      DO 30 IEVAB=1,NEVAB
      DO 30 JEVAB=IEVAB,NEVAB
      DO 30 ISTRE=1,NSTRE
 30   ESTIF(IEVAB,JEVAB)=ESTIF(IEVAB,JEVAB)+BMATX(ISTRE,IEVAB)*
     . DBMAT(ISTRE,JEVAB)*DVOLU   ——用公式∫_V B^T D_ep B dV 计算单元劲度的上三角矩阵
50    CONTINUE
C
C *** 利用对称性补齐单元劲度矩阵的下三角矩阵。
C
      DO 60 IEVAB=1,NEVAB
      DO 60 JEVAB=1,NEVAB
 60   ESTIF(JEVAB,IEVAB)=ESTIF(IEVAB,JEVAB)
C
C *** 将每个单元的劲度矩阵、应力矩阵和积分点坐标存储于磁盘文件。
C
      WRITE(1) ESTIF
70    CONTINUE
      RETURN                                           ——返回下一个单元
      END
```

程序中，KGAUS 对全部的积分点计数，因而它的值从 1 变到 NGAUS * NGAUS * NELEM，KGASP 对单元的积分点计数，其值从 1 变到 NGAUS * NGAUS。为了后面使用上的方便，以单元为单位将结点坐标放在数组 ELCOD(IDIME，INODE)内。本子程序还将调用以下 8 个子程序计算所考虑积分点的某

些量：

MODPS　计算弹性矩阵 $\boldsymbol{D}$。

SFR2　计算形函数 N_i 及其导数，$\frac{\partial N_i}{\partial \xi}$，$\frac{\partial N_i}{\partial \eta}$。

JACOB2　计算积分点的坐标，放在数组 GPCOD(1DIME，KGASP)内，Jacobian 行列式 $|J|$ 和形函数的导数 $\frac{\partial N_i}{\partial x}$、$\frac{\partial N_i}{\partial y}$，对轴对称问题为 $\left(\frac{\partial N_i}{\partial r}、\frac{\partial N_i}{\partial z}\right)$。

BMATPS　计算矩阵 $\boldsymbol{B}$。

DBE　计算弹性矩阵与应变矩阵的乘积。

INVAR　计算等效应力。

YIELDF　计算 $\frac{\partial f}{\partial \boldsymbol{\sigma}}$。

FLOWPL　计算 $\boldsymbol{D}\frac{\partial f}{\partial \boldsymbol{\sigma}}$。

7.10.2 子程序 MODPS

应用本子程序，分别根据式(7.47)、(7.48)和(7.49)确定平面应力、平面应变和轴对称问题的弹性矩阵 $\boldsymbol{D}$，$\boldsymbol{D}$ 的元素存于数组 DMATX(＊，＊)内。

$$\boldsymbol{D}=\frac{E}{(1-\mu^2)}\begin{bmatrix}1 & \mu & 0\\ \mu & 1 & 0\\ 0 & 0 & \frac{1-\mu}{2}\end{bmatrix} \tag{7.47}$$

$$\boldsymbol{D}=\frac{E}{(1+\mu)(1-2\mu)}\begin{bmatrix}1-\mu & \mu & 0\\ \mu & 1-\mu & 0\\ 0 & 0 & \frac{1-2\mu}{2}\end{bmatrix} \tag{7.48}$$

$$\boldsymbol{D}=\frac{E}{(1+\mu)(1-2\mu)}\begin{bmatrix}1-\mu & \mu & 0 & 0\\ \mu & 1-\mu & \mu & 0\\ 0 & \mu & 1-\mu & 0\\ 0 & 0 & 0 & \frac{1-2\mu}{2}\end{bmatrix} \tag{7.49}$$

```
      SUBROUTINE MODPS(DMATX,LPROP,MMATS,NTYPE,PROPS)
C ************************************************************************
C **** 本子程序计算弹性矩阵。
C ************************************************************************
      DIMENSION DMATX(4,4),PROPS(MMATS,7)
      YOUNG=PROPS(LPROP,1)
      POISS=PROPS(LPROP,2)
      DO 10 ISTR1=1,4
      DO 10 JSTR1=1,4
 10   DMATX(ISTR1,JSTR1)=0.0
      IF(NTYPE.NE.1) GO TO 4
C
C *** 根据式(7.47)计算平面应力问题的弹性矩阵 D。
C
      CONST=YOUNG/(1.0-POISS*POISS)
      DMATX(1,1)=CONST
      DMATX(2,2)=CONST
      DMATX(1,2)=CONST*POISS
      DMATX(2,1)=CONST*POISS
      DMATX(3,3)=(1.0-POISS)*CONST/2.0
      RETURN
  4   IF(NTYPE.NE.2) GO TO 6
C
C *** 根据式(7.48)计算平面应变问题的弹性矩阵 D。
C
      CONST=YOUNG*(1.0-POISS)/((1.0+POISS)*(1.0-2.0*POISS))
      DMATX(1,1)=CONST
      DMATX(2,2)=CONST
      DMATX(1,2)=CONST*POISS/(1.0-POISS)
      DMATX(2,1)=CONST*POISS/(1.0-POISS)
      DMATX(3,3)=(1.0-2.0*POISS)*CONST/(2.0*(1.0-POISS))
      RETURN
  6   IF(NTYPE.NE.3) GO TO 8
C
C *** 根据式(7.49)计算轴对称问题的弹性矩阵 D。
C
```

```
      CONST=YOUNG*(1.0-POISS)/((1.0+POISS)*(1.0-2.0*POISS))
      CONSS=POISS/(1.0-POISS)
      DMATX(1,1)=CONST
      DMATX(2,2)=CONST
      DMATX(3,3)=CONST*(1.0-2.0*POISS)/(2.0*(1.0-POISS))
      DMATX(1,2)=CONST*CONSS
      DMATX(1,4)=CONST*CONSS
      DMATX(2,1)=CONST*CONSS
      DMATX(2,4)=CONST*CONSS
      DMATX(4,1)=CONST*CONSS
      DMATX(4,2)=CONST*CONSS
      DMATX(4,4)=CONST
  8   CONTINUE
      RETURN
      END
```

7.10.3 子程序 BMATPS

用以计算应变矩阵 $\boldsymbol{B}$，$\boldsymbol{B}$ 的子矩阵见式(7.50)和(7.51)，存于数组 BMATX(＊，＊)内。

$$\boldsymbol{B}_i=\begin{bmatrix}\dfrac{\partial N_i}{\partial x} & 0\\ 0 & \dfrac{\partial N_i}{\partial y}\\ \dfrac{\partial N_i}{\partial y} & \dfrac{\partial N_i}{\partial x}\end{bmatrix}\quad \text{对平面问题} \tag{7.50}$$

$$\boldsymbol{B}_i=\begin{bmatrix}\dfrac{\partial N_i}{\partial r} & 0\\ \dfrac{N_i}{r} & 0\\ 0 & \dfrac{\partial N_i}{\partial z}\\ \dfrac{\partial N_i}{\partial z} & \dfrac{\partial N_i}{\partial r}\end{bmatrix}\quad \text{对轴对称问题} \tag{7.51}$$

```
      SUBROUTINE BMATPS(BMATX,CARTD,NNODE,SHAPE,GPCOD,NTYPE,KGASP)
C ******************************************************************
C **** 本子程序计算矩阵 B。
C ******************************************************************
      DIMENSION BMATX(4,18),CARTD(2,9),SHAPE(9),GPCOD(2,9)
      NGASH=0
      DO 10 INODE=1,NNODE
      MGASH=NGASH+1
      NGASH=MGASH+1
      BMATX(1,MGASH)=CARTD(1,INODE)
      BMATX(1,NGASH)=0.0
      BMATX(2,MGASH)=0.0
      BMATX(2,NGASH)=CARTD(2,INODE)
      BMATX(3,MGASH)=CARTD(2,INODE)
      BMATX(3,NGASH)=CARTD(1,INODE)
      IF(NTYPE.NE.3) GO TO 10
      BMATX(4,MGASH)=SHAPE(INODE)/GPCOD(1,KGASP)
      BMATX(4,NGASH)=0.0
 10   CONTINUE
      RETURN
      END
```

7.10.4 子程序 DBE

```
      SUBROUTINE DBE(BMATX,DBMAT,DMATX,MEVAB,NEVAB,NSTRE,NSTR1)
C ******************************************************************
C **** 本子程序用于计算弹性矩阵与应变矩阵的乘积。
C ******************************************************************
      DIMENSION BMATX(NSTR1,MEVAB),DBMAT(NSTR1,MEVAB),
     .          DMATX(NSTR1,NSTR1)
      DO 2 ISTRE=1,NSTRE
      DO 2 IEVAB=1,NEVAB
      DBMAT(ISTRE,IEVAB)=0.0
      DO 2 JSTRE=1,NSTRE
      DBMAT(ISTRE,IEVAB)=DBMAT(ISTRE,IEVAB)+
     .DMATX(ISTRE,JSTRE)* BMATX(JSTRE,IEVAB)
```

```
 2  CONTINUE
    RETURN
    END
```

7.10.5 子程序 INVAR

本子程序的作用是确定四个屈服函数，以表示初始或后续塑性变形的各类应力函数。为此，须计算表 7.4 所列的应力函数。

表 7.4 用于计算屈服函数的等效应力和单轴屈服强度

公 式	屈服准则	应力水平(等效应力)	等效屈服应力
(7.16)	Tresca	$2J_2^{\frac{1}{2}}\cos\theta$	σ_s
(7.17)	Mises	$\sqrt{3J_2}$	σ_s
(7.18)	Mohr-Coulomb	$\frac{1}{3}I_1\sin\varphi+\sqrt{J_2}(\cos\varphi-\frac{1}{\sqrt{3}}\sin\theta\sin\varphi)$	$c\cos\varphi$
(7.19)	Drucker-Prager	$aI_1+\sqrt{J_2}$	k

表 7.4 第 3 列计算的应力水平支配着一点是否进入塑性变形状态，如果其值达到表中最后一列的等效屈服应力数值，则必定发生塑性变形。应注意最后一列的 σ_s、c 和 k 均是硬化参数 κ 的函数。

子程序 INVAR 只计算应力偏量的值，并根据所采用的屈服准则计算表 7.4 第 3 列的应力水平。屈服准则的选择由子程序 INPUT 中的输入参数 NCRIT 确定：

NCRIT＝1　Tresca 准则
　　　　2　Mises 准则
　　　　3　Mohr-Coulomb 准则
　　　　4　Drucker-Prager 准则

```
      SUBROUTINE INVAR(DEVIA,LPROP,MMATS,NCRIT,PROPS,SINT3,STEFF,STEMP,
     .                 THETA,VARJ2,YIELD)
C ************************************************************************
C **** 本子程序用于计算应力不变量和屈服函数的当前值。
C ************************************************************************
      DIMENSION DEVIA(4),PROPS(MMATS,7),STEMP(4)
      ROOT3=1.73205080757
      SMEAN=(STEMP(1)+STEMP(2)+STEMP(4))/3.0
```

```
      DEVIA(1)=STEMP(1)-SMEAN                              ——计算应力偏量
      DEVIA(2)=STEMP(2)-SMEAN
      DEVIA(3)=STEMP(3)
      DEVIA(4)=STEMP(4)-SMEAN
      VARJ2=DEVIA(3)*DEVIA(3)+0.5*(DEVIA(1)*DEVIA(1)+DEVIA(2)*DEVIA(2)
     . +DEVIA(4)*DEVIA(4))                                 ——计算 J2
      VARJ3=DEVIA(4)*(DEVIA(4)*DEVIA(4)-VARJ2)             ——计算 J3
      STEFF=SQRT(VARJ2)
      IF(STEFF.EQ.0.0) GO TO 10
      SINT3=-3.0*ROOT3*VARJ3/(2.0*VARJ2*STEFF)             ——按(7.14)计算 sin3θ
      IF(SINT3.GT.1.0) SINT3=1.0
      GO TO 20
 10   SINT3=0.0
 20   CONTINUE
      IF(SINT3.LT.-1.0) SINT3=-1.0
      IF(SINT3.GT.1.0) SINT3=1.0
      THETA=ASIN(SINT3)/3.0                                计算 θ
      GO TO (1,2,3,4) NCRIT
C *** 对于 Tresca 准则,计算表 7.4 第 3 列的应力水平。
  1   YIELD=2.0*COS(THETA)*STEFF
      RETURN
C *** 对于 Mises 准则,计算表 7.4 第 3 列的应力水平。
  2   YIELD=ROOT3*STEFF
      RETURN
C *** 对于 Mohr-Coulomb 准则,计算表 7.4 第 3 列的应力水平。
  3   PHIRA=PROPS(LPROP,7)*0.017453292
      SNPHI=SIN(PHIRA)
      YIELD=SMEAN*SNPHI+STEFF*(COS(THETA)-SIN(THETA)*SNPHI/ROOT3)
      RETURN
C ***对于 Drucker-Prager 准则,计算表 7.4 第 3 列的应力水平。
  4   PHIRA=PROPS(LPROP,7)*0.017453292
      SNPHI=SIN(PHIRA)
      YIELD=6.0*SMEAN*SNPHI/(ROOT3*(3.0-SNPHI))+STEFF
      RETURN
      END
```

7.10.6　子程序 YIELDF

子程序 YIELDF 的功能是计算式(7.30)表示的矢量 $\boldsymbol{a}$，$\boldsymbol{a}$ 的计算公式为式(7.24)，式中 c_1、c_2 和 c_3 根据不同的屈服准则由表 7.1 求出，矢量 $\boldsymbol{a}_1$、$\boldsymbol{a}_2$ 和 $\boldsymbol{a}_3$ 由式(7.31)确定。对于在 $\theta=\pm30°$ 处具有奇点的 Tresca 和 Mohr-Coulomb 屈服面。c_i $(i=1\sim3)$分别由式(7.38)和(7.40)计算。

```
      SUBROUTINE YIELDF(AVECT,DEVIA,LPROP,MMATS,NCRIT,NSTR1,
     .                  PROPS,SINT3,STEFF,THETA,VARJ2)
C ***********************************************************************
C **** 本子程序计算屈服函数(相关流动法则)的流动势方向矢量。
C ***********************************************************************
      DIMENSION AVECT(4),DEVIA(4),PROPS(MMATS,7),
     .          VECA1(4),VECA2(4),VECA3(4)
      IF(STEFF.EQ.0.0) RETURN                    ——Gauss 点应力为零时不计算 a
      FRICT = PROPS(LPROP,7)                                       ——内摩擦角 φ
      TANTH = TAN(THETA)
      TANT3 = TAN(3.0 * THETA)                            ——计算 tg θ 和 tg 3θ
      SINTH = SIN(THETA)
      COSTH = COS(THETA)
      COST3 = COS(3.0 * THETA)                   ——计算 sin θ、cos θ、cos 3θ
      ROOT3 = 1.73205080757
C
C *** 由式(7.31)计算 a1。
C
      VECA1(1)=1.0
      VECA1(2)=1.0
      VECA1(3)=0.0
      VECA1(4)=1.0
C
C *** 由式(7.31)计算 a2。
C
      DO 10 ISTR1 = 1,NSTR1
   10 VECA2(ISTR1)=DEVIA(ISTR1)/(2.0 * STEFF)
      VECA2(3)=DEVIA(3)/STEFF
```

```
C
C *** 由式(7.31)计算 a3。
C
      VECA3(1)=DEVIA(2)*DEVIA(4)+VARJ2/3.0
      VECA3(2)=DEVIA(1)*DEVIA(4)+VARJ2/3.0
      VECA3(3)=-2.0*DEVIA(3)*DEVIA(4)
      VECA3(4)=DEVIA(1)*DEVIA(2)-DEVIA(3)*DEVIA(3)+VARJ2/3.0
      GO TO (1,2,3,4) NCRIT
C
C *** 按表(7.1)或式(7.38)计算 Tresca 材料的 c1、c2 和 c3。
C
    1 CONS1=0.0
      ABTHE=ABS(THETA*57.29577951308)
      IF(ABTHE.LT.29.0) GO TO 20
      CONS2=ROOT3
      CONS3=0.0
      GO TO 40
   20 CONS2=2.0*(COSTH+SINTH*TANT3)
      CONS3=ROOT3*SINTH/(VARJ2*COST3)
      GO TO 40
C
C *** 按表(7.1)计算 Mises 材料的 c1、c2 和 c3。
C
    2 CONS1=0.0
      CONS2=ROOT3
      CONS3=0.0
      GO TO 40
C
C *** 按表(7.1)或式(7.40)计算 Mohr-Coulomb 材料的 c1、c2 和 c3。
C
    3 CONS1=SIN(FRICT*0.017453292)/3.0
      ABTHE=ABS(THETA*57.29577951308)
      IF(ABTHE.LT.29.0) GO TO 30
      CONS3=0.0
      PLUMI=1.0
      IF(THETA.GT.0.0) PLUMI=-1.0
```

```
      CONS2=0.5 *(ROOT3+PLUMI * CONS1 * ROOT3)
      GO TO 40
 30   CONS2=COSTH *((1.0+TANTH * TANT3)+CONS1 *(TANT3-TANTH)* ROOT3)
      CONS3=(ROOT3 * SINTH+3.0 * CONS1 * COSTH)/(2.0 * VARJ2 * COST3)
      GO TO 40
C
C *** 按表(7.1)计算 Drucker-Prager 材料的 c1、c2 和 c3。
C
  4   SNPHI=SIN(FRICT * 0.017453292)
      CONS1=2.0 * SNPHI/(ROOT3 *(3.0-SNPHI))
      CONS2=1.0
      CONS3=0.0
 40   CONTINUE
C
C *** 根据式(7.24)计算 a = ∂f/∂σ。
C
      DO 50 ISTR1=1,NSTR1
 50   AVECT(ISTR1)=CONS1 * VECA1(ISTR1)+CONS2 * VECA2(ISTR1)+CONS3 *
     . VECA3(ISTR1)
      RETURN
      END
```

7.10.7 子程序 FLOWPL

本子程序的作用是根据式(7.33)计算 $\boldsymbol{Da}$。本章程序只考虑线性应变硬化的情况。所以 H' 是一个常数,在材料信息内给出。程序如下

```
      SUBROUTINE FLOWPL(AVECT,ABETA,DVECT,NTYPE,PROPS,LPROP,NSTR1,MMATS)
C ************************************************************************
C **** 本子程序计算塑性刚度矩阵 Dp。
C ************************************************************************
      DIMENSION AVECT(4),DVECT(4),PROPS(MMATS,7)
      YOUNG=PROPS(LPROP,1)                                ——杨氏弹性模量
      POISS=PROPS(LPROP,2)                                —泊松比
      HARDS=PROPS(LPROP,6)                                ——线性应变强化常数
```

```
      FMUL1=YOUNG/(1.0+POISS)
      IF(NTYPE.EQ.1) GO TO 60
      FMUL2=YOUNG * POISS *(AVECT(1)+AVECT(2)+AVECT(4))/((1.0+POISS)*
     . (1.0-2.0 * POISS))
      DVECT(1)= FMUL1 * AVECT(1)+ FMUL2                ——平面应变和轴对称问题的 Da
      DVECT(2)= FMUL1 * AVECT(2)+ FMUL2
      DVECT(3)= 0.5 * AVECT(3)* YOUNG/(1.0+POISS)
      DVECT(4)= FMUL1 * AVECT(4)+ FMUL2
      GO TO 70
 60   FMUL3=YOUNG * POISS *(AVECT(1)+AVECT(2))/(1.0-POISS * POISS)
      DVECT(1)= FMUL1 * AVECT(1)+ FMUL3                ——平面应力问题的 Da
      DVECT(2)= FMUL1 * AVECT(2)+ FMUL3
      DVECT(3)= 0.5 * AVECT(3)* YOUNG/(1.0+POISS)
      DVECT(4)= FMUL1 * AVECT(4)+ FMUL3
 70   DENOM=HARDS
      DO 80 ISTR1=1,NSTR1
 80   DENOM=DENOM+AVECT(ISTR1)* DVECT(ISTR1)           ——计算式(7.20)Dp 中的A
      ABETA=1.0/DENOM
      RETURN
      END
```

7.11 求解方程组的子程序

本程序提供两种求解代数方程组的方法，一是波前法，相应的子程序为FRONT；另一种是直接求解法，相应的子程序为GREDUC。在使用时可通过MASTER中的KSOLUT选择不同的求解方法。

7.11.1 子程序FRONT

本子程序采用波前法求解得到的联立方程组。波前法的主要特点是在形成方程组的同时消去变量。有关波前法的详细求解过程可参见本章参考文献[2]，但本子程序与本章参考文献[2]给出的子程序，在以下三个方面有所不同：

• 若迭代过程中，单元劲度矩阵有所改变，就需要进行一个完整的求解过程，这种情况的标志是变量KRESL＝1。若KRESL＝2，表示单元劲度矩阵在迭代过程中没有变化，只须在消元过程中改变荷载项即可。

• 相应于消去变量的简化方程被贮存于称作缓冲区的临时数组内，一旦这个数组满了，其信息输入磁盘。缓冲区可容纳的简化方程个数由参数 MBUFA 控制。于是，每当消去一个变量，计数器就增加 1，同时就有一个简化方程被存于缓冲区内。计数过程由容许的缓冲区长度 MBUFA 校核，如果长度达到，缓冲区内的信息就输入磁盘，计数器回到零。在方程求解回代时，一个完整缓冲区长度的内容根据 Backspace 命令再从磁盘中读回。

• 每次迭代过程中，由子程序 FRONT 确定的位移和反力都是增量，必须累计到总的位移 TDISP(＊)和总的反力 TREAC(＊，＊)中去，目的是为了校核迭代过程的收敛性，因为外加荷载、约束结点的反力与等同于应力场的结点力必须平衡。

在 FRONT 子程序计算的位移和反力将在 OUTPUT 子程序内输出。

```
      SUBROUTINE FRONT(ASDIS,ELOAD,EQRHS,EQUAT,ESTIF,FIXED,IFFIX,IINCS,
     .                 IITER,GLOAD,GSTIF,LOCEL,LNODS,KRESL,MBUFA,MELEM,
     .                 MEVAB,MFRON,MSTIF,MTOTV,MVFIX,NACVA,NAMEV,NDEST,
     .                 NDOFN,NELEM,NEVAB, NNODE,NOFIX,NPIVO,NPOIN,
     .                 NTOTV,TDISP,TLOAD,TREAC,VECRV)
C **********************************************************************
C **** 本子程序使用波前法求解方程组。
C **********************************************************************
      DIMENSION ASDIS(MTOTV),ELOAD(MELEM,MEVAB),EQRHS(MBUFA),
     .          EQUAT(MFRON,MBUFA),ESTIF(MEVAB,MEVAB),FIXED(MTOTV),
     .          IFFIX(MTOTV),NPIVO(MBUFA),VECRV(MFRON),GLOAD(MFRON),
     .          GSTIF(MSTIF),LNODS(MELEM,9),LOCEL(MEVAB),NACVA(MFRON),
     .          NAMEV(MBUFA),NDEST(MEVAB),NOFIX(MVFIX),NOUTP(2),
     .          TDISP(MTOTV),TLOAD(MELEM,MEVAB),TREAC(MVFIX,NDOFN)
      NFUNC(I,J)=(J * J - J)/2+I
C
C *** 更改每个结点最后一次出现的符号。
C
      IF(IINCS.GT.1.OR.IITER.GT.1) GO TO 455
      DO 140 IPOIN=1,NPOIN
      KLAST=0
```

```
      DO 130 IELEM=1,NELEM
      DO 120 INODE=1,NNODE
      IF(LNODS(IELEM,INODE).NE.IPOIN) GO TO 120
      KLAST=IELEM
      NLAST=INODE
120   CONTINUE
130   CONTINUE
      IF(KLAST.NE.0) LNODS(KLAST,NLAST)=-IPOIN
140   CONTINUE
455   CONTINUE
C
C *** 数组初始化。
C
      DO 450 IBUFA=1,MBUFA
450   EQRHS(IBUFA)=0.0
      DO 150 ISTIF=1,MSTIF
150   GSTIF(ISTIF)=0.0
      DO 160 IFRON=1,MFRON
      GLOAD(IFRON)=0.0
      VECRV(IFRON)=0.0
      NACVA(IFRON)=0
      DO 160 IBUFA=1,MBUFA
160   EQUAT(IFRON,IBUFA)=0.0
C
C *** 准备读写磁盘。
C
      NBUFA=0
      IF(KRESL.GT.1) NBUFA=MBUFA
       REWIND 1
       REWIND 2
       REWIND 4
       REWIND 8
C
C *** 生成整体劲度矩阵。
C
      NFRON=0
```

```
      KELVA=0
C     Loop for element
      DO 320 IELEM=1,NELEM
      IF(KRESL.GT.1) GO TO 400
C     KRESL==1 means update ESTIF[18,18]
      KEVAB=0
      READ(1) ESTIF
      DO 170 INODE=1,NNODE
C     Loop for (8) nodes in element
      DO 170 IDOFN=1,NDOFN
C     Loop for (2) DoF on node
      NPOSI=(INODE-1)*NDOFN+IDOFN
C     N for DoF in one element
      LOCNO=LNODS(IELEM,INODE)
      IF(LOCNO.GT.0) LOCEL(NPOSI)=(LOCNO-1)*NDOFN+IDOFN
      IF(LOCNO.LT.0) LOCEL(NPOSI)=(LOCNO+1)*NDOFN-IDOFN
170   CONTINUE
C
      DO 210 IEVAB=1,NEVAB
      NIKNO=IABS(LOCEL(IEVAB))
      KEXIS=0
      DO 180 IFRON=1,NFRON
      IF(NIKNO.NE.NACVA(IFRON)) GO TO 180
      KEVAB=KEVAB+1
      KEXIS=1
      NDEST(KEVAB)=IFRON
180   CONTINUE
      IF(KEXIS.NE.0) GO TO 210
C     no EXISTING DESTINATIONS      go to 210
C
      DO 190 IFRON=1,MFRON
      IF(NACVA(IFRON).NE.0) GO TO 190
      NACVA(IFRON)=NIKNO
      KEVAB=KEVAB+1
      NDEST(KEVAB)=IFRON
      GO TO 200
```

```
190   CONTINUE
C
C *** 波前法当前求解部分带宽增加。
C
200   IF(NDEST(KEVAB).GT.NFRON) NFRON=NDEST(KEVAB)
210   CONTINUE
      WRITE(8) LOCEL,NDEST,NACVA,NFRON
400   IF(KRESL.GT.1) READ(8) LOCEL,NDEST,NACVA,NFRON
C     KRESL==2 不更新 ESTIF。
C
C *** 生成单元荷载矩阵。
C
      DO 220 IEVAB=1,NEVAB
      IDEST=NDEST(IEVAB)
      GLOAD(IDEST)=GLOAD(IDEST)+ELOAD(IELEM,IEVAB)
C
C *** 生成单元刚度矩阵(非求解使用)。
C
      IF(KRESL.GT.1) GO TO 402
      DO 222 JEVAB=1,IEVAB
      JDEST=NDEST(JEVAB)
      NGASH=NFUNC(IDEST,JDEST)
      NGISH=NFUNC(JDEST,IDEST)
      IF(JDEST.GE.IDEST) GSTIF(NGASH)=GSTIF(NGASH)+ESTIF(IEVAB,JEVAB)
      IF(JDEST.LT.IDEST) GSTIF(NGISH)=GSTIF(NGISH)+ESTIF(IEVAB,JEVAB)
      IF(JDEST.LT.IDEST) write(*, *) GSTIF(NGISH)
222   CONTINUE
402   CONTINUE
220   CONTINUE
C
C *** 检查单元结点,确保能够消元。
C
      DO 310 IEVAB=1,NEVAB
      NIKNO=-LOCEL(IEVAB)
      IF(NIKNO.LE.0) GO TO 310
C
```

```
C *** 寻找矩阵中的正值,并消元。
C
      DO 300 IFRON=1,NFRON
      IF(NACVA(IFRON).NE.NIKNO) GO TO 300
      NBUFA=NBUFA+1
C
C *** 将方程写入磁盘。
C
      IF(NBUFA.LE.MBUFA) GO TO 406
      NBUFA=1
      IF(KRESL.GT.1) GO TO 408
      WRITE(2) EQUAT,EQRHS,NPIVO,NAMEV
      GO TO 406
408   WRITE(4) EQRHS
      READ(2) EQUAT,EQRHS,NPIVO,NAMEV
406   CONTINUE
C
C *** 计算每个方程的消元系数。
C
      IF(KRESL.GT.1) GO TO 404
      DO 230 JFRON=1,MFRON
      IF(IFRON.LT.JFRON) NLOCA=NFUNC(IFRON,JFRON)
      IF(IFRON.GE.JFRON) NLOCA=NFUNC(JFRON,IFRON)
      EQUAT(JFRON,NBUFA)=GSTIF(NLOCA)
230   GSTIF(NLOCA)=0.0
404   CONTINUE
C
C *** 方程右侧参与消元计算。
C
      EQRHS(NBUFA)=GLOAD(IFRON)
      GLOAD(IFRON)=0.0
      KELVA=KELVA+1
      NAMEV(NBUFA)=NIKNO
      NPIVO(NBUFA)=IFRON
C
C *** 处理刚度矩阵主轴元素。
```

```
C
      PIVOT=EQUAT(IFRON,NBUFA)
      IF(PIVOT.GT.0.0) GO TO 235
      WRITE(6,900) NIKNO,PIVOT
900   FORMAT(1H ,3X,52HNEGATIVE OR ZERO PIVOT ENCOUNTERED FOR VARIABLE N
     . O. ,I4,10H OF VALUE ,E17.6)
      STOP
235   CONTINUE
      EQUAT(IFRON,NBUFA)=0.0
C
C *** 确认该自由度是自由或者已定义。
C
      IF(IFFIX(NIKNO).EQ.0) GO TO 250
C
C *** 处理已定义结点(位移已知求力)。
C
      DO 240 JFRON=1,NFRON
240   GLOAD(JFRON)=GLOAD(JFRON)-FIXED(NIKNO)*EQUAT(JFRON,NBUFA)
      GO TO 280
C
C *** 处理自由结点,首先处理方程右半部分。
C
250   DO 270 JFRON=1,NFRON
      GLOAD(JFRON)=GLOAD(JFRON)-EQUAT(JFRON,NBUFA)*EQRHS(NBUFA)/PIVOT
C
C *** 处理消元后刚度矩阵(上三角)消元系数。
C
      IF(KRESL.GT.1) GO TO 418
      IF(EQUAT(JFRON,NBUFA).EQ.0.0) GO TO 270
      NLOCA=NFUNC(0,JFRON)
      CUREQ=EQUAT(JFRON,NBUFA)
      DO 260 LFRON=1,JFRON
      NGASH=LFRON+NLOCA
260   GSTIF(NGASH)=GSTIF(NGASH)-CUREQ*EQUAT(LFRON,NBUFA)
     . /PIVOT
418   CONTINUE
```

```
270   CONTINUE
280   EQUAT(IFRON,NBUFA)=PIVOT
C
C *** 记录空缺元素,减小当前带宽。
C
      NACVA(IFRON)=0
      GO TO 290
C
C *** 完成消元计算。
C
300   CONTINUE
290   IF(NACVA(NFRON).NE.0) GO TO 310
      NFRON=NFRON-1
      IF(NFRON.GT.0) GO TO 290
310   CONTINUE
320   CONTINUE
      IF(KRESL.EQ.1) WRITE(2) EQUAT,EQRHS,NPIVO,NAMEV
      BACKSPACE 2
C
C *** 开始回代计算。
C
      DO 340 IELVA=1,KELVA
C
C *** 如需要,读入下一部分方程组。
C
      IF(NBUFA.NE.0) GO TO 412
      BACKSPACE 2
      READ(2) EQUAT,EQRHS,NPIVO,NAMEV
      BACKSPACE 2
      NBUFA=MBUFA
      IF(KRESL.EQ.1) GO TO 412
      BACKSPACE 4
      READ(4) EQRHS
      BACKSPACE 4
412   CONTINUE
C
```

```
C *** 读入回代方程组。
C
      IFRON=NPIVO(NBUFA)
      NIKNO=NAMEV(NBUFA)
      PIVOT=EQUAT(IFRON,NBUFA)
      IF(IFFIX(NIKNO).NE.0) VECRV(IFRON)=FIXED(NIKNO)
      IF(IFFIX(NIKNO).EQ.0) EQUAT(IFRON,NBUFA)=0.0
C
C *** 开始回代方程组。
C
      DO 330 JFRON=1,MFRON
330   EQRHS(NBUFA)=EQRHS(NBUFA)-VECRV(JFRON)*EQUAT(JFRON,NBUFA)
C
C *** 自由度已定义,求力。
C
      IF(IFFIX(NIKNO).EQ.0) VECRV(IFRON)=EQRHS(NBUFA)/PIVOT
      IF(IFFIX(NIKNO).NE.0) FIXED(NIKNO)=-EQRHS(NBUFA)
      NBUFA=NBUFA-1
      ASDIS(NIKNO)=VECRV(IFRON)
340   CONTINUE
C
C *** 生成总体位移矩阵。
C
      DO 345 ITOTV=1,NTOTV
345   TDISP(ITOTV)=TDISP(ITOTV)+ASDIS(ITOTV)
C
C *** 存储支座反力。
C
      KBOUN=1
      DO 370 IPOIN=1,NPOIN
      NLOCA=(IPOIN-1)*NDOFN
      DO 350 IDOFN=1,NDOFN
      NGUSH=NLOCA+IDOFN
      IF(IFFIX(NGUSH).GT.0) GO TO 360
350   CONTINUE
      GO TO 370
```

```
360   DO 510 IDOFN=1,NDOFN
      NGASH=NLOCA+IDOFN
510   TREAC(KBOUN,IDOFN)=TREAC(KBOUN,IDOFN)+FIXED(NGASH)
      KBOUN=KBOUN+1
370   CONTINUE
C
C *** 生成总体支座反力矩阵。
C
      DO 700 IPOIN=1,NPOIN
      DO 710 IELEM=1,NELEM
      DO 710 INODE=1,NNODE
      NLOCA=IABS(LNODS(IELEM,INODE))
710   IF(IPOIN.EQ.NLOCA) GO TO 720
720   DO 730 IDOFN=1,NDOFN
      NGASH=(INODE-1)*NDOFN+IDOFN
      MGASH=(IPOIN-1)*NDOFN+IDOFN
730   TLOAD(IELEM,NGASH)=TLOAD(IELEM,NGASH)+FIXED(MGASH)
700   CONTINUE
      RETURN
      END
```

7.11.2 子程序 GREDUC

本子程序的作用是将单元劲度矩阵集合为整体劲度矩阵，将单元结点荷载集合为整体结点荷载，形成全部自由度的线性方程组，并采用高斯消元法直接求解方程组。鉴于现有计算机能力显著提升，高斯消元法具有更好的稳定性和应用价值。

```
      SUBROUTINE GREDUC(ASDIS,ELOAD,EQRHS,EQUAT,ESTIF,FIXED,IFFIX,IINCS,
     .                  IITER,GLOAD,GSTIF,LOCEL,LNODS,KRESL,MBUFA,MELEM,
     .                  MEVAB,MFRON,MSTIF,MTOTV,MVFIX,NACVA,NAMEV,NDEST,
     .                  NDOFN,NELEM,NEVAB, NNODE,NOFIX,NPIVO,NPOIN,
     .                  NTOTV,TDISP,TLOAD,TREAC,VECRV,
     .                  ASLOD,ASTIF,REACT,XDISP,TTDISP,FRESV)
C **********************************************************************
C **** 本子程序是利用高斯消元法直接求解方程组。
```

```
C ************************************************************************
      DIMENSION ASDIS(MTOTV),ELOAD(MELEM,MEVAB),EQRHS(MTOTV),
     .          EQUAT(MTOTV,MTOTV),ESTIF(MEVAB,MEVAB),FIXED(MTOTV),
     .          IFFIX(MTOTV),NPIVO(MTOTV),VECRV(MTOTV),GLOAD(MTOTV),
     .          GSTIF(MSTIF),LNODS(MELEM,9),LOCEL(MEVAB),NACVA(MTOTV),
     .          NAMEV(MTOTV),NDEST(MEVAB),NOFIX(MVFIX),NOUTP(2),
     .          TDISP(MTOTV),TLOAD(MELEM,MEVAB),TREAC(MVFIX,NDOFN),
     .          ASLOD(MTOTV),ASTIF(MTOTV,MTOTV),TTDISP(3000,NDOFN),
     .          REACT(MTOTV),XDISP(MTOTV),FRESV(30000)
C *******************************************
C     开始单元组装。
      REWIND 1
      NSVAB=NPOIN*NDOFN
      DO 30 ISVAB=1,NSVAB
      ASLOD(ISVAB)=0.0
      IF(KRESL.EQ.2) GO TO 30
      DO 20 JSVAB=1,NSVAB
      ASTIF(ISVAB,JSVAB)=0.0
   20 CONTINUE
   30 CONTINUE
C     组装整体荷载矩阵。
      DO 50 IELEM=1,NELEM
      READ(1) ESTIF
      DO 40 INODE=1,NNODE
      NODEI=LNODS(IELEM,INODE)
      DO 40 IDOFN=1,NDOFN
      NROWS=(NODEI-1)*NDOFN+IDOFN
      NROWE=(INODE-1)*NDOFN+IDOFN
      ASLOD(NROWS)=ASLOD(NROWS)+ELOAD(IELEM,NROWE)
C     组装整体劲度矩阵。
      DO 40 JNODE=1,NNODE
      NODEJ=LNODS(IELEM,JNODE)
      DO 40 JDOFN=1,NDOFN
      NCOLS=(NODEJ-1)*NDOFN+JDOFN
```

```
      NCOLE=(JNODE-1)*NDOFN+JDOFN
      ASTIF(NROWS,NCOLS)=ASTIF(NROWS,NCOLS)+ESTIF(NROWE,NCOLE)
40    CONTINUE
 50   CONTINUE
C     整体矩阵组装完成。
C *******************************************
C     高斯消元开始。
      KOUNT=0
      NEQNS=NSVAB
      DO 120 IEQNS=1,NEQNS
      IF(IFFIX(IEQNS).EQ.1) GO TO 90
      PIVOT=ASTIF(IEQNS,IEQNS)
      IF(ABS(PIVOT).LT.1.0E-10) GO TO 110
C     主元素不为0。
      IF(IEQNS.EQ.NEQNS) GO TO 120
      IEQN1=IEQNS+1
      DO 80 IROWS=IEQN1,NEQNS
      KOUNT=KOUNT+1
      FACTR=ASTIF(IROWS,IEQNS)/PIVOT
      FRESV(KOUNT)=FACTR
      IF(FACTR.EQ.0.0) GO TO 80
      DO 60 ICOLS=IEQNS,NEQNS
      ASTIF(IROWS,ICOLS)=ASTIF(IROWS,ICOLS)-FACTR*ASTIF(IEQNS,ICOLS)
C     列循环。
 60   CONTINUE
      ASLOD(IROWS)=ASLOD(IROWS)-FACTR*ASLOD(IEQNS)
C     行循环。
 80   CONTINUE
      GO TO 120
C     调整方程,已知位移求力。
 90   DO 100 IROWS=IEQNS,NEQNS
      ASLOD(IROWS)=ASLOD(IROWS)-ASTIF(IROWS,IEQNS)*FIXED(IEQNS)
 100  CONTINUE
      GO TO 120
 110  WRITE(6,901)
 901  FORMAT(5X,15HINCORRECT PIVOT)
```

```
      STOP
 120  CONTINUE
C     结束高斯消元。
C ****************************************
C     方程回代开始。
      DO 130 IEQNS=1,NEQNS
      REACT(IEQNS)=0.0
 130  CONTINUE
      NEQN1=NEQNS+1
      DO 160 IEQNS=1,NEQNS
      NBACK=NEQN1-IEQNS
      PIVOT=ASTIF(NBACK,NBACK)
      RESID=ASLOD(NBACK)
      IF(NBACK.EQ.NEQNS) GO TO 150
      NBAC1=NBACK+1
      DO 140 ICOLS=NBAC1,NEQNS
      RESID=RESID-ASTIF(NBACK,ICOLS)*XDISP(ICOLS)
 140  CONTINUE
 150  IF(IFFIX(NBACK).EQ.0) XDISP(NBACK)=RESID/PIVOT
      IF(IFFIX(NBACK).EQ.1) XDISP(NBACK)=FIXED(NBACK)
      IF(IFFIX(NBACK).EQ.1) REACT(NBACK)=-RESID
 160  CONTINUE
C     返回 TDISP & TREAC,当 KRESL==1。
      KOUNT=0
      DO 170 IPOIN=1,NPOIN
      DO 170 IDOFN=1,NDOFN
      KOUNT=KOUNT+1
      ASDIS(KOUNT)=XDISP(KOUNT)
      TTDISP(IPOIN,IDOFN)=TTDISP(IPOIN,IDOFN)+XDISP(KOUNT)
      TDISP(KOUNT)=TTDISP(IPOIN,IDOFN)
      TREAC(IPOIN,IDOFN)=TREAC(IPOIN,IDOFN)+REACT(KOUNT)
 170  CONTINUE
C     返回 TLOAD,当 KRESL==1。
      DO 210 IPOIN=1,NPOIN
      DO 180 IELEM=1,NELEM
      DO 180 INODE=1,NNODE
```

```
      NLOCA=LNODS(IELEM,INODE)
      IF(IPOIN.EQ.NLOCA) GO TO 190
 180  CONTINUE
 190  DO 200 IDOFN=1,NDOFN
      NPOSN=(IPOIN-1)*NDOFN+IDOFN
      IEVAB=(INODE-1)*NDOFN+IDOFN
      TLOAD(IELEM,IEVAB)=TLOAD(IELEM,IEVAB)+REACT(NPOSN)
 200  CONTINUE
 210  CONTINUE
C     结束回代。
C ********************************************
      RETURN
      END
```

7.12 计算失衡力

7.12.1 子程序 RESIDU

本子程序的作用是计算与满足弹塑性本构及屈服条件的应力场静力等效的结点力。等效结点力与外加结点荷载之差就是失衡力，失衡力的计算将在子程序 CONVER 中进行。以下将简略地介绍子程序 RESIDU。

在荷载增量施加的过程中，某些单元或单元的某一部分可能屈服。由于所有的应力和应变都在积分点处被检查，所以我们可以判断这些积分点是否发生塑性变形。可见，如果单元内某些而不是全部积分点进入塑性状态的话，那么这个单元就表现为部分弹性、部分塑性。对于任一级荷载增量，有必要确定弹性和塑性变形的区域，并调整应力和应变直至屈服准则和本构关系满足。所采用方法的步骤如下：

① 根据式(4.11)计算第 m 级荷载增量第 i 次迭代的失衡力 $\boldsymbol{\psi}_m^i$，由 $\boldsymbol{\psi}_m^i$ 根据式(2.46)和(4.13)求出位移增量 $\Delta\boldsymbol{\delta}^i$ 和应变增量 $\Delta\boldsymbol{\varepsilon}^i$。

$$\begin{aligned} \boldsymbol{F}_m^i &= \sum (\boldsymbol{c}^e)^{\mathrm{T}} \int_v \boldsymbol{B}^{\mathrm{T}} \boldsymbol{\sigma}_m^i \mathrm{d}v \\ \boldsymbol{\psi}_m^i &= \boldsymbol{F}_m^i - \boldsymbol{R}_{m-1} \end{aligned} \tag{4.11}$$

$$\begin{aligned} \Delta\boldsymbol{\delta}_m^i &= (\boldsymbol{K}_{\mathrm{T},m}^{i-1})^{-1}(\lambda_m \bar{\boldsymbol{R}} - \boldsymbol{F}_m^{i-1}) = (\boldsymbol{K}_{\mathrm{T},m}^{i-1})^{-1}(\Delta\boldsymbol{R}_m - \boldsymbol{\psi}_m^{i-1}) \\ \boldsymbol{\delta}_m^i &= \boldsymbol{\delta}_m^{i-1} + \Delta\boldsymbol{\delta}_m^i \end{aligned} \tag{2.46}$$

$$\Delta\boldsymbol{\varepsilon}_m^i = \boldsymbol{B}\boldsymbol{c}^e \Delta\boldsymbol{\delta}_m^i \tag{4.13}$$

② 计算应力增量 $(\Delta\boldsymbol{\sigma}^e)^i = \boldsymbol{D}\Delta\boldsymbol{\varepsilon}^i$，上标 e 表示这里为假定的弹性情况。

③ 计算每个积分点的总应力 $(\boldsymbol{\sigma}^e)^i = \boldsymbol{\sigma}^{i-1} + (\Delta\boldsymbol{\sigma}^e)^i$。其中 ,$\boldsymbol{\sigma}^{i-1}$ 为第 $i-1$ 次迭代中已满足屈服条件的应力。

④ 确定屈服状态及超过屈服面部分。首先,要确定高斯点在第$(i-1)$次迭代是否已发生屈服,即校核 $\bar{\sigma}^{i-1} > \sigma_s = \sigma_s^0 + H'(\bar{\varepsilon}^p)^{i-1}$ 是否成立？式中 $\bar{\sigma}^{i-1}$ 是表 7.4 第 3 列给出的等效应力，σ_s 是表 7.4 第 4 列给出的等效屈服应力，H' 是线性应变硬化参数，$(\bar{\varepsilon}^p)^{i-1}$ 是第$(i-1)$次迭代结束时的等效塑性应变。校核结果有两个可能：

若 $\bar{\sigma}^{i-1} \geqslant \sigma_s$　表明积分点已经在第$(i-1)$次迭代时屈服,现在需检查 $(\bar{\sigma}^e)^i \geqslant \bar{\sigma}^{i-1}$，其中 $(\bar{\sigma}^e)^i$ 是根据 $(\boldsymbol{\sigma}^e)^i$ 按表 7.4 第 3 列计算的等效应力,如果检查结果是：

$(\bar{\sigma}^e)^i \leqslant \bar{\sigma}^{i-1}$　表明该积分点弹性卸载,转至⑦。

$(\bar{\sigma}^e)^i > \bar{\sigma}^{i-1}$　表明该积分点原来已屈服,而应力仍在增加,到达一个新的塑性状态。因而,其超过部分 $(\boldsymbol{\sigma}^e)^i - \boldsymbol{\sigma}^{i-1}$ 必须减少以使应力点回到图 7.10(a)所示的屈服面上。若以 R 表示须调整以回到屈服面的应力部分,则此时的 $R=1$。

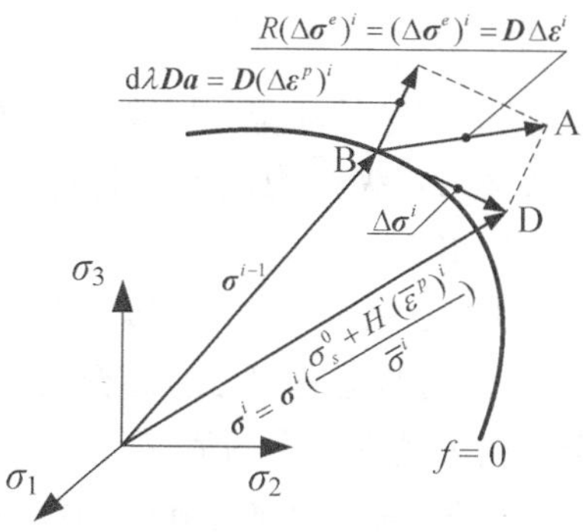

(a) 已屈服点的应力增量变化

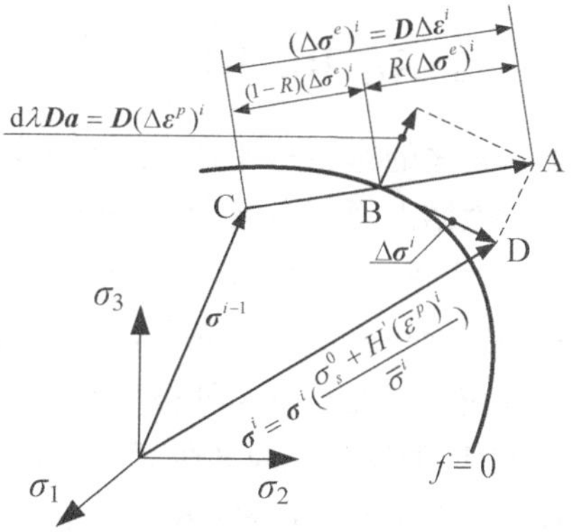

(b) 未屈服点的应力增量变化

图 7.10　弹塑性分析中应力增量变化

若 $\bar{\sigma}^{i-1} < \sigma_s$　表明积分点在第$(i-1)$次迭代时未屈服。现在须检查 $(\bar{\sigma}^e)^i > \sigma_s$，如果检查结果为：

$(\bar{\sigma}^e)^i < \sigma_s$　说明积分点仍处于弹性情况,转至⑦。

$(\bar{\sigma}^e)^i \geqslant \sigma_s$　积分点在本次迭代中屈服,超过屈服面的应力部分须减小,使应力点回到屈服面。减小的因子 R 由图 7.10(b)所示为

$$R = \frac{AB}{AC} = \frac{(\bar{\sigma}^e)^i - \sigma_s}{(\bar{\sigma}^e)^i - \bar{\sigma}^{i-1}} \tag{7.52}$$

⑤ 对于已经屈服的积分点，计算满足屈服准则的应力部分：$\boldsymbol{\sigma}^{i-1}+(1-R)(\Delta\boldsymbol{\sigma}^e)^i$。

⑥ 消除超过部分(应力重分配)。超过屈服面部分的应力 $R(\Delta\boldsymbol{\sigma}^e)^i$ 必须以某种方式消除。容许塑性变形的发生就可以使A点缩减到屈服面上。关于这一点，对照图7.10(b)可叙述如下：

从C点开始加载，应力点弹性移动至屈服面上的B点。若继续按弹性增长，就到达A点。然而，为了满足屈服准则，应力点不可能移至屈服面之外，而只能沿屈服面移动直至屈服条件和本构关系均能得到满足。由式(3.87)、式(3.96)可得

$$\Delta\boldsymbol{\sigma}^i=\boldsymbol{D}\Delta\boldsymbol{\varepsilon}^i-\mathrm{d}\lambda\boldsymbol{D}\boldsymbol{a}=(\Delta\boldsymbol{\sigma}^e)^i-\mathrm{d}\lambda\boldsymbol{D}\boldsymbol{a}$$

或

$$\boldsymbol{\sigma}^i=\boldsymbol{\sigma}^{i-1}+(\Delta\boldsymbol{\sigma}^e)^i-\mathrm{d}\lambda\boldsymbol{D}\boldsymbol{a}\tag{7.53}$$

上式给出了从 $\boldsymbol{\sigma}^{i-1}$ 出发并满足弹塑性条件的总应力 $\boldsymbol{\sigma}^i$，从图7.10(b)也可以看出这一关系。还可以看出如果应力增量较大，则对应于 $\boldsymbol{\sigma}^i$ 的应力D点可能偏离屈服面。这种偏离可通过使荷载增量足够小来消除。也可以将应力 $\boldsymbol{\sigma}^i$ 简单地乘上一个尺度因子，使D点落在屈服面上，设与 $\boldsymbol{\sigma}^i$ 相应的等效应力(表7.4第3列)为 $\bar{\boldsymbol{\sigma}}^i$，并注意当D点位于屈服面时这个值与 $\sigma_s=\sigma_s^0+H'(\bar{\varepsilon}^p)^i$ 是一致的，那么尺度因子可认为是下式括号内的值。

$$\boldsymbol{\sigma}^i=\boldsymbol{\sigma}^i\left(\frac{\sigma_s^0+H'(\bar{\varepsilon}^p)^i}{\bar{\sigma}^i}\right)\tag{7.54}$$

式(7.54)意味着应力 $\boldsymbol{\sigma}^i$ 的各个分量均按同一比例减小。

如果荷载增量较大，在屈服面曲率较大区域附近，按式(7.53)处理的过程可能会导致D点偏离屈服面较远。图7.11显示了弹性应力缩减回到屈服面附近的D点，再乘以尺度因子达到屈服面D′的情况。精度更好的方法是分几个阶段缩减超过屈服面的应力，使应力点回到屈服面。图7.11显示了将超出的应力分成三个等分部分并依次缩减。通过三次缩减，应力点到达E点，再乘以尺度因子到达E′点。可以看出D和E可能有明显的不同。另外，不一定到最后一次才乘上尺度因子，而是每缩减一次就乘一次尺度因子，以使应力点随时回到屈服面。显然，超过的应力部分AB被分的段数

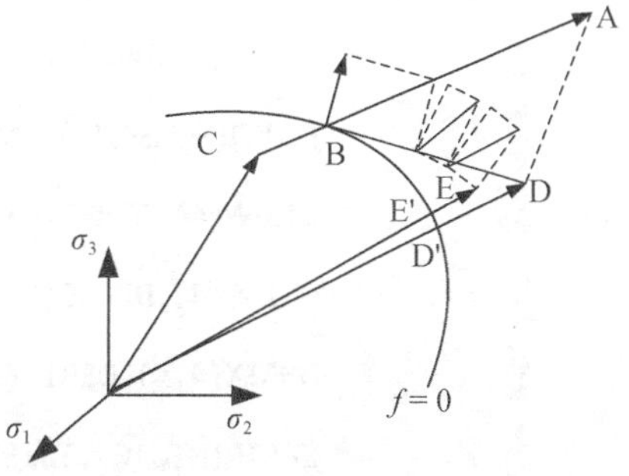

图7.11　应力回到屈服面的细分过程

越多,精度就越高,但计算所用的时间就越多,这是由于每一步都要计算 $\boldsymbol{a}$ 和 $\boldsymbol{Da}$。因而需要寻找一个比较合适的分段函数,本程序将超过部分的应力 $R(\Delta\boldsymbol{\sigma}^e)^i$ 分成 m 段,m 是一个最接近但小于下式的整数

$$m=\left(\frac{(\bar{\sigma}^e)^i-\sigma_s}{\sigma_s^0}\right)\times 8+1 \tag{7.55}$$

式中,$(\bar{\sigma}^e)^i-\sigma_s$ 表示超过部分的应力 AB,σ_s^o 是表 7.4 第 4 列给出的初始等效屈服应力。这一标准也可以根据需要由读者自己修正。

⑦ 对于弹性的积分点,根据 $\boldsymbol{\sigma}^i=\boldsymbol{\sigma}^{i-1}+(\Delta\boldsymbol{\sigma}^e)^i$ 计算 $\boldsymbol{\sigma}^i$。

⑧ 根据单元应力按下式计算等效结点力

$$(\boldsymbol{F}^e)^i=\int\boldsymbol{B}^{\mathrm{T}}\boldsymbol{\sigma}^i dv \tag{7.56}$$

子程序 RESIDU 列出如下:

```
      SUBROUTINE RESIDU(ASDIS,COORD,EFFST,ELOAD,FACTO,IITER,LNODS,
     .                  LPROP,MATNO,MELEM,MMATS,MPOIN,MTOTG,MTOTV,NDOFN,
     .                  NELEM,NEVAB,NGAUS,NNODE,NSTR1,NTYPE,POSGP,PROPS,
     .                  NSTRE,NCRIT,STRSG,WEIGP,TDISP,EPSTN,NEYELD)
C ***********************************************************************
C **** 本子程序让应力满足屈服条件并计算等效结点力。
C ***********************************************************************
      DIMENSION ASDIS(MTOTV),AVECT(4),CARTD(2,9),COORD(MPOIN,2),
     .          DEVIA(4),DVECT(4),EFFST(MTOTG),ELCOD(2,9),ELDIS(2,9),
     .          ELOAD(MELEM,18),LNODS(MELEM,9),POSGP(4),PROPS(MMATS,7),
     .          STRAN(4),STRES(4),STRSG(4,MTOTG),
     .          WEIGP(4),DLCOD(2,9),DESIG(4),SIGMA(4),SGTOT(4),
     .          DMATX(4,4),DERIV(2,9),SHAPE(9),GPCOD(2,9),
     .          EPSTN(MTOTG),TDISP(MTOTV),MATNO(MELEM),BMATX(4,18),
     .          NEYELD(MELEM)
      ROOT3=1.73205080757
      TWOPI=6.283185308
      DO 10 IELEM=1,NELEM
      DO 10 IEVAB=1,NEVAB
```

```
 10   ELOAD(IELEM,IEVAB)=0.0                  ——用以储存第 i 步计算的等效结点力
                                                [第(h)步]的数组赋零
      KGAUS=0                                 ——将所有单元的积分点计数变量赋零
      DO 20 IELEM=1,NELEM
C *** 选择单元使用的屈服准则。
      NCRIT=NEYELD(IELEM)
C
      LPROP=MATNO(IELEM)                      ——确定单元的材料号
      UNIAX=PROPS(LPROP,5)                    ——确定初始屈服强度σs或粘结力c
      HARDS=PROPS(LPROP,6)                    ——强化参数H'
      FRICT=PROPS(LPROP,7)                    ——内摩擦角
C     M—C材料的ccos φ。
      IF(NCRIT.EQ.3) UNIAX=PROPS(LPROP,5)*COS(FRICT*0.017453292)
C     D—P材料的等效屈服应力k(式7.8)。
      IF(NCRIT.EQ.4) UNIAX=6.0*PROPS(LPROP,5)*COS(FRICT*0.017453292)/
     . (ROOT3*(3.0-SIN(FRICT*0.017453292)))
C
C *** 计算单元结点的坐标和位移增量。
C
      DO 30 INODE=1,NNODE
      LNODE=IABS(LNODS(IELEM,INODE))
      NPOSN=(LNODE-1)*NDOFN
      DO 30 IDOFN=1,NDOFN
      NPOSN=NPOSN+1
      ELCOD(IDOFN,INODE)=COORD(LNODE,IDOFN)   ——将单元结点坐标存于ELCOD内
 30   ELDIS(IDOFN,INODE)=ASDIS(NPOSN)         ——由失衡力引起的结点位移存于ELDIS内
      CALL MODPS(DMATX,LPROP,MMATS,NTYPE,PROPS)         ——计算弹性矩阵D
      THICK=PROPS(LPROP,3)
      KGASP=0                                 ——局部积分点计数变量赋零
      DO 40 IGAUS=1,NGAUS
      DO 40 JGAUS=1,NGAUS                     ——进入数值积分循环，计算积分点局部坐标(ξ, η)
      EXISP=POSGP(IGAUS)
      ETASP=POSGP(JGAUS)
      KGAUS=KGAUS+1
      KGASP=KGASP+1                           ——整体和局部Gauss点计数器计数
```

```
      CALL    SFR2(DERIV,ETASP,EXISP,NNODE,SHAPE)      ——计算形函数 $N_i$ 及 $\frac{\partial \boldsymbol{N}_i}{\partial \xi}$，$\frac{\partial \boldsymbol{N}_i}{\partial \eta}$
C
C *** 计算积分点坐标 GPCOD (IDIME, KGASP) 及 $|\boldsymbol{J}|$，$\frac{\partial \boldsymbol{N}_i}{\partial x}$，$\frac{\partial \boldsymbol{N}_i}{\partial y}$ (或 $\frac{\partial \boldsymbol{N}_i}{\partial r}$，$\frac{\partial \boldsymbol{N}_i}{\partial s}$)。
C
      CALL    JACOB2(CARTD,DERIV,DJACB,ELCOD,GPCOD,IELEM,KGASP,
     .                NNODE,SHAPE)
      DVOLU=DJACB * WEIGP(IGAUS)* WEIGP(JGAUS)
      IF(NTYPE.EQ.3) DVOLU=DVOLU * TWOPI * GPCOD(1,KGASP)
C
C *** 计算数值积分的单元体积 $|J|H_\xi H_\eta$，并乘以 $2\pi$(轴对称问题) 或厚度，不说明时厚度=1。
C
      IF(THICK.NE.0.0) DVOLU=DVOLU * THICK
      CALL BMATPS(BMATX,CARTD,NNODE,SHAPE,GPCOD,NTYPE,KGASP)      ——应变矩阵 $\boldsymbol{B}$
C     假定弹性状态计算应力增量 STRES (ISTR1)。
      CALL LINEAR(CARTD,DMATX,ELDIS,LPROP,MMATS,NDOFN,NNODE,NSTRE,
     .              NTYPE,PROPS,STRAN,STRES,KGASP,GPCOD,SHAPE)
      PREYS=UNIAX+EPSTN(KGAUS)* HARDS      ——计算第 $i-1$ 次迭代的 $\sigma_s^{i-1}=\sigma_s^0+H'(\bar{\varepsilon}^p)^{i-1}$
      DO 150 ISTR1=1,NSTR1      ——将 $(\Delta\boldsymbol{\sigma}^e)^i$ 存于 DESIG (ISTR1)内，$(\boldsymbol{\sigma}^e)^i$ 存于 SIGAM (SIERI)
      DESIG(ISTR1)=STRES(ISTR1)
150   SIGMA(ISTR1)=STRSG(ISTR1,KGAUS)+STRES(ISTR1)
      CALL INVAR(DEVIA,LPROP,MMATS,NCRIT,PROPS,SINT3,STEFF,SIGMA,
     .            THETA,VARJ2,YIELD)  ——计算表 7.4 第 3 列等效应力，存于 YIELD 内
      ESPRE=EFFST(KGAUS)-PREYS
      IF(ESPRE.GE.0.0) GO TO 50      ——步骤(d)的首次迭代，是否有 $\bar{\sigma}^{i-1}>\sigma_s^0+H'(\bar{\varepsilon}^p)^{i-1}$
      ESCUR=YIELD-PREYS
      IF(ESCUR.LE.0.0) GO TO 60      ——若积分点原来是弹性的，检查本次迭代是否屈服
      RFACT=ESCUR/(YIELD-EFFST(KGAUS))      ——对本次迭代屈服的积分点，计算 $R$
      GO TO 70
 50   ESCUR=YIELD-EFFST(KGAUS)
      IF(ESCUR.LE.0.0) GO TO 60
      RFACT=1.0      ——上次迭代已屈服的积分点，若为卸载，转至 60。否则，$R=1$
 70   MSTEP=ESCUR * 8.0/UNIAX+1.0      ——按式(7.55)将超出部分应力 $R(\boldsymbol{\sigma}^e)^i$ 分段
      ASTEP=MSTEP
```

```
      REDUC=1.0-RFACT
C     按(e)计算 σ^{i-1}+(1-R)(Δσ^e)^i，存于 SGTOT(ISTR1)内。
      DO 80 ISTR1=1,NSTR1
      SGTOT(ISTR1)=STRSG(ISTR1,KGAUS)+REDUC * STRES(ISTR1)
C     计算 R(Δσ^e)^i/m 存入 STRES(ISTR1)。
 80   STRES(ISTR1)=RFACT * STRES(ISTR1)/ASTEP
      DO 90 ISTEP=1,MSTEP
      CALL INVAR(DEVIA,LPROP,MMATS,NCRIT,PROPS,SINT3,STEFF,SGTOT,
     .           THETA,VARJ2,YIELD)                    ——计算 a 和 Da
      CALL YIELDF(AVECT,DEVIA,LPROP,MMATS,NCRIT,NSTR1,
     .            PROPS,SINT3,STEFF,THETA,VARJ2)
      CALL FLOWPL(AVECT,ABETA,DVECT,NTYPE,PROPS,LPROP,NSTR1,MMATS)
      AGASH=0.0
      DO 100 ISTR1=1,NSTR1          ——按式(3.100)，计算 dλ，并存于 DLAMD
100   AGASH=AGASH+AVECT(ISTR1)* STRES(ISTR1)
      DLAMD=AGASH * ABETA
      IF(DLAMD.LT.0.0) DLAMD=0.0
C
C *** 计算 σ^i = σ^{i-1} + (1-R)(dσ^e)^i + R(dσ^e)^i/m - dλDa/m，当完成 1～m 的求和过程后，
C     得到图 7.11 中的 E 点，即 σ^i = σ^{i-1} + (Δσ^e)^i - dλDa。
C
      BGASH=0.0
      DO 110 ISTR1=1,NSTR1
      BGASH=BGASH+AVECT(ISTR1)* SGTOT(ISTR1)
110   SGTOT(ISTR1)=SGTOT(ISTR1)+STRES(ISTR1)-DLAMD * DVECT(ISTR1)
      EPSTN(KGAUS)=EPSTN(KGAUS)+DLAMD * BGASH/YIELD          ——备注①
 90   CONTINUE                                                ——备注②
      CALL INVAR(DEVIA,LPROP,MMATS,NCRIT,PROPS,SINT3,STEFF,SGTOT,
     .           THETA,VARJ2,YIELD)                ——计算等效应力 σ̄^i
      CURYS=UNIAX+EPSTN(KGAUS)* HARDS          ——计算 σ_s^0 + H'(ε̄^p)^i
C
C *** 按 σ^i = σ^i(σ_s^0 + H'(ε̄^p)^i)/σ̄^i 计算，使应力回到屈服面上。
C
      BRING=1.0
      IF(YIELD.GT.CURYS) BRING=CURYS/YIELD
```

```
      DO 130 ISTR1=1,NSTR1
130   STRSG(ISTR1,KGAUS)=BRING * SGTOT(ISTR1)
      EFFST(KGAUS)=BRING * YIELD                ——等效应力 σ̄^i 贮于数组 EFFST 内
C *** ALTERATIVE LOCATION OF STRESS REDUCTION LOOP TERMINATION CARD
C90   CONTINUE                                                        ——备注③
C ***
      GO TO 190
 60   DO 180 ISTR1=1,NSTR1 ——对弹性 GAUSS 点,计算 σ^i = σ^(i-1) + (dσ^e)^i 并贮于 EFFST 内
180   STRSG(ISTR1,KGAUS)=STRSG(ISTR1,KGAUS)+DESIG(ISTR1)
      EFFST(KGAUS)=YIELD
C
C *** 计算等效结点力。
C
190   MGASH=0
      DO 140 INODE=1,NNODE                     ——按式(7.56)计算等效结点力
      DO 140 IDOFN=1,NDOFN
      MGASH=MGASH+1
      DO 140 ISTRE=1,NSTRE
140   ELOAD(IELEM,MGASH)=ELOAD(IELEM,MGASH)+BMATX(ISTRE,MGASH)*
     . STRSG(ISTRE,KGAUS)* DVOLU
 40   CONTINUE
 20   CONTINUE
      RETURN
      END
```

备注:

① 根据流动法则有

$$d\lambda \boldsymbol{a}^{\mathrm{T}} \boldsymbol{\sigma} = \boldsymbol{\sigma}^{\mathrm{T}} d\lambda \boldsymbol{a} = \boldsymbol{\sigma}^{\mathrm{T}} d\boldsymbol{\varepsilon}^{p}$$

借助与等效应力 $\bar{\sigma}$ 和等效塑性应变 $\bar{\varepsilon}^{p}$ 可以对上式右边重写,即

$$d\lambda \boldsymbol{a}^{\mathrm{T}} \boldsymbol{\sigma} = \boldsymbol{\sigma}^{\mathrm{T}} d\boldsymbol{\varepsilon}^{p} = \bar{\sigma} d\,\bar{\varepsilon}^{p}$$

因而可得出计算等效塑性应变 $\bar{\varepsilon}^{p}$ 的公式:

$$(\bar{\varepsilon}^{p})^{i} = (\bar{\varepsilon}^{p})^{i-1} + d\lambda \boldsymbol{a}^{\mathrm{T}} \boldsymbol{\sigma} / \bar{\sigma} \tag{7.57}$$

② 若 DO 90 的循环语句至此,表示只有对超过部分应力 $R(d\boldsymbol{\sigma}^{e})^{i}$ 完成所有的缩减步之后,才把最终应力点拉回到屈服面。

③ 若 DO 90 循环语句至此，表示在超过部分应力 $R(\Delta\boldsymbol{\sigma}^e)^i$ 分段的每一段计算后，均乘以尺度因子将应力点拉至屈服面。一般不采用该方案进行缩减，如果采用，则将语句 90 移到此处。

7.12.2 子程序 LINEAR

本子程序被子程序 RESIDU 调用，其作用是根据给定的位移计算弹性状态下的应力。单元的结点位移放在数组 ELDIS (IDOFE, INODE)内，按下式计算位移对 x、y 的导数

$$\begin{pmatrix} \dfrac{\partial u}{\partial x} & \dfrac{\partial u}{\partial y} \\ \dfrac{\partial v}{\partial x} & \dfrac{\partial v}{\partial y} \end{pmatrix} = \begin{bmatrix} \sum \dfrac{\partial N_i}{\partial x} u_i & \sum \dfrac{\partial N_i}{\partial y} u_i \\ \sum \dfrac{\partial N_i}{\partial x} v_i & \sum \dfrac{\partial N_i}{\partial y} v_i \end{bmatrix} \tag{7.58}$$

计算结果储存在 AGASH(*， *)内，上式中的 $\dfrac{\partial N_i}{\partial x}$，$\dfrac{\partial N_i}{\partial y}$ 从数组 CARTD(*，*)内取出。

Gauss 点的应变按下式计算

$$\begin{cases} \boldsymbol{\varepsilon} = \begin{Bmatrix} \varepsilon_x \\ \varepsilon_y \\ \gamma_{xy} \\ \varepsilon_z \end{Bmatrix} = \begin{Bmatrix} \dfrac{\partial u}{\partial x} \\ \dfrac{\partial v}{\partial y} \\ \dfrac{\partial u}{\mathrm{d}y} + \dfrac{\partial v}{\partial x} \\ 0 \end{Bmatrix} \text{对平面问题} \\ \boldsymbol{\varepsilon} = \begin{Bmatrix} \varepsilon_r \\ \varepsilon_z \\ \gamma_{rz} \\ \varepsilon_\theta \end{Bmatrix} = \begin{Bmatrix} \dfrac{\partial u}{\partial r} \\ \dfrac{\partial \omega}{\partial z} \\ \dfrac{\partial u}{\partial z} + \dfrac{\partial \omega}{\partial r} \\ \dfrac{u}{r} \end{Bmatrix} \text{对轴对称问题} \end{cases} \tag{7.59}$$

应变放在数组 STRAN(ISTR1)内。

弹性状态下的应力 $\boldsymbol{\sigma} = \boldsymbol{D\varepsilon}$ 放在数组 STRES(ISTR1)内。

现将子程序 LINEAR 列述如下：

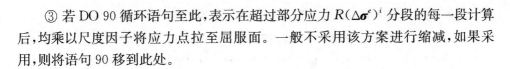

```
      SUBROUTINE LINEAR(CARTD,DMATX,ELDIS,LPROP,MMATS,NDOFN,NNODE,NSTRE,
     .                  NTYPE,PROPS,STRAN,STRES,KGASP,GPCOD,SHAPE)
C **********************************************************************
C **** 本子程序用于计算线弹性状态时的应力和应变。
C **********************************************************************
      DIMENSION AGASH(2,2),CARTD(2,9),DMATX(4,4),ELDIS(2,9),
     .          PROPS(MMATS,7),STRAN(4),STRES(4),
     .          GPCOD(2,9),SHAPE(9)
      POISS=PROPS(LPROP,2)                                    ——泊松比μ
      DO 20 IDOFN=1,NDOFN
      DO 20 JDOFN=1,NDOFN
      BGASH=0.0
      DO 10 INODE=1,NNODE      ——按式(7.58)计算GAUSS点位移u，v对x，y的导数
   10 BGASH=BGASH+CARTD(JDOFN,INODE)*ELDIS(IDOFN,INODE)
   20 AGASH(IDOFN,JDOFN)=BGASH
C
C *** 应变计算。
C
      STRAN(1)=AGASH(1,1)
      STRAN(2)=AGASH(2,2)                    ——按式(7.59)计算GAUSS点的应变分量
      STRAN(3)=AGASH(1,2)+AGASH(2,1)
      STRAN(4)=0.0
      DO 30 INODE=1,NNODE
   30 STRAN(4)=STRAN(4)+ELDIS(1,INODE)*SHAPE(INODE)/GPCOD(1,KGASP)
C
C *** 应力计算。
C
      DO 40 ISTRE=1,NSTRE                                     ——计算应力分量
      STRES(ISTRE)=0.0
      DO 40 JSTRE=1,NSTRE
   40 STRES(ISTRE)=STRES(ISTRE)+DMATX(ISTRE,JSTRE)*STRAN(JSTRE)
C     对平面应力问题，令σz = 0。
      IF(NTYPE.EQ.1) STRES(4)=0.0
C     对平面应变问题，令σz = μ(σx +σy)。
      IF(NTYPE.EQ.2) STRES(4)=POISS*(STRES(1)+STRES(2))
```

```
      RETURN
      END
```

7.13　子程序 CONVER

本子程序用来检查非线性求解迭代过程的收敛性。所采用的收敛性准则为

$$\frac{\sqrt{\sum_{j=1}^{N}(\psi_j^i)^2}}{\sqrt{\sum_{j=1}^{N}(f_j)^2}}\times 100 \leqslant \text{TOLER} \tag{7.60}$$

式中，N 是结构的自由度总数，ψ_j^i 是第 j 个自由度在第 i 次迭代时的失衡力，f_j 是作用在第 j 个自由度上的结点荷载。上式表示如果失衡力的模不大于结点荷载的模与容许误差 TOLER 的积，则迭代收敛，参数 NCHEK 用来表示收敛是否发生：

NCHEK＝0　计算已经收敛。

＝1　计算正在收敛，此时，第 i 次迭代失衡力的模小于第 $i-1$ 次迭代。

＝999　求解正在发散，表示第 i 次迭代的失衡力模大于上一次。

作为一种附加的校核，程序还给出结构中最大的一个失衡力 $(\psi_j^i)_{max}$ 。

子程序如下：

```
      SUBROUTINE CONVER(ELOAD,IITER,LNODS,MELEM,MEVAB,MTOTV,NCHEK,
     .                  NDOFN,NELEM,NEVAB,NNODE,NTOTV,PVALU,STFOR,
     .                  TLOAD,TOFOR,TOLER)
C ***********************************************************************
C **** 本子程序用于校核迭代过程的收敛性。
C ***********************************************************************
      DIMENSION ELOAD(MELEM,MEVAB),LNODS(MELEM,9),STFOR(MTOTV),
     .          TOFOR(MTOTV),TLOAD(MELEM,MEVAB)
      NCHEK=0                                          ——收敛参数赋零
      RESID=0.0                                        ——失衡力模赋零
      RETOT=0.0                                        ——总荷载模赋零
      REMAX=0.0                                        ——最大失衡力赋零
      DO 5 ITOTV=1,NTOTV
      STFOR(ITOTV)=0.0                   ——结点力数组赋零结点荷载数组赋零
```

```
      TOFOR(ITOTV)=0.0
  5   CONTINUE
      DO 40 IELEM=1,NELEM
      KEVAB=0
      DO 40 INODE=1,NNODE                    ——累计每个自由度的结点力和结点荷载
      LOCNO=IABS(LNODS(IELEM,INODE))
      DO 40 IDOFN=1,NDOFN
      KEVAB=KEVAB+1
      NPOSI=(LOCNO-1)*NDOFN+IDOFN
      STFOR(NPOSI)=STFOR(NPOSI)+ELOAD(IELEM,KEVAB)
 40   TOFOR(NPOSI)=TOFOR(NPOSI)+TLOAD(IELEM,KEVAB)
      DO 50 ITOTV=1,NTOTV
      REFOR=TOFOR(ITOTV)-STFOR(ITOTV)                ——计算每个自由度的失衡力
      RESID=RESID+REFOR*REFOR                            ——计算失衡力的模
      RETOT=RETOT+TOFOR(ITOTV)*TOFOR(ITOTV)                 ——计算荷载的模
      AGASH=ABS(REFOR)                                ——确定绝对值最大的失衡力
 50   IF(AGASH.GT.REMAX) REMAX=AGASH
      DO 10 IELEM=1,NELEM
      DO 10 IEVAB=1,NEVAB        ——计算每个单元的失衡力,作为下次迭代计算用的荷载
 10   ELOAD(IELEM,IEVAB)=TLOAD(IELEM,IEVAB)-ELOAD(IELEM,IEVAB)
      RESID=SQRT(RESID)
      RETOT=SQRT(RETOT)                               ——计算式(7.60)左边的比值
      RATIO=100.0*RESID/RETOT
      IF(RATIO.GT.TOLER) NCHEK=1               ——如式(7.60)不满足,令 NCHEK=1
      IF(IITER.EQ.1) GO TO 20
      IF(RATIO.GT.PVALU) NCHEK=999  ——第2次后的迭代,式(7.60)若非递减,令 NCHEK=999
 20   PVALU=RATIO
      WRITE(6,30) NCHEK,RATIO,REMAX
 30   FORMAT(1H ,3X, 18HCONVERGENCE CODE =,I4,3X,28HNORM OF RESIDUAL SUM
     . RATIO =,E14.6,3X,18HMAXIMUM RESIDUAL =,E14.6)
      RETURN
      END
```

7.14 子程序 OUTPUT

本子程序根据节 7.8 给出的参数 NOUTP(1)和 NOUPT(2)输出结果,程序中

给出的主应力大小和方向按下式计算：

$$\sigma_{max}=\frac{\sigma_x+\sigma_y}{2}+\sqrt{\frac{(\sigma_x-\sigma_y)^2}{4}+\tau_{xy}^2}$$

$$\sigma_{min}=\frac{\sigma_x+\sigma_y}{2}-\sqrt{\frac{(\sigma_x-\sigma_y)^2}{4}+\tau_{xy}^2} \tag{7.61}$$

$$\theta=\mathrm{tg}^{-1}\left(\frac{2\tau_{xy}}{\sigma_x-\sigma_y}\right)$$

对于轴对称问题，式中的 x 和 y 由 r 和 z 代替。角度 θ 为最大主应力与 y 轴(或轴对称问题中的 z 轴)之间的夹角，从 y 轴开始逆时针方向为正。

程序如下：

```
      SUBROUTINE OUTPUT(IITER,MTOTG,MTOTV,MVFIX,NELEM,NGAUS,NOFIX,NOUTP,
     .                      NPOIN,NVFIX,STRSG,TDISP,TREAC,EPSTN,NTYPE,NCHEK)
C ********************************************************************
C **** 本子程序用于输出位移、支座反力、应力。
C ********************************************************************
      DIMENSION NOFIX(MVFIX),NOUTP(2),STRSG(4,MTOTG),STRSP(3),
     .          TDISP(MTOTV),TREAC(MVFIX,2),EPSTN(MTOTG)
      KOUTP=NOUTP(1)
                    ——对荷载增量的第一次迭代，打印参数 KOUTP 按 NOUTP (1)输出
      IF(IITER.GT.1) KOUTP=NOUTP(2)
      IF(IITER.EQ.1.AND.NCHEK.EQ.0) KOUTP=NOUTP(2)      ——收敛解，按 NOUTP (2)输出
C
C *** 当 KOUTP≥1 时，输出结点位移。
C
      IF(KOUTP.LT.1) GO TO 10
      WRITE(6,900)
900   FORMAT(1H ,5X,13HDISPLACEMENTS)
      IF(NTYPE.NE.3) WRITE(6,950)
950   FORMAT(1H ,6X,4HNODE,6X,7HX-DISP.,7X,7HY-DISP.)
      IF(NTYPE.EQ.3) WRITE(6,955)
955   FORMAT(1H ,6X,4HNODE,6X,7HR-DISP.,7X,7HZ-DISP.)
      DO 20 IPOIN=1,NPOIN
      NGASH=IPOIN * 2
```

```
      NGISH=NGASH-2+1
   20 WRITE(6,910) IPOIN,(TDISP(IGASH),IGASH=NGISH,NGASH)
  910 FORMAT(I10,3E14.6)
   10 CONTINUE
C
C *** 当 KOUTP≥2 时,输出约束结点的反力。
C
      IF(KOUTP.LT.2) GO TO 30
      WRITE(6,920)
  920 FORMAT(1H ,5X,9HREACTIONS)
      IF(NTYPE.NE.3) WRITE(6,960)
  960 FORMAT(1H ,6X,4HNODE,6X,7HX-REAC.7X,7HY-REAC.)
      IF(NTYPE.EQ.3) WRITE(6,965)
  965 FORMAT(1H ,6X,4HNODE,6X,7HR-REAC.7X,7HZ-REAC.)
      DO 40 IVFIX=1,NVFIX
   40 WRITE(6,910) NOFIX(IVFIX),(TREAC(IVFIX,IDOFN),IDOFN=1,2)
   30 CONTINUE
C
C *** 当 KOUTP≥3 时,输出 GAUSS 点应力。
C
      IF(KOUTP.LT.3) GO TO 50
      IF(NTYPE.NE.3) WRITE(6,970)
  970 FORMAT(1H ,1X,4HG.P.,6X,9HXX-STRESS,5X,9HYY-STRESS,5X,9HXY-STRESS,
     . 5X,9HZZ-STRESS,6X,8HMAX P.S.,6X,8HMIN P.S.,3X,5HANGLE,3X,
     . 6HE.P.S.)
      IF(NTYPE.EQ.3) WRITE(6,975)
  975 FORMAT(1H ,1X,4HG.P.,6X,9HRR-STRESS,5X,9HZZ-STRESS,5X,9HRZ-STRESS,
     . 5X,9HTT-STRESS,6X,8HMAX P.S.,6X,8HMIN P.S.,3X,5HANGLE,3X,
     . 6HE.P.S.)
      KGAUS=0
      DO 60 IELEM=1,NELEM                    ——对单元循环,写出单元号
      KELGS=0
      WRITE(6,930) IELEM
  930 FORMAT(1H ,5X,13HELEMENT NO. =,I5)
      DO 60 IGAUS=1,NGAUS                    ——对每个单元的 GAUSS 点循环
```

```
      DO 60 JGAUS = 1,NGAUS
      KGAUS = KGAUS + 1
      KELGS = KELGS + 1
      XGASH =(STRSG(1,KGAUS)+ STRSG(2,KGAUS))* 0.5
      XGISH =(STRSG(1,KGAUS)- STRSG(2,KGAUS))* 0.5
      XGESH = STRSG(3,KGAUS)  ——按式(7.61)计算每个 GAUSS 点的主应力大小和方向
      XGOSH = SQRT(XGISH * XGISH + XGESH * XGESH)
      STRSP(1)= XGASH + XGOSH
      STRSP(2)= XGASH - XGOSH
      IF(XGISH.EQ.0.0) XGISH = 0.1E - 20
      STRSP(3)= ATAN(XGESH/XGISH)* 28.647889757
C
C *** 输出 GAUSS 点的应力分量、主应力及方向、等效塑性应变,
C     反映了 GAUSS 点是否屈服,对弹性点该值为零。
C
 60   WRITE(6,940) KELGS,(STRSG(ISTR1,KGAUS),ISTR1 = 1,4),
     . (STRSP(ISTRE),ISTRE = 1,3),EPSTN(KGAUS)
940   FORMAT(I5,2X,6E14.6,F8.3,E14.6)
 50   CONTINUE
      RETURN
      END
```

7.15 算例

例 7.1 图 7.12(a)所示厚壁圆筒受渐增加的内压力 p 的作用。假定为平面形变情况。圆筒材料的弹性模量 $E=2.1\times10^5$ MPa,泊松比 $\mu=0.3$,单轴屈服应力 $\sigma_s=240$ MPa,应变硬化参数 $H'=0$。采用 Von Mises 屈服准则进行计算。图 7.12(b)给出内壁径向位移 u_r 与 p 的关系曲线,计算结果与理论解[3]进行比较可知,两者是相当一致的。图 7.12(c)～图 7.12(e)给出内压 p 取不同值时,环向应力 σ_θ 沿径向分布的情况,它们与理论解也相当接近。

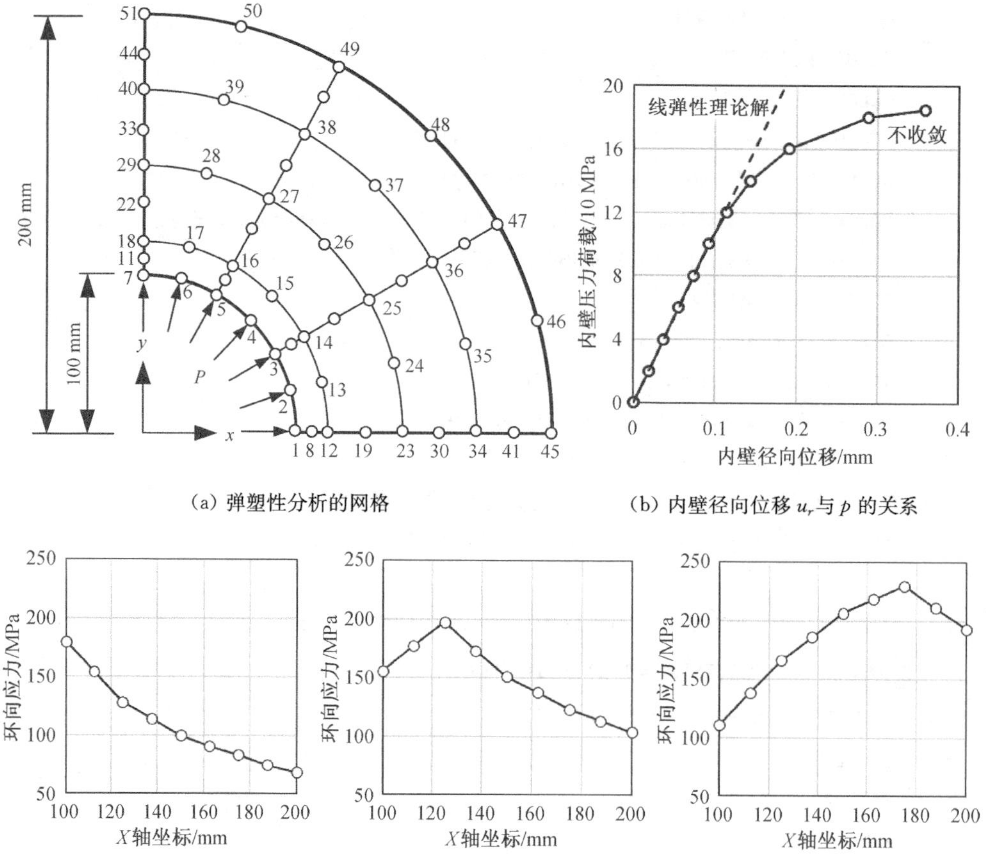

(a) 弹塑性分析的网格　　(b) 内壁径向位移 u_r 与 p 的关系

(c) p=100 MPa　　(d) p=140 MPa　　(e) p=180 MPa

图 7.12　厚壁圆筒承受均匀内水压 p

输入数据如下：

```
C *** 控制信息。
51  12  18   2   8   1    2   2    2    1   3
C *** 单元信息。
1   1   1    8   12  13   14  9    3    2    2
2   1   12   19  23  24   25  20   14   13   2
3   1   23   30  34  35   36  31   25   24   2
4   1   34   41  45  46   47  42   36   35   2
5   1   3    9   14  15   16  10   5    4    2
6   1   14   20  25  26   27  21   16   15   2
7   1   25   31  36  37   38  32   27   26   2
```

```
8   1   36   42  47  48   49  43   38   37    2
9   1   5    10  16  17   18  11   7    6     2
10  1   16   21  27  28   29  22   18   17    2
11  1   27   32  38  39   40  33   29   28    2
12  1   38   43  49  50   51  44   40   39    2
C *** 结点信息。
     1  100.000       0.000
     2   96.593      25.882
     3   86.603      50.000
     4   70.711      70.711
     5   50.000      86.603
     6   25.882      96.593
     7    0.000     100.000
     8  110.000       0.000
     9   95.263      55.000
    10   55.000      95.263
    11    0.000     110.000
    12  120.000       0.000
    13  115.911      31.058
    14  103.923      60.000
    15   84.853      84.853
    16   60.000     103.923
    17   31.058     115.911
    18    0.000     120.000
    19  130.000       0.000
    20  112.583      65.000
    21   65.000     112.583
    22    0.000     130.000
    23  140.000       0.000
    24  135.230      36.235
    25  121.244      70.000
    26   98.995      98.995
    27   70.000     121.244
    28   36.235     135.230
    29    0.000     140.000
    30  155.000       0.000
```

```
    31   134.234      77.500
    32    77.500     134.234
    33     0.000     155.000
    34   170.000       0.000
    35   164.207      43.999
    36   147.224      85.000
    37   120.208     120.208
    38    85.000     147.224
    39    43.999     164.207
    40     0.000     170.000
    41   185.000       0.000
    42   160.215      92.500
    43    92.500     160.215
    44     0.000     185.000
    45   200.000       0.000
    46   193.185      51.764
    47   173.205     100.000
    48   141.421     141.421
    49   100.000     173.205
    50    51.764     193.185
    51     0.000     200.000
C *** 结点约束信息。
1        01       0       0
7        10       0       0
8        01       0       0
11       10       0       0
12       01       0       0
18       10       0       0
19       01       0       0
22       10       0       0
23       01       0       0
29       10       0       0
30       01       0       0
33       10       0       0
34       01       0       0
40       10       0       0
```

```
41      01      0       0
44      10      0       0
45      01      0       0
51      10      0       0
C *** 材料信息。
1
2.1E4   0.3     0.0         0.0         24      0       0
C *** 结点荷载信息。
0       0       1
3
1       3       2       1
20.     0.      20.     0.      20.     0.
5       5       4       3
20.     0.      20.     0.      20.     0.
9       7       6       5
20.0    0.      20.     0.      20.     0.
0.7     1       300     3       3
```

例 7.2 图 7.13 所示的简支圆板受均布荷载 q 作用，按轴对称问题分析，用 5 个 8 结点单元模拟。采用 Von Mises 屈服准则进行计算。弹性模量 $E=2.1\times10^5$ MPa，泊松比 $\mu=0.3$，单轴屈服应力 $\sigma_s=240$ MPa，应变硬化参数 $H'=0$。应用本文程序计算的成果示于图 7.13(b)和图 7.14。前者反映了不同 q 值时板的挠度曲线，后者为板中心点挠度与 q 的关系曲线。$q=2.1$ MPa 时计算仍然收敛，但 $q=2.205$ MPa 时计算不收敛，变形无限增大，因而可将板的极限荷载取为 2.2 MPa。

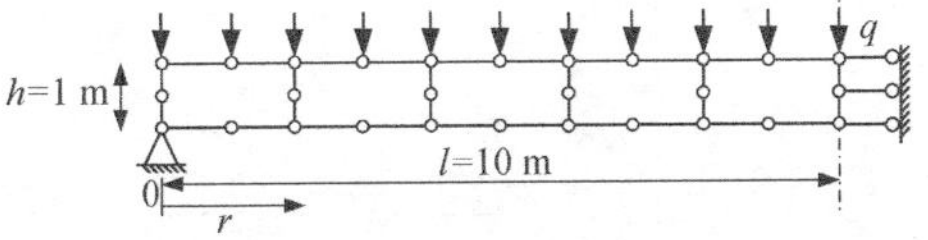

(a)

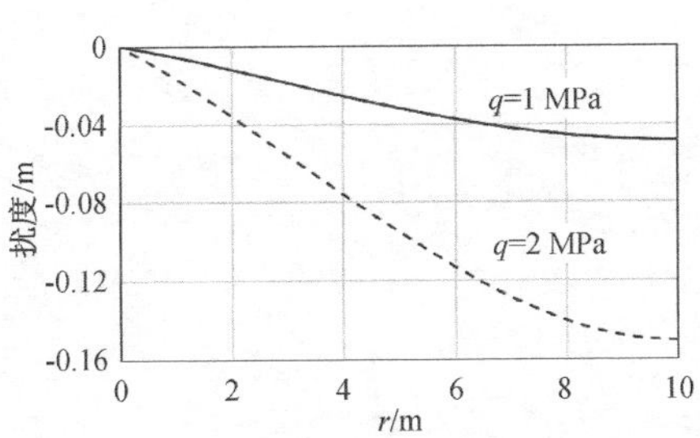

(b)

图 7.13 板的挠度曲线

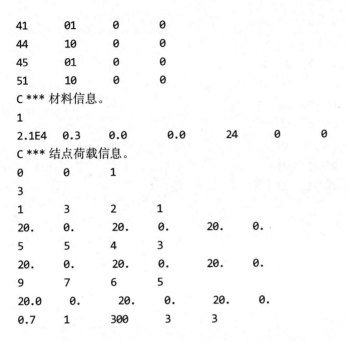

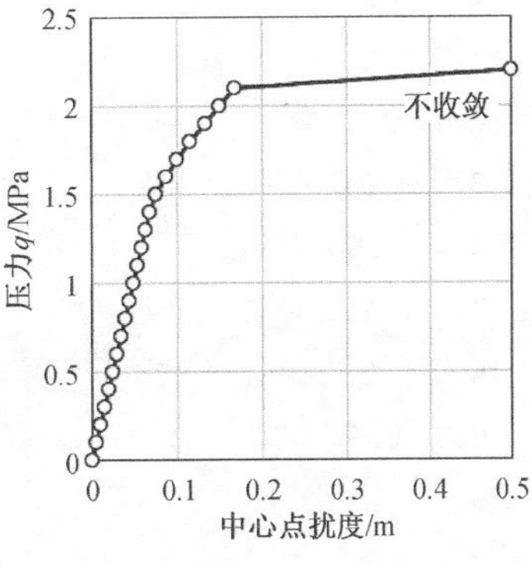

图 7.14 中心点挠度与 q 的关系曲线

输入数据如下：

```
C* * * 控制信息。
28  5  4  2  8  1  2  2  2  1  3
C* * * 单元信息。
1  1  1  13  2  14  8  15  7  16  2
2  1  2  17  3  18  9  19  8  14  2
3  1  3  20  4  21  10  22  9  18  2
4  1  4  23  5  24  11  25  10  21  2
5  1  5  26  6  27  12  28  11  24  2
C* * * 结点信息。
1   0.   0.
2   2.   0.
3   4.   0.
4   6.   0.
5   8.   0.
6  10.   0.
7   0.   1.
8   2.   1.
9   4.   1.
10   6.   1.
11   8.   1.
12  10.   1.
13   1.   0.
14   2.  0.5
15   1.   1.
16   0.  0.5
17   3.   0.
18   4.  0.5
19   3.   1.
20   5.   0.
21   6.  0.5
22   5.   1.
23   7.   0.
24   8.  0.5
25   7.   1.
26   9.   0.
```

```
27   10.   0.5
28    9.    1.
C *** 结点约束信息。
1         10       0       0
16        10       0       0
17        10       0       0
6         11       0       0
C* * *  材料信息。
1
2.1E4  0.3    0.0    0.0       24      0       0
C *** 结点荷载信息。
0  0     1
5
1   8   15   7
2.  0.  2.  0.  2.  0.
2   9   19   8
2.  0.  2.  0.  2.  0.
3   10  22   9
2.  0.  2.  0.  2.  0.
4   11  25   10
2.  0.  2.  0.  2.  0.
5   12  28   11
2.  0.  2.  0.  2.  0.
0.7     1      300      3      3
```

例 7.3　如上题所示，将均布力荷载改为作用在跨中(结点 7)的集中力荷载，y 轴负方向 $F=12$[图 7.15(a)]。图 7.15(b)和图 7.16 分别给出不同 F 值时板的挠度曲线，以及板中心挠度与 F 的关系曲线。相应计算输入文件的荷载信息修改为：

```
C *** 结点荷载信息。
1       0       0
1
7       0    —12
0.7     1       300       3  3
```

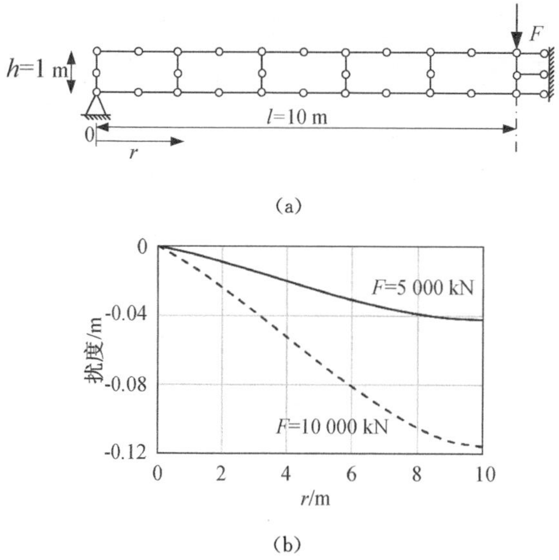

图 7.15　板的扰度曲线

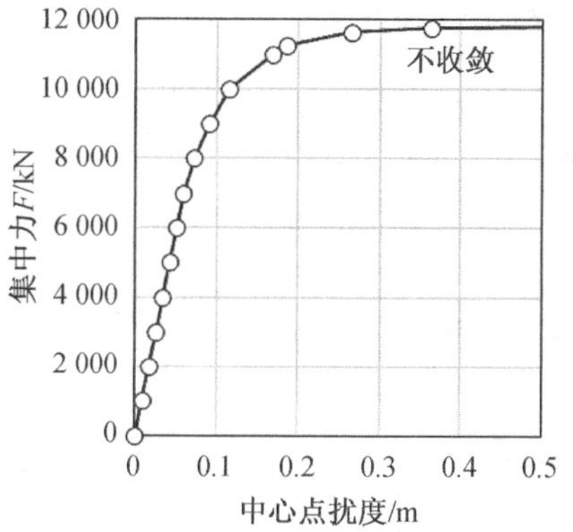

图 7.16　扰度与 F 的关系曲线

例 7.4　图 7.17 为某重力坝的一个坝段，坝高 120 m，上游面正常水深114 m。坝体混凝土采用 Drucker-Prager 准则，摩擦系数 1.0，粘聚力 1.0 MPa，密度 2450 kg/m^3；岩体采用 Mohr-Coulomb 准则，摩擦系数 1.2，粘聚力 1.8 MPa，密度 2600 kg/m^3；建基面采用 Mohr-Coulomb 准则，摩擦系数 0.95，粘聚力 0.7 MPa，密度 2450 kg/m^3。重力加速度 10 m/s^2。重力坝承受的荷载仅考虑上游水压和大坝重力，不考虑地基重力和渗压，按平面应变问题计算大坝位移和建基面应力。

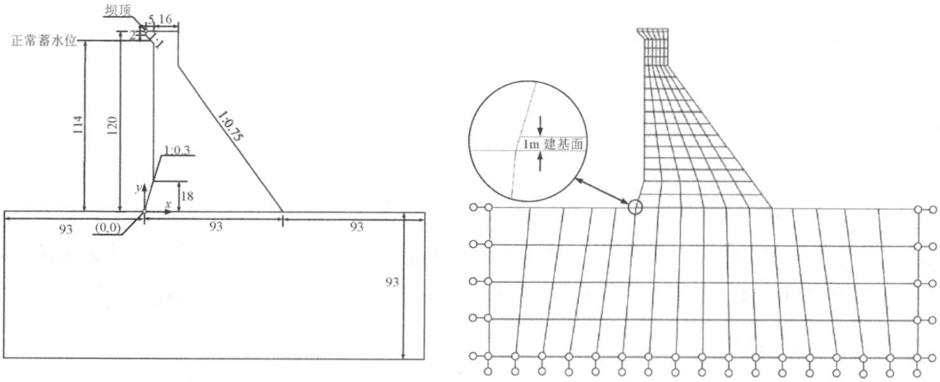

图 7.17　重力坝算例示意图

图 7.18(a)为上游水压超载倍数(即超载的总静水压力与水深 114 m 时的静水压力之比)与坝顶 x 向位移的关系曲线,图 7.18(b)和图 7.18(c)分别给出了建基面法向应力和切向应力沿 x 方向的分布。

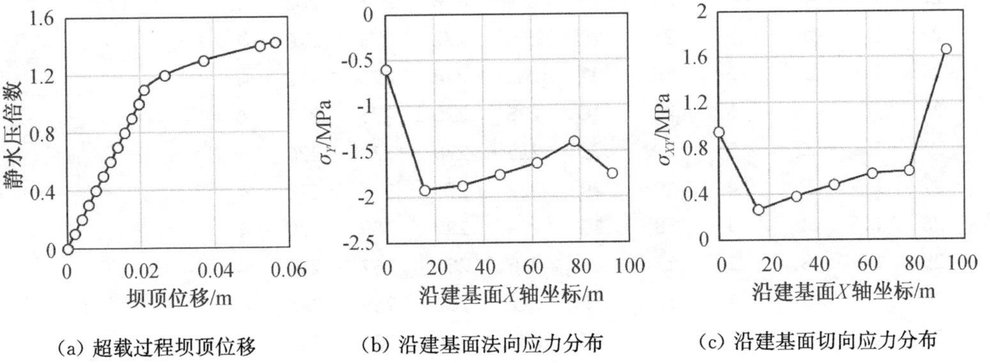

图 7.18 上游面静水压超载与坝顶位移

输入数据如下:

```
C *** 控制信息。
22  5  4  3  8  2  2  2  2  1  3
C *** 单元信息。
   1   1    1    2    9    8   212  213  214  215   4
   2   1    2    3   10    9   216  217  218  213   4
   3   1    3    4   11   10   219  220  221  217   4
   4   1    4    5   12   11   222  223  224  220   4
   5   1    5    6   13   12   225  226  227  223   4
   6   1    6    7   14   13   228  229  230  226   4
   7   1   24   26   33   30   231  232  233  234   4
   8   1   26   27   34   33   235  236  237  232   4
   9   1   27   28   35   34   238  239  240  236   4
  10   1   28   22   36   35   241  242  243  239   4
  11   1   22   23   37   36   244  245  246  242   4
  12   1   23   25   31   37   247  248  249  245   4
  13   1   30   33   38   29   233  250  251  252   4
  14   1   33   34   39   38   237  253  254  250   4
  15   1   34   35   40   39   240  255  256  253   4
  16   1   35   36   41   40   243  257  258  255   4
  17   1   36   37   42   41   246  259  260  257   4
  18   1   37   31   32   42   249  261  262  259   4
```

19	1	29	38	17	15	251	263	264	265	4
20	1	38	39	18	17	254	266	267	263	4
21	1	39	40	19	18	256	268	269	266	4
22	1	40	41	20	19	258	270	271	268	4
23	1	41	42	21	20	260	272	273	270	4
24	1	42	32	16	21	262	274	275	272	4
25	1	7	6	21	16	228	276	275	277	4
26	1	6	5	20	21	225	278	273	276	4
27	1	5	4	19	20	222	279	271	278	4
28	1	4	3	18	19	219	280	269	279	4
29	1	3	2	17	18	216	281	267	280	4
30	1	2	1	15	17	212	282	264	281	4
31	1	49	46	75	64	283	284	285	286	4
32	1	46	45	76	75	287	288	289	284	4
33	1	45	44	77	76	290	291	292	288	4
34	1	44	43	78	77	293	294	295	291	4
35	1	43	56	79	78	296	297	298	294	4
36	1	56	50	65	79	299	300	301	297	4
37	1	64	75	80	63	285	302	303	304	4
38	1	75	76	81	80	289	305	306	302	4
39	1	76	77	82	81	292	307	308	305	4
40	1	77	78	83	82	295	309	310	307	4
41	1	78	79	84	83	298	311	312	309	4
42	1	79	65	66	84	301	313	314	311	4
43	1	63	80	85	62	303	315	316	317	4
44	1	80	81	86	85	306	318	319	315	4
45	1	81	82	87	86	308	320	321	318	4
46	1	82	83	88	87	310	322	323	320	4
47	1	83	84	89	88	312	324	325	322	4
48	1	84	66	67	89	314	326	327	324	4
49	1	62	85	90	61	316	328	329	330	4
50	1	85	86	91	90	319	331	332	328	4
51	1	86	87	92	91	321	333	334	331	4
52	1	87	88	93	92	323	335	336	333	4
53	1	88	89	94	93	325	337	338	335	4
54	1	89	67	68	94	327	339	340	337	4
55	1	61	90	95	60	329	341	342	343	4
56	1	90	91	96	95	332	344	345	341	4

57	1	91	92	97	96	334	346	347	344	4
58	1	92	93	98	97	336	348	349	346	4
59	1	93	94	99	98	338	350	351	348	4
60	1	94	68	69	99	340	352	353	350	4
61	1	60	95	100	59	342	354	355	356	4
62	1	95	96	101	100	345	357	358	354	4
63	1	96	97	102	101	347	359	360	357	4
64	1	97	98	103	102	349	361	362	359	4
65	1	98	99	104	103	351	363	364	361	4
66	1	99	69	70	104	353	365	366	363	4
67	1	59	100	105	58	355	367	368	369	4
68	1	100	101	106	105	358	370	371	367	4
69	1	101	102	107	106	360	372	373	370	4
70	1	102	103	108	107	362	374	375	372	4
71	1	103	104	109	108	364	376	377	374	4
72	1	104	70	71	109	366	378	379	376	4
73	1	58	105	110	57	368	380	381	382	4
74	1	105	106	111	110	371	383	384	380	4
75	1	106	107	112	111	373	385	386	383	4
76	1	107	108	113	112	375	387	388	385	4
77	1	108	109	114	113	377	389	390	387	4
78	1	109	71	72	114	379	391	392	389	4
79	1	57	110	115	74	381	393	394	395	4
80	1	110	111	116	115	384	396	397	393	4
81	1	111	112	117	116	386	398	399	396	4
82	1	112	113	118	117	388	400	401	398	4
83	1	113	114	119	118	390	402	403	400	4
84	1	114	72	73	119	392	404	405	402	4
85	1	74	115	26	24	394	406	231	407	4
86	1	115	116	27	26	397	408	235	406	4
87	1	116	117	28	27	399	409	238	408	4
88	1	117	118	22	28	401	410	241	409	4
89	1	118	119	23	22	403	411	244	410	4
90	1	119	73	25	23	405	412	247	411	4
91	3	48	55	124	125	413	414	415	416	3
92	3	55	54	123	124	417	418	419	414	3
93	3	54	53	122	123	420	421	422	418	3
94	3	53	52	121	122	423	424	425	421	3

95	3	52	51	120	121	426	427	428	424	3
96	3	51	47	126	120	429	430	431	427	3
97	1	149	156	160	140	432	433	434	435	4
98	2	156	157	161	160	436	437	438	433	4
99	2	157	158	162	161	439	440	441	437	4
100	2	158	150	159	162	442	443	444	440	4
101	2	140	160	163	139	434	445	446	447	4
102	2	160	161	164	163	438	448	449	445	4
103	2	161	162	165	164	441	450	451	448	4
104	2	162	159	153	165	444	452	453	450	4
105	2	139	163	166	138	446	454	455	456	4
106	2	163	164	167	166	449	457	458	454	4
107	2	164	165	168	167	451	459	460	457	4
108	2	165	153	146	168	453	461	462	459	4
109	2	138	166	169	137	455	463	464	465	4
110	2	166	167	170	169	458	466	467	463	4
111	2	167	168	171	170	460	468	469	466	4
112	2	168	146	148	171	462	470	471	468	4
113	2	137	169	172	126	464	472	473	474	4
114	2	169	170	173	172	467	475	476	472	4
115	2	170	171	174	173	469	477	478	475	4
116	2	171	148	147	174	471	479	480	477	4
117	2	126	172	175	120	473	481	482	431	4
118	2	172	173	176	175	476	483	484	481	4
119	2	173	174	177	176	478	485	486	483	4
120	2	174	147	155	177	480	487	488	485	4
121	2	120	175	178	121	482	489	490	428	4
122	2	175	176	179	178	484	491	492	489	4
123	2	176	177	180	179	486	493	494	491	4
124	2	177	155	154	180	488	495	496	493	4
125	2	121	178	181	122	490	497	498	425	4
126	2	178	179	182	181	492	499	500	497	4
127	2	179	180	183	182	494	501	502	499	4
128	2	180	154	151	183	496	503	504	501	4
129	2	122	181	184	123	498	505	506	422	4
130	2	181	182	185	184	500	507	508	505	4
131	2	182	183	186	185	502	509	510	507	4
132	2	183	151	127	186	504	511	512	509	4

133	2	123	184	187	124	506	513	514	419	4
134	2	184	185	188	187	508	515	516	513	4
135	2	185	186	189	188	510	517	518	515	4
136	2	186	127	128	189	512	519	520	517	4
137	2	124	187	190	125	514	521	522	415	4
138	2	187	188	191	190	516	523	524	521	4
139	2	188	189	192	191	518	525	526	523	4
140	2	189	128	129	192	520	527	528	525	4
141	2	125	190	193	144	522	529	530	531	4
142	2	190	191	194	193	524	532	533	529	4
143	2	191	192	195	194	526	534	535	532	4
144	2	192	129	130	195	528	536	537	534	4
145	2	144	193	196	143	530	538	539	540	4
146	2	193	194	197	196	533	541	542	538	4
147	2	194	195	198	197	535	543	544	541	4
148	2	195	130	131	198	537	545	546	543	4
149	2	143	196	199	142	539	547	548	549	4
150	2	196	197	200	199	542	550	551	547	4
151	2	197	198	201	200	544	552	553	550	4
152	2	198	131	132	201	546	554	555	552	4
153	2	142	199	202	141	548	556	557	558	4
154	2	199	200	203	202	551	559	560	556	4
155	2	200	201	204	203	553	561	562	559	4
156	2	201	132	133	204	555	563	564	561	4
157	2	141	202	136	152	557	565	566	567	4
158	2	202	203	135	136	560	568	569	565	4
159	2	203	204	134	135	562	570	571	568	4
160	2	204	133	145	134	564	572	573	570	4
161	2	47	51	207	206	429	574	575	576	4
162	1	51	52	208	207	426	577	578	574	4
163	1	52	53	209	208	423	579	580	577	4
164	1	53	54	210	209	420	581	582	579	4
165	1	54	55	211	210	417	583	584	581	4
166	1	55	48	205	211	413	585	586	583	4
167	1	206	207	46	49	575	587	283	588	4
168	1	207	208	45	46	578	589	287	587	4
169	1	208	209	44	45	580	590	290	589	4
170	1	209	210	43	44	582	591	293	590	4

```
171   1   210   211   56   43   584   592   296   591   4
172   1   211   205   50   56   586   593   299   592   4
C *** 结点信息。
  1    0.400000006        118.
  2      3.9000001        118.
  3      7.4000001        118.
  4     10.8999996        118.
  5     14.3999996        118.
  6     17.8999996        118.
  7     21.3999996        118.
  8    0.400000006        120.
  9      3.9000001        120.
 10      7.4000001        120.
 11     10.8999996        120.
 12     14.3999996        120.
 13     17.8999996        120.
 14     21.3999996        120.
 15      5.4000001        113.
 16     21.3999996        113.
 17      8.0666666        113.
 18     10.7333336        113.
 19     13.3999996        113.
 20     16.0666676        113.
 21     18.7333336        113.
 22     16.0666676        95.5
 23     18.7333336        95.5
 24      5.4000001        95.5
 25     21.3999996        95.5
 26      8.0666666        95.5
 27     10.7333336        95.5
 28     13.3999996        95.5
 29      5.4000001  107.166664
 30      5.4000001  101.333336
 31     21.3999996  101.333336
 32     21.3999996  107.166664
 33      8.0666666  101.333336
 34     10.7333336  101.333336
 35     13.3999996  101.333336
```

36	16.0666676	101.333336
37	18.7333336	101.333336
38	8.0666666	107.166664
39	10.7333336	107.166664
40	13.3999996	107.166664
41	16.0666676	107.166664
42	18.7333336	107.166664
43	54.8031425	18.
44	42.4523544	18.
45	30.1015701	18.
46	17.7507858	18.
47	0.0296781138	0.0989270508
48	92.925827	0.0989270508
49	5.4000001	18.
50	79.504715	18.
51	15.5123701	0.0989270508
52	30.9950619	0.0989270508
53	46.4777527	0.0989270508
54	61.9604454	0.0989270508
55	77.4431381	0.0989270508
56	67.153923	18.
57	5.4000001	80.
58	5.4000001	72.25
59	5.4000001	64.5
60	5.4000001	56.75
61	5.4000001	49.
62	5.4000001	41.25
63	5.4000001	33.5
64	5.4000001	25.75
65	73.6942444	25.75
66	67.8837662	33.5
67	62.0732994	41.25
68	56.2628288	49.
69	50.4523544	56.75
70	44.6418839	64.5
71	38.8314133	72.25
72	33.0209427	80.
73	27.2104721	87.75

```
 74      5.4000001        87.75
 75     16.7823734        25.75
 76     28.1647472        25.75
 77     39.5471191        25.75
 78     50.9294968        25.75
 79     62.3118629        25.75
 80      15.813962         33.5
 81     26.2279224         33.5
 82     36.6418839         33.5
 83     47.0558472         33.5
 84     57.4698067         33.5
 85     14.8455505        41.25
 86     24.2910995        41.25
 87     33.7366486        41.25
 88     43.1822014        41.25
 89     52.6277466        41.25
 90     13.8771381          49.
 91     22.3542747          49.
 92     30.8314133          49.
 93     39.3085518          49.
 94     47.7856865          49.
 95     12.9087267        56.75
 96     20.4174519        56.75
 97      27.926178        56.75
 98      35.434906        56.75
 99     42.9436264        56.75
100     11.9403143         64.5
101      18.480629         64.5
102     25.0209408         64.5
103     31.5612583         64.5
104     38.1015701         64.5
105     10.9719028        72.25
106     16.5438042        72.25
107     22.1157055        72.25
108     27.6876106        72.25
109       33.25951        72.25
110     10.0034904          80.
111     14.6069813          80.
```

112	19.2104702	80.
113	23.8139629	80.
114	28.4174519	80.
115	9.035079	87.75
116	12.6701574	87.75
117	16.3052349	87.75
118	19.9403152	87.75
119	23.5753918	87.75
120	15.5	0.
121	31.	0.
122	46.5	0.
123	62.	0.
124	77.5	0.
125	93.	0.
126	0.	0.
127	64.8125	- 100.
128	83.125	- 100.
129	101.4375	- 100.
130	119.75	- 100.
131	138.0625	- 100.
132	156.375	- 100.
133	174.6875	- 100.
134	193.	- 75.
135	193.	- 50.
136	193.	- 25.
137	- 13.7264338	0.
138	- 30.0500069	0.
139	- 49.4621162	0.
140	- 72.5471344	0.
141	165.547134	0.
142	142.462112	0.
143	123.050003	0.
144	106.726433	0.
145	193.	- 100.
146	- 45.0625	- 100.
147	- 8.4375	- 100.
148	- 26.75	- 100.
149	- 100.	0.

150	- 100.	- 100.
151	46.5	- 100.
152	193.	0.
153	- 63.375	- 100.
154	28.1875	- 100.
155	9.875	- 100.
156	- 100.	- 25.
157	- 100.	- 50.
158	- 100.	- 75.
159	- 81.6875	- 100.
160	- 74.832222	- 25.
161	- 77.1173172	- 50.
162	- 79.4024048	- 75.
163	- 52.9403343	- 25.
164	- 56.4185562	- 50.
165	- 59.8967781	- 75.
166	- 33.8031311	- 25.
167	- 37.5562515	- 50.
168	- 41.3093758	- 75.
169	- 16.9823246	- 25.
170	- 20.2382164	- 50.
171	- 23.4941082	- 75.
172	- 2.109375	- 25.
173	- 4.21875	- 50.
174	- 6.328125	- 75.
175	14.09375	- 25.
176	12.6875	- 50.
177	11.28125	- 75.
178	30.296875	- 25.
179	29.59375	- 50.
180	28.890625	- 75.
181	46.5	- 25.
182	46.5	- 50.
183	46.5	- 75.
184	62.703125	- 25.
185	63.40625	- 50.
186	64.109375	- 75.
187	78.90625	- 25.

188	80.3125	- 50.
189	81.71875	- 75.
190	95.109375	- 25.
191	97.21875	- 50.
192	99.328125	- 75.
193	109.982323	- 25.
194	113.23822	- 50.
195	116.49411	- 75.
196	126.803131	- 25.
197	130.556259	- 50.
198	134.309372	- 75.
199	145.940338	- 25.
200	149.418564	- 50.
201	152.896774	- 75.
202	167.83223	- 25.
203	170.11731	- 50.
204	172.402405	- 75.
205	86.215271	9.04946327
206	2.71483898	9.04946327
207	16.6315784	9.04946327
208	30.548315	9.04946327
209	44.4650536	9.04946327
210	58.381794	9.04946327
211	72.2985306	9.04946327
212	2.1500001	118.
213	3.9000001	119.
214	2.1500001	120.
215	0.400000006	119.
216	5.6500001	118.
217	7.4000001	119.
218	5.6500001	120.
219	9.14999962	118.
220	10.8999996	119.
221	9.14999962	120.
222	12.6499996	118.
223	14.3999996	119.
224	12.6499996	120.
225	16.1499996	118.

```
226       17.8999996          119.
227       16.1499996          120.
228       19.6499996          118.
229       21.3999996          119.
230       19.6499996          120.
231       6.73333359          95.5
232        8.0666666      98.4166718
233       6.73333359      101.333336
234        5.4000001      98.4166718
235       9.39999962          95.5
236       10.7333336      98.4166718
237       9.39999962      101.333336
238       12.0666666          95.5
239       13.3999996      98.4166718
240       12.0666666      101.333336
241       14.7333336          95.5
242       16.0666676      98.4166718
243       14.7333336      101.333336
244       17.4000015          95.5
245       18.7333336      98.4166718
246       17.4000015      101.333336
247       20.0666656          95.5
248       21.3999996      98.4166718
249       20.0666656      101.333336
250        8.0666666        104.25
251       6.73333359      107.166664
252        5.4000001        104.25
253       10.7333336        104.25
254       9.39999962      107.166664
255       13.3999996        104.25
256       12.0666666      107.166664
257       16.0666676        104.25
258       14.7333336      107.166664
259       18.7333336        104.25
260       17.4000015      107.166664
261       21.3999996        104.25
262       20.0666656      107.166664
263        8.0666666      110.083328
```

264	6.73333359	113.
265	5.4000001	110.083328
266	10.7333336	110.083328
267	9.39999962	113.
268	13.3999996	110.083328
269	12.0666666	113.
270	16.0666676	110.083328
271	14.7333336	113.
272	18.7333336	110.083328
273	17.4000015	113.
274	21.3999996	110.083328
275	20.0666656	113.
276	18.3166656	115.5
277	21.3999996	115.5
278	15.2333336	115.5
279	12.1499996	115.5
280	9.0666666	115.5
281	5.98333359	115.5
282	2.9000001	115.5
283	11.5753927	18.
284	17.2665787	21.875
285	11.0911865	25.75
286	5.4000001	21.875
287	23.926178	18.
288	29.1331596	21.875
289	22.4735603	25.75
290	36.2769623	18.
291	40.9997368	21.875
292	33.8559341	25.75
293	48.6277466	18.
294	52.8663177	21.875
295	45.238308	25.75
296	60.9785309	18.
297	64.7328949	21.875
298	56.6206818	25.75
299	73.3293152	18.
300	76.5994797	21.875
301	68.0030518	25.75

302	16.2981682	29.625
303	10.6069813	33.5
304	5.4000001	29.625
305	27.1963348	29.625
306	21.0209427	33.5
307	38.0945015	29.625
308	31.4349022	33.5
309	48.992672	29.625
310	41.8488655	33.5
311	59.8908348	29.625
312	52.262825	33.5
313	70.7890015	29.625
314	62.6767883	33.5
315	15.3297558	37.375
316	10.1227751	41.25
317	5.4000001	37.375
318	25.25951	37.375
319	19.568325	41.25
320	35.1892662	37.375
321	29.0138741	41.25
322	45.1190262	37.375
323	38.4594269	41.25
324	55.0487747	37.375
325	47.9049759	41.25
326	64.9785309	37.375
327	57.3505249	41.25
328	14.3613443	45.125
329	9.63856888	49.
330	5.4000001	45.125
331	23.3226871	45.125
332	18.1157074	49.
333	32.2840309	45.125
334	26.592844	49.
335	41.2453766	45.125
336	35.0699844	49.
337	50.2067184	45.125
338	43.5471191	49.
339	59.1680641	45.125

340	52.0242577	49.
341	13.3929329	52.875
342	9.15436363	56.75
343	5.4000001	52.875
344	21.3858643	52.875
345	16.6630898	56.75
346	29.3787956	52.875
347	24.171814	56.75
348	37.371727	52.875
349	31.680542	56.75
350	45.3646545	52.875
351	39.1892662	56.75
352	53.3575897	52.875
353	46.6979904	56.75
354	12.4245205	60.625
355	8.67015743	64.5
356	5.4000001	60.625
357	19.4490395	60.625
358	15.2104721	64.5
359	26.4735603	60.625
360	21.7507858	64.5
361	33.4980812	60.625
362	28.2910995	64.5
363	40.5225983	60.625
364	34.8314133	64.5
365	47.5471191	60.625
366	41.371727	64.5
367	11.4561081	68.375
368	8.18595123	72.25
369	5.4000001	68.375
370	17.5122166	68.375
371	13.7578535	72.25
372	23.5683231	68.375
373	19.3297539	72.25
374	29.6244354	68.375
375	24.9016571	72.25
376	35.680542	68.375
377	30.4735603	72.25

378	41.7366486	68.375
379	36.0454636	72.25
380	10.4876966	76.125
381	7.70174503	80.
382	5.4000001	76.125
383	15.5753927	76.125
384	12.3052359	80.
385	20.6630878	76.125
386	16.9087257	80.
387	25.7507858	76.125
388	21.5122166	80.
389	30.8384819	76.125
390	26.1157074	80.
391	35.926178	76.125
392	30.7191963	80.
393	9.5192852	83.875
394	7.21753979	87.75
395	5.4000001	83.875
396	13.6385689	83.875
397	10.8526182	87.75
398	17.7578526	83.875
399	14.4876957	87.75
400	21.87714	83.875
401	18.122776	87.75
402	25.9964218	83.875
403	21.7578545	87.75
404	30.1157074	83.875
405	25.3929329	87.75
406	8.5508728	91.625
407	5.4000001	91.625
408	11.701746	91.625
409	14.8526173	91.625
410	18.0034904	91.625
411	21.1543617	91.625
412	24.3052368	91.625
413	85.1844788	0.0989270508
414	77.4715729	0.0494635254
415	85.25	0.

416	92.9629135	0.0494635254
417	69.7017899	0.0989270508
418	61.9802246	0.0494635254
419	69.75	0.
420	54.219101	0.0989270508
421	46.4888763	0.0494635254
422	54.25	0.
423	38.7364082	0.0989270508
424	30.9975319	0.0494635254
425	38.75	0.
426	23.2537155	0.0989270508
427	15.5061855	0.0494635254
428	23.25	0.
429	7.77102423	0.0989270508
430	0.0148390569	0.0494635254
431	7.75	0.
432	- 100.	- 12.5
433	- 87.4161072	- 25.
434	- 73.689682	- 12.5
435	- 86.2735672	0.
436	- 100.	- 37.5
437	- 88.5586548	- 50.
438	- 75.9747696	- 37.5
439	- 100.	- 62.5
440	- 89.7012024	- 75.
441	- 78.2598572	- 62.5
442	- 100.	- 87.5
443	- 90.84375	- 100.
444	- 80.5449524	- 87.5
445	- 63.8862762	- 25.
446	- 51.2012253	- 12.5
447	- 61.0046234	0.
448	- 66.7679367	- 50.
449	- 54.6794434	- 37.5
450	- 69.6495895	- 75.
451	- 58.1576691	- 62.5
452	- 72.53125	- 100.
453	- 61.6358871	- 87.5

454	- 43.3717346	- 25.
455	- 31.926569	- 12.5
456	- 39.7560616	0.
457	- 46.9874039	- 50.
458	- 35.6796913	- 37.5
459	- 50.6030769	- 75.
460	- 39.4328156	- 62.5
461	- 54.21875	- 100.
462	- 43.185936	- 87.5
463	- 25.3927269	- 25.
464	- 15.3543797	- 12.5
465	- 21.8882198	0.
466	- 28.897234	- 50.
467	- 18.6102715	- 37.5
468	- 32.401741	- 75.
469	- 21.8661613	- 62.5
470	- 35.90625	- 100.
471	- 25.1220551	- 87.5
472	- 9.5458498	- 25.
473	- 1.0546875	- 12.5
474	- 6.86321688	0.
475	- 12.2284832	- 50.
476	- 3.1640625	- 37.5
477	- 14.9111166	- 75.
478	- 5.2734375	- 62.5
479	- 17.59375	- 100.
480	- 7.3828125	- 87.5
481	5.9921875	- 25.
482	14.796875	- 12.5
483	4.234375	- 50.
484	13.390625	- 37.5
485	2.4765625	- 75.
486	11.984375	- 62.5
487	0.71875	- 100.
488	10.578125	- 87.5
489	22.1953125	- 25.
490	30.6484375	- 12.5
491	21.140625	- 50.

492	29.9453125	- 37.5
493	20.0859375	- 75.
494	29.2421875	- 62.5
495	19.03125	- 100.
496	28.5390625	- 87.5
497	38.3984375	- 25.
498	46.5	- 12.5
499	38.046875	- 50.
500	46.5	- 37.5
501	37.6953125	- 75.
502	46.5	- 62.5
503	37.34375	- 100.
504	46.5	- 87.5
505	54.6015625	- 25.
506	62.3515625	- 12.5
507	54.953125	- 50.
508	63.0546875	- 37.5
509	55.3046875	- 75.
510	63.7578125	- 62.5
511	55.65625	- 100.
512	64.4609375	- 87.5
513	70.8046875	- 25.
514	78.203125	- 12.5
515	71.859375	- 50.
516	79.609375	- 37.5
517	72.9140625	- 75.
518	81.015625	- 62.5
519	73.96875	- 100.
520	82.421875	- 87.5
521	87.0078125	- 25.
522	94.0546875	- 12.5
523	88.765625	- 50.
524	96.1640625	- 37.5
525	90.5234375	- 75.
526	98.2734375	- 62.5
527	92.28125	- 100.
528	100.382813	- 87.5
529	102.545853	- 25.

530	108.354378	- 12.5
531	99.8632202	0.
532	105.228485	- 50.
533	111.610275	- 37.5
534	107.911118	- 75.
535	114.866165	- 62.5
536	110.59375	- 100.
537	118.122055	- 87.5
538	118.392731	- 25.
539	124.926567	- 12.5
540	114.888214	0.
541	121.89724	- 50.
542	128.679688	- 37.5
543	125.401741	- 75.
544	132.432816	- 62.5
545	128.90625	- 100.
546	136.185944	- 87.5
547	136.371735	- 25.
548	144.201233	- 12.5
549	132.756058	0.
550	139.987411	- 50.
551	147.679443	- 37.5
552	143.603073	- 75.
553	151.157669	- 62.5
554	147.21875	- 100.
555	154.635895	- 87.5
556	156.886292	- 25.
557	166.689682	- 12.5
558	154.004623	0.
559	159.767944	- 50.
560	168.974762	- 37.5
561	162.649597	- 75.
562	171.259857	- 62.5
563	165.53125	- 100.
564	173.544952	- 87.5
565	180.416107	- 25.
566	193.	- 12.5
567	179.27356	0.

```
568     181.558655        - 50.
569           193.        - 37.5
570     182.701202        - 75.
571           193.        - 62.5
572      183.84375        - 100.
573           193.        - 87.5
574     16.0719738    4.57419538
575     9.67320824    9.04946327
576     1.37225854    4.57419538
577     30.7716885    4.57419538
578     23.5899467    9.04946327
579      45.471405    4.57419538
580     37.5066833    9.04946327
581     60.1711197    4.57419538
582     51.4234238    9.04946327
583     74.8708344    4.57419538
584     65.3401642    9.04946327
585      89.570549    4.57419538
586      79.256897    9.04946327
587     17.1911812    13.5247316
588     4.05741978    13.5247316
589     30.3249435    13.5247316
590     43.4587021    13.5247316
591     56.5924683    13.5247316
592     69.7262268    13.5247316
593      82.859993    13.5247316
C *** 结点约束信息。
C  nodes on corners fix XY
150    11    0    0
145    11    0    0
C  nodes on two sides fix X
149    10    0    0
432    10    0    0
156    10    0    0
436    10    0    0
157    10    0    0
439    10    0    0
```

```
158    10    0    0
442    10    0    0
152    10    0    0
566    10    0    0
136    10    0    0
569    10    0    0
135    10    0    0
571    10    0    0
134    10    0    0
573    10    0    0
C  nodes on bottom fix Y
443    01    0    0
159    01    0    0
452    01    0    0
153    01    0    0
461    01    0    0
146    01    0    0
470    01    0    0
148    01    0    0
479    01    0    0
147    01    0    0
487    01    0    0
155    01    0    0
495    01    0    0
154    01    0    0
503    01    0    0
151    01    0    0
511    01    0    0
127    01    0    0
519    01    0    0
128    01    0    0
527    01    0    0
129    01    0    0
536    01    0    0
130    01    0    0
545    01    0    0
```

```
131     01    0    0
554     01    0    0
132     01    0    0
563     01    0    0
133     01    0    0
572     01    0    0
C *** 材料信息。
C     材料1 坝体混凝土 D-P。
1
18E9   0.25     0.0   2450       1.0e6   0   45
C     材料2 岩体 M-C,忽略地基自重,密度取实际的1%。
2
12E9   0.25     0.0   26       1.8e6   0   51
C     材料3 建基面 M-C。
3
9E9    0.25     0.0   2450       0.7e6   0   43
C *** 结点荷载信息。
0       1       1
C  重力。
0       10
C  静水压力荷载。
21
C  element surface of upstream foundation
C  Depth=114, g=10, water density=1000, Pressure=1140000
97     140    435    149
1140000.   0.   1140000.   0.   1140000.   0.
101    139    447    140
1140000.   0.   1140000.   0.   1140000.   0.
105    138    546    139
1140000.   0.   1140000.   0.   1140000.   0.
109    137    465    139
1140000.   0.   1140000.   0.   1140000.   0.
113    126    474    137
1140000.   0.   1140000.   0.   1140000.   0.
C  element surface of upstream JJM
96     47     430    126
```

```
1200000.  0.  1200000.  0.  1200000.  0.
C  element surface of upstream dam
7   30   234  24
215850.  0.  215850.  0.  215850.  0.
13  29   252  30
157515.  0.  157515.  0.  157515.  0.
19  15   265  29
100000.  0.  100000.  0.  100000.  0.
31  64   286  49
981250.  0.  981250.  0.  981250.  0.
37  63   304  64
903750.  0.  903750.  0.  903750.  0.
43  62   317  63
826250.  0.  826250.  0.  826250.  0.
49  61   330  62
748750.  0.  748750.  0.  748750.  0.
55  60   353  61
671250.  0.  671250.  0.  671250.  0.
61  59   356  60
555000.  0.  555000.  0.  555000.  0.
67  58   369  59
516250.  0.  516250.  0.  516250.  0.
73  57   382  58
438750.  0.  438750.  0.  438750.  0.
79  74   395  57
361250.  0.  361250.  0.  361250.  0.
85  24   407  74
283750.  0.  283750.  0.  283750.  0.
161  206  576  47
1150000.  0.  1150000.  0.  1150000.  0.
167  49   588  206
1155250.  0.  1155250.  0.  1155250.  0.
C  pressure load end
0.7   1   300   3   3
```

习 题

1. 如图7.19和图7.20为4个结点1、2、3、4，分别组成3个一维单元Ⅰ、Ⅱ、Ⅲ，横截面积为1，单元刚度记为$k_{Ⅰ}$、$k_{Ⅱ}$、$k_{Ⅲ}$，单元长度记为$l_{Ⅰ}$、$l_{Ⅱ}$、$l_{Ⅲ}$。

(1) 结点1受外力F，求整体刚度矩阵；

(2) 当$k_{Ⅰ}=1$、$k_{Ⅱ}=2$、$k_{Ⅱ}=3$、$F=10$时，求结点位移；

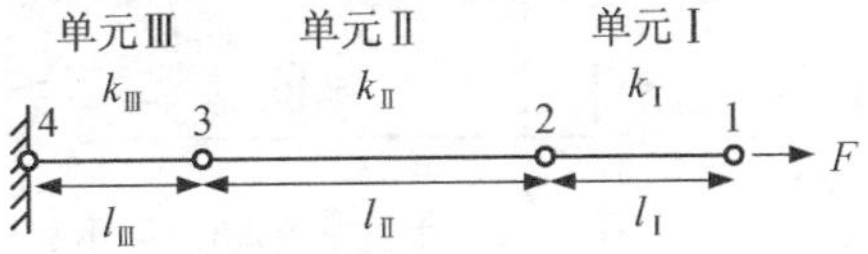

图7.19 四结点一维单元力边界示意图

(3) 结点1位移u_1，求整体刚度矩阵；

(4) 当$k_{Ⅰ}=1$、$k_{Ⅱ}=2$、$k_{Ⅱ}=3$、$u_1=2$时，求各结点位移。

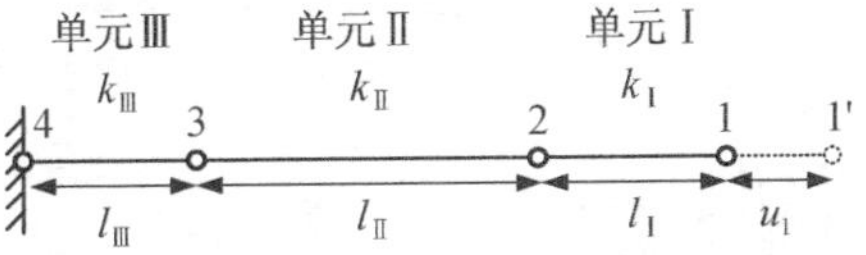

图7.20 四结点一维单元位移边界示意图

2. 如图7.21，为一维单元，横截面积为1，长度为5，一端固定，另一端受荷载力$F=18$，其拉伸应力应变本构定义为$\sigma=20(\varepsilon-\varepsilon^2)$。使用割线刚度法，求解结点位移。

(1) 荷载为1步加载；

(2) 荷载分2步加载，荷载比例1∶1；

(3) 荷载分2步加载，荷载比例2∶1；

(4) 荷载分3步加载，荷载比例1∶1∶1；

(5) 试比较上述不同荷载方式下结点位移的差异，并分析原因。

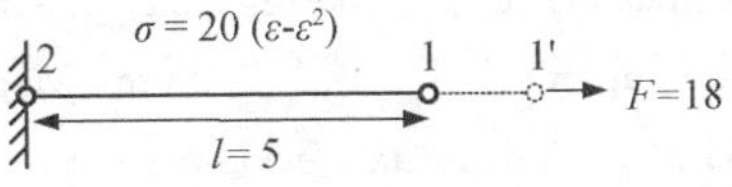

图7.21 二结点一维单元力边界示意图

3. 如图7.22，为带孔板单轴拉伸示意图，弹性模量为200 GPa，泊松比0.3，左右边

受均布荷载 P。

(1) 若板呈弹性体，试采用书中程序计算点 1 的结点位移和结点力关系，与解析解比较。

(2) 若板呈理想弹塑性，满足 Von Mises 屈服准则，强度为 500 MPa，试采用书中程序计算点 1 的结点位移和结点力关系。

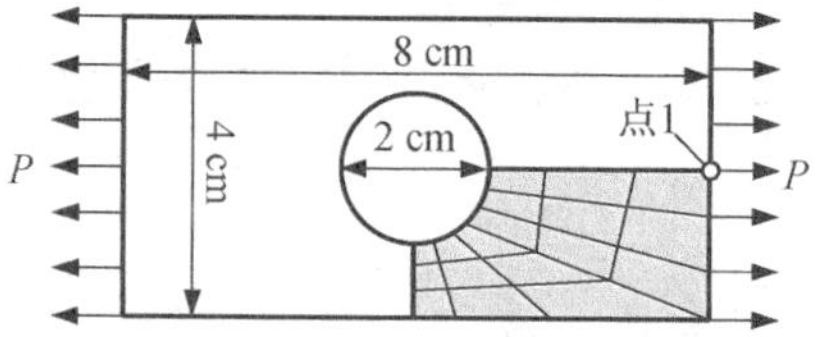

图 7.22　带孔板单轴拉伸示意图

4. 如图 7.23，为边坡滑移算例示意图，弹性体弹性模量为 1000 GPa，泊松比 0。边坡材料采用 Mohr-Coulomb 准则，剪切强度为 1 MPa，摩擦系数为 1.2。尺寸与边界条件如图所示，在弹性体上逐渐施加均布荷载 P，直至边坡失稳(不收敛)。分别使用两套网格进行计算，比较加载面总力与位移(4 个结点的平均值)的差异。

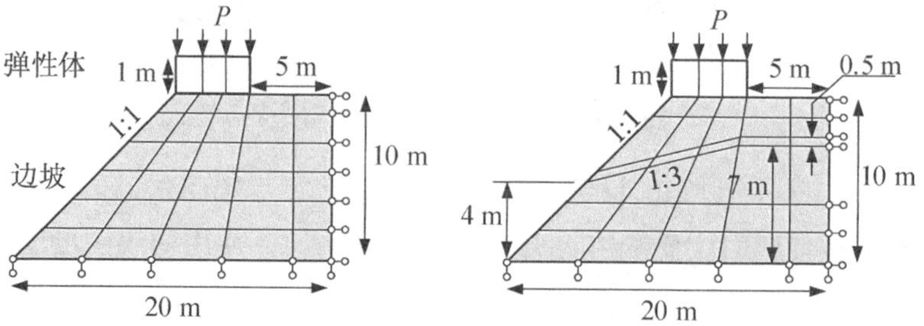

图 7.23　边波滑移示意图

参考文献

[1] D. R. J. Qwen, E. Hinton. Finite Elements In Plasticity: Theory and Practice[M]. Pinerige Press Limited, 1980.

[2] Zienkiewicz O. C., Cormean L. C.. Visco-plasticity-plasticity and creep in elastic solids: a unified numerical solution approach[J]. Int. J. Num. Meth. Eng. 1974, 8, 821-845.

[3] Hodge P. G., White G. N.. A quantitative comparison of flow and deformation theories of plasticity[J]. J. Appl. Mech, 1950, 17, 180-184.

[4] 徐芝纶. 弹性力学简明教程[M]. 北京：高等教育出版社，2013.

附录 A 广义虎克定律

1. 应力张量与应力不变量

变形体内任一点的应力在笛卡尔坐标系内有 9 个应力分量，包括三个正应力 σ_x、σ_y、σ_z 和 6 个切应力 $\tau_{xy}=\tau_{yx}$、$\tau_{yz}=\tau_{zy}$、$\tau_{zx}=\tau_{xz}$。由于切应力互等，它们组成一个由 6 个应力分量组成的矢量

$$\boldsymbol{\sigma}=[\sigma_x \quad \sigma_y \quad \sigma_z \quad \tau_{xy} \quad \tau_{yz} \quad \tau_{zx}]^{\mathrm{T}} \tag{A.1}$$

这是工程上常用的应力表示方法。一点的应力是一个二阶张量，它的矩阵表示为

$$\boldsymbol{\sigma}=\begin{bmatrix}\sigma_{xx} & \sigma_{xy} & \sigma_{xz}\\ \sigma_{yx} & \sigma_{yy} & \sigma_{yz}\\ \sigma_{zx} & \sigma_{zy} & \sigma_{zz}\end{bmatrix} \tag{A.2}$$

这是一个对称张量，它与工程表示之间有如下的关系

$$\begin{cases}\sigma_x=\sigma_{xx} \quad \sigma_y=\sigma_{yy} \quad \sigma_z=\sigma_{zz}\\ \tau_{xy}=\tau_{yx}=\sigma_{xy}=\sigma_{yx} \quad \tau_{yz}=\tau_{zy}=\sigma_{yz}=\sigma_{zy} \quad \tau_{zx}=\tau_{xz}=\sigma_{zx}=\sigma_{xz}\end{cases} \tag{A.3}$$

因此，应力张量的矩阵形式可进一步表示为

$$\boldsymbol{\sigma}=\begin{bmatrix}\sigma_x & \tau_{xy} & \tau_{xz}\\ \tau_{yx} & \sigma_y & \tau_{yz}\\ \tau_{zx} & \tau_{zy} & \sigma_z\end{bmatrix}=\begin{bmatrix}\sigma_m & 0 & 0\\ 0 & \sigma_m & 0\\ 0 & 0 & \sigma_m\end{bmatrix}+\begin{bmatrix}\sigma_x-\sigma_m & \tau_{xy} & \tau_{xz}\\ \tau_{yx} & \sigma_y-\sigma_m & \tau_{yz}\\ \tau_{zx} & \tau_{zy} & \sigma_z-\sigma_m\end{bmatrix}=\sigma_m\boldsymbol{I}+\boldsymbol{s} \tag{A.4}$$

式中，σ_m 为三个正应力的平均值，称为平均正应力或应力球张量。

$$\sigma_m=\frac{1}{3}(\sigma_x+\sigma_y+\sigma_z) \tag{A.5}$$

$\boldsymbol{I}$ 是单位矩阵

$$\boldsymbol{I}=\begin{bmatrix}1&0&0\\0&1&0\\0&0&1\end{bmatrix}$$

$\boldsymbol{s}$ 为应力偏量

$$\boldsymbol{s}=\begin{bmatrix}s_x&s_{xy}&s_{xz}\\s_{yx}&s_y&s_{yz}\\s_{zx}&s_{zy}&s_z\end{bmatrix}=\begin{bmatrix}\sigma_x-\sigma_m&\tau_{xy}&\tau_{xz}\\\tau_{yx}&\sigma_y-\sigma_m&\tau_{yz}\\\tau_{zx}&\tau_{zy}&\sigma_z-\sigma_m\end{bmatrix}\tag{A.6}$$

根据塑性力学的基本假定，应力球张量只产生弹性的体积应变，而与塑性变形无关。塑性变形分析中主要研究应力偏量 $\boldsymbol{s}$。

应力分量大小取决于坐标系，但一点的应力状态与坐标无关，由应力分量按一定形式组成的某些量不会随坐标变换而变化，这些量称为应力张量的不变量。它们与主应力 σ_1、σ_2、σ_3 有关，已知一点的应力分量，该点的主应力根据以下行列式求出

$$\begin{vmatrix}\sigma_x-\sigma&\tau_{xy}&\tau_{xz}\\\tau_{yx}&\sigma_y-\sigma&\tau_{yz}\\\tau_{zx}&\tau_{zy}&\sigma_z-\sigma\end{vmatrix}=0$$

将行列式展开，得关于 σ 的三次方程

$$\sigma^3-I_1\sigma^2-I_2\sigma-I_3=0\tag{A.7}$$

求解该方程，可得三个实根，即主应力 σ_1、σ_2、σ_3。它们均与坐标系的选择无关，当坐标变换时，其值保持不变。因此，上述三次方程中的系数 I_1、I_2、I_3 也与坐标系无关，分别为应力张量的第一、第二和第三不变量。

$$\begin{cases}I_1=\sigma_x+\sigma_y+\sigma_z=\sigma_1+\sigma_2+\sigma_3\\I_2=-\sigma_x\sigma_y-\sigma_y\sigma_z-\sigma_z\sigma_x+\tau_{xy}^2+\tau_{yz}^2+\tau_{zx}^2=-(\sigma_1\sigma_2+\sigma_2\sigma_3+\sigma_3\sigma_1)\\I_3=\begin{vmatrix}\sigma_x&\tau_{xy}&\tau_{xz}\\\tau_{yx}&\sigma_y&\tau_{yz}\\\tau_{zx}&\tau_{zy}&\sigma_z\end{vmatrix}=\sigma_x\sigma_y\sigma_z+2\tau_{xy}\tau_{yz}\tau_{zx}-\sigma_x\tau_{yz}^2-\sigma_y\tau_{zx}^2-\sigma_z\tau_{xy}^2=\sigma_1\sigma_2\sigma_3\end{cases}\tag{A.8}$$

相应地，应力偏量的不变量为

$$\begin{cases} J_1 = s_x + s_y + s_z = s_1 + s_2 + s_3 = 0 \\ J_2 = -s_x s_y - s_y s_z - s_z s_x + \tau_{xy}^2 + \tau_{yz}^2 + \tau_{zx}^2 = -(s_1 s_2 + s_2 s_3 + s_3 s_1) \\ \quad = \dfrac{1}{6}[(\sigma_x - \sigma_y)^2 + (\sigma_y - \sigma_z)^2 + (\sigma_z - \sigma_x)^2 + 6(\tau_{xy}^2 + \tau_{yz}^2 + \tau_{zx}^2)] \\ \quad = \dfrac{1}{6}[(\sigma_1 - \sigma_2)^2 + (\sigma_2 - \sigma_3)^2 + (\sigma_3 - \sigma_1)^2] \\ J_3 = s_x s_y s_z + 2\tau_{xy}\tau_{yz}\tau_{zx} - s_x \tau_{yz}^2 - s_y \tau_{zx}^2 - s_z \tau_{xy}^2 = s_1 s_2 s_3 \end{cases} \tag{A.9}$$

式中，s_1、s_2、s_3 是应力偏量的主值

$$s_1 = \sigma_1 - \sigma_m \quad s_2 = \sigma_2 - \sigma_m \quad s_3 = \sigma_3 - \sigma_m \tag{A.10}$$

2. 应变张量与应变不变量

在笛卡尔坐标系内，变形体内任一点的应变状态决定于正应变分量 ε_x、ε_y、ε_z 和切应变分量 $\gamma_{xy} = \gamma_{yx}$、$\gamma_{yz} = \gamma_{zy}$、$\gamma_{zx} = \gamma_{xz}$。即

$$\boldsymbol{\varepsilon} = [\varepsilon_x \quad \varepsilon_y \quad \varepsilon_z \quad \gamma_{xy} \quad \gamma_{yz} \quad \gamma_{zx}]^{\mathrm{T}} \tag{A.11}$$

这是应变的工程表示。应变张量的矩阵表示为

$$\boldsymbol{\varepsilon} = \begin{bmatrix} \varepsilon_{xx} & \varepsilon_{xy} & \varepsilon_{xz} \\ \varepsilon_{yx} & \varepsilon_{yy} & \varepsilon_{yz} \\ \varepsilon_{zx} & \varepsilon_{zy} & \varepsilon_{zz} \end{bmatrix} = \begin{bmatrix} \varepsilon_x & \frac{1}{2}\gamma_{xy} & \frac{1}{2}\gamma_{xz} \\ \frac{1}{2}\gamma_{yx} & \varepsilon_y & \frac{1}{2}\gamma_{yz} \\ \frac{1}{2}\gamma_{zx} & \frac{1}{2}\gamma_{zy} & \varepsilon_z \end{bmatrix} \tag{A.12}$$

这是一个对称的二阶张量，工程应变和应变张量之间的关系是

$$\begin{cases} \varepsilon_x = \varepsilon_{xx} \quad \varepsilon_y = \varepsilon_{yy} \quad \varepsilon_z = \varepsilon_{zz} \\ \gamma_{xy} = \gamma_{yx} = 2\varepsilon_{xy} = 2\varepsilon_{yx} \quad \gamma_{yz} = \gamma_{zy} = 2\varepsilon_{yz} = 2\varepsilon_{zy} \quad \gamma_{zx} = \gamma_{xz} = 2\varepsilon_{zx} = 2\varepsilon_{xz} \end{cases} \tag{A.13}$$

与应力张量类似，应变张量的矩阵形式也可表示为两个张量之和

$$\boldsymbol{\varepsilon} = \begin{bmatrix} \varepsilon_x & \frac{1}{2}\gamma_{xy} & \frac{1}{2}\gamma_{xz} \\ \frac{1}{2}\gamma_{yx} & \varepsilon_y & \frac{1}{2}\gamma_{yz} \\ \frac{1}{2}\gamma_{zx} & \frac{1}{2}\gamma_{zy} & \varepsilon_z \end{bmatrix} = \begin{bmatrix} \varepsilon_m & 0 & 0 \\ 0 & \varepsilon_m & 0 \\ 0 & 0 & \varepsilon_m \end{bmatrix} + \begin{bmatrix} \varepsilon_x - \varepsilon_m & \frac{1}{2}\gamma_{xy} & \frac{1}{2}\gamma_{xz} \\ \frac{1}{2}\gamma_{yx} & \varepsilon_y - \varepsilon_m & \frac{1}{2}\gamma_{yz} \\ \frac{1}{2}\gamma_{zx} & \frac{1}{2}\gamma_{zy} & \varepsilon_z - \varepsilon_m \end{bmatrix}$$

$$= \varepsilon_m \boldsymbol{I} + \boldsymbol{e} \tag{A.14}$$

式中，σ_m 为平均主应变或应变球张量

$$\varepsilon_m = \frac{1}{3}(\varepsilon_x + \varepsilon_y + \varepsilon_z) \tag{A.15}$$

$\boldsymbol{e}$ 为应变偏量

$$\boldsymbol{e} = \begin{bmatrix} e_x & e_{xy} & e_{xz} \\ e_{yx} & e_y & e_{yz} \\ e_{zx} & e_{zy} & e_z \end{bmatrix} = \begin{bmatrix} \varepsilon_x - \varepsilon_m & \frac{1}{2}\gamma_{xy} & \frac{1}{2}\gamma_{xz} \\ \frac{1}{2}\gamma_{yx} & \varepsilon_y - \varepsilon_m & \frac{1}{2}\gamma_{yz} \\ \frac{1}{2}\gamma_{zx} & \frac{1}{2}\gamma_{zy} & \varepsilon_z - \varepsilon_m \end{bmatrix} \tag{A.16}$$

主应变由以下的三次方程确定

$$\varepsilon^3 - I'_1\varepsilon^2 - I'_2\varepsilon - I'_3 = 0 \tag{A.17}$$

其中的 I'_1、I'_2 和 I'_3 分别为应变张量的三个不变量，

$$\left\{\begin{aligned} I'_1 &= \varepsilon_x + \varepsilon_y + \varepsilon_z = \varepsilon_1 + \varepsilon_2 + \varepsilon_3 \\ I'_2 &= -\left[(\varepsilon_x\varepsilon_y + \varepsilon_y\varepsilon_z + \varepsilon_z\varepsilon_x) - \frac{1}{4}(\gamma_{xy}^2 + \gamma_{yz}^2 + \gamma_{zx}^2)\right] \\ &= -(\varepsilon_1\varepsilon_2 + \varepsilon_2\varepsilon_3 + \varepsilon_3\varepsilon_1) \\ I'_3 &= \begin{vmatrix} \varepsilon_x & \frac{1}{2}\gamma_{xy} & \frac{1}{2}\gamma_{xz} \\ \frac{1}{2}\gamma_{yx} & \varepsilon_y & \frac{1}{2}\gamma_{yz} \\ \frac{1}{2}\gamma_{zx} & \frac{1}{2}\gamma_{zy} & \varepsilon_z \end{vmatrix} = \begin{vmatrix} \varepsilon_1 & 0 & 0 \\ 0 & \varepsilon_2 & 0 \\ 0 & 0 & \varepsilon_3 \end{vmatrix} = \varepsilon_1\varepsilon_2\varepsilon_3 \end{aligned}\right. \tag{A.18}$$

应变偏量的三个不变量为

$$J'_1 = e_x + e_y + e_z = e_1 + e_2 + e_3 = 0$$

$$J'_2 = -(e_xe_y + e_ye_z + e_ze_x - e_{xy}^2 - e_{yz}^2 - e_{zx}^2) = -(e_1e_2 + e_2e_3 + e_3e_1) =$$

$$= \frac{1}{6}\left[(e_x - e_y)^2 + (e_y - e_z)^2 + (e_z - e_x)^2 + 6(e_{xy}^2 + e_{yz}^2 + e_{zx}^2)\right] =$$

$$= \frac{1}{6}\left[(\varepsilon_x - \varepsilon_y)^2 + (\varepsilon_y - \varepsilon_z)^2 + (\varepsilon_z - \varepsilon_x)^2 + \frac{3}{2}(\gamma_{xy}^2 + \gamma_{yz}^2 + \gamma_{zx}^2)\right]$$

$$J'_3=\begin{vmatrix} e_x & e_{xy} & e_{xz} \\ e_{yx} & e_y & e_{yz} \\ e_{zx} & e_{zy} & e_z \end{vmatrix}=\begin{vmatrix} \varepsilon_x-\varepsilon_m & \frac{1}{2}\gamma_{xy} & \frac{1}{2}\gamma_{xz} \\ \frac{1}{2}\gamma_{yx} & \varepsilon_y-\varepsilon_m & \frac{1}{2}\gamma_{yz} \\ \frac{1}{2}\gamma_{zx} & \frac{1}{2}\gamma_{zy} & \varepsilon_z-\varepsilon_m \end{vmatrix}$$

$$=\begin{vmatrix} e_1 & 0 & 0 \\ 0 & e_2 & 0 \\ 0 & 0 & e_3 \end{vmatrix}=e_1e_2e_3 \tag{A.19}$$

3. 应力强度和应变强度

变形体中一点的八面体正应力 σ_s 和切应力 τ_s 分别为

$$\sigma_s=\frac{1}{3}(\sigma_1+\sigma_2+\sigma_3)=\sigma_m \tag{A.20}$$

$$\tau_s=\frac{1}{3}\sqrt{(\sigma_1-\sigma_2)^2+(\sigma_2-\sigma_3)^2+(\sigma_3-\sigma_1)^2}=\sqrt{\frac{2}{3}J_2} \tag{A.21}$$

表示一点应力水平的应力强度 $\bar{\sigma}$ 表达式为

$$\bar{\sigma}=\frac{3}{\sqrt{2}}\tau_s=\sqrt{3J_2}=\frac{1}{\sqrt{2}}\sqrt{(\sigma_1-\sigma_2)^2+(\sigma_2-\sigma_3)^2+(\sigma_3-\sigma_1)^2}=$$

$$=\frac{1}{\sqrt{2}}\sqrt{(\sigma_x-\sigma_y)^2+(\sigma_y-\sigma_z)^2+(\sigma_z-\sigma_x)^2+6(\tau_{xy}^2+\tau_{yz}^2+\tau_{zx}^2)} \tag{A.22}$$

表示一点应变水平的应变强度 $\bar{\varepsilon}$ 表达式为

$$\bar{\varepsilon}=\frac{\sqrt{2}}{3}\sqrt{(\varepsilon_1-\varepsilon_2)^2+(\varepsilon_2-\varepsilon_3)^2+(\varepsilon_3-\varepsilon_1)^2}$$

$$=\frac{\sqrt{2}}{3}\sqrt{(\varepsilon_x-\varepsilon_y)^2+(\varepsilon_y-\varepsilon_z)^2+(\varepsilon_z-\varepsilon_x)^2+\frac{3}{2}(\gamma_{xy}^2+\gamma_{yz}^2+\gamma_{zx}^2)} \tag{A.23}$$

应力强度和应变强度也称为等效应力和等效应变。

4. 广义虎克定律

变形体在弹性状态下的本构关系是广义虎克定律，它在塑性力学分析中也经常被应用。对于各向同性的弹性体，广义虎克定律为

$$\begin{cases}\varepsilon_x = \dfrac{1}{E}[\sigma_x - \mu(\sigma_y + \sigma_z)] \\ \varepsilon_y = \dfrac{1}{E}[\sigma_y - \mu(\sigma_z + \sigma_x)] \\ \varepsilon_z = \dfrac{1}{E}[\sigma_z - \mu(\sigma_x + \sigma_y)] \\ \gamma_{xy} = \dfrac{2(1+\mu)}{E}\tau_{xy} \\ \gamma_{yz} = \dfrac{2(1+\mu)}{E}\tau_{yz} \\ \gamma_{zx} = \dfrac{2(1+\mu)}{E}\tau_{zx}\end{cases} \tag{A. 24}$$

式中，E、μ 分别为材料的杨氏弹性模量和泊松比。

应力偏量 $\boldsymbol{s}$ 和应变偏量 $\boldsymbol{e}$ 也可以用工程方法表示为矢量

$$\boldsymbol{s} = \begin{Bmatrix} s_x \\ s_y \\ s_z \\ s_{xy} \\ s_{yz} \\ s_{zx} \end{Bmatrix} = \begin{Bmatrix} \sigma_x - \sigma_m \\ \sigma_y - \sigma_m \\ \sigma_{zx} - \sigma_m \\ \tau_{xy} \\ \tau_{yz} \\ \tau_{zx} \end{Bmatrix} \tag{A. 25}$$

$$\boldsymbol{e} = \begin{Bmatrix} e_x \\ e_y \\ e_z \\ e_{xy} \\ e_{yz} \\ e_{zx} \end{Bmatrix} = \begin{Bmatrix} \varepsilon_x - \varepsilon_m \\ \varepsilon_y - \varepsilon_m \\ \varepsilon_{zx} - \varepsilon_m \\ \gamma_{xy}/2 \\ \gamma_{yz}/2 \\ \gamma_{zx}/2 \end{Bmatrix} \tag{A. 26}$$

因此，式(A. 4)和(A. 14)可以矢量形式分别表示为

$$\boldsymbol{\sigma} = \sigma_m \boldsymbol{I}' + \boldsymbol{s} \tag{A. 27}$$

$$\boldsymbol{\varepsilon} = \varepsilon_m \boldsymbol{I}' + \boldsymbol{e} \tag{A. 28}$$

其中，单位矢量 $\boldsymbol{I}' = [1 \quad 1 \quad 1 \quad 0 \quad 0 \quad 0]^{\mathrm{T}}$。

由式(A. 24)可得广义虎克定律的另一种表示方法

$$\varepsilon_m = \frac{1-2\mu}{E}\sigma_m = \frac{1}{3K}\sigma_m \tag{A. 29}$$

$$\boldsymbol{e} = \frac{1}{2G}\boldsymbol{s} \tag{A. 30}$$

式中，K 为体积弹性模量，G 是剪切弹性模量

$$K = \frac{E}{3(1-2\mu)} \tag{A. 31}$$

$$G = \frac{E}{2(1+\mu)} \tag{A. 32}$$

式(A. 29)是应力球张量与应变球张量的关系，(A. 30)是应力偏量与应变偏量之间的关系。

根据式(A. 28)和(A. 29)，可以得到增量形式的广义虎克定律

$$\mathrm{d}\varepsilon_m = \frac{1}{3K}\mathrm{d}\sigma_m \tag{A. 33}$$

$$\mathrm{d}\boldsymbol{e} = \frac{1}{2G}\mathrm{d}\boldsymbol{s} \tag{A. 34}$$

附录 B　等参数单元

等参数单元亦称等参单元，下面列出第 7 章弹塑性有限元程序设计中二维等参单元的一些基本概念和基本公式。

1. 位移模式和坐标变换

图 B.1 和图 B.2 为实际的四边形单元和相应的基本单元（或母单元）。基本单元的位移模式和坐标变换式分别为

$$u = \sum_{1}^{d} N_i u_i \quad v = \sum_{1}^{d} N_i v_i \tag{B.1}$$

$$x = \sum_{1}^{d} N_i x_i \quad y = \sum_{1}^{d} N_i y_i \tag{B.2}$$

式中，d 为单元结点数，u_i 和 v_i 为第 i 个结点 x 方向和 y 方向的位移，x_i 和 y_i 为第 i 个结点的整体坐标。

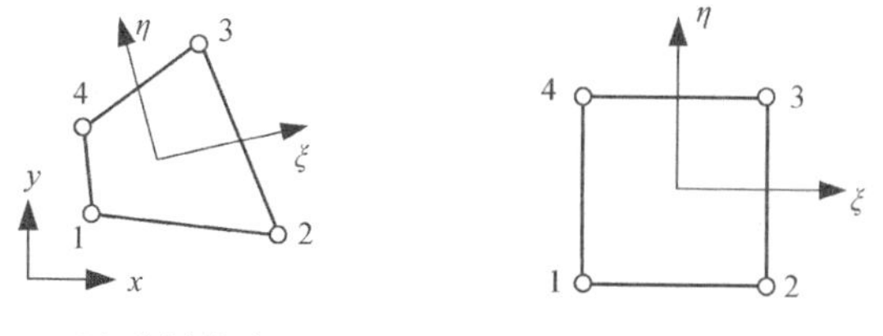

（a）实际单元　（b）基本单元

图 B.1　四结点四边形平面等参单元

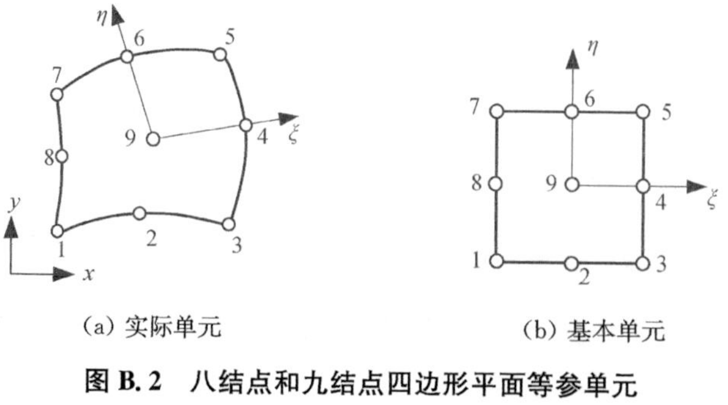

（a）实际单元　（b）基本单元

图 B.2　八结点和九结点四边形平面等参单元

对于图 B. 1 的 4 结点平面等参单元，形函数 N_i 的表达式为

$$N_i(\xi,\ \eta)=\frac{1}{4}(1+\xi_i\xi)(1+\eta_i\eta)$$

对于图 B. 2 的 8 结点和 9 结点平面四边形单元，形函数 N_i 的表达式分别为

$$N_i(\xi,\ \eta)=\begin{cases}\frac{1}{4}(1+\xi_i\xi)(1+\eta_i\eta)(\xi_i\xi+\eta_i\eta-1) & i=1,\ 3,\ 5,\ 7 \quad \text{角点}\\ \frac{\xi_i^2}{2}(1+\xi_i\xi)(1-\eta^2)+\frac{\eta_i^2}{2}(1+\eta_i\eta)(1-\xi^2) & i=2,\ 4,\ 6,\ 8 \quad \text{中点}\end{cases} \tag{B.3}$$

$$N_i(\xi,\ \eta)=\begin{cases}\frac{1}{4}(\xi^2+\xi_i\xi)(\eta^2+\eta_i\eta) & i=1,\ 3,\ 5,\ 7 \quad \text{角点}\\ \frac{\eta_i^2}{2}(\eta^2-\eta_i\eta)(1-\xi^2)+\frac{\xi_i^2}{2}(\xi^2-\xi_i\xi)(1-\eta^2) & i=2,\ 4,\ 6,\ 8 \quad \text{中点}\\ (1-\xi^2)(1-\eta^2) & i=9 \quad \text{中心点}\end{cases} \tag{B.4}$$

2. 形函数对整体坐标的导数

先计算形函数对局部坐标的导数和雅克比矩阵 $\boldsymbol{J}$ 的逆矩阵，据此，再计算形函数对整体坐标的导数，如下

$$\begin{Bmatrix}\dfrac{\partial N_i}{\partial x}\\ \dfrac{\partial N_i}{\partial y}\end{Bmatrix}=\boldsymbol{J}^{-1}\begin{Bmatrix}\dfrac{\partial N_i}{\partial \xi}\\ \dfrac{\partial N_i}{\partial \eta}\end{Bmatrix} \tag{B.5}$$

$$\boldsymbol{J}=\begin{bmatrix}\dfrac{\partial x}{\partial \xi} & \dfrac{\partial y}{\partial \xi}\\ \dfrac{\partial x}{\partial \eta} & \dfrac{\partial y}{\partial \eta}\end{bmatrix}=\begin{bmatrix}\dfrac{\partial N_1}{\partial \xi} & \dfrac{\partial N_2}{\partial \xi} & \cdots & \dfrac{\partial N_d}{\partial \xi}\\ \dfrac{\partial N_1}{\partial \eta} & \dfrac{\partial N_2}{\partial \eta} & \cdots & \dfrac{\partial N_d}{\partial \eta}\end{bmatrix}\begin{bmatrix}x_1 & y_1\\ x_2 & y_2\\ \vdots & \vdots\\ x_d & y_d\end{bmatrix} \tag{B.6}$$

3. 等参单元的荷载列阵计算

等参单元荷载列阵的计算仍采用公式(1. 9)，对于二维情况

$$\boldsymbol{R}^e=\boldsymbol{N}^{\mathrm{T}}\boldsymbol{P}+\iint\boldsymbol{N}^{\mathrm{T}}\boldsymbol{p}t\,\mathrm{d}\omega+\int\boldsymbol{N}^{\mathrm{T}}\bar{\boldsymbol{p}}t\,\mathrm{d}l \tag{B.7}$$

式中，$\boldsymbol{P}=[P_x \quad P_y]^{\mathrm{T}}$ 是作用在单元某点的集中荷载，$\boldsymbol{p}=[X \quad Y]^{\mathrm{T}}$ 为作用在单位体积上的体力，$\bar{\boldsymbol{p}}=[\bar{X} \quad \bar{Y}]^{\mathrm{T}}$ 为作用在单位面积上的面力。对于平面问题，t 是单元厚度；对于轴对称问题，$t=2\pi r$，r 为力作用点的半径。

$$\boldsymbol{N}=[\boldsymbol{I}N_1 \quad \boldsymbol{I}N_2 \quad \cdots \quad \boldsymbol{I}N_d]$$

$\boldsymbol{I}$ 为二阶的单位矩阵。体力项相应的结点荷载为

$$\iint \boldsymbol{N}^{\mathrm{T}}\boldsymbol{p}t\,\mathrm{d}\omega=\int_{-1}^{1}\int_{-1}^{1}\boldsymbol{N}^{\mathrm{T}}\boldsymbol{p}t\,|\boldsymbol{J}|\,\mathrm{d}\xi\mathrm{d}\eta \tag{B. 8}$$

$|\boldsymbol{J}|$ 为雅克比行列式

$$|\boldsymbol{J}|=\begin{vmatrix}\dfrac{\partial x}{\partial \xi} & \dfrac{\partial y}{\partial \xi}\\[2mm] \dfrac{\partial x}{\partial \eta} & \dfrac{\partial y}{\partial \eta}\end{vmatrix} \tag{B. 9}$$

假定面力作用在 $\xi=-1$ 的面上，与面力项相应的结点荷载为

$$\int \boldsymbol{N}^{\mathrm{T}}\bar{\boldsymbol{p}}t\mathrm{d}l=\int_{-1}^{1}\left[\boldsymbol{N}^{\mathrm{T}}\bar{\boldsymbol{p}}t\sqrt{\left(\frac{\partial x}{\partial \eta}\right)^2+\left(\frac{\partial x}{\partial \eta}\right)^2}\right]_{\xi=-1}\mathrm{d}\eta \tag{B. 10}$$

式(B. 8)中的体力 $\boldsymbol{p}=[X \quad Y]^{\mathrm{T}}$ 和(B. 10)中面力 $\bar{\boldsymbol{p}}=[\bar{X} \quad \bar{Y}]^{\mathrm{T}}$ 均须表示为局部坐标的函数。

$\xi=-1$ 面的法线方向余弦为

$$\begin{cases} l_\eta=\dfrac{\partial y}{\partial \eta}\Big/\sqrt{\left(\dfrac{\partial x}{\partial \eta}\right)^2+\left(\dfrac{\partial y}{\partial \eta}\right)^2}\\[4mm] m_\eta=-\dfrac{\partial x}{\partial \eta}\Big/\sqrt{\left(\dfrac{\partial x}{\partial \eta}\right)^2+\left(\dfrac{\partial y}{\partial \eta}\right)^2}\end{cases} \tag{B. 11}$$

若面力为垂直作用在 $\xi=-1$ 面上的水压力 q，则

$$\bar{\boldsymbol{p}}=\frac{q}{\sqrt{\left(\dfrac{\partial x}{\partial \eta}\right)^2+\left(\dfrac{\partial y}{\partial \eta}\right)^2}}\left[\frac{\partial y}{\partial \eta} \quad -\frac{\partial x}{\partial \eta}\right]^{\mathrm{T}} \tag{B. 12}$$

相应的等效结点荷载为

$$\int \boldsymbol{N}^{\mathrm{T}}\bar{\boldsymbol{p}}t\mathrm{d}l=\int_{-1}^{1}\left(\boldsymbol{N}^{\mathrm{T}}qt\begin{Bmatrix}-\dfrac{\partial y}{\partial \eta}\\[2mm] \dfrac{\partial x}{\partial \eta}\end{Bmatrix}\right)_{\xi=-1}\mathrm{d}\eta \tag{B. 13}$$

4．等参单元的劲度矩阵

等参单元的单元劲度矩阵 $\boldsymbol{k}$ 为

$$\boldsymbol{k}=\int_{v}\boldsymbol{B}^{\mathrm{T}}\boldsymbol{D}\boldsymbol{B}\,\mathrm{d}v=\int_{\omega}\boldsymbol{B}^{\mathrm{T}}\boldsymbol{D}\boldsymbol{B}t\,\mathrm{d}\omega=\int_{-1}^{1}\int_{-1}^{1}\boldsymbol{B}^{\mathrm{T}}\boldsymbol{D}\boldsymbol{B}t\mid J\mid\mathrm{d}\xi\mathrm{d}\eta \tag{B.14}$$

单元劲度矩阵 $\boldsymbol{k}$ 写成分块形式为

$$\boldsymbol{k}=\begin{bmatrix}\boldsymbol{k}_{11} & \boldsymbol{k}_{12} & \cdots & \boldsymbol{k}_{1d}\\ \boldsymbol{k}_{21} & \boldsymbol{k}_{22} & \cdots & \boldsymbol{k}_{2d}\\ \cdots & \cdots & \cdots & \cdots\\ \boldsymbol{k}_{d1} & \boldsymbol{k}_{d2} & \cdots & \boldsymbol{k}_{dd}\end{bmatrix} \tag{B.15}$$

其中的子矩阵

$$\boldsymbol{k}_{ij}=\int_{-1}^{1}\int_{-1}^{1}\boldsymbol{B}_{i}^{\mathrm{T}}\boldsymbol{D}\boldsymbol{B}_{j}t\mid J\mid\mathrm{d}\xi\mathrm{d}\eta\,(i,\ j=1,\ 2,\ \cdots,\ d) \tag{B.16}$$

$$\boldsymbol{B}_{i}=\begin{bmatrix}\dfrac{\partial N_{i}}{\partial x} & 0\\ 0 & \dfrac{\partial N_{i}}{\partial y}\\ \dfrac{\partial N_{i}}{\partial y} & \dfrac{\partial N_{i}}{\partial x}\end{bmatrix} \tag{B.17}$$

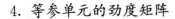

附录 C　高斯数值积分

在推求二维等参单元的荷载列阵和劲度矩阵时，需要进行以下形式的积分

$$\int_{-1}^{1}\int_{-1}^{1} f(\xi,\ \eta)\mathrm{d}\xi\mathrm{d}\eta$$

当被积函数 $f(\xi,\ \eta)$ 比较复杂时，可以用高斯数值积分方法计算。

一维的高斯数值积分为

$$\int_{-1}^{1} f(\xi)\mathrm{d}\xi = \sum_{i=1}^{n} H_i f(\xi_i)$$

二维的高斯数值积分为

$$\int_{-1}^{1}\int_{-1}^{1} f(\xi,\ \eta)\mathrm{d}\xi\mathrm{d}\eta = \sum_{i=1}^{n}\sum_{j=1}^{n} H_i H_j f(\xi_i,\ \eta_j)$$

式中，n 为 $\xi(\eta)$ 方向的积分点个数，H_i 为加权系数。$f(\xi_i)$ 是被积函数 f 在积分点 ξ_i 处的数值。表 C.1 列出不同 n 时的积分点坐标和加权系数。

表 C.1　高斯数值积分中积分点坐标和加权系数

n	$\pm\xi_i$	H_i
2	0.577，350，269，189，626	1.000，000，000，000，000
3	0.774，596，669，241，483	0.555，555，555，555，556
	0.000，000，000，000，000	0.888，888，888，888，889
4	0.861，136，311，594，053	0.347，854，845，137，454
	0.339，981，043，584，856	0.652，145，154，862，546
5	0.906，179，845，938，664	0.236，926，885，056，189
	0.538，469，310，105，683	0.478，628，670，499，366
	0.000，000，000，000，000	0.568，888，888，888，889